TRAINING

Gymnasium

Wiederholung Geometrie

Eberhard Endres

STARK

Autor: Eberhard Endres besitzt umfassende Unterrichtserfahrung als Gymnasiallehrer in den Fächern Mathematik, Informatik und Physik. Zudem bildet er als Lehrbeauftragter für Mathematik Referendare und Praktikanten für das Lehramt an Gymnasien aus und bietet für Studenten des Lehramts an der Universität fachdidaktische Übungen an.
Als Autor veröffentlichte er im STARK Verlag bereits mehrere Lehr-, Wiederholungs- und Übungsbücher für Mathematik.

Bildnachweis
Umschlagbild: © Spectral-Design | iStockphoto
S. 125: © Milos Vlajkovic | Dreamstime.com
S. 127: Bodensee: © kultor | pixelio.de; Windräder: © Jesse | Dreamstime.com
S. 161: © Vladimir Korostyshevskiy | Dreamstime.com
S. 165: © www.euxus.de

www.stark-verlag.de
1. Auflage 2007

Inhalt

Autor: Eberhard Endres

Vorwort

Liebe Schülerin, lieber Schüler,

die Geometrie ist das wohl älteste mathematische Gebiet, auf dem bereits in der Antike intensiv geforscht wurde. Im täglichen Leben begegnet man ihr in Form von Körpern wie z. B. Kegeln oder Quadern oder ebener geometrischer Gebilde wie z. B. Geraden oder Winkeln bzw. Rechtecken oder Dreiecken.

In diesem Buch werden alle **wesentlichen Themengebiete der Mittelstufengeometrie** systematisch in getrennten Kapiteln dargestellt und mit zahlreichen Beispielen und Übungsaufgaben unterstützt.

Hierbei werden diejenigen Teilgebiete deutlich umfassender und intensiver besprochen, die im **Mathematikunterricht der Oberstufe wieder aufgegriffen** und weitergeführt werden. Insbesondere werden – ausgehend von einfachen geometrischen Objekten, Kongruenz und Ähnlichkeit – die Satzgruppe des Pythagoras, Winkelberechnungen, Körper im dreidimensionalen Raum, Vektoren und Koordinatensysteme ausführlich bearbeitet.

Somit kann durch die Arbeit mit diesem Wiederholungsbuch ein bedeutender Grundstein für die erfolgreiche Bewältigung der Oberstufenmathematik gelegt werden.

Geometrie kann man aber nicht auswendig lernen, Geometrie muss man verstehen und „be-greifen". Daher sind in diesem Wiederholungsbuch **sehr viele anschauliche Zeichnungen** enthalten, die die Sachverhalte verbildlichen sollen.

Prinzipiell kann **jedes Kapitel separat** bearbeitet werden, jedoch bauen die meisten davon auf vorhergehenden Einheiten auf, sodass sich auch die Bearbeitung des gesamten Buches anbietet. Es steht Ihnen frei, über die Geschwindigkeit und Intensität der Bearbeitung selbst zu entscheiden.

Im letzten Kapitel finden Sie eine bunte **Sammlung von Aufgaben**, die Sie nach der Bearbeitung der vorhergehenden Kapitel zur eigenen Erfolgskontrolle und Gesamtwiederholung benutzen können.

Die **Lösungswege für alle Aufgaben** sind im Lösungsteil ausführlich dargestellt, um eine gewissenhafte Kontrolle zu ermöglichen und somit den Lernerfolg zu unterstützen. Die mit einem Stern **(✱)** gekennzeichneten Aufgaben sind etwas anspruchsvoller und regen in besonderer Weise zum Nachdenken an; Sie können diese beim ersten Durcharbeiten auch überspringen.

In diesem Sinne wünsche ich Ihnen viel Erfolg bei der Wiederholung Geometrie!

Eberhard Endres

Das griechische Alphabet

Buchstabe	Name
Α, α	Alpha
Β, β	Beta
Γ, γ	Gamma
Δ, δ	Delta
Ε, ε	Epsilon
Ζ, ζ	Zeta
Η, η	Eta
Θ, θ	Theta
Ι, ι	Jota
Κ, κ	Kappa
Λ, λ	Lambda
Μ, μ	My

Buchstabe	Name
Ν, ν	Ny
Ξ, ξ	Xi
Ο, ο	Omikron
Π, π	Pi
Ρ, ρ	Rho
Σ, σ	Sigma
Τ, τ	Tau
Υ, υ	Ypsilon
Φ, φ	Phi
Χ, χ	Chi
Ψ, ψ	Psi
Ω, ω	Omega

Alternativ findet man anstelle von θ auch die Bezeichnung ϑ sowie ϕ anstatt φ. Sigma wird im Griechischen am Wortende ς geschrieben.

1 Grundlagen

Die gesamte Geometrie baut auf nur ganz wenigen **Grundannahmen**, den sogenannten **Axiomen** auf. Axiome müssen so gestaltet sein, dass sie sich nicht widersprechen. Man versucht mit möglichst wenigen Axiomen auszukommen, aus denen aber alle weiteren Sachverhalte abgeleitet, also bewiesen werden können. Der griechische Mathematiker Euklid (ca. 365–300 v. Chr.) hatte für seine geometrischen Betrachtungen nur fünf solcher Axiome verwendet. Nach ihm ist die Geometrie, wie sie heute in der Schule unterrichtet wird, auch euklidische Geometrie benannt. Eines dieser Axiome für die in der Schule betrachtete Geometrie ist z. B. die Voraussetzung, dass es zu zwei beliebigen Punkten stets eine und nur eine Gerade gibt, die durch diese beiden Punkte geht.
Aus diesen Axiomen werden weitere Sachverhalte – auch **Sätze** genannt – hergeleitet, die dann wiederum zu neuen Erkenntnissen führen usw. Man kann sich das so vorstellen wie die Fundamente eines Hochhauses, auf dem die einzelnen Stockwerke dann aufeinander gebaut sind, wobei man jedoch prinzipiell aus dem Aufbau des Fundaments folgern könnte, wie die darüber liegenden Stockwerke aussehen. Die Widerspruchsfreiheit der Axiome entspricht dem Gedanken, dass nicht ein Fundamentträger einen anderen zum Einsturz bringen darf. Außerdem muss man so viele Fundamentträger einziehen, dass das gesamte Hochhaus darüber getragen werden kann, wobei man natürlich versucht, mit möglichst wenigen Trägern auszukommen. Im Prinzip muss man sich also in der Geometrie nur sehr wenig fundamentales Grundwissen aneignen und kann dann – mit der Fähigkeit des logischen Schließens – hieraus alle weiteren geometrischen Sätze ableiten.
Gegen Ende des 19. Jahrhunderts stellte sich unter maßgeblicher Beteiligung des deutschen Mathematikers David Hilbert heraus, dass **Euklids Axiomensystem** noch einige Lücken aufwies und daher erweitert werden musste, aber die faszinierende Möglichkeit, aus wenigen Grundannahmen das riesige Gebäude der Geometrie aufbauen zu können, blieb gewahrt.
In diesem Buch werden wir nun aber nicht bei „Adam und Eva“, also den Axiomen der Geometrie, beginnen, sondern auf einem Niveau starten, das bereits die ersten Sachverhalte, die man aus diesen Axiomen folgern könnte, aber mit gesundem Menschenverstand als selbstverständlich und sinnvoll angesehen werden, als richtig voraussetzt. Diese grundlegenden Objekte sowie einsichtige Sachverhalte für die **ebene Geometrie** (das ist der Teil der euklidischen Geometrie, der sich mit Objekten beschäftigt, die auf einem Blatt Papier konstruiert werden können) werden in diesem Kapitel dargestellt und bilden somit die Grundlage für alle weiteren Kapitel dieses Buches.

1.1 Geometrische Grundobjekte

Wenn man die folgenden geometrischen Grundobjekte zeichnen möchte, benötigt man als Hilfsmittel nur Zirkel und Lineal sowie einen Bleistift:

Name	**Beschreibung, Eigenschaft**	**Bezeichnung**
Punkt		Für Punkte werden Großbuchstaben verwendet: **A**, **B**, **C**, …
Gerade	Hierunter versteht man eine gerade Linie ohne Anfangs- und Endpunkt. Diese ist durch zwei Punkte bereits eindeutig festgelegt. Geraden sind Punktmengen, sie bestehen aus unendlich vielen Punkten. 	Geraden werden mit Kleinbuchstaben benannt: **a**, **b**, **c** … oder mithilfe zweier Punkte auf der Geraden, z. B. **AB**. Wenn ein Punkt A auf einer Geraden g liegt, schreibt man $A \in g$ (gelesen: A liegt auf g).
Halbgerade oder Strahl	Eine Halbgerade ist ebenfalls geradlinig, besitzt jedoch einen Anfangspunkt und keinen Endpunkt. 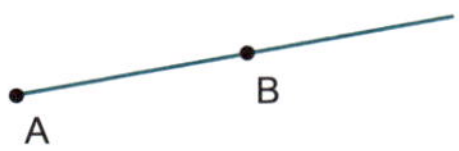	Eine Halbgerade mit dem Anfangspunkt A und einem weiteren Punkt B wird mit „**Halbgerade AB**" bezeichnet. Im Gegensatz zur Geraden darf man hier die Buchstaben nicht vertauschen; die Halbgerade BA hat den Anfangspunkt B und verläuft in die entgegengesetzte Richtung.
Strecke	Eine Strecke ist ebenfalls geradlinig, aber beidseitig begrenzt. Sie besitzt zwei Endpunkte. 	Für die Strecke mit den Endpunkten A und B wird die Bezeichnung **[AB]** verwendet. Eine Strecke ist die **kürzeste Verbindung zwischen zwei Punkten**.
Kreis	Ein Kreis besitzt einen **Mittelpunkt**; alle Punkte des Kreises haben dieselbe Entfernung zu diesem Mittelpunkt. 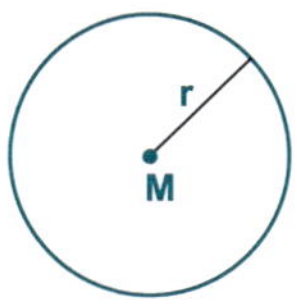	Die Entfernung der Punkte des Kreises zum Mittelpunkt nennt man **Radius**. Ein Kreis mit Mittelpunkt M und Radius r wird mit **k(M; r)** bezeichnet.

Im Zusammenhang mit diesen geometrischen Objekten führt man zwei weitere Bezeichnungen ein, damit man Beziehungen zwischen den Objekten nicht so ausführlich beschreiben muss:
Die gemeinsamen Punkte zweier Grundobjekte nennt man **Schnittpunkte**, zwei sich schneidende Geraden werden als **Geradenkreuzung** bezeichnet.

Winkel

Definition

Ein **Winkel** ist diejenige Fläche, die von einer Halbgeraden SA bei einer **Linksdrehung** überstrichen wird, wenn diese bis zur Halbgeraden SB gedreht wird.

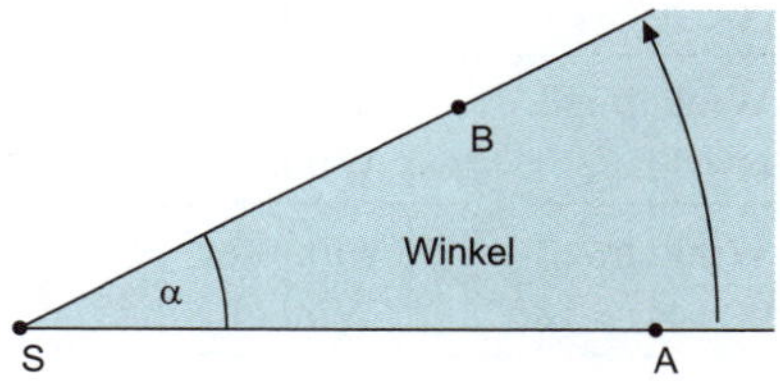

Winkel sind also zunächst einmal **Punktmengen**, nämlich eine **Teilmenge der Ebene**. Die im Bild grün hervorgehobene, nach rechts offene Fläche bildet den Winkel.

Die beiden Halbgeraden des Winkels bezeichnet man als **Schenkel**, den Punkt S nennt man **Scheitel** des Winkels. Um Winkel vergleichen zu können, verwendet man ein Maß, das sogenannte **Winkelmaß**, das die Größe des Winkels beschreibt. Das Drehmaß oder Winkelmaß wird in **Grad** (°) angegeben.
Ein Winkel, aber auch sein Winkelmaß, wird mit griechischen Kleinbuchstaben, z. B. α, β, γ, δ bezeichnet.
Durch den Punkt A, den Scheitel S und den Punkt B ist der Winkel α bereits eindeutig bestimmt. Man schreibt für α daher auch ∢ASB (gelesen: „**Winkel ASB**“).
Der erste Punkt muss dabei ein Punkt auf der ersten Halbgeraden SA sein, der zweite Punkt ist der Scheitel und der dritte Punkt liegt auf der gedrehten Halbgeraden SB.

Beispiel

Benennen Sie die eingezeichneten Winkel durch geeignete Punkte.

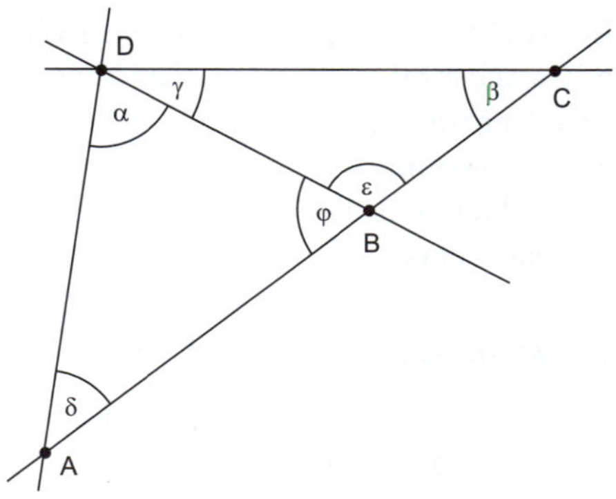

Lösung:
Der Winkel α wird durch den ersten Schenkel DA gebildet, der auf den zweiten Schenkel DB nach links gedreht wird. Der Punkt A liegt also auf dem ersten Schenkel von α, D ist der Scheitel dieses Winkels, und B liegt auf dem zweiten Schenkel von α. Daher ist $\alpha = \sphericalangle ADB$.
Entsprechend ergibt sich:
$\beta = \sphericalangle DCB = \sphericalangle DCA$; $\gamma = \sphericalangle BDC$; $\delta = \sphericalangle BAD = \sphericalangle CAD$; $\varepsilon = \sphericalangle CBD$; $\varphi = \sphericalangle DBA$

Die Winkel teilt man je nach ihrer Größe in verschiedene **Winkelklassen** ein:

Winkelmaß $\alpha < 90°$	spitzer Winkel
Winkelmaß $\alpha = 90°$	rechter Winkel
Winkelmaß $90° < \alpha < 180°$	stumpfer Winkel
Winkelmaß $\alpha = 180°$	gestreckter Winkel
Winkelmaß $180° < \alpha < 360°$	überstumpfer Winkel
$\alpha = 360°$	Vollwinkel

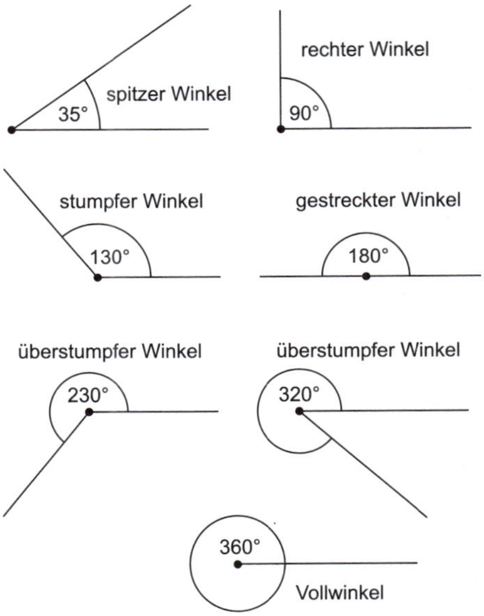

Bei zwei Geraden g und h, die einen Winkel von 90° miteinander bilden, schreibt man kurz: **g ⊥ h**. Man sagt dann, die beiden Geraden stehen **senkrecht** oder **orthogonal** aufeinander.
Ein rechter Winkel wird oft auch mit einem Punkt gekennzeichnet.

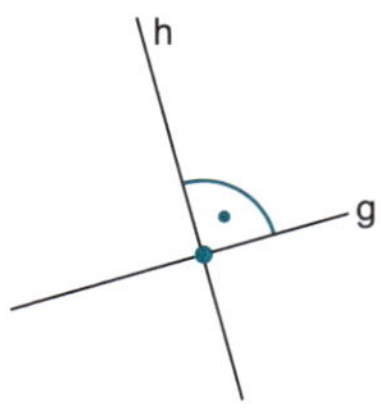

Entfernung und Abstand

Die Entfernung zweier Punkte A und B wird mit |AB| bezeichnet. Die Entfernung eines Punktes A von einer Geraden g nennt man Abstand. Dies ist die kleinstmögliche Entfernung, die ein Punkt der Geraden von dem gegebenen Punkt A hat. Diesen Abstand kann man mithilfe des Lots bestimmen.

Definition

Das **Lot** vom Punkt A auf die Gerade g ist eine Strecke, die **senkrecht** auf der Geraden steht, d. h., das Lot und die Gerade bilden einen rechten Winkel.
Den Schnittpunkt L des Lotes und der Geraden g nennt man **Lotfußpunkt**.

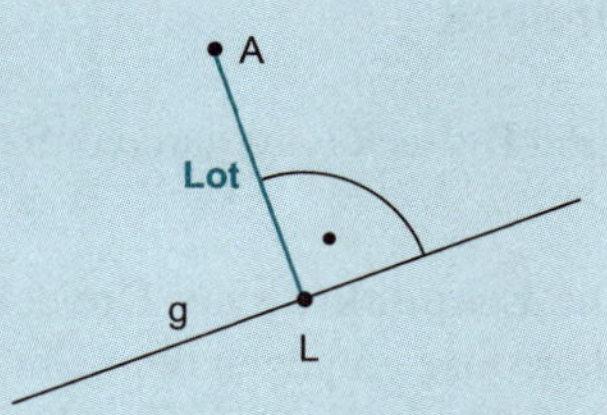

Unter dem **Abstand** des Punktes A von der Geraden g versteht man die **Entfernung des Punktes A vom Lotfußpunkt L.**
Der **Abstand eines Punktes A von einer Geraden g** wird auch mit **d(A; g)** bezeichnet.

Beispiel

Bestimmen Sie die Abstände der Punkte A, B und C von den Geraden g, h und k.

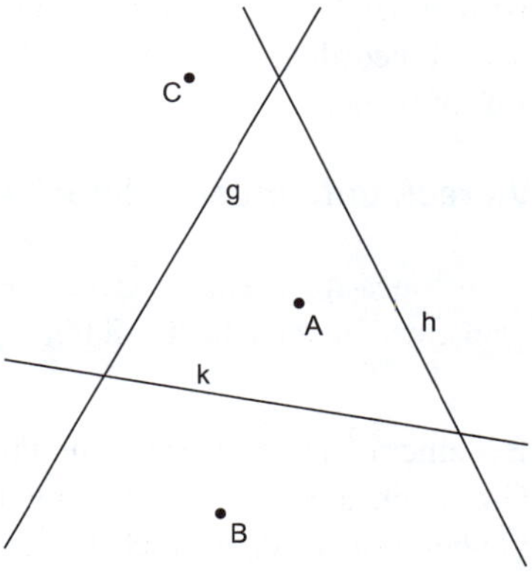

Lösung:
Von den Punkten A, B und C werden die Lote auf die Geraden gefällt und die Längen der Lote abgelesen.

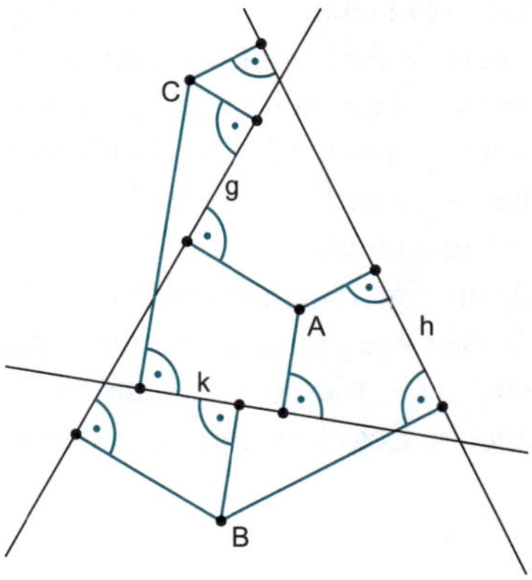

Aus diesen einfachen Grundobjekten entstehen durch Kombinationen weitere geometrische Grundobjekte, die nachfolgend beschrieben werden.

Dreieck

Definition

> Ein **Dreieck** wird durch drei Punkte bestimmt, die nicht auf einer Geraden liegen.

Die **Eckpunkte** eines Dreiecks werden üblicherweise entgegen dem Uhrzeigersinn alphabetisch geordnet mit Großbuchstaben bezeichnet. Das Dreieck mit den Eckpunkten A, B und C wird als „Dreieck ABC" notiert. Die jeweils einem Punkt gegenüberliegende **Seite** eines Dreiecks wird möglichst mit dem entsprechenden Kleinbuchstaben bezeichnet. Die **Innenwinkel** des Dreiecks werden – ebenfalls alphabetisch geordnet – mit griechischen Kleinbuchstaben benannt.

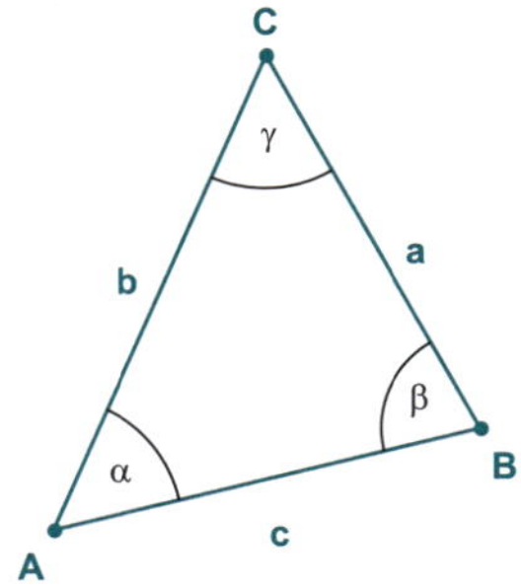

Viereck und andere Vielecke

Definition

> Ein **Viereck** wird durch vier Punkte bestimmt, wobei keine drei dieser vier Punkte auf einer Geraden liegen dürfen.

Bei einem Viereck werden die Punkte mit Großbuchstaben und die Innenwinkel mit kleinen griechischen Buchstaben entgegen dem Uhrzeigersinn bezeichnet. Da es hier keine eindeutige einem Punkt gegenüberliegende Seite gibt, werden die Seiten beginnend mit der Seite [AB] ebenfalls im Gegenuhrzeigersinn mit Kleinbuchstaben bezeichnet. Ausführlich werden Vierecke in Kapitel 3.1 diskutiert.

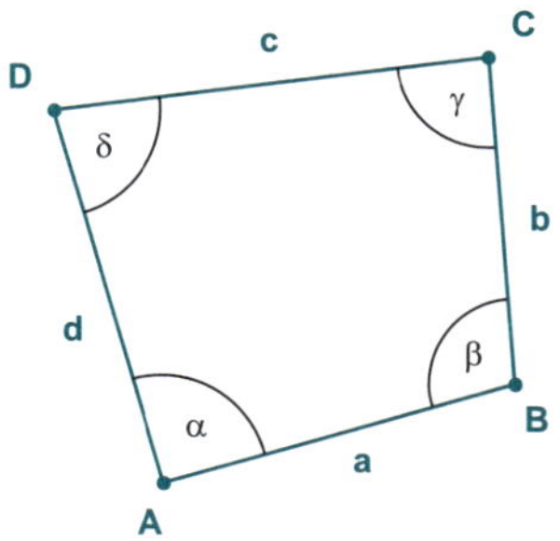

Analog geht man bei der Bezeichnung von Fünf-, Sechs-, Siebenecken usw. vor. Diese Objekte fasst man unter dem Namen **Vielecke** zusammen.
Dreiecke, Vierecke und andere Vielecke mit n Eckpunkten nennt man allgemein auch **n-Ecke**. Eingehender werden diese in Kapitel 3.2 untersucht.

Aufgaben

1. Welche Objekte könnten mit folgenden Bezeichnungen gemeint sein?
   β; AB; $|XY|$; [BZ]; $\sphericalangle$RST; UVW

2. Zu welcher Winkelklasse gehören folgende Winkel?
   78°; 360°; 220°; 150°; 180°; 90°

3. Benennen Sie die grün eingezeichneten Winkel nur mithilfe der angegebenen Punkte.

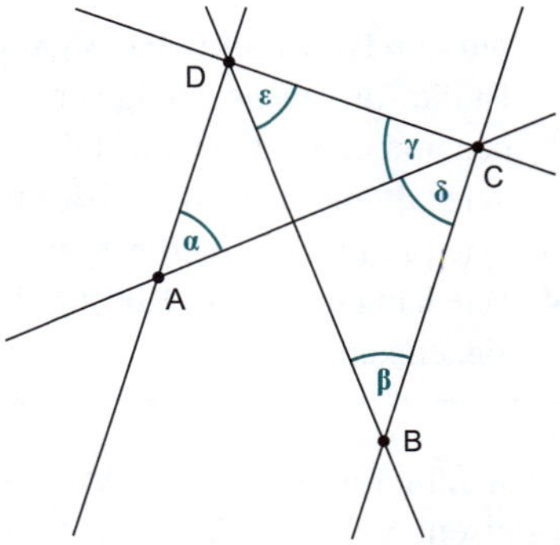

4. Zeichnen Sie folgende Winkel ein:
∢BAD; ∢CBD; ∢DCB; ∢ADB;
∢DAB; ∢ABC; ∢BCD

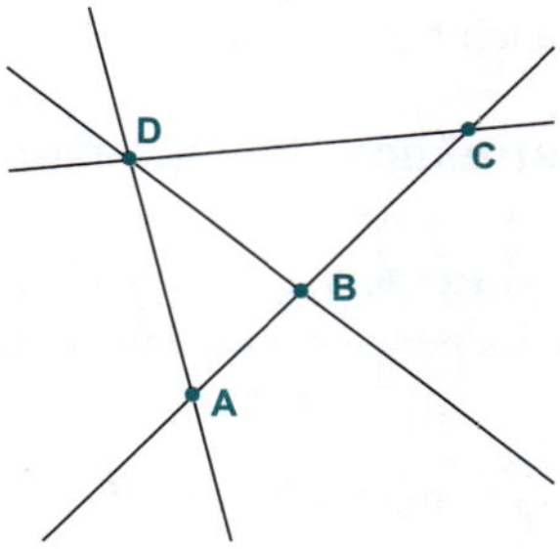

5. Messen Sie die Winkel im gezeichneten Fünfeck und bestimmen Sie die Winkelsumme.

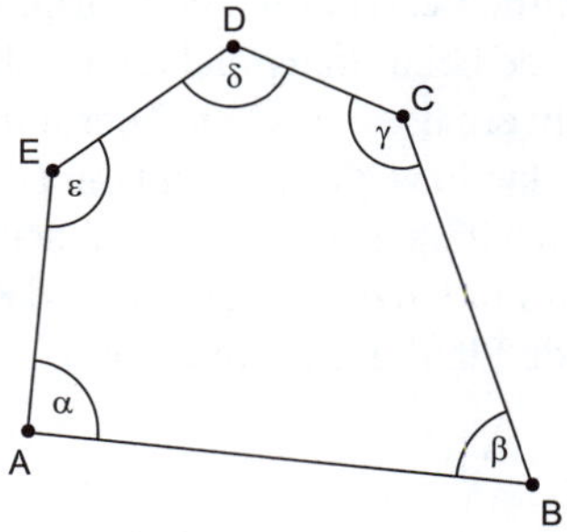

1.2 Grundkonstruktionen

Aus den wenigen Grundobjekten gelangt man durch einfache Grundkonstruktionen zu weiteren geometrischen Objekten.
Eines davon ist die **Mittelsenkrechte** einer Strecke.
Anhand der Konstruktion der Mittelsenkrechten soll ausführlich gezeigt werden, wie man an geometrische Fragestellungen herangeht. Dabei ist der folgende grundsätzliche Fragenkatalog hilfreich:

Regel

Lösen von Konstruktionsaufgaben

1. Ist die Aufgabenstellung verstanden? Kann man sich ein Bild von den gegebenen und gesuchten Objekten machen (**Planfigur**)?
2. Wie kommt man auf die **Idee** für eine Konstruktion?
3. Wie führt man dann die **Konstruktion** durch?
4. Wie kann man diese Konstruktion **beschreiben**, damit man sie später nachvollziehen kann?

Die sich hieraus ergebende Vorgehensweise wird nachfolgend am Beispiel der Mittelsenkrechten erläutert und kann sinngemäß auf alle weiteren Konstruktionen übertragen werden. Mit etwas Kreativität, Fantasie und Flexibilität wird es gelingen, auch für schwierigere Konstruktionsaufgaben den Lösungsweg zu finden.

Konstruktion der Mittelsenkrechten

Definition

Die **Mittelsenkrechte** ist diejenige Gerade, deren Punkte jeweils gleich weit von den Endpunkten einer Strecke entfernt sind.

Wie kann man solch eine Gerade konstruieren?

1. Zum Verständnis der Aufgabenstellung

Gerade bei umfangreicheren Konstruktionen ist es schwierig, sich ein Bild vom Sachverhalt zu machen. Hier hilft sehr oft eine **Planfigur**, in der die gegebenen Objekte bzw. Größen und die gesuchten Objekte bereits eingezeichnet sind. Oft ist es nützlich, zusätzlich offensichtliche Eigenschaften dieser Objekte in die Planfigur mit aufzunehmen. Für die Konstruktion der Mittelsenkrechten könnte folgende Planfigur hilfreich sein:

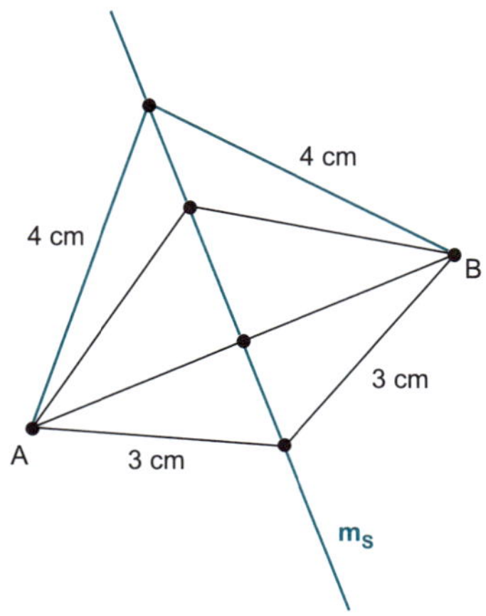

In einer Planfigur kann man durchaus auch etwas experimentieren, also z. B. einige Entfernungen oder ähnliches eintragen, um eine Idee für die Konstruktion zu erhalten.

2. Zur Idee für die Konstruktion

Was ist gegeben? Offensichtlich haben wir eine Strecke, z. B. [AB], zu der wir die Mittelsenkrechte suchen.

Welche Eigenschaften hat das gesuchte Objekt, die Mittelsenkrechte? Die Mittelsenkrechte besteht aus allen Punkten, die von A und von B gleich weit entfernt sind.

Kann man einen Teil des gesuchten Objekts konstruieren? Suchen wir zunächst einmal einen Punkt dieser Mittelsenkrechten. Beispielsweise könnte uns der Punkt interessieren, der 4 cm von A und ebenfalls 4 cm von B entfernt ist. Wo liegen denn alle Punkte, die von A und von B z. B. die Entfernung 4 cm besitzen?

Kommt man weiter, wenn man nur einen Teilaspekt betrachtet? Betrachten wir zunächst einmal nur den Punkt A. Wo liegen denn alle Punkte, die von A 4 cm entfernt sind? Auf einem Kreis um A mit Radius 4 cm. Irgendwo auf diesem Kreis muss der gesuchte Punkt der Mittelsenkrechten liegen. Aber wo?

Sind bereits alle Informationen verwendet? Nein, der gesuchte Punkt der Mittelsenkrechten muss auch 4 cm von B entfernt sein. Also liegt der gesuchte Punkt der Mittelsenkrechten auch auf einem Kreis um B mit Radius 4 cm.

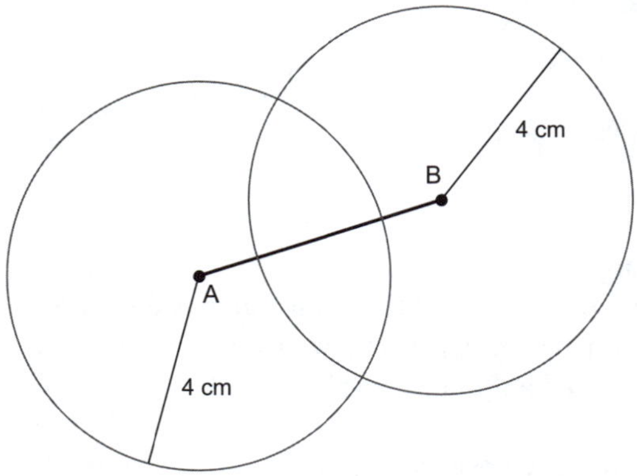

Was kann man daraus schließen? Der gesuchte Punkt auf der Mittelsenkrechten liegt also auf beiden Kreisen. Daher sind die gemeinsamen Punkte der beiden Kreise, also die Schnittpunkte, die gesuchten Punkte auf der Mittelsenkrechten.

Hilft das für die Ausgangsfrage? Da eine Gerade bereits durch zwei verschiedene Punkte festgelegt ist und die beiden Schnittpunkte der Kreise auf der Mittelsenkrechten liegen, muss die Gerade durch die beiden Schnittpunkte der Kreise die Mittelsenkrechte der Strecke [AB] sein.

3. Zur Konstruktion der Mittelsenkrechten

Wichtig ist dabei, alle konstruierten Objekte mit geeigneten Namen zu bezeichnen, damit man sie gut beschreiben kann.
Man beginnt mit den gegebenen Größen, in diesem Fall der Strecke [AB] und markiert dabei die Endpunkte A und B.
Nun schlägt man jeweils einen Kreis mit z. B. Radius 4 cm um die Punkte A und B. Die Größe des Radius ist dabei nicht entscheidend; wichtig ist nur, dass sich die beiden Kreise schneiden, da man sonst keinen Punkt auf der Mittelsenkrechten gewinnen kann. Der Radius der beiden Kreise muss also größer als die halbe Entfernung der Punkte A und B sein.
Die Schnittpunkte der beiden Kreise werden mit S_1 und S_2 bezeichnet; die Gerade S_1S_2 ist die gesuchte Mittelsenkrechte m_s.

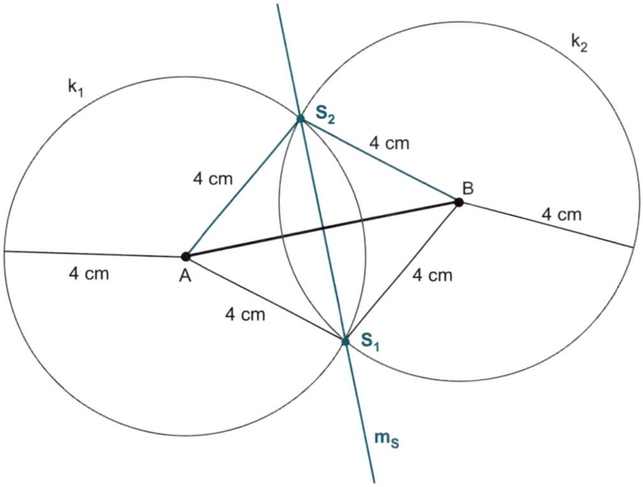

4. Zur Konstruktionsbeschreibung

Diese in Punkt 3 ausführlich beschriebene Konstruktion kann nun in wenigen Zeilen festgehalten werden. Wichtig ist dabei, dass jedes verwendete geometrische Objekt in der Konstruktionsbeschreibung aufgeführt wird.

1. Gegeben: Strecke [AB].
2. Zeichne Kreis k_1 um A mit Radius r, wobei $r > \frac{1}{2}|AB|$.
3. Zeichne Kreis k_2 um B mit demselben Radius r.
4. Benenne die Schnittpunkte von k_1 und k_2 mit S_1 und S_2.
5. Die Gerade S_1S_2 ist die gesuchte Mittelsenkrechte m_s.

Der Mittelpunkt einer Strecke

Wenn man zwei Punkte A und B gegeben hat, dann stellt die **Mitte zwischen den beiden Punkten** A und B den **Mittelpunkt der Strecke** [AB] dar, der von beiden Punkten A und B gleich weit entfernt ist.
Da alle Punkte auf der Mittelsenkrechten von [AB] dieselbe Entfernung zu A und B besitzen, ist der Schnittpunkt der Mittelsenkrechten von [AB] mit der Strecke [AB] gleichzeitig der Mittelpunkt der Strecke [AB] und damit auch die Mitte der beiden Punkte.

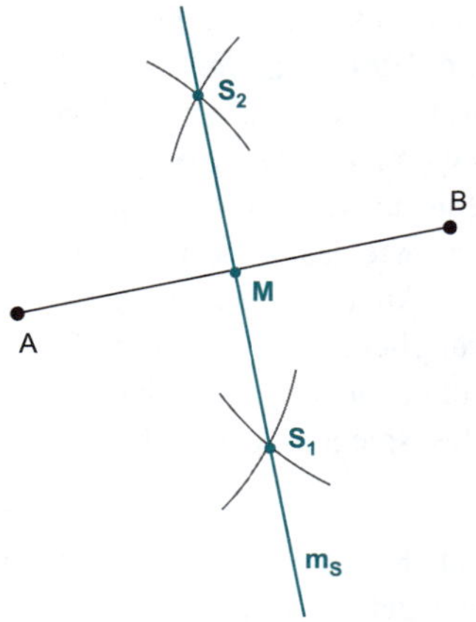

Konstruktion des Lots

Mithilfe der Mittelsenkrechten kann man das Lot von einem Punkt A auf eine gegebene Gerade g konstruieren.

Konstruktionsbeschreibung:

1. Zeichne die gegebene Gerade g und einen Punkt A außerhalb von g.
2. Zeichne einen Kreis k_1 um A, der g in zwei Punkten B und C schneidet.
3. Das Lot ist der Streckenabschnitt [AM] der Mittelsenkrechten der Strecke [BC], wobei M der Mittelpunkt von [BC] ist.

Der dritte Schritt der Konstruktionsbeschreibung bedeutet, dass man die Mittelsenkrechte m_s zur Strecke [BC] genauso konstruiert, wie es zuvor in den fünf Konstruktionsschritten beschrieben worden ist. Am einfachsten zeichnet man somit zwei Kreise um B bzw. C mit dem Radius von k_1, denn damit kann man den gegebenen Punkt A bereits als einen Schnittpunkt dieser beiden Kreise verwenden.

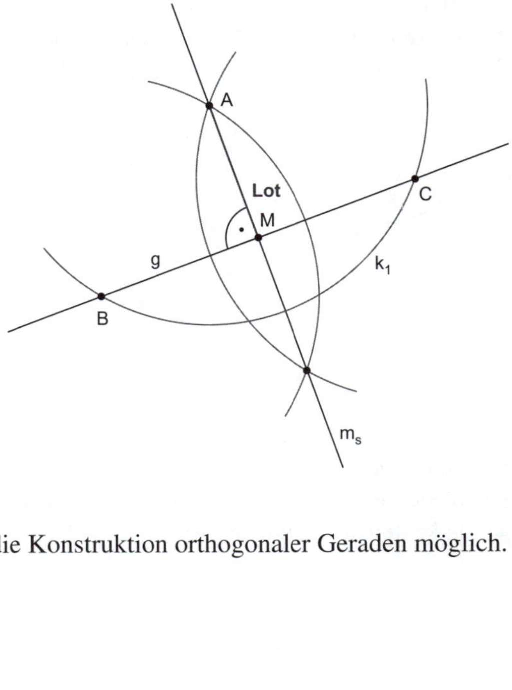

Mit dieser Konstruktion ist auch die Konstruktion orthogonaler Geraden möglich.

Achsenspiegelung und Achsensymmetrie

Die Achsenspiegelung ist eine **Grundabbildung**, die man sich am besten wie bei einem Spiegel vorstellen kann. Das Spiegelbild ist genauso weit vom Spiegel entfernt wie das ursprüngliche Objekt. Außerdem stehen sich ursprüngliches Objekt und Spiegelbild genau senkrecht (bezüglich des Spiegels) gegenüber.

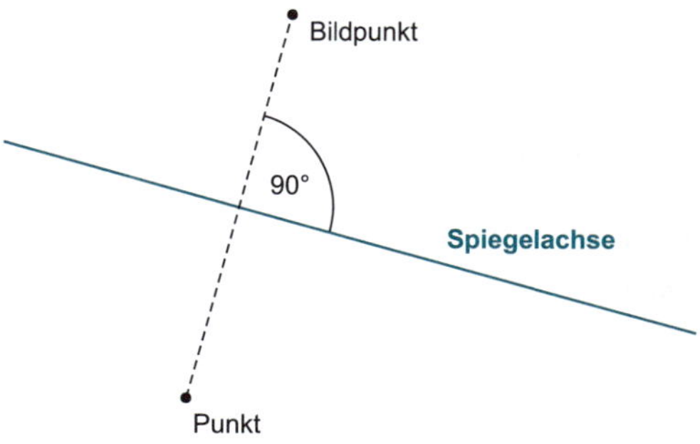

Regel

Für die Konstruktion des Bildpunkts nutzt man folgende **Eigenschaften der Achsenspiegelung** aus:

- Punkt und Bildpunkt sind **gleich weit von der Spiegelachse entfernt**.
- Die Verbindungsstrecke zwischen Punkt und Bildpunkt steht **senkrecht auf der Spiegelachse**.

Die **Konstruktion des Bildpunkts** kann somit folgendermaßen durchgeführt werden:

1. Gegeben sind ein Punkt A und die Spiegelachse g.
2. Zeichne einen Kreis k um A mit einem Radius r, sodass der Kreis die Spiegelachse in zwei verschiedenen Punkten S_1 und S_2 schneidet.
3. Zeichne zwei Kreise k_1 und k_2 um S_1 bzw. S_2 mit demselben Radius r.
4. Diese beiden Kreise k_1 und k_2 schneiden sich in A und A'.
5. Der Punkt A' ist Spiegelpunkt von A bezüglich der Spiegelachse g.

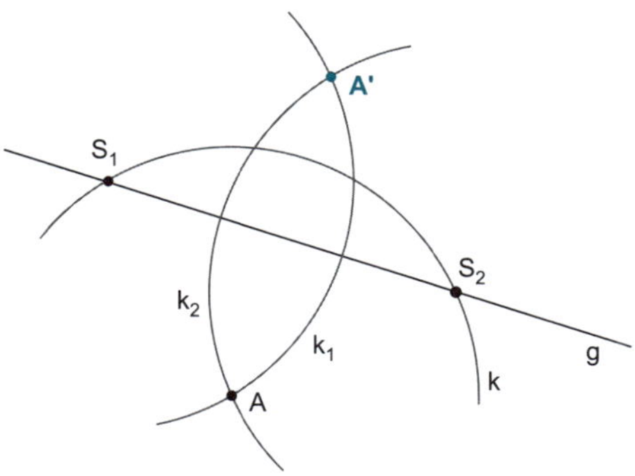

Man sagt: Der Punkt A' liegt **symmetrisch** zu A bezüglich der **Spiegelachse** g. Die beiden Punkte A und A' besitzen die Symmetrieachse g. Die Symmetrieachse ist die Mittelsenkrechte der Strecke [AA'].

Nicht nur Punktepaare, auch Dreiecke und andere Figuren können Symmetrieachsen besitzen. Wenn man eine dieser Figuren an solch einer Symmetrieachse spiegelt, wird sie auf sich selbst abgebildet.

Definition

Eine Figur, die bei der Spiegelung an einer Geraden g auf sich selbst abgebildet wird, nennt man **achsensymmetrische Figur**.
Die Gerade g wird **Symmetrieachse** genannt.

Beispiele für achsensymmetrische Figuren sind das gleichschenklige Dreieck (siehe Kapitel 2.2) sowie Drachen, Raute und Rechteck (siehe Kapitel 3.1).

Punktspiegelung und Punktsymmetrie

Die Punktspiegelung ist eine weitere wichtige **Grundabbildung**, bei der jeder Punkt an einem Spiegelpunkt abgebildet wird.

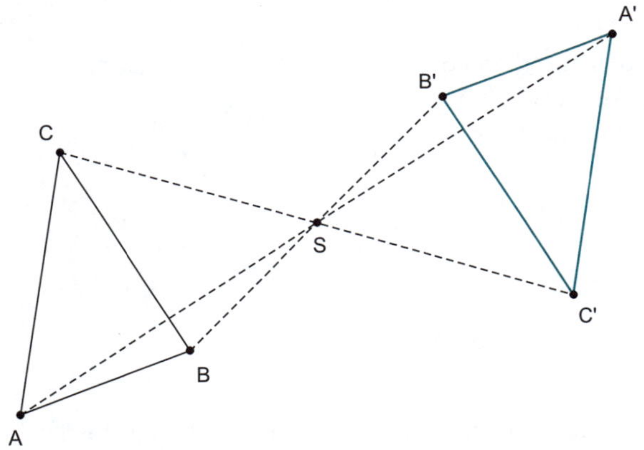

Regel

Eigenschaften der Punktspiegelung am Spiegelpunkt S:
- Punkt und Bildpunkt sind **gleich weit vom Spiegelpunkt S entfernt**.
- Punkt und Bildpunkt **liegen auf einer Geraden durch S** und von S aus gesehen auf verschiedenen Seiten dieser Geraden (S liegt immer in der Mitte zwischen Punkt und Bildpunkt).

Aufgrund dieser Eigenschaften ist die **Konstruktion eines Bildpunkts** mit Zirkel und Lineal einfach durchzuführen:
1. Gegeben sind ein Punkt A und ein Spiegelpunkt S.
2. Zeichne die Gerade g durch die Punkte A und S.
3. Zeichne einen Kreis k um S durch A.

4. Der Kreis k schneidet die Gerade g in den Punkten A und A';
   A' ist der Spiegelpunkt von A bezüglich S.

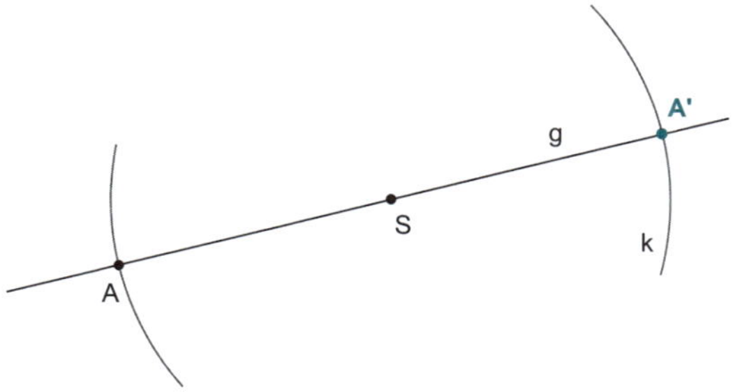

Beispiel

Gegeben ist eine Strecke [AB] sowie ein Punkt S, der nicht auf der Geraden AB liegt.
Spiegeln Sie die Strecke [AB] an S.

Lösung:
Die Punkte A und B werden einzeln an S gespiegelt und die Bildstrecke [A'B'] als Verbindung der Bildpunkte eingezeichnet.

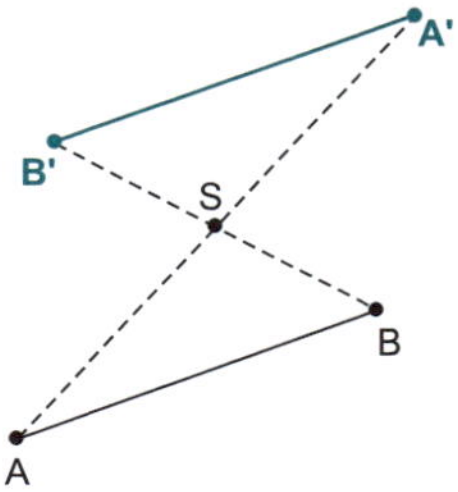

Die Winkelhalbierende

So wie die Mittelsenkrechte aus denjenigen Punkten besteht, die von zwei gegebenen Punkten (nämlich den Endpunkten einer Strecke) dieselbe Entfernung besitzen, so versteht man unter einer Winkelhalbierenden folgende Gerade:

Definition

> Die **Winkelhalbierende** eines Winkels ist diejenige Gerade, deren Punkte jeweils denselben Abstand von den beiden Schenkeln eines Winkels besitzen.
> Die Winkelhalbierende ist gleichzeitig die **Symmetrieachse** des Winkels.

Die Konstruktionsbeschreibung für die Winkelhalbierende lautet:
1. Gegeben sind zwei Halbgeraden h_1 und h_2 mit gemeinsamem Anfangspunkt S.
2. Zeichne einen Kreis k_1 um S; dieser schneidet h_1 in A und h_2 in B.
3. Zeichne zwei Kreise mit demselben Radius um A bzw. B, sodass diese sich in zwei Punkten schneiden. Bezeichne einen dieser Schnittpunkte mit W.

4. Die Gerade SW ist die gesuchte Winkelhalbierende w_h.

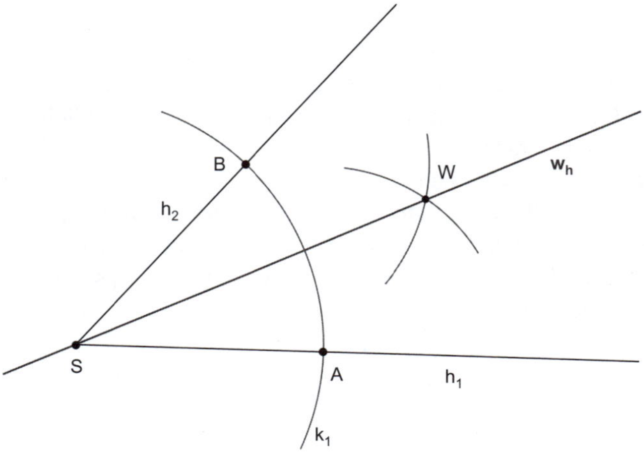

Parallelen

Definition

> Zwei Geraden, die keinen Schnittpunkt besitzen, nennt man **Parallelen**.

Wenn zwei Geraden g und h parallel zueinander sind, schreibt man auch kurz:
g || h

Regel

> Zwei Geraden a und b sind **parallel**, wenn **alle Punkte** der einen Geraden a **denselben Abstand** zur Geraden b besitzen.

Dies erlaubt die Konstruktion einer Parallelen zu einer gegebenen Geraden a im Abstand von z. B. 4 cm:

1. Gegeben ist eine Gerade a.
2. Konstruiere zwei zu a orthogonale Geraden g und h. Benenne die Schnittpunkte von a und g mit G und von a und h mit H.
3. Zeichne zwei Kreise mit Radius 4 cm um G bzw. um H. Die beiden Kreise schneiden die Orthogonalen g und h in den Punkten S_1, S_2, S_3 und S_4.
4. Die beiden auf derselben Seite von a liegenden Punkte S_1 und S_2 bzw. S_3 und S_4 bilden die beiden Parallelen p_1 bzw. p_2 zu a im Abstand 4 cm.

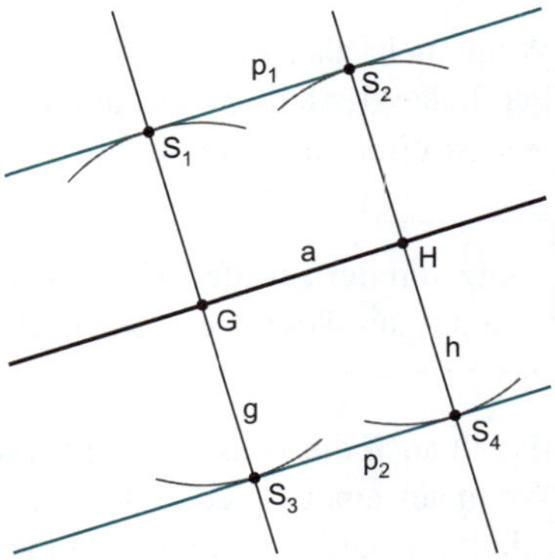

Beispiel

Bestimmen Sie alle Punkte, die von zwei sich schneidenden Geraden 3 cm entfernt sind.

Lösung:
Da alle Punkte, die die Entfernung 3 cm von einer Geraden besitzen, auf einer Parallelen zu dieser Geraden im Abstand 3 cm liegen, werden die Parallelen zu den beiden gegebenen Geraden konstruiert.

1. Gegeben sind zwei Geraden g und h.
2. Zeichne die beiden Parallelen zu g im Abstand 3 cm; erhalte p_1 und p_2.
3. Zeichne die beiden Parallelen zu h im Abstand 3 cm; erhalte p_3 und p_4.
4. Die Schnittpunkte der Parallelen p_1 und p_3, p_1 und p_4, p_2 und p_3 sowie p_2 und p_4 sind die gesuchten vier Punkte.

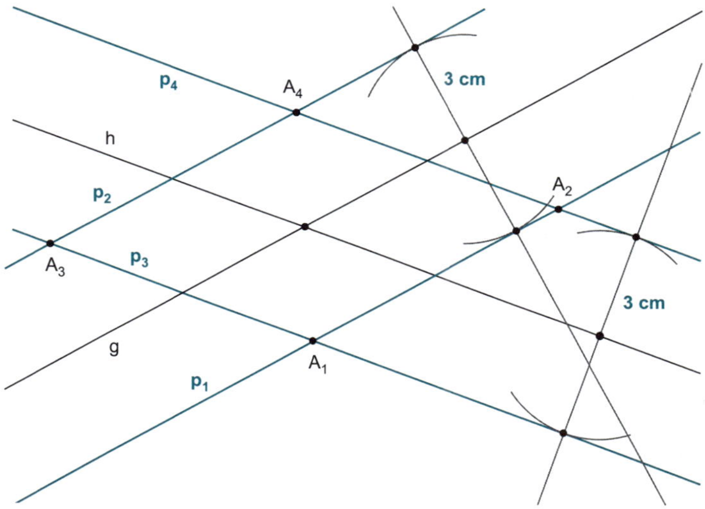

Streifenschar und Teilverhältnis

Wenn mehr als zwei Geraden parallel zueinander sind und jeweils benachbarte Parallelen denselben Abstand haben, spricht man von einer **Streifenschar**. Für eine Streifenschar gilt der einsichtige Satz:

Satz

> **Satz von der Streifenschar.** Beim Schnitt einer Geraden mit einer Streifenschar werden aus dieser Geraden gleich große Strecken ausgeschnitten.

Es gilt auch die **Umkehrung dieses Satzes:**
Wenn aus einer Geraden durch parallele Geraden gleich lange Strecken ausgeschnitten werden, dann bilden diese parallelen Geraden eine Streifenschar, benachbarte Parallelen besitzen also denselben Abstand voneinander.

In nebenstehendem Bild sind nach dem Satz von der Streifenschar die Strecken s_1, s_2, s_3 und s_4 gleich lang. Der Punkt B liegt daher genau in der Mitte von A und C, teilt also die Strecke [AC] im Verhältnis 1:1. Weil der Punkt D dreimal so weit von A wie von E entfernt ist, teilt D die Strecke [AE] im Verhältnis 3:1. Allgemein lässt sich das Teilverhältnis folgendermaßen definieren:

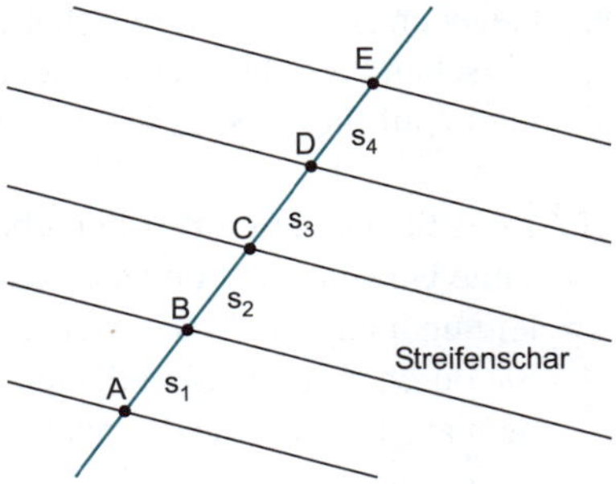

Definition

Teilverhältnis. Wenn ein Punkt C so auf einer Strecke [AB] liegt, dass C n Einheiten von A und m Einheiten von B entfernt ist, dann sagt man: Der Punkt C teilt die Strecke [AB] im Verhältnis n:m.

Beispiel

Bestimmen Sie die Teilverhältnisse, in denen
- B die Strecke [AD],
- D die Strecke [AE],
- C die Strecke [AE],
- A die Strecke [AB]

teilt.

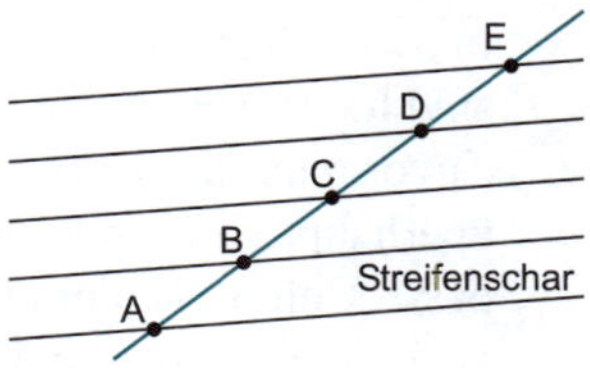

Lösung:

B liegt einen Streifen von A und zwei Streifen von D entfernt; daher teilt B die Strecke [AD] im Verhältnis 1:2. Nach denselben Überlegungen teilt D die Strecke [AE] im Verhältnis 3:1 und C die Strecke [AE] im Verhältnis 2:2=1:1. A ist der Endpunkt der Strecke [AB], sodass sich hier kein geeignetes Teilverhältnis angeben lässt.

Aufgaben

6. Gegeben sind zwei parallele Geraden p_1 und p_2. Konstruieren Sie diejenige Gerade, die denselben Abstand von p_1 und von p_2 besitzt. Erstellen Sie eine kurze Konstruktionsbeschreibung.

7. Gegeben sind eine Gerade a und zwei Punkte A und B, die nicht auf a liegen. Konstruieren Sie alle Punkte, die von A und B gleich weit und von a 4 cm entfernt sind. Unter welchen Bedingungen ist eine solche Konstruktion unmöglich?

8. Gegeben sind zwei sich schneidende Geraden a und b sowie ein Punkt A, der auf keiner der beiden Geraden liegt. Konstruieren Sie alle Punkte, die von a und b gleich weit und von A 4 cm entfernt sind. Unter welchen Bedingungen ist eine solche Konstruktion unmöglich?

9. Gegeben ist eine Streifenschar aus fünf Geraden, die den Abstand von 2 cm zwischen benachbarten Geraden besitzt. Geben Sie eine Strecke und einen Punkt auf dieser Strecke an, der die Strecke im Verhältnis 1 : 3 teilt.

10. Zwei Städte A und B sollen über eine gemeinsame Umspannstation an eine Hochspannungsleitung h angeschlossen werden. Bestimmen Sie durch Konstruktion denjenigen Ort, von dem aus die Summe der beiden Leitungslängen am geringsten ist.

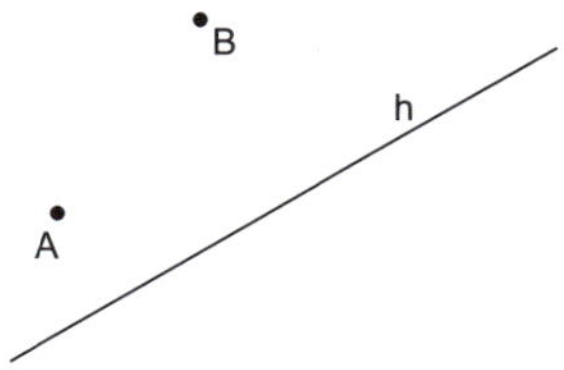

Hinweis: Überlegen Sie zunächst, wie Sie den besten Ort für die Umspannstation finden könnten, wenn die Städte auf verschiedenen Seiten der Hochspannungsleitung liegen würden.

11. Ein Hersteller von Schultüten beabsichtigt, einen Spielball mit d = 30 cm Durchmesser in Schultüten zu verpacken. Die Schultüten sind h = 100 cm hoch und oben 40 cm breit. Zuvor muss der Hersteller prüfen, ob der Ball überhaupt vollständig in die Schultüte hineinpasst. Helfen Sie dem Hersteller durch eine geeignete Konstruktion.

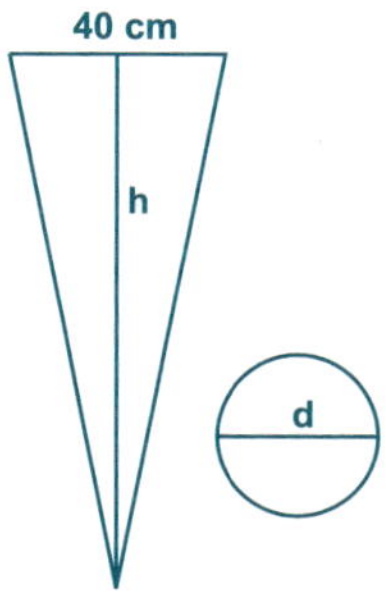

12. Für drei Gemeinden A, B und C soll auf freiem Feld ein Einkaufszentrum gebaut werden. Der Architekt möchte garantieren, dass alle drei Orte dieselbe Entfernung zum Einkaufszentrum haben. Wie kann er die gewünschte Lage des Einkaufszentrums konstruieren?

13. Eine geplante Fabrik F soll nicht weiter als 3 km von einer Eisenbahnlinie e und nicht weiter als 5 km von der Bundesstraße b entfernt sein. Außerdem muss die Fabrik mindestens 6 km von der Gemeinde G entfernt sein. Beschreiben Sie, wie Sie konstruktiv mögliche Standorte für die Fabrik F finden können.

14. Beim Billard werden die Kugeln – wenn man den Effet außer Betracht lässt – an einer Bande so reflektiert, dass der einfallende und der ausfallende Winkel gleich sind.

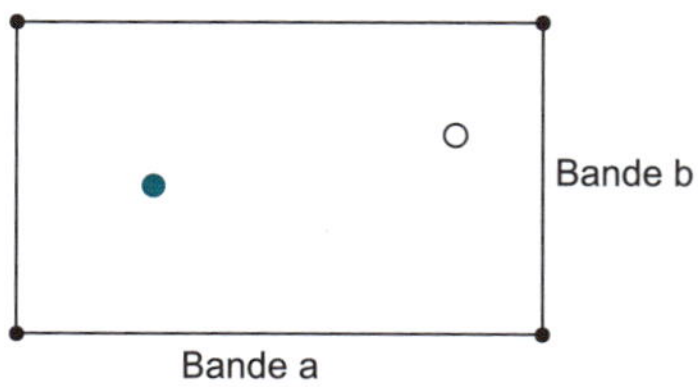

a) Bei einem Billardspiel soll die weiße Kugel so gestoßen werden, dass sie über die Bande a die grüne Kugel trifft. Bestimmen Sie konstruktiv die Richtung, in die die weiße Kugel gestoßen werden muss.

b) Bestimmen Sie die Richtung, wenn die weiße Kugel zuerst über Bande b und dann über Bande a gehend die grüne Kugel treffen soll.

1.3 Winkelbeziehungen

In diesem Abschnitt werden die Beziehungen zwischen den Winkeln an Geradenkreuzungen untersucht.

Definition

Bei Geradenkreuzungen heißen

- benachbarte Winkel **Nebenwinkel**;
- sich gegenüberliegende Winkel **Scheitelwinkel**.

Schneidet eine Gerade c zwei parallele Geraden, so heißen

- die beiden Winkel α und β, die auf derselben Seite von c liegen, **Stufenwinkel**;
- die beiden Winkel α und γ, die auf unterschiedlichen Seiten von c liegen, **Wechselwinkel**. Wechselwinkel stellen eine Kombination von Scheitel- und Stufenwinkeln dar.

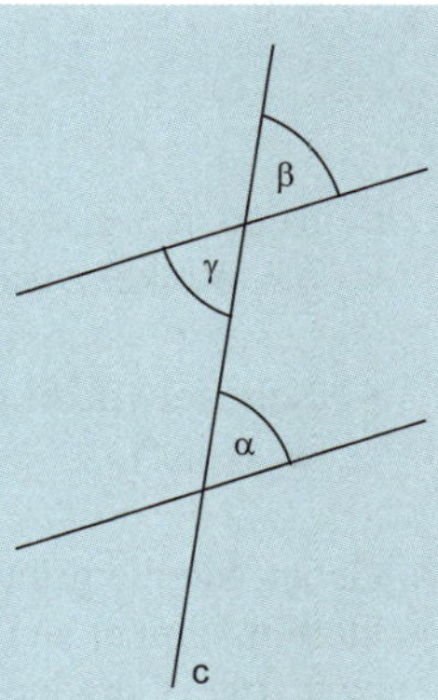

Regel

- Ein Winkel bildet zusammen mit seinem Nebenwinkel einen **gestreckten Winkel**.
- Scheitel-, Stufen- und Wechselwinkel sind jeweils **gleich groß**.

Beispiel

Berechnen Sie die Winkel in der Abbildung, wenn $\alpha = 40°$ ist und die Geraden a und b parallel sind.

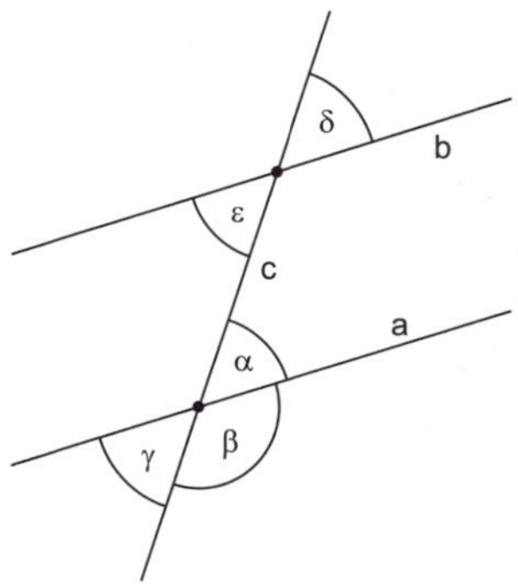

Lösung:
γ ist Scheitelwinkel zu α, daher ist $\gamma = \alpha = 40°$.
β ist Nebenwinkel zu α, daher ist $\beta = 180° - \alpha = 140°$.
δ ist Stufenwinkel zu α, daher ist $\delta = \alpha = 40°$.
ε ist Wechselwinkel zu α, daher ist $\varepsilon = \alpha = 40°$.

Aufgaben

15. Markieren Sie alle Stufenwinkel zu α in schwarz und alle Wechselwinkel zu α in grün.

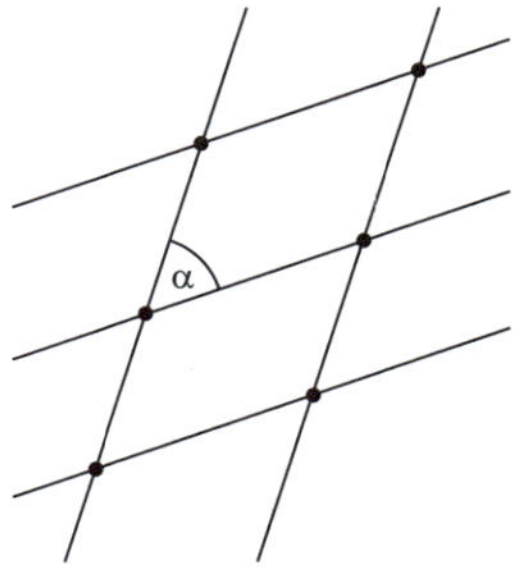

16. Begründen Sie, dass
- ein Winkel zusammen mit einem Nebenwinkel die Winkelsumme 180° besitzt;
- Scheitelwinkel gleich sind (verwenden Sie die Eigenschaft des Nebenwinkels!).

17. Geben Sie die grün markierten Winkel an (drei bzw. zwei Geraden sind parallel zueinander).

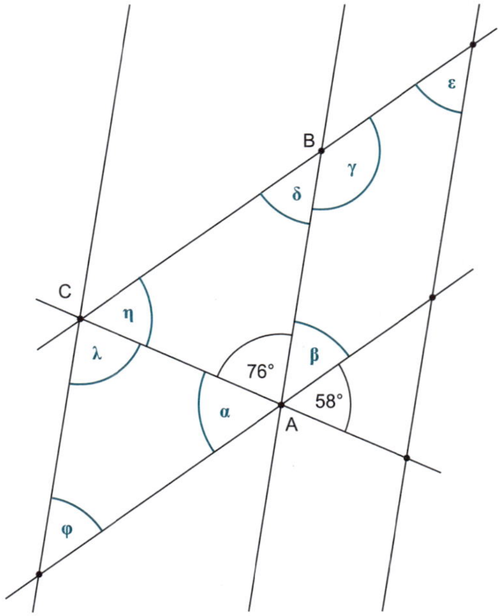

1.4 Das Koordinatensystem

Um die Position eines Hauses in einer Stadt zu beschreiben, genügt es nicht, seine Entfernung zum jeweiligen Standort anzugeben; durch diese Angaben ist die Position des Hauses noch nicht eindeutig bestimmt. Dieselbe Situation liegt vor, wenn man Punkte gegeben hat und beschreiben möchte, wo genau diese Punkte z. B. auf einer Ebene liegen. Hier hilft die Errichtung eines Koordinatensystems.

Definition

Ein üblicherweise in der ebenen Geometrie benutztes Koordinatensystem, das man **kartesisches Koordinatensystem** nennt, besitzt zwei **Koordinatenachsen**, die sich in einem Punkt schneiden, senkrecht aufeinander stehen und mit denselben Längeneinheiten versehen sind.

- Den Schnittpunkt der Koordinatenachsen nennt man **Koordinatenursprung** oder kurz **Ursprung**. Er wird mit dem Buchstaben O gekennzeichnet.
- Die Achsen werden alphabetisch entgegen dem Uhrzeigersinn bezeichnet. Dadurch kann ein Punkt durch die Angabe von zwei **Koordinaten** eindeutig festgelegt werden. Die erste Koordinate wird **x-Koordinate** oder auch **Abszisse** genannt. Die zweite Koordinate hat den Namen **y-Koordinate** oder **Ordinate**.
- Die durch die beiden Koordinatenachsen entstehenden vier Felder nennt man – wieder entgegen dem Uhrzeigersinn nummeriert – erstes, zweites, drittes bzw. viertes **Feld** oder **Quadrant**.

Beispiel

Bestimmen Sie die Koordinaten der Punkte G und D und beschreiben Sie dabei Ihre Vorgehensweise.

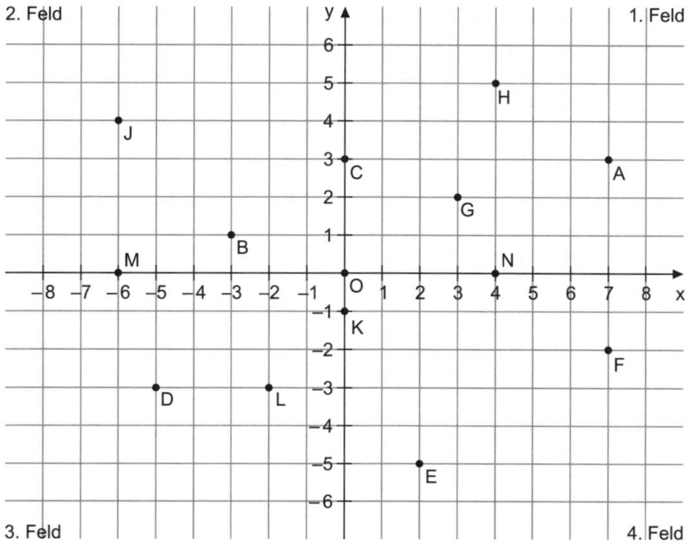

Lösung:
Zum Punkt G gelangt man zum Beispiel, indem man – vom Ursprung O ausgehend – zunächst 3 Einheiten nach rechts in Richtung der x-Achse und danach 2 Einheiten nach oben in Richtung der y-Achse geht. Der Punkt G hat also die x-Koordinate 3 und die y-Koordinate 2. Für die Bestimmung des Punktes G schreibt man kurz: **G(3 | 2)**.
Um vom Ursprung O zum Punkt D zu gelangen, muss man 5 Einheiten nach links, also entgegengesetzt zur x-Achse, und 3 Einheiten nach unten, entgegengesetzt zur y-Achse, gehen. Dies wird durch die x-Koordinate –5 und die y-Koordinate –3 dargestellt, wodurch sich für den Punkt D die Koordinatenangabe **D(–5 | –3)** ergibt.

Aufgaben

18. Bestimmen Sie die Koordinaten aller Punkte in obigem Koordinatensystem.

19. Zeichnen Sie in einem Koordinatensystem die Punkte A(5 | –2), B(–1 | –4), C(–3 | 5) und D(2 | –1) ein.
Zeichnen Sie die Geraden AB und CD und lesen Sie die Koordinaten des Schnittpunkts der beiden Geraden näherungsweise ab.

20. Der Punkt A besitzt die Abszisse 4 und die Ordinate –3, der Punkt B die x-Koordinate –3 und die y-Koordinate 2; die Koordinaten des Punktes C besitzen jeweils den Wert –8. In welchen Quadranten liegen diese Punkte?

21. Die Gemeinde B liegt 6 km östlich und 1 km nördlich von A, die Gemeinde C liegt 5 km östlich und 7 km nördlich von A.
Bestimmen Sie konstruktiv, wie weit ein Baum von A entfernt ist, wenn er jeweils eine Entfernung von 4 km von B und von C besitzt.

2 Dreiecke

Das Dreieck besitzt eine Vielzahl an geometrischen Eigenschaften; manche davon können mit ganz elementaren Mitteln aus den Grundlagen des ersten Kapitels gefolgert werden, andere erfordern dagegen einen aufwendigeren Beweis – begonnen wird in diesem Kapitel natürlich mit den einfacheren Sachverhalten.
Mithilfe dieser Dreieckseigenschaften werden Sie aber nun auch vermehrt die Möglichkeit erhalten, konkrete Berechnungen durchzuführen, insbesondere also Winkel oder Längen zu berechnen.
Diejenigen Themen, die Berechnungen erlauben, werden dabei etwas stärker betont, da die Oberstufengeometrie einen größeren Wert auf diese Tätigkeiten legt.

2.1 Winkel im Dreieck

Wie Sie im ersten Kapitel gelernt haben, besitzt ein Dreieck drei Ecken, drei Seiten und drei Innenwinkel. Es stellt sich nun die Frage, wie groß diese drei Innenwinkel zusammen sind. Sind es vielleicht 90°, 180° oder gar 360°? Oder ist die Summe der drei Winkel ja nach Form des Dreiecks verschieden groß?
Wenn Sie dieses Problem lösen wollen, benötigen Sie eine Strategie. Viele geometrische Fragestellungen lassen sich in den folgenden **fünf Schritten** lösen:

Regel

Lösung geometrischer Probleme

1. Zunächst ist die Frage zu klären, welche Ausgangssituation vorliegt; man muss sich also zunächst über **die gegebenen Größen** klar werden.
2. Danach muss die **Fragestellung** geklärt werden: Was ist überhaupt gesucht?
3. Um diese Frage zu klären, erstellt man am besten ein aussagekräftiges Bild, eine **Planfigur**, in der man den gegebenen Sachverhalt optisch darstellt.
4. Diese Planfigur kann man nun sinnvoll **erweitern** und anhand dieser Planfigur **Vermutungen** für weitere Sachverhalte aufstellen.
   Die Richtigkeit dieser Vermutungen wird dann mithilfe der Ausgangssituation **nachgewiesen**.
5. Sind diese Vermutungen als richtig nachweisbar, kann man diese nun ebenfalls **verwenden**, um die Zielfrage, also das **Problem** zu **lösen**.
   Falls sich die Vermutungen jedoch als falsch erweisen sollten, darf man diese natürlich nicht weiterverwenden.

Diese Vorgehensweise wird nun Schritt für Schritt an dem Problem der Winkelsumme in einem Dreieck beschrieben.

Beispiel

Bestimmen Sie die Summe der Innenwinkel in einem Dreieck.

Lösung:

1. Was ist gegeben?

Ausgangsgegenstand ist ein beliebiges Dreieck, das drei Innenwinkel α, β und γ besitzt.

2. Was ist gesucht, was ist zu beweisen?

Hier wird gefragt, ob die Summe der drei Innenwinkel eines beliebigen Dreiecks einen festen Wert annimmt.

3. Erstellen einer Planfigur

Zunächst wird ein beliebiges Dreieck ABC mit seinen drei Innenwinkeln α, β und γ gezeichnet. Dieses Bild hilft aber noch nicht viel weiter, denn man will ja etwas über die Summe der drei Winkel wissen, und diese drei Winkel liegen noch vereinzelt.

4. Erweitern der Planfigur und Finden weiterer Eigenschaften

Man benötigt zur Berechnung der Winkelsumme noch weitere Winkel und damit noch weitere Hilfslinien, um die drei Winkel zusammen betrachten zu können.

Eine Möglichkeit ist, die Seiten des Dreiecks zu verlängern und einige Parallelen sowie die hierdurch entstehenden neuen Winkel einzuzeichnen:

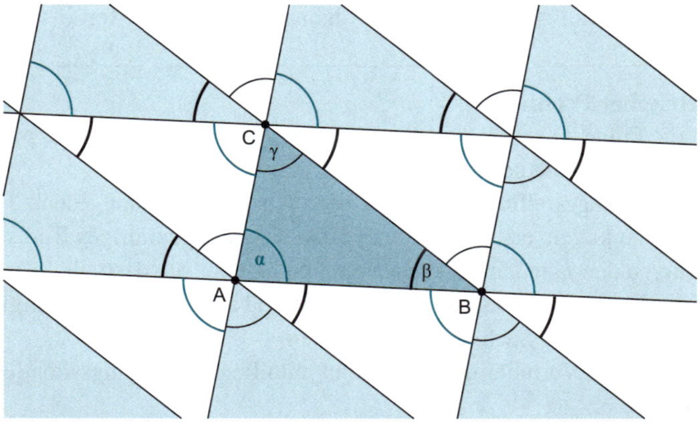

Man sieht hier auf einen Blick: Im Zentrum steht das Dreieck ABC mit den drei Innenwinkeln α, β und γ. Dieses Dreieck ist nun eingebaut in ein Mosaik von weißen und grünen Dreiecken.

Es sieht so aus, als ob alle grün markierten Winkel dasselbe Winkelmaß besitzen wie der Winkel α am Punkt A. Aber kann man da sicher sein?

Genau dieselbe Frage stellt sich für die dick schwarz gezeichneten Winkel, die alle dem Winkelmaß von β bei B zu entsprechen scheinen. Stimmt das wirklich? Wie lassen sich diese Vermutungen aus bekannten Sachverhalten beweisen?

In Kapitel 1 wurden Winkelbeziehungen an parallelen Geraden genannt. In obigem Bild sind offensichtlich viele Geraden parallel zueinander, denn sonst würden die Dreiecke in diesem Mosaik nicht unbegrenzt weiter hineinpassen. Um unsere Vermutung, dass alle gleich markierten Winkel auch gleich groß sind, zu beweisen, betrachten wir einmal genauer die Winkel bei der Ecke C.

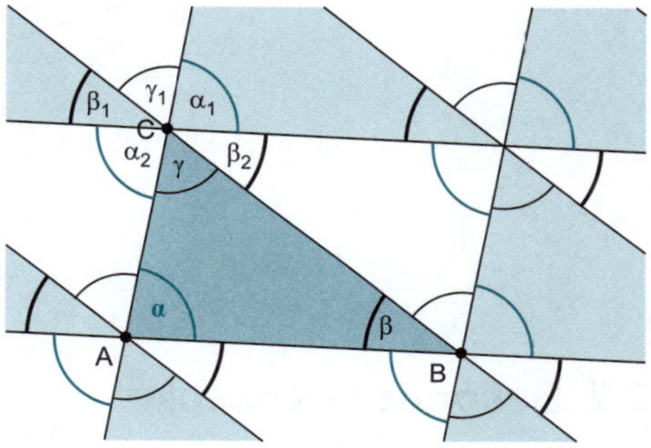

Es fällt auf, dass der Winkel γ_1 genauso groß ist wie der Winkel γ, denn diese beiden Winkel sind Scheitelwinkel. Dies gilt natürlich auch für α_1 und α_2 bzw. β_1 und β_2.

Ferner ist zu erkennen, dass die Winkel α und α_1 Stufenwinkel und somit auch gleich groß sind. Aus demselben Grund sind auch die Winkel β und β_1 gleich groß.

5. Verwendung bewiesener Sachverhalte für die Lösung des Problems

Damit lässt sich folgern:

Weil $\alpha = \alpha_1$, $\beta = \beta_1$ und $\gamma = \gamma_1$ gilt, folgt für die gesuchte Summe der drei Innenwinkel des Dreiecks: $\alpha + \beta + \gamma = \alpha_1 + \beta_1 + \gamma_1$

Da aber die drei Winkel $\alpha_1 + \beta_1 + \gamma_1$ in dem Mosaik einen gestreckten Winkel bilden und somit zusammen die Winkelweite 180° besitzen, gilt dies auch für die Summe der Winkel α, β und γ. Damit haben wir unser Problem gelöst:

Satz

> **Winkelsummensatz im Dreieck.** Die Summe der Innenwinkel in einem Dreieck beträgt 180°: $\boldsymbol{\alpha + \beta + \gamma = 180°}$

Mithilfe dieser geschilderten Schritte scheint das Finden von Beweisen gar nicht mehr so schwer. Aber so einfach ist das Ganze natürlich nicht! Wenn man Vermutungen anstellt, muss man schon genau prüfen, ob diese Vermutungen auch für die Lösung des Problems hilfreich sind. Dies zu entscheiden, erfordert jedoch ein hohes Maß an Beweisübungen, um ein Gefühl dafür zu bekommen, ob eine bestimmte Erweiterung der Sichtweise produktiv im Hinblick auf das Problem sein könnte. Es wird sich oft nicht vermeiden lassen, zunächst einen Irrweg einzuschlagen, aber im Lauf der Zeit wird es immer leichter fallen, die richtigen Wege einzuschlagen; Übung macht halt auch hier den Meister!

Aufgabe **22.** Berechnen Sie die grün markierten Winkel.

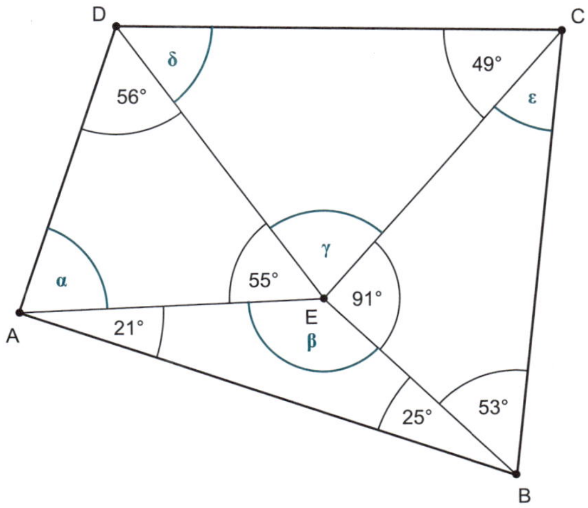

2.2 Besondere Dreiecke

Bei einem Dreieck, das bekanntlich drei Seiten und drei Innenwinkel besitzt, kann es vorkommen, dass einige Winkel oder Seiten gleich groß sind. Bei solchen besonderen Dreiecken lassen sich einige weitere Eigenschaften ableiten.

Gleichschenklige Dreiecke

Definition

Ein Dreieck, bei dem zwei Seiten gleich groß sind, nennt man **gleichschenklig**.
Bei einem gleichschenkligen Dreieck nennt man die beiden gleich großen Seiten **Schenkel** und die dritte Seite **Basis**.
Der Winkel, der von den beiden Schenkeln eingeschlossen wird, heißt **Scheitelwinkel**.
Die beiden an der Basis anliegenden Winkel werden mit **Basiswinkel** bezeichnet.

Die beiden an der Basis anliegenden Winkel sind gleich groß; für die Winkel α und β in nebenstehender Zeichnung gilt somit: $\alpha = \beta$

Ein gleichschenkliges Dreieck ist **symmetrisch**. Seine Symmetrieachse ist die Mittelsenkrechte der Basis.

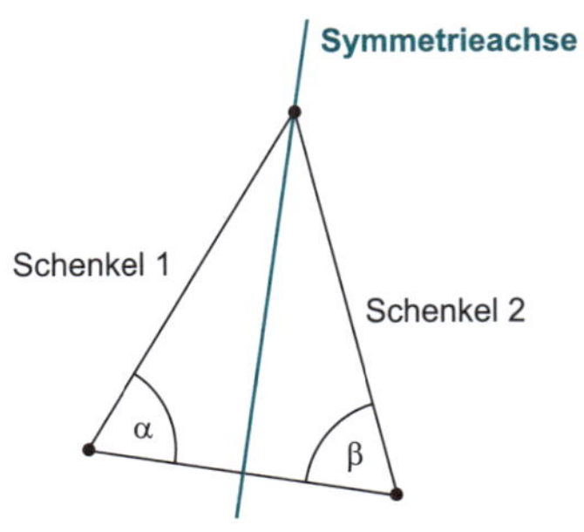

Gleichseitige Dreiecke

Definition

Wenn ein Dreieck drei gleich lange Seiten besitzt, dann nennt man dieses Dreieck **gleichseitig**.

Ein gleichseitiges Dreieck besitzt auch drei **gleich große Winkel**. Wegen der Winkelsumme im Dreieck von 180° beträgt jeder Innenwinkel im gleichseitigen Dreieck:

$\frac{180°}{3} = \mathbf{60°}$

Ein gleichseitiges Dreieck besitzt **drei Symmetrieachsen**.

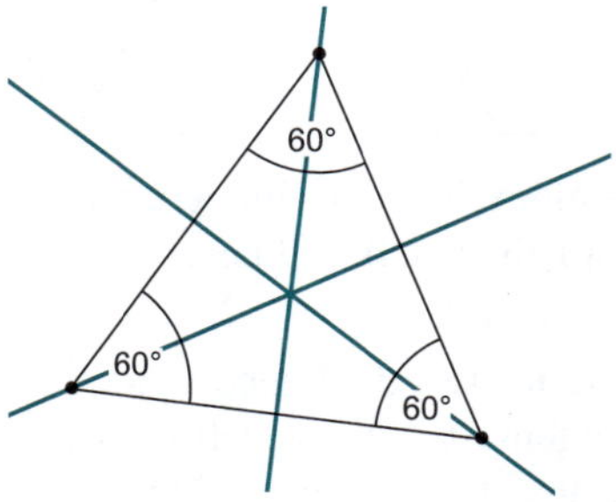

Rechtwinklige Dreiecke

Definition

Wenn ein Winkel im Dreieck 90° beträgt, nennt man dieses Dreieck **rechtwinklig**.
In diesem Fall nennt man die dem rechten Winkel gegenüberliegende Seite **Hypotenuse** und die beiden am rechten Winkel anliegenden Seiten **Katheten**.

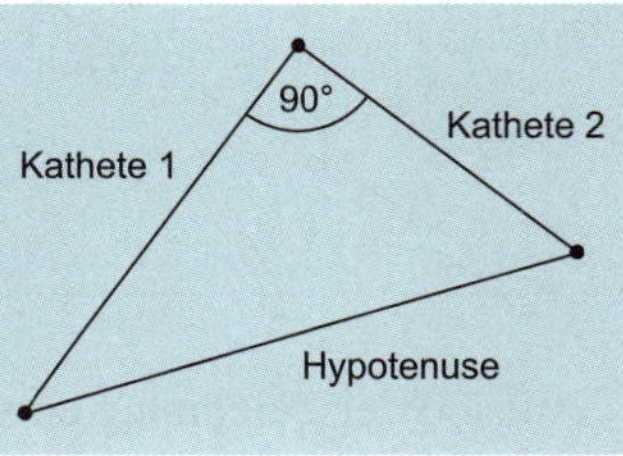

Stumpfwinklige und spitzwinklige Dreiecke

Dreiecke kann man auch nach der Größe ihrer Winkel unterscheiden:

Definition

Wenn der größte der drei Winkel eines Dreiecks stumpf, also größer als 90° ist, nennt man dieses Dreieck **stumpfwinklig**.
Sind dagegen alle drei Winkel des Dreiecks spitz, also kleiner als 90°, heißt dieses Dreieck **spitzwinklig**.

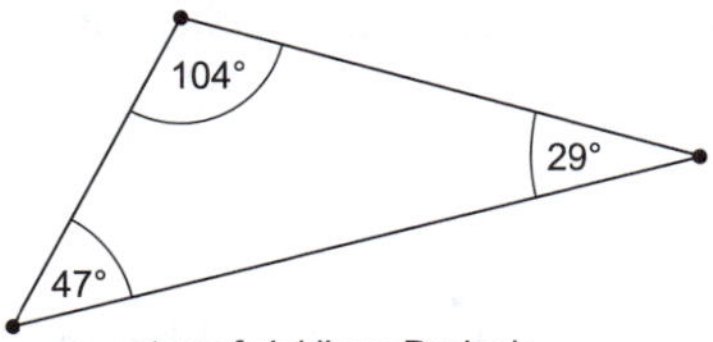

stumpfwinkliges Dreieck

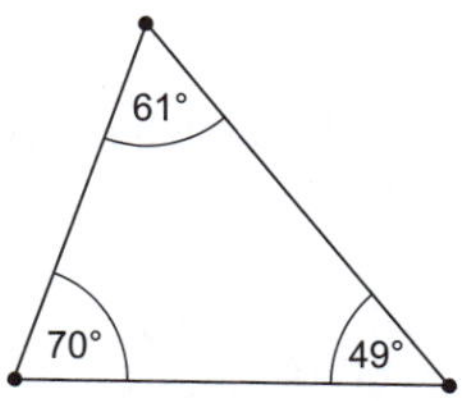

spitzwinkliges Dreieck

Beispiel

Ein 12 m breiter Hausgiebel soll durch vier gleich lange, hier grün gezeichnete Stützbalken stabilisiert werden.

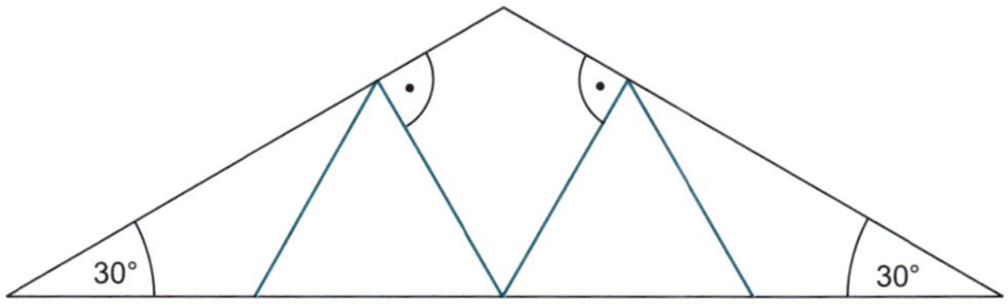

Helfen Sie dem Zimmermann bei der Planung, indem Sie die Länge dieser Stützbalken berechnen.

Lösung:

Gesucht ist die Länge x jedes Stützbalkens. Wir schauen, welche besondere Eigenschaft die einzelnen Dreiecke in der Zeichnung besitzen:
Zunächst werden die Punkte sowie einige für die Berechnung wichtige Winkel markiert.

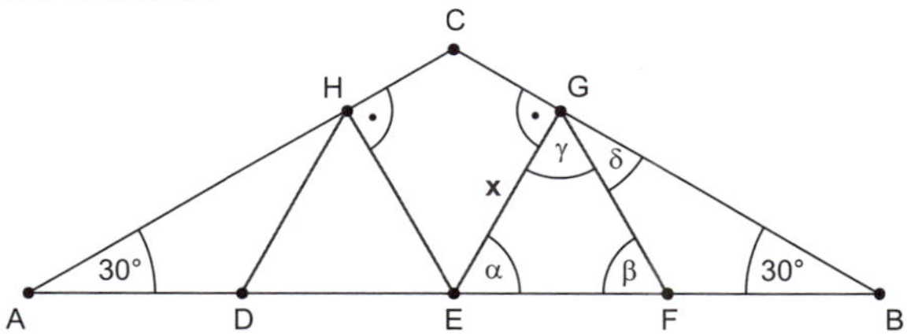

Anhand der Zeichnung entsteht die Vermutung, dass die Dreiecke DEH und EFG gleichseitig sein könnten. Dies werden wir zunächst begründen.
Das Dreieck EBG ist auf jeden Fall rechtwinklig mit dem rechten Winkel bei G. Mithilfe der Winkelsumme in diesem Dreieck lässt sich daher der Winkel α bestimmen:

$\alpha + 90° + 30° = 180° \quad \Leftrightarrow \quad \alpha = 180° - 90° - 30° = 60°$

Weil die grünen Balken gleich lang sind, ist das Dreieck EFG gleichschenklig; daher sind die Basiswinkel α und β gleich groß:

$\beta = 60°$

Wegen der Winkelsumme im Dreieck EFG ist damit auch $\gamma = 60°$ und dieses Dreieck sogar gleichseitig. Daher hat die Strecke [EF] ebenfalls die gesuchte Länge x:

$\mathbf{|EF| = x}$

Im gegenüberliegenden gleichseitigen Dreieck DEH liegt derselbe Sachverhalt vor; auch hier gilt:

$\mathbf{|DE| = x}$

Der Winkel $\sphericalangle EGB$ bei G ist 90°:

$\gamma + \delta = 90° \quad \Leftrightarrow \quad \delta = 90° - \gamma = 30°$

Daher ist das Dreieck FBG wegen der zwei 30°-Winkel gleichschenklig. Für die Seitenlängen dieses Dreiecks gilt $|FB| = |FG|$ und damit auch $\mathbf{|FB| = x}$.

Ebenso gilt wegen der symmetrischen Figur natürlich auch in dem Dreieck ADH:
$|AD|=|DH|$ und somit $\mathbf{|AD|=x}$
Für die gesamte Breite des Hauses folgt:
$|AB|=|AD|+|DE|+|EF|+|FG|=x+x+x+x=4x=12$ m
Daher muss jeder Balken genau 3 m lang sein.

ufgaben

23. Bestimmen Sie den fehlenden Winkel in einem Dreieck und entscheiden Sie, ob folgende Angaben zu einem spitzwinkligen, rechtwinkligen oder stumpfwinkligen Dreieck gehören:

a) $\alpha=78°$; $\gamma=90°$
b) $\alpha=32°$; $\gamma=47°$
c) $\alpha=45°$; $\beta=86°$
d) $\alpha=63°$; $\gamma=27°$
e) $\beta=52°$; $\gamma=38°$

24. Wie groß sind die Winkel eines rechtwinkligen und gleichschenkligen Dreiecks?

25. a) Ein gleichschenkliges Dreieck hat den Basiswinkel $\beta=32°$. Bestimmen Sie die restlichen Winkel dieses Dreiecks.

b) Ein gleichschenkliges Dreieck hat den Scheitelwinkel $\gamma=80°$. Bestimmen Sie die restlichen Winkel dieses Dreiecks.

c) Bestimmen Sie die fehlenden zwei Winkel eines rechtwinkligen Dreiecks mit $\beta=72°$.

26. Warum kann es kein Dreieck mit zwei stumpfen Winkeln geben?

27. Die Winkel α', β' und γ' in nebenstehender Zeichnung bezeichnet man als **Außenwinkel** des Dreiecks ABC. Bestimmen Sie die Summe dieser drei Außenwinkel.

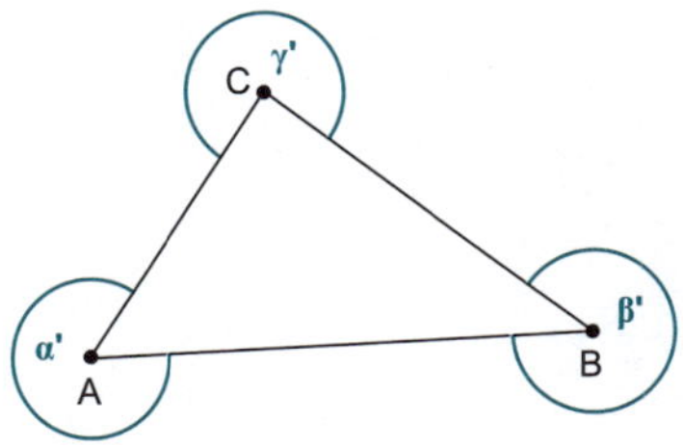

28. In der abgebildeten Figur ist die Strecke [AC] ein Durchmesser des Kreises. Bestimmen Sie die grün eingezeichneten Winkel β_1 bis β_{10}:

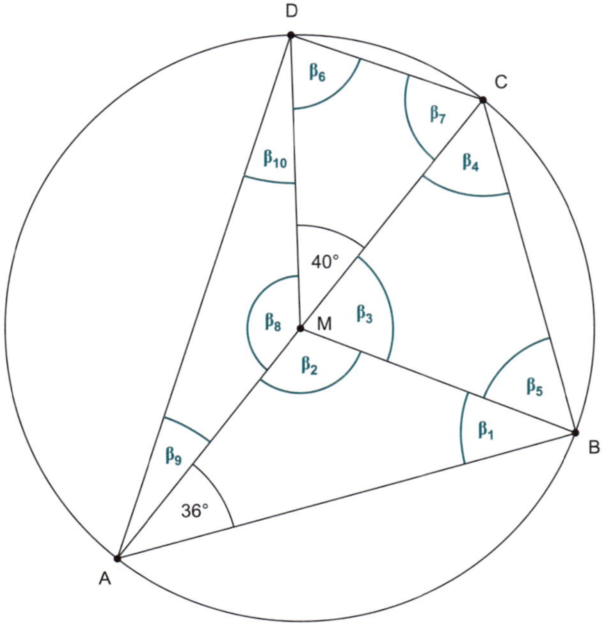

29. Die fünf um M gruppierten Dreiecke sind alle identisch.
Bestimmen Sie den Winkel α.

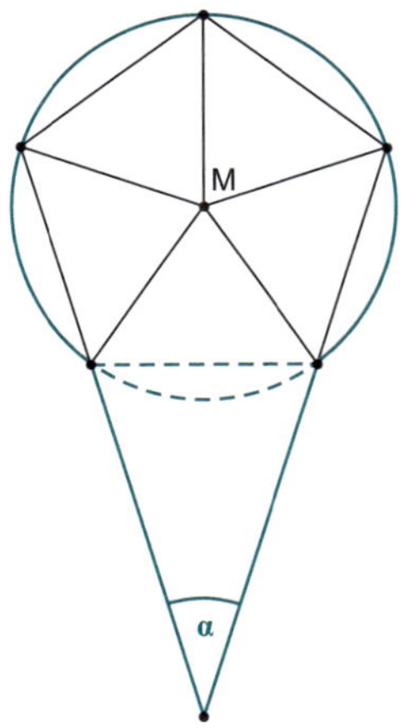

2.3 Seitenlängen im Dreieck

Für die Bezeichnung der Länge einer Seite verwendet man üblicherweise denselben Kleinbuchstaben wie für die Seite selbst, soweit eine Verwechslung ausgeschlossen ist.

Wenn man die drei Seitenlängen eines Dreiecks kennt, lässt sich dieses Dreieck konstruieren (das Dreieck ist durch diese Angaben eindeutig bestimmt, vgl. Kapitel 5.2). Wie dies z. B. mit den Angaben c = 5 cm, a = 7 cm, b = 4 cm möglich ist, macht man sich am besten anhand einer Planfigur klar (vgl. hierzu auch Kapitel 1.2).

Man zeichnet zunächst die größte der drei Seiten, also die Strecke [BC] der Länge a = 7 cm. Damit sind gleichzeitig die Punkte B und C festgelegt. Wie erhält man aber nun den Punkt A?

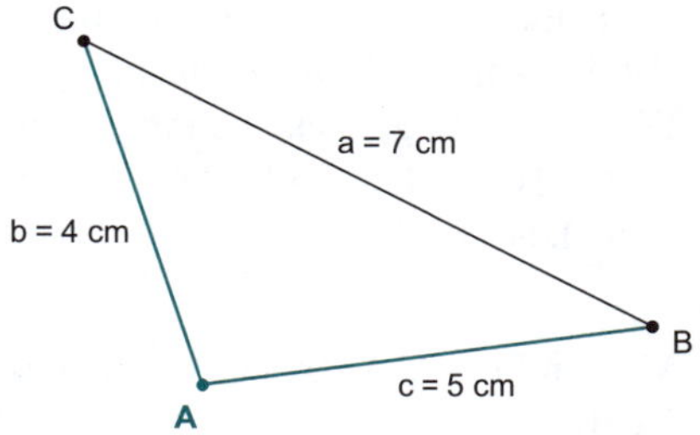

Welche Eigenschaften hat der Punkt A hinsichtlich der in Gedanken bereits gezeichneten Seite a bzw. den damit vorhandenen Punkten B und C?
Die noch nicht verwendete Information „b = 4 cm“ erfordert, dass der Punkt A 4 cm von Punkt C entfernt ist. Also muss A auf einem Kreis um C mit Radius 4 cm liegen.

Genauso erfordert die Angabe „c = 5 cm“, dass der Punkt A auf einem Kreis um B mit Radius 5 cm liegt. Damit muss A ein Schnittpunkt der beiden Kreise sein.

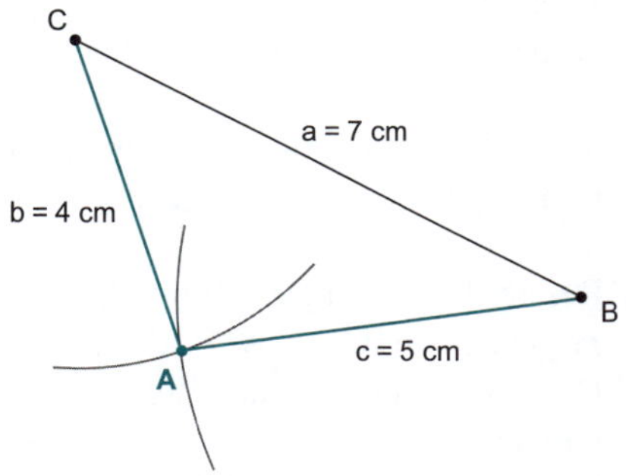

Aber kann man immer sicher sein, dass die beiden Kreise sich schneiden?
Die beiden Kreise schneiden sich immer dann, wenn ihre Radien zusammen größer als die Seite a sind. Dies lässt sich verallgemeinern:

Regel

Dreiecksungleichung. Bei einem Dreieck ist die größte der drei Seitenlängen immer kleiner als die Summe der beiden anderen Seitenlängen.

Beispiel

Bei einem Segelflugwettbewerb müssen die Teilnehmer in möglichst kurzer Zeit bei Altdorf starten, die Gemeinde Beil, die 16,2 km (Luftlinie) von Altdorf entfernt ist, überfliegen, und über Crelingen, das seinerseits 24,3 km (Luftlinie) von Beil entfernt ist, wieder nach Altdorf zurück segeln. Finden Sie mithilfe der Dreiecksungleichung eine Abschätzung für die Strecke, die die Teilnehmer mindestens zurücklegen müssen.

Lösung:
Die drei Gemeinden A(ltdorf), B(eil) und C(relingen) bilden ein Dreieck, wobei $|AB| = 16{,}2$ km und $|BC| = 24{,}3$ km beträgt.
Da die Mindeststrecke gesucht ist, gehen wir davon aus, dass die Strecke [BC] die größte ist. Da die größte Seite des Dreiecks kleiner als die Summe der beiden anderen Seiten sein muss, muss $|CA|$ mehr als $|BC| - |AB| = 8{,}1$ km betragen.
Die Gesamtflugstrecke beträgt somit
$|AB| + |BC| + |CA| > 16{,}2\text{ km} + 24{,}3\text{ km} + 8{,}1\text{ km} = 48{,}6\text{ km}$,
also mehr als 48,6 km.

Aufgaben

30. Messen Sie die Winkel eines Dreiecks mit den Seitenlängen 3 cm, 4 cm bzw. 5 cm.

31. Prüfen Sie rechnerisch, ob mit diesen Angaben die Konstruktion eines Dreiecks möglich ist:

a) $a = 4{,}2$ cm, $b = 10{,}1$ cm, $c = 5{,}5$ cm

b) $a = 4{,}4$ cm, $b = 1{,}1$ cm, $c = 6{,}2$ cm

c) $a = 6$ cm, $b = 6$ cm, $c = 11$ cm

32. Mit welchen Seitenlängen von c ist die Konstruktion eines Dreiecks möglich, wenn $a = 6{,}3$ cm und $b = 2{,}8$ cm groß sind?

33. Bei der Entfernungsbestimmung zwischen vier Orten A, B, C und D ergaben sich folgende Entfernungen:
$|AB| = 6{,}3$ km; $|BC| = 1{,}8$ km;
$|CD| = 4{,}6$ km; $|AD| = 5{,}1$ km
Geben Sie einen Bereich an, in dem die Entfernung von A nach C liegen kann.

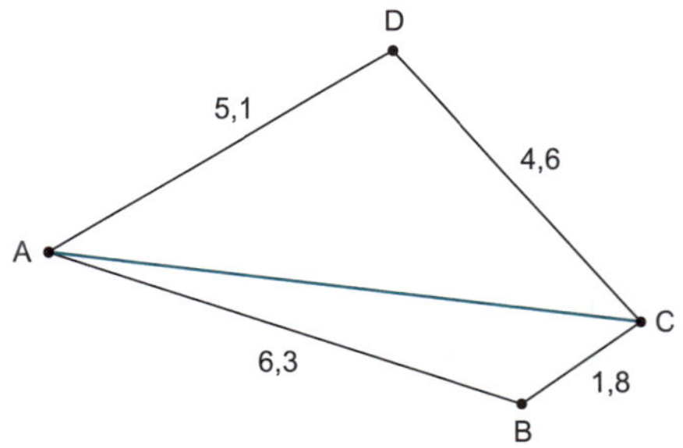

2.4 Der Satz des Thales

Zeichnet man in einen Kreis ein Dreieck, dessen eine Seite auf einem Durchmesser des Kreises liegt, stellt man fest, dass dieses Dreieck rechtwinklig ist.
Wenn man beweisen will, dass dies allgemein gilt, geht man ähnlich vor, wie wenn man geometrische Sachverhalte erarbeiten möchte. Der einzige Unterschied

liegt darin, dass man bei einem Beweis bereits weiß, was man nachweisen möchte. Hier geht man in der Regel in den folgenden fünf Schritten vor:

Regel

Durchführen geometrischer Beweise

1. Zunächst ist die Frage zu klären, welche **Ausgangssituation** vorliegt; man muss sich also über **die gegebenen Größen** klar werden.
2. Danach muss die **Fragestellung** geklärt werden: **Was** ist zu **beweisen**?
3. Um diese Frage zu klären, erstellt man am besten ein aussagekräftiges Bild, eine **Planfigur**, in der man den gegebenen und den nachzuweisenden Sachverhalt optisch darstellt.
4. Diese Planfigur kann man nun sinnvoll **erweitern** und anhand dieser Planfigur **Vermutungen** für weitere Sachverhalte aufstellen.
   Die Richtigkeit dieser Vermutungen wird dann mithilfe der Ausgangssituation **nachgewiesen**.
5. Sind diese Vermutungen als richtig nachweisbar, kann man diese nun ebenfalls als **Sachverhalte verwenden**, um die Behauptung, also die Beweisaufgabe zu lösen.

Diese Vorgehensweise wird nun Schritt für Schritt am Satz des Thales vorgeführt:

Satz

Satz des Thales. Ein Dreieck ABC, dessen Ecke C auf dem Kreis über dem Durchmesser [AB] liegt, ist rechtwinklig.

1. Beschreiben der Ausgangssituation

Es ist ein Kreis gegeben, in dem Dreiecke liegen, deren eine Seite der Durchmesser des Kreises ist.

2. Was ist zu beweisen?

Zu zeigen ist hier, dass all diese Dreiecke einen rechten Winkel besitzen.

3. Planfigur

Diesen Sachverhalt stellt man nun in einer Planfigur dar, um ihn sich optisch zu verdeutlichen.

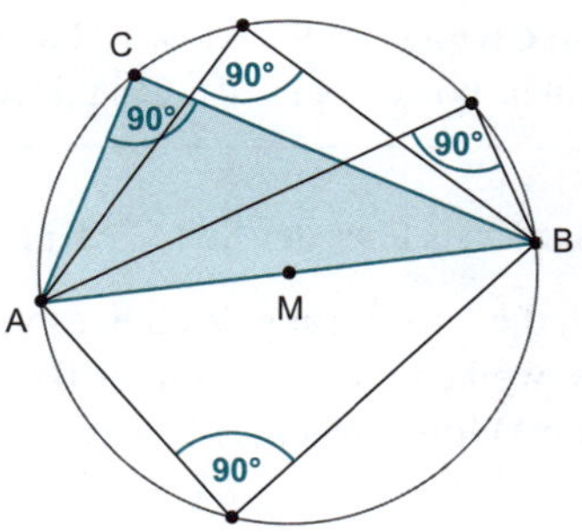

4. Erweitern der Planfigur; Finden und Beweisen weiterer Vermutungen
Da die Punkte A, B und C alle auf einem Kreis liegen, bietet es sich an, alle diese Punkte mit dem Mittelpunkt des Kreises zu verbinden; wir müssen nur eine Hilfslinie [MC] einzeichnen.
Dadurch erhält man zwei weitere Dreiecke: AMC und MBC. Eine besondere Eigenschaft dieser beiden Dreiecke ist, dass sie gleichschenklig sind. Immer zwei Seiten der Dreiecke bilden einen Radius des Kreises: Die Strecken [AM], [BM] und [CM] sind alle gleich lang.
Mit dieser Eigenschaft der Dreiecke kann man nun den Beweis der Behauptung realisieren.

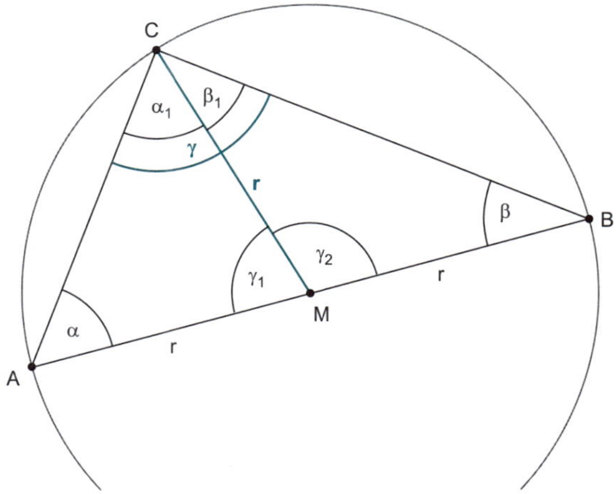

5. Beweis durch Verwendung der gegebenen und bewiesenen Sachverhalte
Zu zeigen ist hier, dass der Winkel $\gamma = \alpha_1 + \beta_1$ gleich 90° ist.
Dafür kann man Folgendes erkennen:
Wegen der Gleichschenkligkeit des Dreiecks AMC sind die Winkel α und α_1 gleich groß. Genauso sind im Dreieck MBC die Winkel β und β_1 gleich groß.
Nun kommt noch die Winkelsumme im Dreieck ABC zum Tragen:
$\alpha + \beta + \alpha_1 + \beta_1 = 180°$
Da aber $\alpha = \alpha_1$ und $\beta = \beta_1$ ist, kann man diese Gleichung auch als
$\alpha_1 + \beta_1 + \alpha_1 + \beta_1 = 180° \Leftrightarrow 2\alpha_1 + 2\beta_1 = 180° \Leftrightarrow \alpha_1 + \beta_1 = 90° \Leftrightarrow \gamma = 90°$
schreiben und hat damit die Behauptung nachgewiesen.

Auch die Umkehrung dieses Satzes ist richtig:

Regel

Umkehrung des Satzes des Thales. Wenn ein Dreieck ABC rechtwinklig mit dem rechten Winkel bei C ist, dann liegt C auf dem Kreis über dem Durchmesser [AB].

Dieser Kreis über der Seite [AB] heißt **Thaleskreis**.

Auch die Umkehrung des Satzes von Thales wollen wir hier ausführlicher besprechen, weil dabei ein wichtiges Beweisprinzip zum Tragen kommt: der **Beweis durch Widerspruch**.

Dieses Beweisverfahren lässt sich am einfachsten durch eine kleine Geschichte illustrieren, die man leicht nachvollziehen kann:
Die Polizei ermittelt einen Tatverdächtigen, der zur Tatzeit am Tatort war und will ihm die Tat nachweisen. Nach längerem Verhör gibt der Tatverdächtige zwar zu, am Tatort gewesen zu sein, beteuert aber, nicht der Täter zu sein. Kriminaltechnische Untersuchungen zeigen nun aber, dass nur eine einzige Person zur Tatzeit am Tatort war. Daher hat der Tatverdächtige sich in einen Widerspruch verstrickt. Wenn er nämlich zur Tatzeit am Tatort war – wie er ja zugegeben hat –, dann muss er als einziger Anwesender auch der Täter sein.
Diese Beweisführung der Polizei übertragen wir nun auf die Umkehrung des Satzes von Thales:

Beweis der Umkehrung des Satzes des Thales

Die Polizei hat einen Tatverdächtigen festgenommen, der zur Tatzeit am Tatort war.	Wir haben als Voraussetzung ein rechtwinkliges Dreieck ABC.
Die Polizei will nun nachweisen, dass der Verdächtige der Täter ist.	Wir wollen nun den Satz nachweisen, dass dann die Ecke C immer auf dem Thaleskreis liegt.
Der Verdächtige gibt zwar zu, am Tatort gewesen zu sein, bestreitet aber seine Täterschaft. Die Polizei muss also zunächst „in dubio pro reo“ annehmen, dass er nicht der Täter ist.	Man nimmt daher zunächst an, dass diese Behauptung nicht stimmt, dass es also ein rechtwinkliges Dreieck gibt, dessen eine Ecke nicht auf dem Thaleskreis liegt.
Die Polizei überprüft nun die Aussage des Verdächtigen. Im Lauf der Untersuchungen weist die Kriminaltechnik nach, dass nur eine einzige Person am Tatort war. Der Verdächtige hat sich also in einen Widerspruch verstrickt.	Diese Annahme untersuchen wir jetzt anhand bekannter geometrischer Sachverhalte weiter und wollen daraus schließen, dass dies zu einem Widerspruch führt, dass diese Annahme also nicht richtig sein kann.
Dadurch ist der Täter überführt – seine Aussage kann nicht stimmen; da er als Einziger am Tatort war, muss er also auch der Täter sein.	Wenn die Annahme des Gegenteils der Behauptung zu einem Widerspruch führt, dann muss infolgedessen die Behauptung selbst richtig sein.

Nun zum Beweis selbst:
Wir gehen von einem rechtwinkligen Dreieck ABC mit dem rechten Winkel bei C aus und wollen daraus schließen, dass die Ecke C immer auf einem Kreis über dem Durchmesser [AB] liegen muss.
Dazu prüfen wir, ob auch das Gegenteil dieser Behauptung möglich ist, dass es also ein rechtwinkliges Dreieck ABC mit dem rechten Winkel in C gibt, dessen

Ecke C nicht auf dem Thaleskreis liegt. Wenn die Annahme des Gegenteils auf einen Widerspruch führt, kann dieses Gegenteil nicht richtig sein, sodass die Behauptung zutreffen muss.

Wenn es ein solches rechtwinkliges Dreieck gibt, dessen Ecke C nicht auf dem Thaleskreis liegt, muss diese Ecke entweder außerhalb oder innerhalb des Kreises liegen. Wir beweisen hier nur den Fall, dass C außerhalb des Kreises liegt (der andere Fall wird in Aufgabe 37 geprüft).

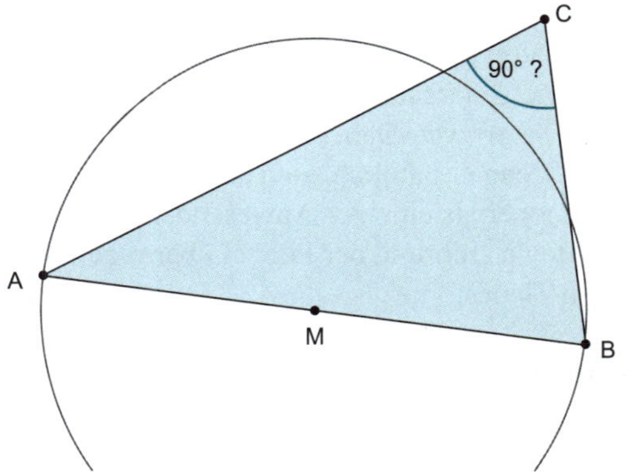

In diesem Fall schneidet mindestens eine der beiden Seiten [AC] und [BC] des Dreiecks den Thaleskreis; in der Zeichnung sind dies die Schnittpunkte C' und C''.

Dann muss das Dreieck ABC' rechtwinklig sein, da die Ecke C' auf dem Thaleskreis liegt. (Dies ist die Aussage des Satzes von Thales, den wir bereits bewiesen haben.) Da C' auf der Strecke BC liegt, muss folglich auch der Nebenwinkel ∢CC'A bei C' gleich 90° sein. Das hat aber zur Folge, dass der Winkel ∢ACC' bei C nicht auch noch 90° sein kann, weil ansonsten die Winkelsumme im Dreieck AC'C größer als 180° wäre (es gibt kein Dreieck mit zwei rechten Winkeln). Daher kann der Winkel bei C nicht 90° sein, er muss kleiner als 90° sein. Damit haben wir unsere Annahme, dass es ein rechtwinkliges Dreieck mit der Ecke C außerhalb des Thaleskreises gibt, eindeutig widerlegt.

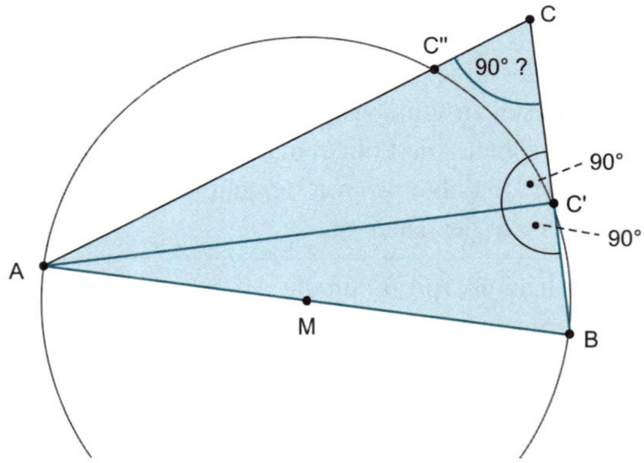

Mit ähnlichen Überlegungen (siehe Aufgabe 37) lässt sich zeigen, dass die Ecke C eines rechtwinkligen Dreiecks auch nicht im Innern des Thaleskreises liegen kann, sodass dann insgesamt daraus folgt, dass die Ecke C eines bei C rechtwinkligen Dreiecks ABC auf jeden Fall auf dem Thaleskreis über [AB] liegen muss.

Beispiel

Entscheiden Sie ohne abzumessen, welche der in der Figur eingezeichneten Winkel spitz, rechtwinklig oder stumpf sein müssen und begründen Sie Ihre Antwort jeweils.

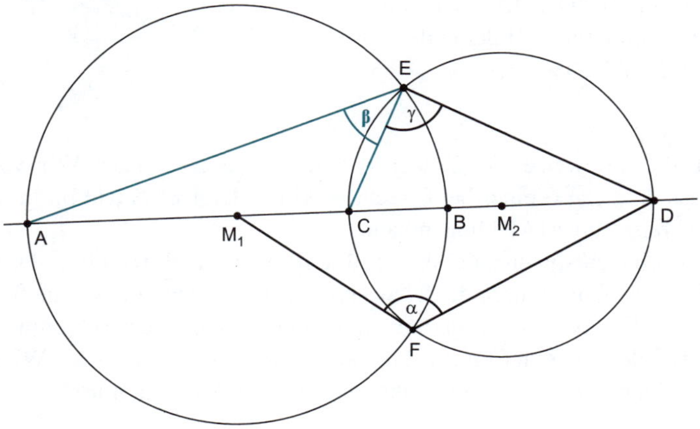

Lösung:

Der Winkel γ gehört zum Dreieck CDE, wobei der Punkt E auf dem Thaleskreis über [CD] liegt. Daher muss $\gamma = 90°$ sein.
Der Winkel α ist größer als 90°, da er den Teilwinkel ∢DFC enthält, der genauso groß wie γ ist (Spiegelbild von γ bei Spiegelung an der Geraden AD).
Bei dem Dreieck ABE liegt der Punkt E auf dem Thaleskreis über [AB]. Daher ist der zugehörige Dreieckswinkel bei E gleich 90°. Da β ein Teil dieses rechten Winkels ist, muss β kleiner als 90° sein.

ufgaben **34.** Gegeben ist eine Strecke der Länge 5 cm. Zeichnen Sie alle Punkte, von denen aus man diese Strecke unter einem Winkel von 90° sehen kann.

35. Berechnen Sie die grün eingezeichneten Winkel.

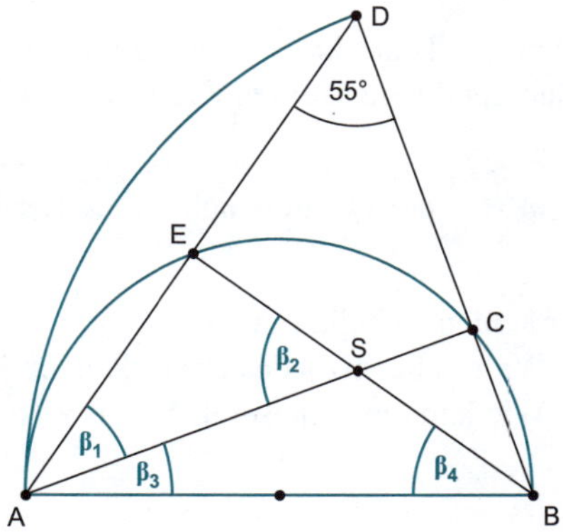

36. Zeigen Sie: Ein rechtwinkliger Drachen (das ist ein achsensymmetrisches Viereck mit zwei gegenüberliegenden rechten Winkeln; siehe Bild) besitzt einen Umkreis (also einen Kreis, auf dem alle vier Eckpunkte des Drachens liegen).

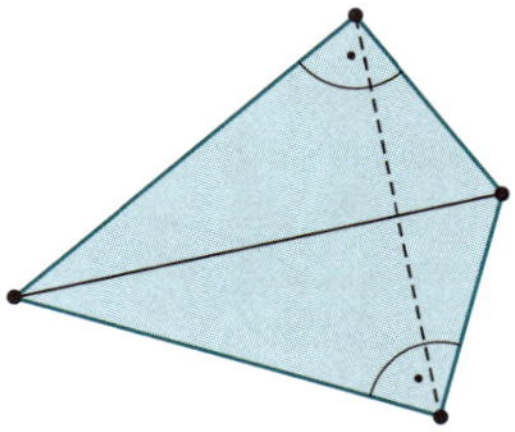

37. Zweiter Teil des Beweises der Umkehrung des Satzes des Thales: Wir wollen zeigen, dass die Ecke C eines bei C rechtwinkligen Dreiecks nicht im Innern des Thaleskreises über [AB] liegen kann.
Fertigen Sie eine entsprechende Skizze für ein solches rechtwinkliges Dreieck mit der Ecke C im Innern des Thaleskreises an. Verlängern Sie die Seite [AC] bis zum Thaleskreis und markieren Sie den entstehenden Schnittpunkt mit C'. Verbinden Sie nun C' mit B und beweisen Sie damit, dass der Winkel ∢ACB bei C nicht 90° sein kann (sondern größer als 90° sein muss).

38. Gegeben ist eine Strecke [AB] sowie ein Punkt S, der nicht auf der Geraden AB liegt.
Beweisen Sie mithilfe eines Widerspruchs, dass bei einer Punktspiegelung an S die Bildstrecke [A'B'] parallel zur Strecke [AB] ist.

2.5 Besondere Punkte im Dreieck

In diesem Abschnitt werden wichtige Sätze am Dreieck besprochen, die zu besonderen Punkten eines Dreiecks führen.

Der Umkreismittelpunkt

So wie der Thaleskreis ein rechtwinkliges Dreieck umschließt, so gibt es zu jedem beliebigen Dreieck einen Kreis, der alle drei Punkte des Dreiecks enthält.

Definition

Ein Kreis, der alle drei Punkte eines Dreiecks enthält, heißt **Umkreis des Dreiecks**.

Hier stellen sich die Fragen:
1. Warum besitzt jedes Dreieck einen Umkreis?
2. Wie kann man diesen Umkreis konstruieren?

Auch hier greift man wieder auf bekannte Sachverhalte zurück und betrachtet die abgebildete Planfigur.
Wenn das Dreieck einen Umkreis besitzt, dann sind alle drei Eckpunkte des Dreiecks gleich weit von einem Punkt U, dem Mittelpunkt des Umkreises, entfernt.
Welche Eigenschaften besitzt solch ein Punkt U, der gleiche Entfernungen von anderen Punkten besitzt?

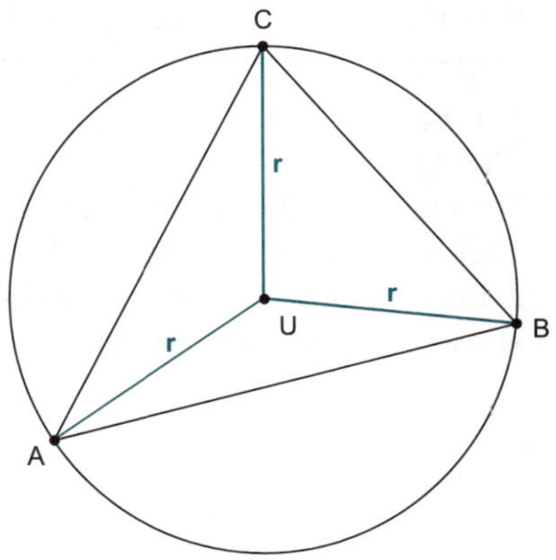

Wir wissen, dass ein Punkt U, der von zwei Punkten A und B gleich weit entfernt ist, auf der **Mittelsenkrechten** m_c der Strecke [AB] liegt.
Da der Mittelpunkt U aber auch gleich weit von B und von C entfernt sein muss, liegt U auch auf der Mittelsenkrechten m_a von [BC].
Hieraus folgt sofort: Die beiden Mittelsenkrechten m_a und m_b schneiden sich in dem Punkt U. Dieser Punkt ist gleich weit von A und B sowie von B und C entfernt.

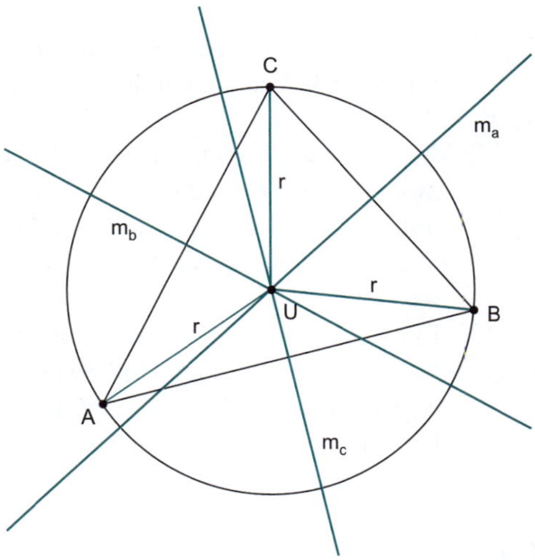

Das bedeutet: Dieser Schnittpunkt ist der gesuchte **Umkreismittelpunkt U**.
Daher besitzt also jedes Dreieck einen Umkreis; und die Konstruktionsidee (Bestimmung des Schnittpunkts zweier Mittelsenkrechten) ist ganz nebenbei auch abgefallen.
Eine weitere Entdeckung lässt sich noch machen: Da der Mittelpunkt U auch von A und C gleich weit entfernt ist, muss die Mittelsenkrechte m_b der Seite [AC] ebenfalls durch U gehen:

Satz

Satz vom Umkreis eines Dreiecks. Die drei **Mittelsenkrechten** eines Dreiecks schneiden sich in einem Punkt, dem **Umkreismittelpunkt**.

Beispiel

Konstruieren Sie ein Dreieck mit den Seitenlängen $c = 9{,}2$ cm und $a = 7{,}2$ cm sowie dem Umkreisradius $r = 5{,}0$ cm.

Lösung:

Planfigur:

Die Punkte A, B und C müssen auf einem Kreis mit Radius 5 cm liegen; daher muss der Mittelpunkt des Kreises jeweils 5 cm von A, B und C entfernt sein.

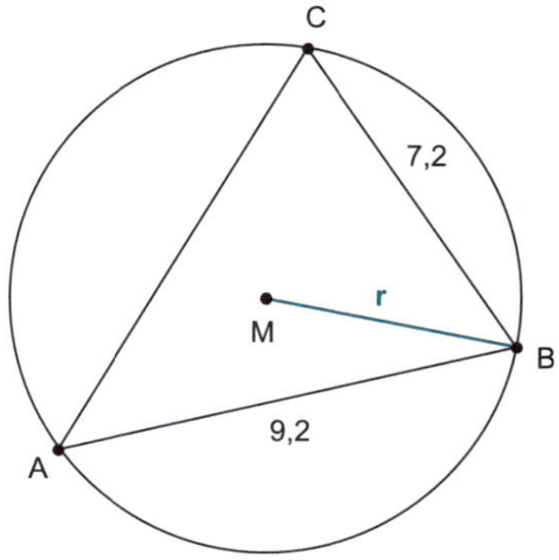

1. Man beginnt mit der Seite [AB] der Länge $c = 9{,}2$ cm und erhält die Punkte A und B.
2. Nun kann der Punkt M als Schnittpunkt zweier Kreise k_1 und k_2 um A bzw. B mit Radius $r = 5$ cm bestimmt werden und somit der Umkreis k gezeichnet werden.
3. Der Punkt C ist $a = 7{,}2$ cm von B entfernt und liegt auf dem Umkreis k; C ist also ein Schnittpunkt von k mit dem Kreis k_3 um B mit Radius 7,2 cm.

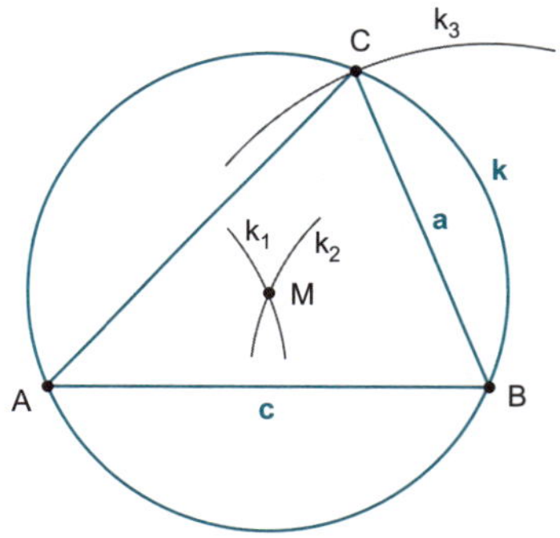

Der Inkreismittelpunkt

So wie die Mittelsenkrechten wegen des gleichen Abstands zu zwei Punkten zum Umkreis führen, so besitzen auch die **Winkelhalbierenden** eines Dreiecks eine besondere Eigenschaft.

Da jeder Punkt der Winkelhalbierenden gleich weit von den beiden Schenkeln des Winkels entfernt ist, hat jeder Punkt der Winkelhalbierenden w_α denselben Abstand von den Seiten b und c des Dreiecks. Genauso hat jeder Punkt der Winkelhalbierenden w_β denselben Abstand von den Seiten a und c.

Folglich hat der Schnittpunkt I dieser beiden Winkelhalbierenden denselben Abstand von allen drei Seiten des Dreiecks. Daher kann man einen Kreis um I zeichnen, der alle drei Seiten des Dreiecks berührt. Solch einen Kreis nennt man Inkreis:

Definition

Ein Kreis, der alle Seiten eines Dreiecks berührt, heißt **Inkreis des Dreiecks.**

Da der **Inkreismittelpunkt I** auch von den Seiten a und b denselben Abstand hat, muss auch die Winkelhalbierende w_γ durch diesen Punkt gehen:

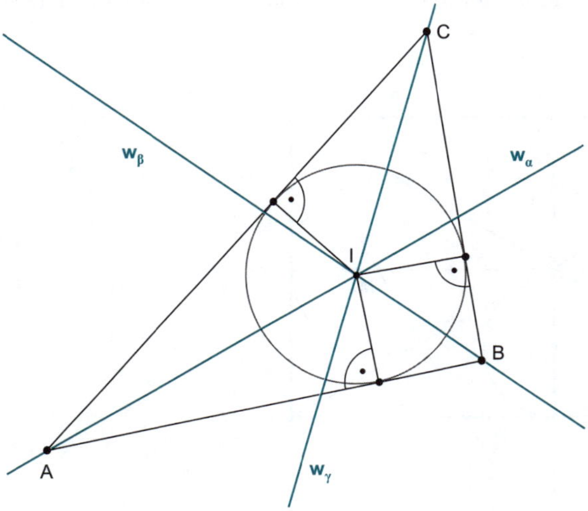

Satz

Satz vom Inkreis eines Dreiecks. Die drei **Winkelhalbierenden** eines Dreiecks schneiden sich in einem Punkt, dem **Inkreismittelpunkt**.

Beispiel

In einem rechteckigen Rasenstück, in dem sich zwei Wege diagonal kreuzen, sollen vier runde Springbrunnen errichtet werden.

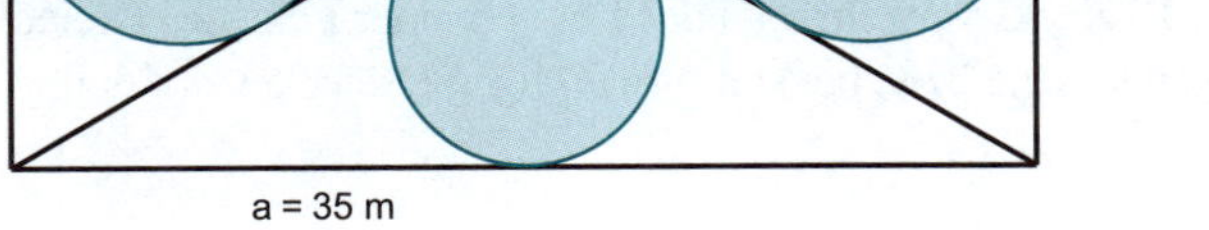

Bestimmen Sie konstruktiv die maximalen Radien der vier Springbrunnen und das Verhältnis, in dem diese Radien stehen.

Lösung:
Die Springbrunnen sind **Inkreise** von entsprechenden Dreiecken. Den Mittelpunkt dieser Inkreise bestimmt man über die Winkelhalbierenden dieser Dreiecke.
Der Mittelpunkt M_1 ist somit der Schnittpunkt der Winkelhalbierenden w_1 bei C und w_2 bei S, der Mittelpunkt M_2 der Schnittpunkt von w_3 bei C und w_4 bei S.

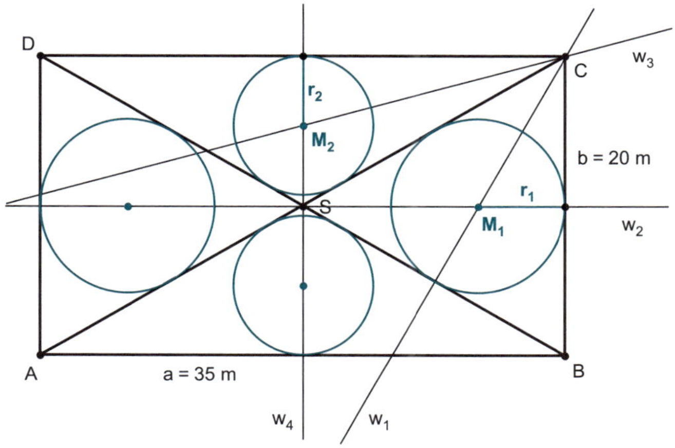

Nun kann man die Radien ausmessen und das Verhältnis dieser Radien bestimmen:
Zeichnet man das Rechteck im Maßstab 1:500, also mit a = 7 cm und b = 4 cm, dann ergibt sich $r_1 \approx 1{,}2$ cm (entspricht 6 m) und $r_2 \approx 0{,}9$ cm (entspricht 4,5 m) und somit ein Verhältnis von etwa 4:3.
Bei einer geringeren Verkleinerung der Figur könnte dieses Verhältnis noch genauer ermittelt werden. Mit den Methoden aus Kapitel 9 wird sogar eine exakte rechnerische Bestimmung möglich sein.

Der Höhenschnittpunkt

Zunächst muss man wissen, was die Höhe eines Dreiecks ist:

Definition

Unter der **Höhe eines Dreiecks** versteht man das Lot von einer Ecke des Dreiecks auf die gegenüberliegende Seite bzw. bei stumpfwinkligen Dreiecken auf deren Verlängerung.

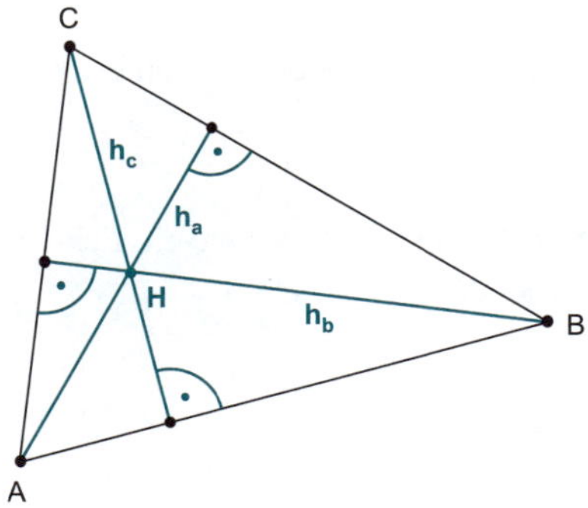

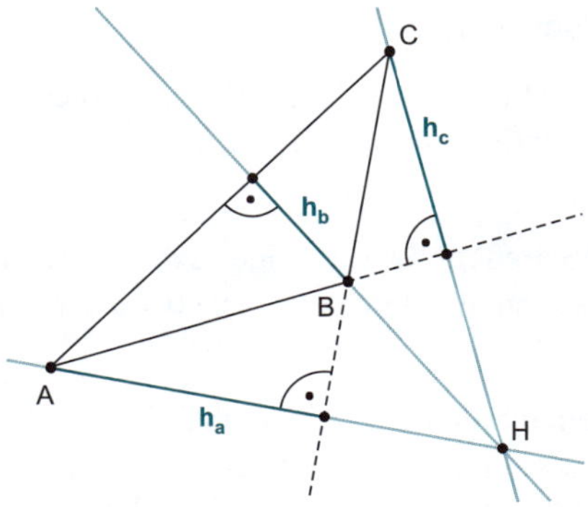

Satz

> Die drei Höhen eines Dreiecks bzw. deren Verlängerungen in stumpfwinkligen Dreiecken schneiden sich in einem Punkt, dem sogenannten **Höhenschnittpunkt H.**

Dies lässt sich einfach begründen, wenn man das Dreieck um die Parallelen zu den Seiten durch die gegenüberliegenden Eckpunkte erweitert:

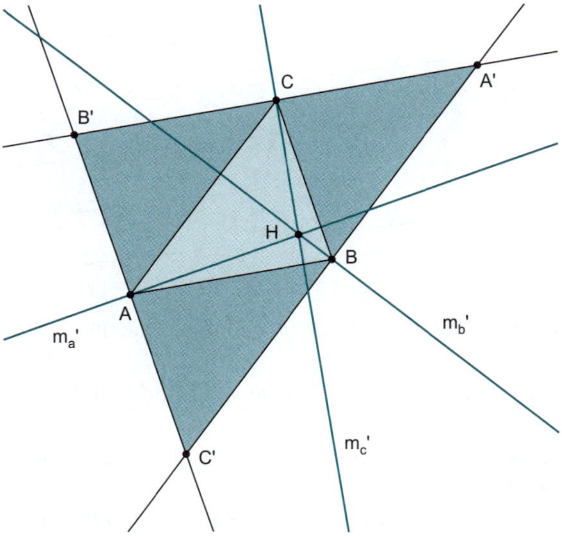

Hierdurch erhält man drei weitere Dreiecke bzw. ein größeres Dreieck A'B'C'. Zeichnet man in diesem größeren Dreieck die Mittelsenkrechten, stellt man fest, dass diese genau die Höhen des ursprünglichen Dreiecks ABC sind. Da die Mittelsenkrechten sich in einem Punkt schneiden, müssen sich folglich auch die Höhen des Dreiecks ABC in einem Punkt schneiden.

Der Schwerpunkt

Neben Mittelsenkrechten, Winkelhalbierenden und Höhen gibt es noch eine weitere wichtige Linie im Dreieck:

Definition

Die **Seitenhalbierende** eines Dreiecks ist eine Strecke, deren Endpunkte ein Eckpunkt und die Mitte der gegenüberliegenden Seite sind.

Zeichnet man die drei Seitenhalbierenden s_a, s_b und s_c eines Dreiecks, hat man sofort die Vermutung, dass diese drei Seitenhalbierenden sich in ebenfalls einem Punkt schneiden.
Auch das kann man sehr einfach nachweisen:

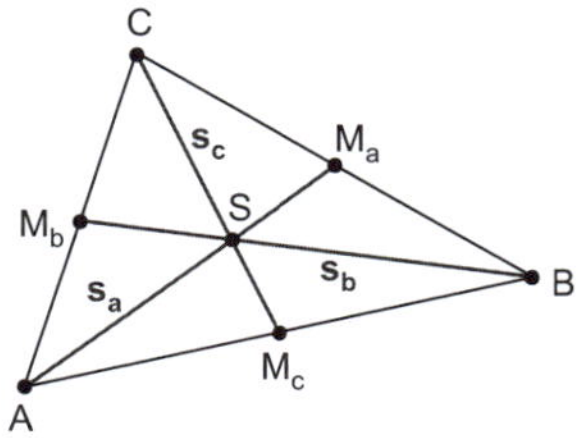

Hier sind das Dreieck ABC sowie die drei Seitenhalbierenden gezeichnet. Außerdem sind viele Parallelen zu den drei Seitenhalbierenden eingetragen. An diesem Bild lässt sich einiges ablesen.

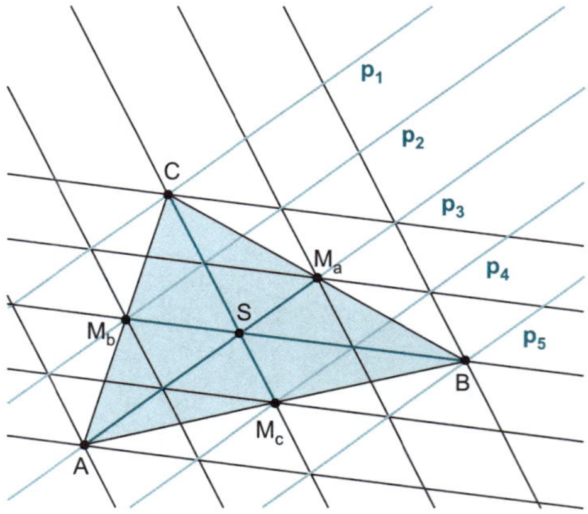

Betrachten wir zunächst einmal die Parallelen p_1 bis p_5 zu der Seitenhalbierenden s_a:
Die Parallele p_3 ist die Mittelparallele zu p_1 und p_5, denn sie geht genau durch die Mitte M_a zwischen B und C.
Weiterhin ist p_4 auch eine Mittelparallele, nämlich zu p_3 und p_5, da sie durch die Mitte M_c von A und B verläuft.
Genauso ist p_2 eine Mittelparallele von p_1 und p_3, denn sie verläuft durch die Mitte M_b von A und C.
Insgesamt hat man damit bewiesen, dass diese fünf betrachteten Parallelen eine **Streifenschar** mit gleichen Abständen bilden.
Insbesondere erkennt man, dass die **Seitenhalbierende s_c** und die **Seitenhalbierende s_b** durch diese Streifen in drei gleiche Teile geteilt werden. Dies hat die Konsequenz, dass S doppelt so weit von C entfernt ist wie von M_c und doppelt so weit von B wie von M_b.
Da man dieselbe Argumentation wie bei der Streifenschar p_1 bis p_5 mit den anderen beiden Streifenscharen durchführen kann, gilt diese Aussage für alle drei Seitenhalbierenden:

Regel

> **Teilungsverhältnis der Seitenhalbierenden.** Die Seitenhalbierenden eines Dreiecks teilen sich im **Verhältnis 2 : 1**.

Damit lässt sich einfach begründen, dass sich alle drei Seitenhalbierenden in einem Punkt schneiden:
Wir haben gezeigt, dass der Schnittpunkt S zwischen den Seitenhalbierenden s_b und s_c doppelt so weit von den Eckpunkten B und C wie von den entsprechenden Seitenmittelpunkten M_b und M_c entfernt ist.
Betrachtet man den Schnittpunkt der Seitenhalbierenden s_a und s_b, so gilt für diesen Schnittpunkt ebenfalls, dass er doppelt so weit von den Eckpunkten A und B wie von den zugehörigen Seitenmitten entfernt ist. Dieser Punkt ist also insbesondere doppelt so weit von B entfernt wie von M_b. Deshalb muss dieser Schnittpunkt mit S übereinstimmen, weil nur S genau diese Eigenschaft erfüllt.
Dies ist auch der Grund dafür, dass für die Seitenhalbierenden der Satz gilt:

Satz

> **Satz vom Schwerpunkt des Dreiecks.** Die drei Seitenhalbierenden eines Dreiecks schneiden sich in einem Punkt, dem **Schwerpunkt** des Dreiecks.

Warum heißt dieser Punkt eigentlich Schwerpunkt?

Man stelle sich vor, man solle ein Dreieck so auf eine Messerschneide legen, dass es horizontal im Gleichgewicht bleibt. Dies ist nicht so schwer, wenn man sich das Dreieck in viele parallele Stäbe zerlegt denkt. Dann muss man die Schneide des Messers nur so legen, dass jeder dieser Stäbe genau in der Mitte getroffen wird. Daher nennt man diese Seitenhalbierende s_c auch **Schwerelinie**.

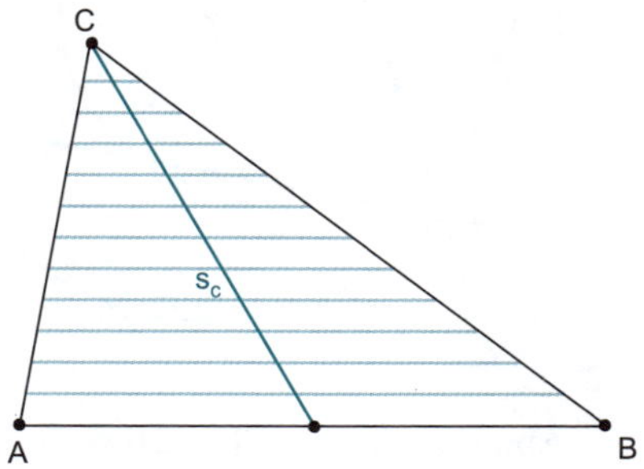

Legt man nun die Messerschneide durch einen anderen Eckpunkt, z. B. durch A auf die Seitenhalbierende s_a von a, dann bleibt das Dreieck auch hier im Gleichgewicht.
Man kann sogar eine Schnur im Schnittpunkt S der beiden Seitenhalbierenden befestigen, und das Dreieck wird horizontal im Gleichgewicht bleiben. Aus diesem Grund nennt man S den Schwerpunkt des Dreiecks.

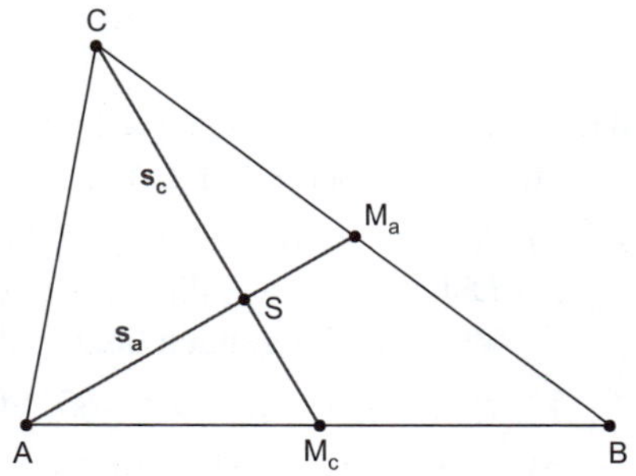

Beispiel

Bestimmen Sie die Abmessungen einer dreieckigen Metallplatte, deren Schwerpunkt 40 cm von jeder Ecke entfernt ist.

Lösung:

Da jeder Eckpunkt 40 cm vom Schwerpunkt S entfernt sein muss, müssen die Ecken des Dreiecks auf einem Kreis k um S mit Radius 40 cm liegen. Dieser Kreis ist dann der Umkreis des Dreiecks und der Schwerpunkt ist zugleich der Umkreismittelpunkt.

Zunächst kann man einen Punkt B beliebig auf dem Kreis k wählen. Das andere Ende der Schwerelinie s_b liegt wegen des Teilungsverhältnisses auf einem Kreis k_2 um S mit Radius 20 cm und auch auf der Geraden BS.

Da der Endpunkt M_b die Mitte der Strecke [AC] darstellt, die eine Sehne im Kreis k ist, muss diese Sehne orthogonal zu BS durch M_b verlaufen. Hierdurch erhält man die Eckpunkte A und C des gesuchten (gleichseitigen) Dreiecks.

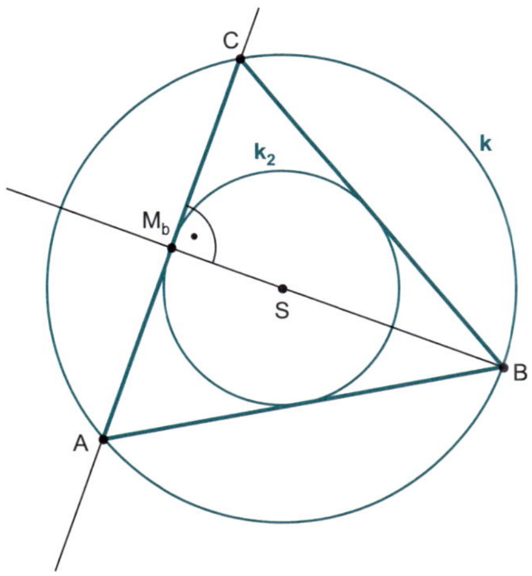

Abmessen ergibt für die gesuchte Metallplatte eine Seitenlänge von etwa 69 cm.

Aufgaben

39. Konstruieren Sie folgende Dreiecke und geben Sie eine entsprechende Konstruktionsbeschreibung an:

a) $\alpha = 80°$; $c = 6{,}8$ cm; $w_\alpha = 5{,}2$ cm
Dabei ist mit w_α die Länge derjenigen Strecke gemeint, die auf der Winkelhalbierenden liegt und innerhalb des Dreiecks verläuft.

b) $r = 4$ cm; $a = 4{,}2$ cm; $\gamma = 65°$ (r = Umkreisradius)

c) $s_a = 6{,}3$ cm; $s_b = 5{,}4$ cm; $c = 5{,}2$ cm

d) $c = 7{,}2$ cm; $h_a = 5{,}8$ cm; $\gamma = 68°$

40. Konstruieren Sie den Umkreis des Dreiecks ABC mit a = 3 cm; b = 4 cm; c = 5 cm. Erläutern Sie Ihr Vorgehen mit einer Konstruktionsbeschreibung. Was stellen Sie fest? Welche Eigenschaft hat dieses Dreieck?

41. In einem Koordinatenkreuz befinden sich die drei Punkte A(1 | 1), B(7 | 2) und C(4 | 5). Bestimmen Sie einen Punkt X, der von allen drei Punkten gleich weit entfernt ist. Geben Sie eine passende Konstruktionsbeschreibung an.

42. Gegeben sind zwei Parallelen a und b sowie eine Gerade g, die diese Parallelen schneidet. Bestimmen Sie alle Punkte, die von den drei Geraden a, b und g gleich weit entfernt sind und erstellen Sie hierfür eine kurze Konstruktionsbeschreibung.

43. Drei Gemeinden A, B und C planen einen gemeinsamen Wasserspeicher. Damit in allen drei Gemeinden dieselben Druckverhältnisse vorliegen, soll dieser Speicher gleich weit von allen drei Gemeinden entfernt sein. Helfen Sie dem Architekten bei der Suche nach dem optimalen Standort für den Wasserspeicher, wenn B 16 km östlich von A und C 14 km nordwestlich von B liegt.

44. In einem Park ist noch ein dreieckiges Rasenstück ungenutzt (Abmessungen siehe Skizze).
Der Landschaftsgärtner möchte hier einen möglichst großen, runden Springbrunnen anlegen. Helfen Sie ihm konstruktiv bei der Suche nach dem optimalen Mittelpunkt und Durchmesser des Springbrunnens.

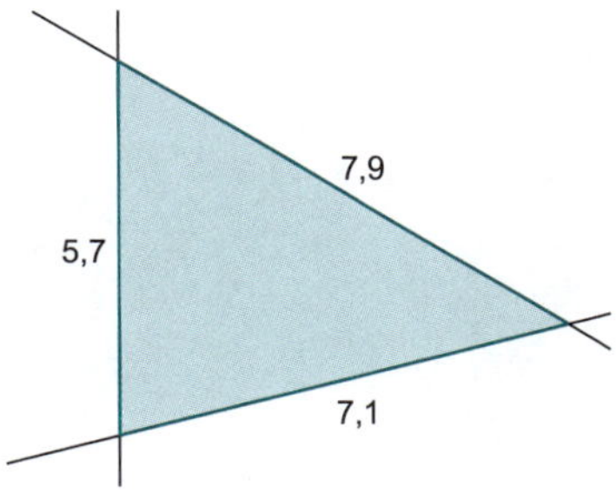

45. Ein dreieckiges Sonnensegel hat die Kantenlängen 8,50 m, 7,80 m und 6,60 m und wird in den Ecken an drei Stangen aufgestellt. Zur Stabilisierung, Abstützung und zur Erzeugung einer Dachneigung zum Ablauf von Regenwasser soll im Schwerpunkt des Sonnensegels ein vierter Stab das Sonnensegel tragen. Helfen Sie dem Tuchmacher, konstruktiv die Stelle zu finden, an der die Öse für die vierte Stütze angebracht werden muss.

3 Vierecke und Vielecke

Nachdem wir im letzten Kapitel Dreiecke und ihre Eigenschaften bearbeitet haben, wenden wir uns in diesem Kapitel nun den in Kapitel 1 erwähnten n-Ecken zu.

3.1 Vierecke

Die Verbindungsstrecken gegenüberliegender Eckpunkte eines Vierecks ABCD nennt man **Diagonalen**. Üblicherweise wird die Diagonale [AC] bzw. ihre Länge mit e und die Diagonale [BD] oder ihre Länge mit f bezeichnet.

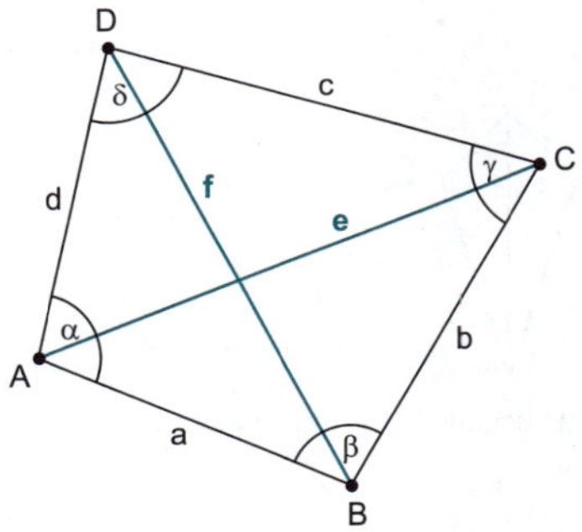

Regel

> Ein **Viereck** besitzt vier Ecken, vier Seiten, vier Winkel und zwei Diagonalen.

Je nach der Größe der Innenwinkel des Vierecks unterscheidet man zwei Arten von Vierecken:

Definition

> Bei einem **konvexen** Viereck sind alle Winkel kleiner als 180°.
> Ein Viereck, das einen Winkel größer als 180° besitzt, nennt man dagegen **konkav**.

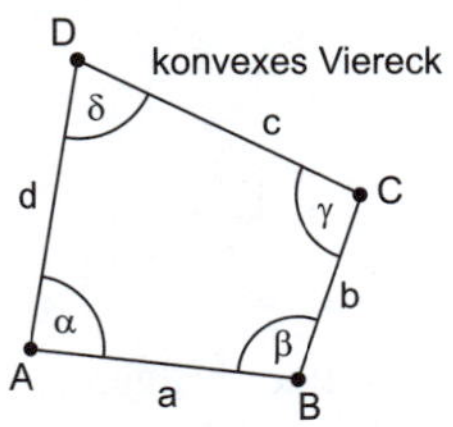

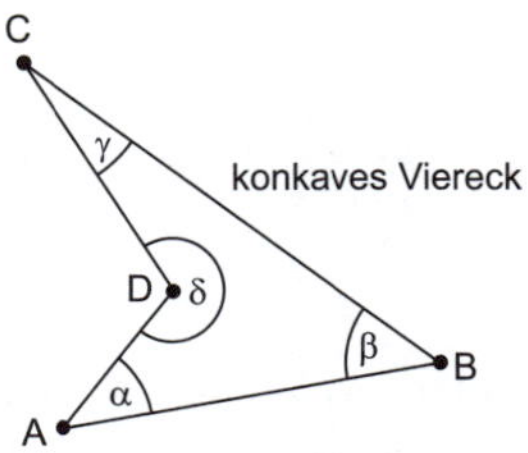

Im Folgenden werden wir nur die konvexen Vierecke näher betrachten. Bei konvexen Vierecken liegen die Diagonalen im Innern des Vierecks. Je nach der Größe der Winkel sowie der Länge der Seiten unterscheidet man verschiedene Vierecke (die schwarzen Geraden sind Symmetrieachsen des jeweiligen Vierecks):

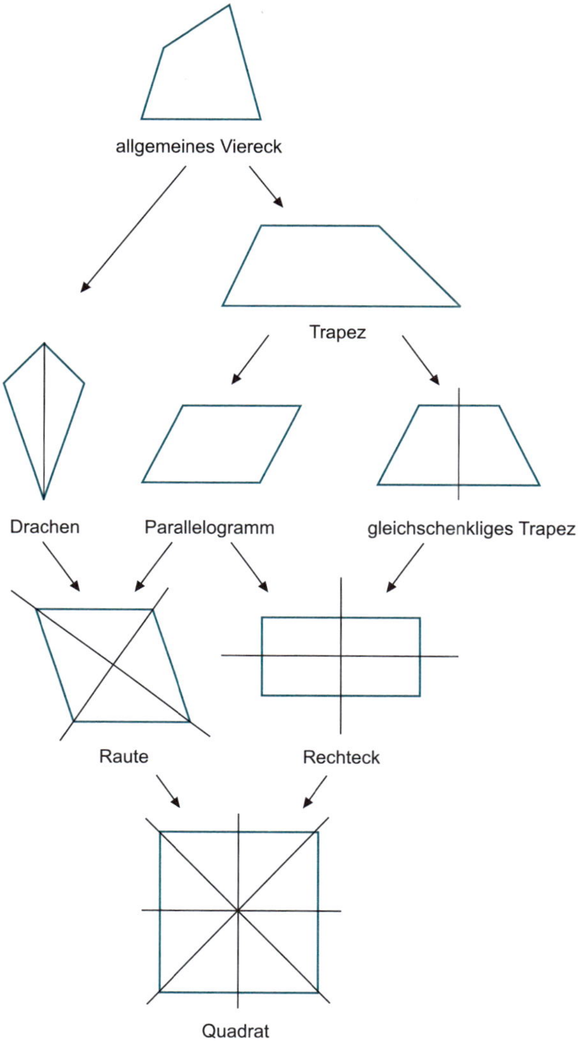

Allgemeines Viereck

Jedes Viereck ist ein allgemeines Viereck. Wenn ein Viereck besondere Eigenschaften wie z. B. gleich lange Seiten aufweist, dann gibt man diesem Viereck noch besondere Namen, die nachfolgend beschrieben sind.

Trapez

Definition

Ein Viereck, bei dem **zwei Seiten parallel** sind, nennt man **Trapez**.
Die beiden anderen Seiten des Trapezes nennt man **Schenkel**. Sind diese Schenkel gleich lang, bezeichnet man dieses Trapez als **gleichschenklig**.

Im Bild sind die Seiten b und d die Schenkel. Weil die Seiten a und c parallel sind, sind die Winkel β und β' Wechselwinkel und damit gleich groß. Da β' und γ einen gestreckten Winkel bilden, haben die Trapeze folgende Eigenschaft:

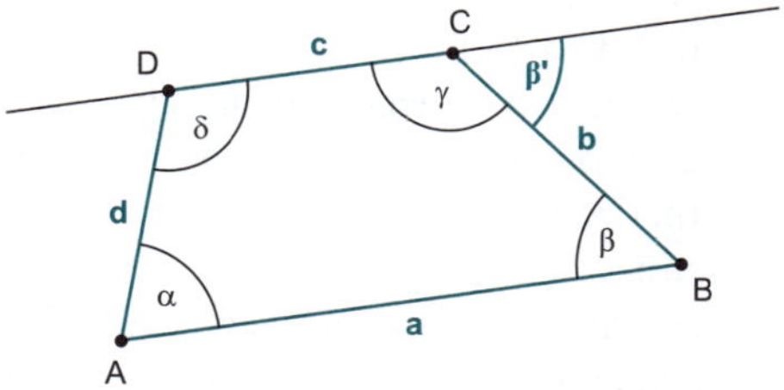

Regel

Die **benachbarten Winkel** an einem Schenkel (also β und γ bzw. α und δ) ergeben zusammen 180°.

Parallelogramm

Definition

Sind in einem Viereck **jeweils zwei gegenüberliegende Seiten parallel**, dann heißt dieses Viereck **Parallelogramm**.

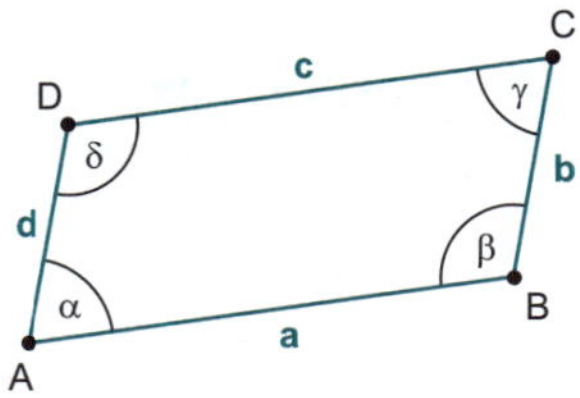

Aus der Parallelität jeweils zweier Seiten lassen sich weitere Eigenschaften folgern:

Regel

Eigenschaften eines Parallelogramms
- Zwei **benachbarte Winkel** ergeben zusammen immer 180°.
- **Gegenüberliegende Winkel** sind daher gleich groß.
- Gegenüberliegende Seiten sind **paarweise gleich lang**.
- Die **Diagonalen** halbieren sich gegenseitig.

Beispiel

Begründen Sie die Eigenschaften eines Parallelogramms.

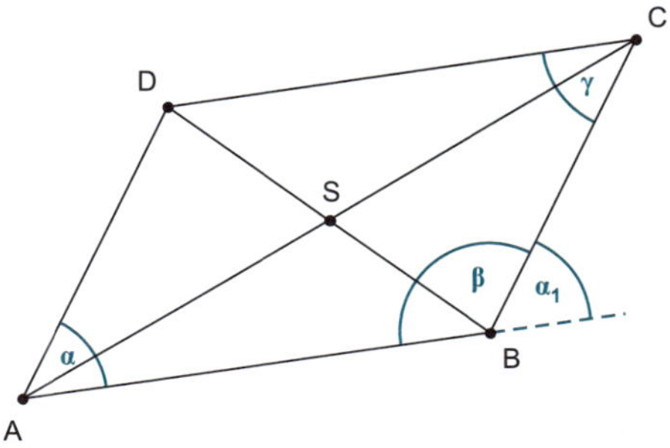

Lösung:
Die Winkel α und α_1 sind Stufenwinkel und damit gleich groß.
Die Winkel α_1 und β sind Nebenwinkel und ergänzen sich somit zu 180°. Daher ergänzen sich auch die benachbarten Winkel α und β zu 180°.
Da sich entsprechend natürlich auch β und γ zu 180° ergänzen (und außerdem α_1 und γ Wechselwinkel sind), sind die gegenüberliegenden Winkel α und γ gleich groß. Spiegelt man das Parallelogramm ABCD an der Mitte S der Diagonalen [AC], dann wird A auf C und C auf A abgebildet.
B ist der Schnittpunkt der Geraden AB und BC.
Da die Gerade AB bei der Punktspiegelung an S in eine dazu parallele Gerade CD durch C abgebildet wird und die Gerade BC bei Punktspiegelung an S auf eine dazu parallele Gerade AD durch A abgebildet wird, muss B auf den Schnittpunkt der beiden Bildgeraden, also auf D, abgebildet werden. Daher ist S auch die Mitte der Diagonalen [BD].
Das Parallelogramm ist also punktsymmetrisch zum Schnittpunkt der Diagonalen und daher sind die Seiten auch paarweise gleich lang.

Drachen

Definition

Ein **Drachen** ist ein Viereck, bei dem jeweils **zwei benachbarte Seitenpaare [AB] und [AD] bzw. [BC] und [CD] gleich lang** sind.

Hieraus kann man folgern, dass die beiden Diagonalen senkrecht aufeinander stehen. Außerdem besitzt der Drachen eine **Symmetrieachse**. An dieser Achse AC kann man den Drachen auf sich selbst abbilden.

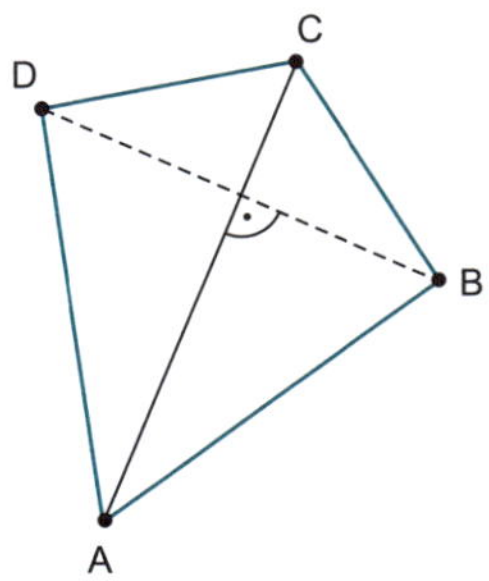

Raute

Definition

Ein Viereck mit vier gleich langen Seiten nennt man **Raute**.

Eine Raute ist somit sowohl ein Parallelogramm als auch ein Drachen. Die beiden Diagonalen halbieren sich gegenseitig, stehen senkrecht aufeinander und sind **Symmetrieachsen** der Raute.

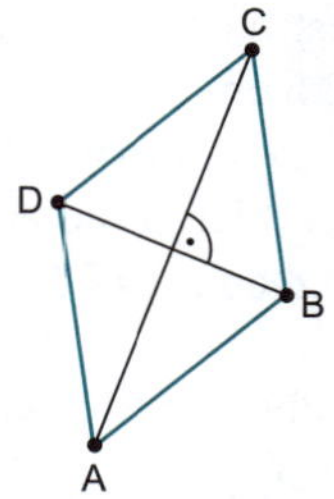

Rechteck

Definition

Ein Rechteck ist ein Viereck mit vier rechten Winkeln.

Damit ist ein Rechteck ein Parallelogramm mit gleich großen Winkeln bzw. ein gleichschenkliges Trapez mit gleich großen Winkeln.
Ein Rechteck besitzt **zwei Symmetrieachsen**, nämlich die Mittelparallelen der Seiten.

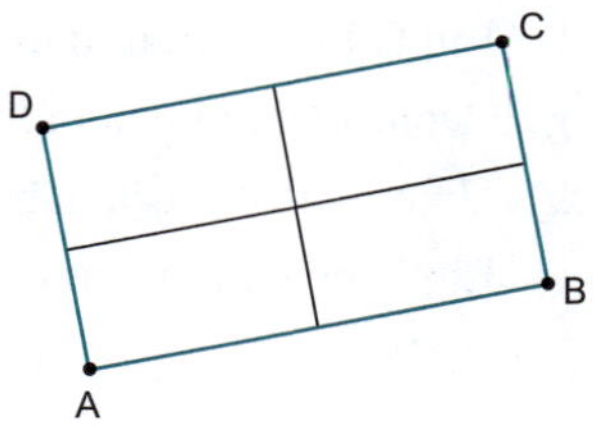

Quadrat

Definition

Ein **Rechteck mit vier gleich langen Seiten** nennt man **Quadrat**.

Daher ist auch eine Raute mit vier rechten Winkeln bzw. ein Rechteck mit gleich langen Seiten ein Quadrat.
Ein Quadrat hat **vier Symmetrieachsen**, nämlich die beiden Diagonalen und die beiden Mittelparallelen der Seiten.

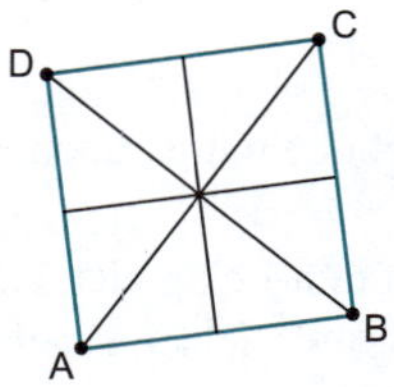

Beispiel

Welche Vierecke besitzen (mindestens) einen rechten Winkel und sind achsensymmetrisch?

Lösung:
Alle Quadrate, Rechtecke und rechtwinklige Drachen besitzen diese Eigenschaften.

Aufgaben

46. Konstruieren Sie eine Raute mit $a = 4{,}2$ cm und $\alpha = 48°$.

47. Konstruieren Sie ein Parallelogramm mit $a = 6{,}2$ cm, $\alpha = 51°$ und $b = 4{,}2$ cm.

48. Konstruieren Sie ein Viereck mit $a = 3{,}2$ cm, $\beta = 110°$, $b = 4{,}8$ cm, $\gamma = 120°$, $c = 2{,}8$ cm.

49. Konstruieren Sie zwei Formen eines Vierecks mit $a = 2{,}8$ cm, $b = 5{,}4$ cm, $c = 3{,}8$ cm, $d = 3{,}5$ cm, $\gamma = 78°$.

50. Entscheiden Sie, welche Aussagen wahr bzw. falsch sind:

a) Jedes Rechteck ist auch ein Parallelogramm.
b) Jede Raute ist ein Quadrat.
c) Eine Raute mit einem 90°-Winkel ist ein Quadrat.
d) Ein Rechteck kann keine Raute sein.
e) Eine Raute hat immer einen Umkreis.
f) Ein Parallelogramm mit einem Inkreis ist eine Raute.
g) Rechtecke mit einem Inkreis sind Quadrate.
h) Unter den Vierecken besitzt nur das Quadrat vier Symmetrieachsen.
i) Ein Viereck mit einem Inkreis und einem Umkreis ist immer ein Quadrat.

3.2 n-Ecke

Neben den Dreiecken und Vierecken gibt es weitere geometrische Figuren mit mehr als vier Ecken (z. B. Fünfecke, Sechsecke usw.).

Definition

Ein Gebilde mit geraden Kanten und n Ecken ($n > 2$) nennt man **n-Eck** oder **Vieleck**.
Wenn ein n-Eck gleich lange Seiten und gleich große Innenwinkel besitzt, nennt man dieses Vieleck **regelmäßig**.

Regelmäßige n-Ecke sind z. B. das gleichseitige Dreieck und das Quadrat.

Regel

Regelmäßige n-Ecke besitzen stets einen **Um- und einen Inkreis**.

Winkelsumme im n-Eck

In beliebigen n-Ecken lässt sich die Summe der Innenwinkel einfach bestimmen. Wir führen dies am Beispiel eines beliebigen Sechsecks vor. Hier wählt man be-

liebig eine Ecke aus, z. B. A, und zeichnet alle von dort ausgehenden Diagonalen ein. Dadurch erhält man im Fall des Sechsecks wegen der drei möglichen Diagonalen genau vier Dreiecke. Alle Innenwinkel dieser vier Dreiecke sind zusammen genauso groß wie die Summe der Innenwinkel des Sechsecks.
Da jedes Dreieck die Winkelsumme 180° besitzt, ist die Summe der Innenwinkel eines Sechsecks folglich $4 \cdot 180° = 720°$.

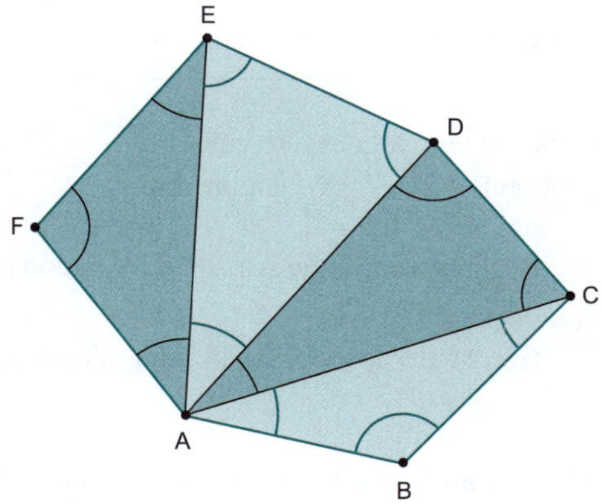

Verallgemeinert man dies auf beliebige n-Ecke, kann man diese in $n-2$ Dreiecke unterteilen, sodass sich für die Summe der Innenwinkel des n-Ecks ergibt:

Regel

Winkelsumme im n-Eck. Die Summe der Innenwinkel in einem n-Eck beträgt $\mathbf{(n-2) \cdot 180°}$.

Beispiel

Bestimmen Sie die Winkelsumme in einem beliebigen Zwölfeck.

Lösung:

Gemäß der Formel ergibt sich für das Zwölfeck mit $\mathbf{n = 12}$ als Winkelsumme:
$(\mathbf{12} - 2) \cdot 180° = 1\,800°$

Diagonalen im n-Eck

Zuvor haben wir gesehen, dass beim Sechseck von A aus drei Diagonalen wegführen. Dies gilt natürlich für jeden der sechs Eckpunkte.
Daher erhalten wir insgesamt $6 \cdot 3 = 18$ von einem zu einem anderen Punkt laufende Verbindungen. Da aber jede Diagonale zweimal zählt (denn die Verbindungen z. B. von A nach D und von D nach A zählen nur als eine Diagonale), hat ein Sechseck insgesamt $\frac{6 \cdot 3}{2} = 9$ Diagonalen.

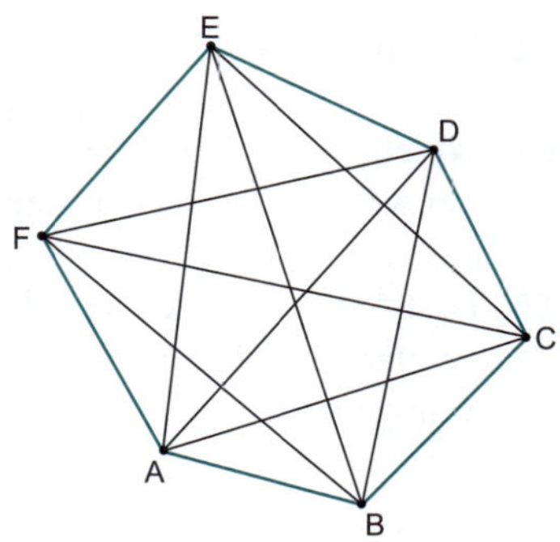

Überträgt man diese Überlegung auf ein beliebiges n-Eck, so ergeben sich von jedem der n Eckpunkte genau $n-3$ Verbindungen, also zusammen $n \cdot (n-3)$ Verbindungen, wobei jedoch immer zwei Verbindungen einer Diagonalen entsprechen. Man erhält also für die Zahl der Diagonalen im n-Eck:

Regel

Diagonalen im n-Eck. Ein n-Eck besitzt $\frac{n \cdot (n-3)}{2}$ Diagonalen.

Insbesondere hat das Viereck $\frac{4 \cdot (4-3)}{2} = 2$, das Fünfeck $\frac{5 \cdot (5-3)}{2} = 5$ und das Sechseck $\frac{6 \cdot (6-3)}{2} = 9$ Diagonalen.

Beispiel

Bestimmen Sie die Anzahl der Diagonalen in einem Zwölfeck.

Lösung:
Gemäß der Formel erhält man mit **n = 12**: $\frac{12 \cdot (12-3)}{2} = 54$ Diagonalen

Aufgaben

51. Wie groß ist ein Innenwinkel in einem regelmäßigen Siebeneck? Bestimmen Sie die Winkelsumme in einem Siebeneck.

52. Kai joggt gerne in einem Park den nebenstehenden Weg ab.

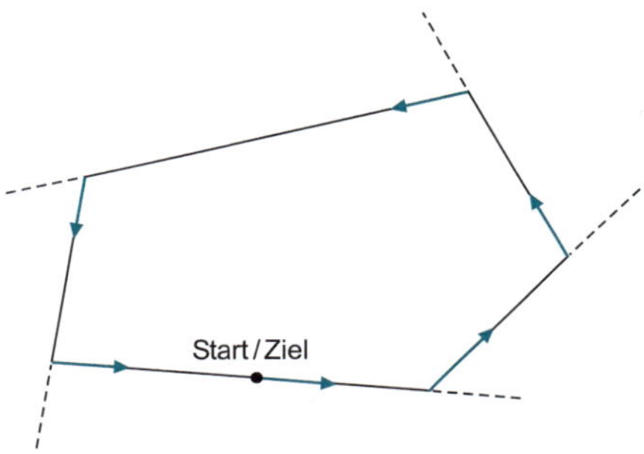

a) Bestimmen Sie ohne Nachmessen, um wie viel Grad er sich im Lauf eines Rundwegs nach links gedreht hat.

b) Bestimmen Sie hiermit ohne Verwendung der Formel die Summe der Innenwinkel des Fünfecks.

Hinweis: Verwenden Sie die punktiert skizzierten Laufrichtungen und überlegen Sie, wie sich die Drehrichtung und die Innenwinkel ergänzen.

53. Bestimmen Sie die Zahl der Diagonalen in einem Achteck.

54. Welche Arten von Vierecken besitzen gleich lange Diagonalen? Bei welchen Vierecken stehen die Diagonalen senkrecht aufeinander?

55. Bestimmen Sie rechnerisch in einem regelmäßigen Fünfeck den eingezeichneten Winkel α.

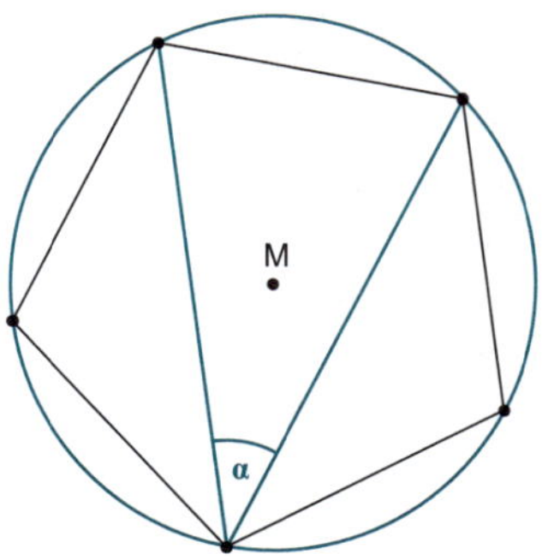

4 Kreis und Kreisteile

Vergrößert man bei regelmäßigen Vielecken ständig die Eckenzahl, nähern sich diese Vielecke immer mehr den Kreisen an. Die Eigenschaften von Kreisen und von Kreisteilen sind Gegenstand dieses Kapitels.

4.1 Kreisteile

Im Zusammenhang mit Kreisen werden oft besondere Teile eines Kreises betrachtet.

Definition

Strecken im Kreis

- Die Strecke vom Mittelpunkt des Kreises zu einem Punkt des Kreises nennt man **Radius**.
- Die Strecke zwischen zwei Kreispunkten durch den Mittelpunkt des Kreises heißt **Durchmesser**.
- Eine Strecke zwischen zwei Kreispunkten wird als **Sehne** bezeichnet.
- Ein Teil der Kreislinie zwischen zwei Kreispunkten wird **Bogen** genannt.

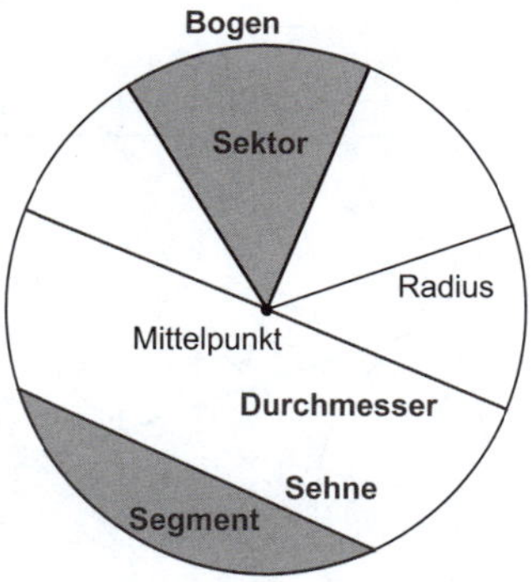

Definition

Flächen im Kreis

- Die Fläche, die von zwei Kreisradien und einem dazugehörenden Bogen eingeschlossen wird, nennt man **Kreissektor** oder **Kreisausschnitt**.
- Die Fläche, die von einer Sehne und einem dazugehörenden Bogen begrenzt wird, wird als **Kreissegment** oder **Kreisabschnitt** bezeichnet.

Definition

Geraden am Kreis

- Geraden, die mit einem Kreis genau einen Punkt gemeinsam haben, nennt man **Tangenten** (lat.: tangere = berühren). Der Radius, der vom Mittelpunkt zum Berührpunkt führt, wird **Berührradius** genannt.
- Geraden, die einen Kreis in zwei Punkten schneiden, werden als **Sekanten** (lat.: secare = schneiden) bezeichnet.
- Geraden, die keinen Punkt mit einem Kreis gemeinsam haben, werden als **Passanten** (ital.: passare = vorbeigehen) dieses Kreises bezeichnet.

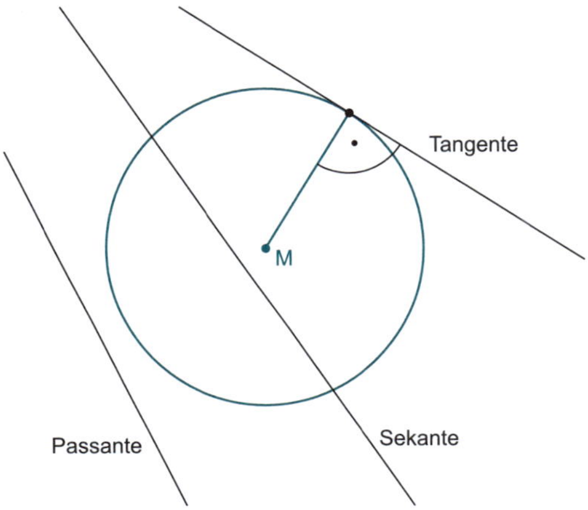

Regel

Der Berührradius steht **senkrecht** auf der Tangente.

Legt man von einem Punkt P, der außerhalb des Kreises liegt, aus an einen Kreis Tangenten, berühren diese Tangenten den Kreis in zwei Berührpunkten B_1 bzw. B_2. Die Strecken $[PB_1]$ und $[PB_2]$ nennt man **Tangentenabschnitte**.

Diese beiden Tangentenabschnitte sind gleich lang, weil die gesamte Figur achsensymmetrisch zu der Geraden MP ist.

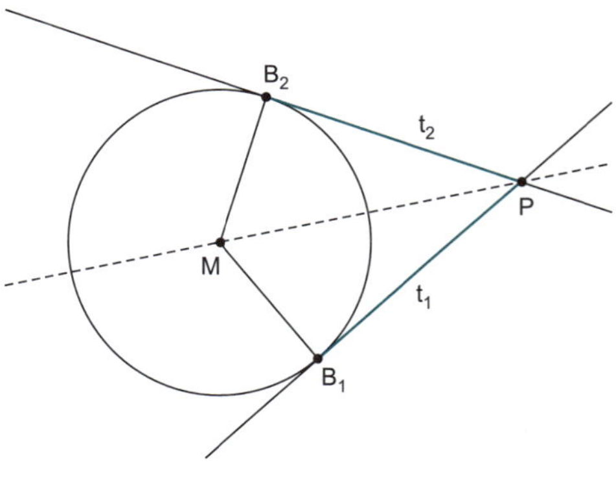

ufgaben

56. Gegeben ist ein Kreis mit Radius 3 cm. Bestimmen Sie alle Punkte, von denen aus man Tangenten an diesen Kreis legen kann, deren Tangentenabschnitte 4 cm lang sind.

57. Gegeben sind ein Kreis und ein Punkt A außerhalb des Kreises. Konstruieren Sie die beiden Tangenten von A aus an diesen Kreis. Geben Sie eine entsprechende Konstruktionsbeschreibung an.

58. Ein Heißluftballon ist in seinem oberen Teil nahezu kugelförmig. Bestimmen Sie den Durchmesser des Heißluftballons, wenn seine Führungsseile bis zum Beginn des kugelförmigen oberen Teils 11,30 m lang sind, gegenüberliegende Führungsseile unter einem Winkel von 44° zusammenlaufen und der Korb einen Durchmesser von 1,20 m besitzt.

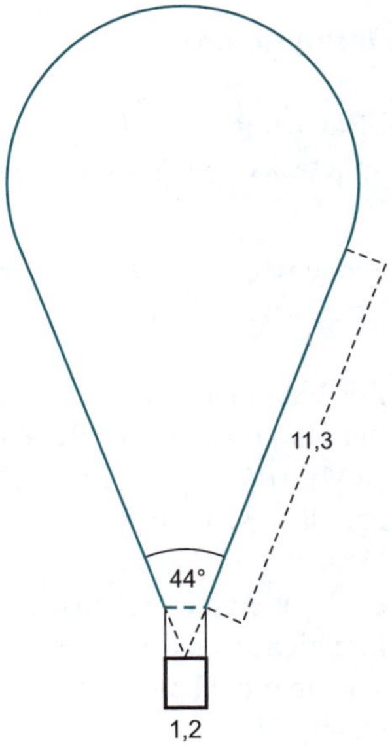

59. Eine Person betrachtet vom Punkt P aus (1,70 m über dem Erdboden, 7,50 m vom tiefsten Punkt eines Gasspeichers entfernt) einen kugelförmigen Gasspeicher, der einen Durchmesser von 6,80 m besitzt und dessen tiefster Punkt 3,90 m über dem Erdboden liegt. Bestimmen Sie konstruktiv den Blickwinkel α, unter dem der Gasspeicher zu sehen ist.

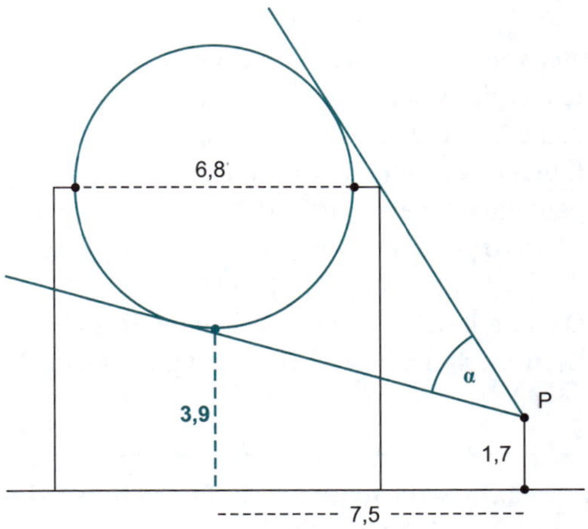

4.2 Sehnenviereck und Tangentenviereck

Wie wir im vorhergehenden Kapitel gesehen haben, besitzen regelmäßige Vielecke sowohl einen Um- als auch einen Inkreis. Außerdem wissen wir bereits, dass alle Dreiecke einen Inkreis und einen Umkreis besitzen.
Diese Eigenschaft gilt aber auch für einige unregelmäßige Vielecke. Wir betrachten hier diejenigen Vierecke, die einen Umkreis oder Inkreis besitzen.

Sehnenviereck

Definition

Ein **Sehnenviereck** ist ein Viereck, das einen Umkreis besitzt. Die Seiten dieses Vierecks sind Sehnen dieses Umkreises.

Sehnenvierecke besitzen eine wichtige Eigenschaft, die aus folgendem Bild abgeleitet werden kann:

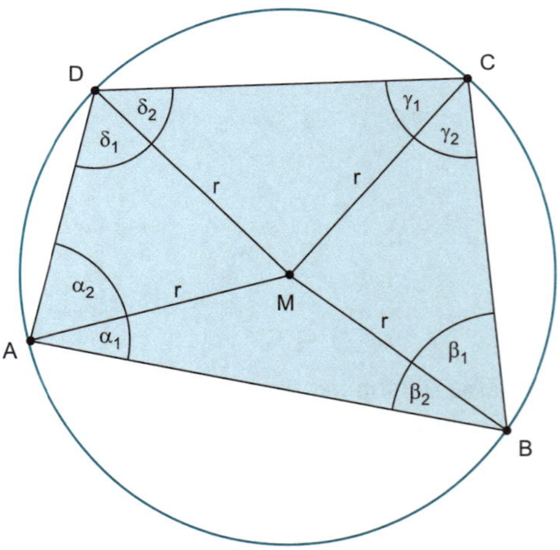

Zeichnet man in einem Viereck mit Umkreis die vier Radien [AM], [BM], [CM] und [DM] ein, dann sieht man, dass die vier Dreiecke ABM, BCM, CDM, DAM alle gleichschenklig sind. In gleichschenkligen Dreiecken sind aber die beiden Basiswinkel gleich groß:

$\beta_2 = \alpha_1$; $\gamma_2 = \beta_1$;
$\delta_2 = \gamma_1$; $\alpha_2 = \delta_1$

Verwendet man diese Gleichheiten, ergibt sich, dass die Winkelpaare α und γ bei A und C bzw. β und δ bei B und D zusammengenommen gleich groß sind:

$\alpha + \gamma = \alpha_1 + \alpha_2 + \gamma_1 + \gamma_2 = \alpha_1 + \delta_1 + \gamma_1 + \beta_1$ bzw.
$\beta + \delta = \beta_1 + \beta_2 + \delta_1 + \delta_2 = \beta_1 + \alpha_1 + \delta_1 + \gamma_1$

Daher gilt bei Sehnenvierecken die Beziehung: $\alpha + \gamma = \beta + \delta$
Da weiterhin die Winkelsumme im Viereck 360° beträgt, müssen $\alpha + \gamma$ und $\beta + \delta$ jeweils 180° sein:

Regel

In einem **Sehnenviereck** gilt für die **Innenwinkel des Vierecks:**
$\boldsymbol{\alpha + \gamma = 180°; \beta + \delta = 180°}$

Tangentenviereck

Definition

Vierecke, die einen Inkreis besitzen, bezeichnet man als **Tangentenvierecke**. Die Seiten von Tangentenvierecken sind Tangenten dieses Inkreises.

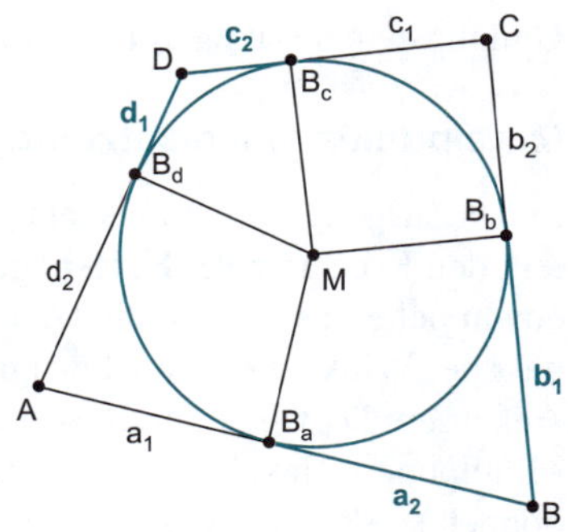

Auch für Tangentenvierecke gibt es eine besondere Eigenschaft:
Die Strecken a_2 und b_1 sind Tangentenabschnitte bezüglich des Punktes B und somit gleich lang. Entsprechend kann man folgern:
$a_2 = b_1$; $b_2 = c_1$;
$c_2 = d_1$; $d_2 = a_1$
Somit ergibt sich für die Summe der Seitenlängen gegenüberliegender Seiten:
$a + c = a_1 + a_2 + c_1 + c_2 = a_1 + b_1 + c_1 + d_1$ und
$b + d = b_1 + b_2 + d_1 + d_2 = b_1 + c_1 + d_1 + a_1$
Daher gilt für Tangentenvierecke folgendes:

Regel

Die Summen der Seitenlängen der jeweils **gegenüberliegenden Seiten** sind bei **Tangentenvierecken** gleich: $\mathbf{a + c = b + d}$

Aufgaben

60. Ein Sehnenviereck besitzt die Winkel $\alpha = 78°$ und $\beta = 86°$. Bestimmen Sie die fehlenden Winkel.

61. Ein Tangentenviereck besitzt die Seitenlängen $a = 7{,}6$ cm, $b = 5{,}3$ cm und $c = 2{,}9$ cm. Bestimmen Sie die Länge der vierten Seite.

62. Beschreiben Sie die Konstruktion und führen Sie diese durch:

a) Sehnenviereck mit: $a = 3$ cm, $b = 4{,}2$ cm, $c = 2{,}8$ cm, $\beta = 73°$

b) Tangentenviereck samt Inkreis mit: $a = 5{,}2$ cm, $b = 6{,}1$ cm, $c = 7{,}7$ cm, $\beta = 115°$

63. Konstruieren Sie ein beliebiges Sehnenviereck mit einem rechten Winkel. Welche weiteren Eigenschaften besitzt dieses Sehnenviereck? Begründen Sie diese.

4.3 Sätze am Kreis

Im Zusammenhang mit Kreisen werden wir in diesem Abschnitt zwei Sätze, den Mittelpunktswinkel- und den Sehnen-Tangentensatz, finden, die ebenfalls mit recht elementaren Mitteln gezeigt werden können. Aus ersterem kann direkt der Umfangswinkelsatz gefolgert werden.

Mittelpunktswinkelsatz und Umfangswinkelsatz

In der Ausgangssituation ist ein Kreis mit einer Sehne [AB] gegeben. Diese Sehne teilt den Kreis in **zwei Kreisbögen** ein. Verbindet man die Punkte A und B mit einem beliebigen Kreispunkt C **auf einem dieser Bogen**, kann man feststellen, dass der Winkel bei C unabhängig von der Lage des Punktes stets gleich groß ist. Außerdem lässt sich durch Nachmessen schnell feststellen, dass der sogenannte Mittelpunktswinkel $\sphericalangle$AMB, der zu dem **anderen Bogen** gehört, immer genau doppelt so groß wie ein Umfangswinkel ist.

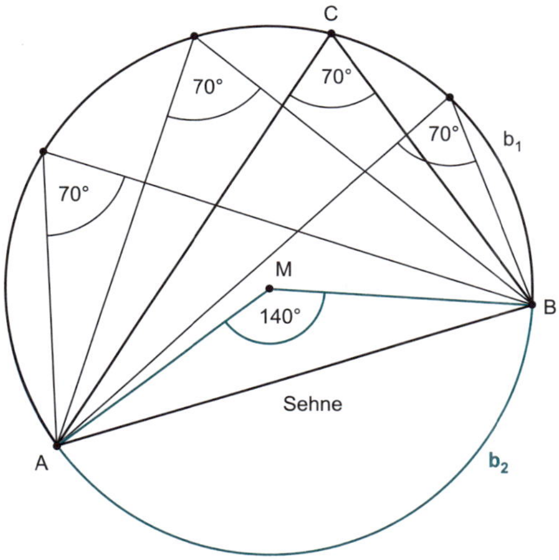

Diese beiden Feststellungen werden wir nun beweisen; wir werden hierzu wieder unser Schema der fünf Schritte anwenden:

1. Beschreiben der Ausgangssituation
Gegeben sei ein Kreis mit Mittelpunkt M und eine Sehne AB in diesem Kreis sowie ein beliebiger Punkt C auf dem Kreis (oberhalb der Sehne).

2. Was ist zu beweisen?
Zu zeigen ist nun: $\beta = 2\alpha$.

3. Planfigur

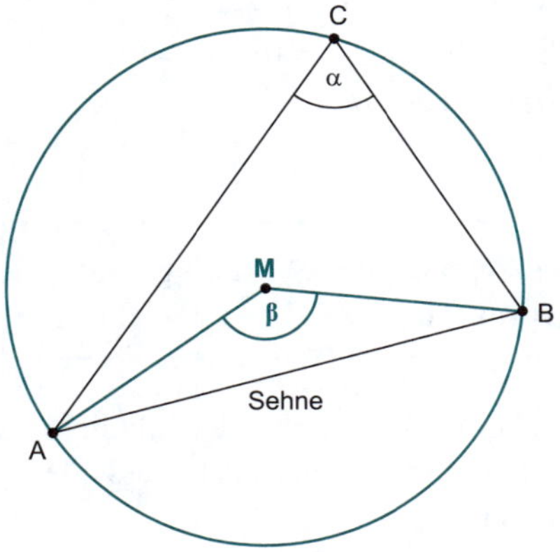

4. Erweitern der Planfigur; Finden und Beweisen weiterer Vermutungen

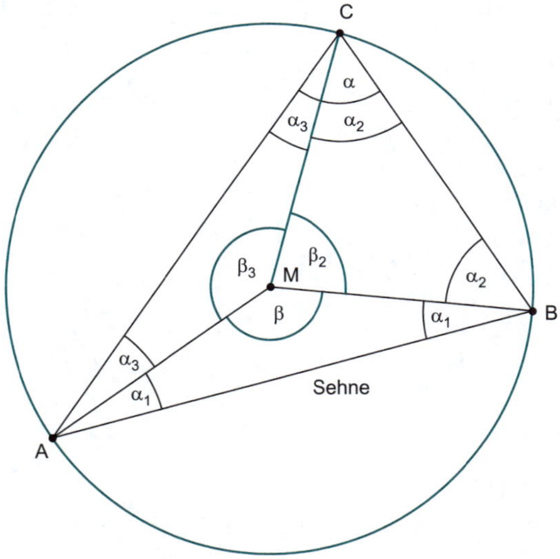

Da die drei Punkte A, B und C auf einem Kreis liegen, lassen sich die drei Radien [AM], [BM] und [CM] einzeichnen. Hierdurch ergeben sich drei gleichschenklige Dreiecke ABM, BCM und CAM.

5. Beweis durch Verwendung der gegebenen und bewiesenen Sachverhalte

Für den Vollwinkel bei M gilt:

$\beta + \beta_2 + \beta_3 = 360°$

Hierbei lassen sich die Winkel β_2 und β_3 wegen der Winkelsumme in den Dreiecken BCM bzw. CAM ersetzen:

$\beta_2 = 180° - 2\alpha_2;\quad \beta_3 = 180° - 2\alpha_3,$

sodass nun folgt:

$$\beta + (180° - 2\alpha_2) + (180° - 2\alpha_3) = 360° \Leftrightarrow \beta + 360° - 2 \cdot (\alpha_2 + \alpha_3) = 360°$$
$$\Leftrightarrow \beta - 2 \cdot (\alpha_2 + \alpha_3) = 0$$
$$\Leftrightarrow \beta = 2 \cdot (\alpha_2 + \alpha_3) = 2 \cdot \alpha$$

Genau dies ist aber die Behauptung.

Satz

Mittelpunktswinkelsatz. Der **Mittelpunktswinkel** β zu einer Sehne ist genau **doppelt so groß** wie der zugehörige **Umfangswinkel** α.

Da man jetzt weiß, dass der Mittelpunktswinkel doppelt so groß wie ein beliebiger dazugehöriger Umfangswinkel ist, folgt automatisch hieraus auch, dass alle entsprechenden Umfangswinkel gleich groß sein müssen:

Satz

Umfangswinkelsatz. Alle **Umfangswinkel** zu einer Sehne sind **gleich groß**.

Beispiel

In der Figur sind ein Umfangswinkel und ein Mittelpunktswinkel eingezeichnet und ausgemessen. Begründen Sie, warum für diese beiden Winkel der Mittelpunktswinkelsatz nicht gilt, und zeichnen Sie ein Winkelpaar ein, für das dieser Satz anwendbar ist.

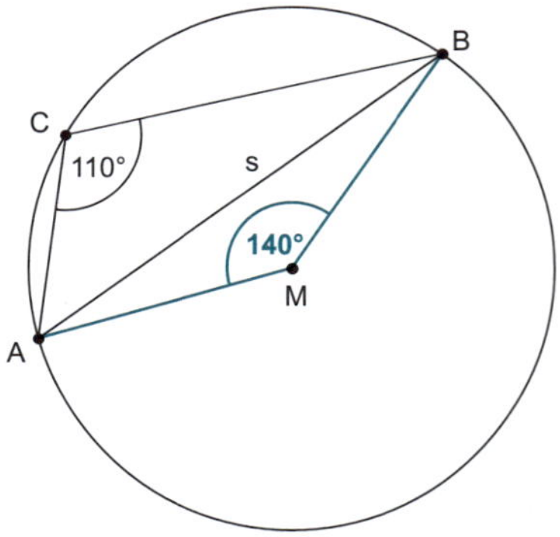

Lösung:
Der Umfangswinkel liegt auf dem Bogen, der zu dem Mittelpunktswinkel gehört und damit auf der falschen Seite von s.
Verwendet man einen Punkt C' auf der anderen Seite von s und damit auf dem anderen Bogen (grün gezeichnet), ergibt sich die korrekte Beziehung $140° = 2 \cdot 70°$.

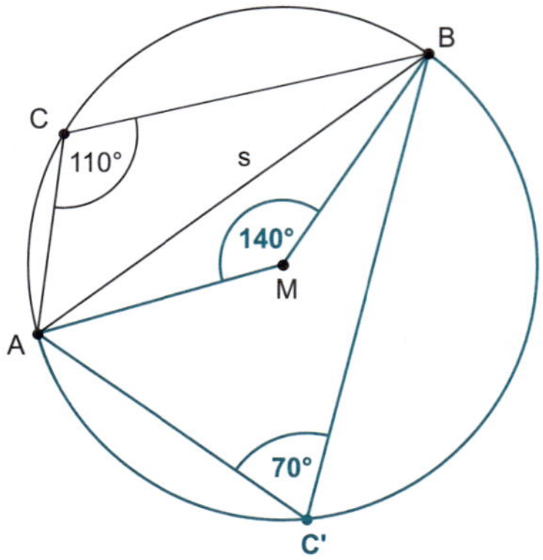

Sehnen-Tangentensatz

Wir können noch einen Schritt weitergehen und den obigen Kreis mit einer Tangente t im Kreispunkt A ergänzen:

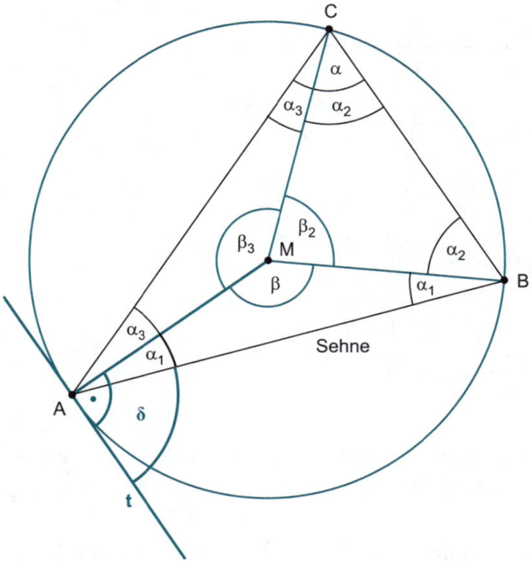

Die Tangente steht immer orthogonal auf dem Berührradius, sodass hier gilt:
(1) $\alpha_1 + \delta = 90°$
Die Winkelsumme im Dreieck ABC liefert:
$(\alpha_1 + \alpha_3) + (\alpha_1 + \alpha_2) + (\alpha_2 + \alpha_3) = 180° \quad \Leftrightarrow \quad 2\alpha_1 + 2\alpha_2 + 2\alpha_3 = 180°$
$\Leftrightarrow \quad \alpha_1 + \alpha_2 + \alpha_3 = 90°$
Vergleicht man diese Gleichung mit Gleichung (1), sieht man:
$\delta = \alpha_2 + \alpha_3 = \alpha$
Damit haben wir einen weiteren Satz bewiesen:

Satz

Sehnen-Tangentensatz. Der **Winkel zwischen** einer **Sehne** und der **Tangente** in einem Sehnenendpunkt ist **genauso groß** wie der der Sehne **gegenüberliegende Umfangswinkel**.

Beispiel

Franz fährt mit dem Zug an einem Schloss vorbei, von dem er aus dem Stadtplan weiß, dass die parallel zu den Schienen verlaufende Front des Schlosses genau 120 m lang ist und einen Abstand von 160 m zu den Schienen hat. Mit seiner Kamera, die einen Aufnahmewinkel von 30° besitzt, bekommt er die Front des Schlosses genau 6 s lang nicht vollständig auf das Display. Bestimmen Sie die Geschwindigkeit des Zugs.

Lösung:
Zunächst wird der Lageplan konstruiert: Die Front des Schlosses stellt eine Strecke der Länge 6 cm (Maßstab 1:2000) dar, die Schienen eine Parallele zu dieser Strecke im Abstand 8 cm.

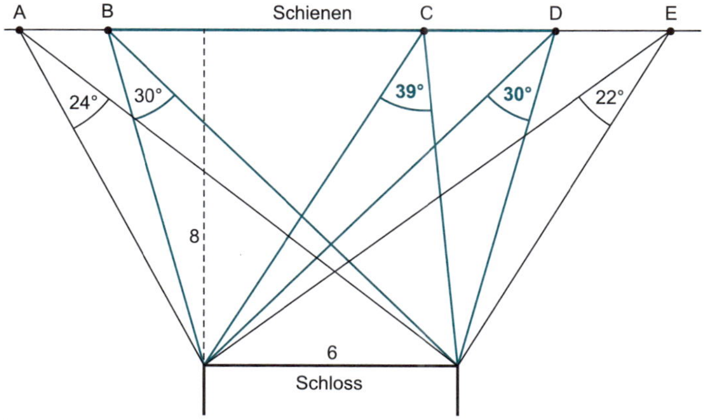

Aus einem Zug, der der Reihe nach in den Punkten A, B, C, D und E vorbeifährt, lässt sich während der Fahrt von B nach D das Schloss nicht vollständig fotografieren.
Hieraus entsteht die Konstruktionsidee, dass das Schloss eine Sehne im Kreis darstellt und der Aufnahmewinkel ein Umfangswinkel eines Kreises mit dieser Sehne darstellt:

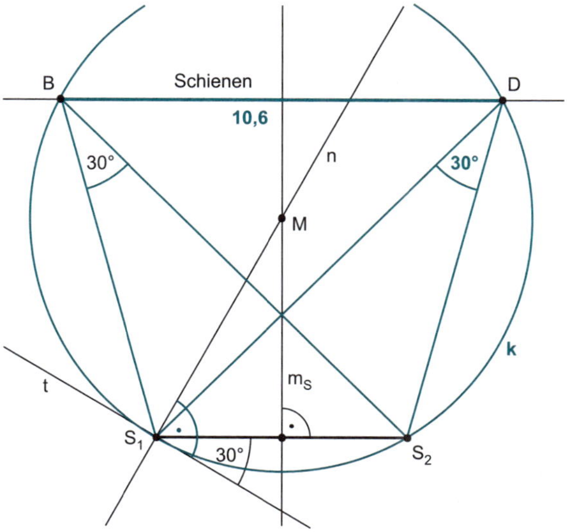

Demzufolge wird an der „Schloss"-Strecke $[S_1S_2]$ in S_1 der Winkel 30° nach unten angetragen, und man erhält die entsprechende Tangente.

Senkrecht zur Tangente wird die Orthogonale n in S_1 gezeichnet, die sich mit der Mittelsenkrechten m_S der Strecke $[S_1S_2]$ im Kreismittelpunkt M schneidet.
Der Kreis um M durch S_1 schneidet die „Schienen"-Gerade in den Punkten B und D, die die Enden der Strecke darstellen, auf der der Aufnahmewinkel mindestens 30° beträgt.
Ausmessen ergibt ca. 10,6 cm, was einer Strecke von 212 m entspricht. Diese Strecke wird in 6 Sekunden abgefahren, sodass sich hieraus eine Geschwindigkeit von $\frac{212\text{ m}}{6\text{ s}} \approx 35\,\frac{\text{m}}{\text{s}} \approx \mathbf{127\,\frac{km}{h}}$ ergibt.

ufgaben

64. Zeichnen Sie in einem beliebigen Kreis eine Sehne, von der aus jeder Umfangswinkel das Winkelmaß 70° besitzt.
Welche Eigenschaft hat eine Sehne, von der aus jeder Umfangswinkel ein rechter Winkel ist?

65. Bestimmen Sie alle Punkte, von denen aus man eine Strecke der Länge 6 cm unter einem Winkel von 75° sehen kann.

Hinweis: Verwenden Sie zur Konstruktion den Sehnen-Tangentensatz.

66. Konstruieren Sie ein Dreieck, das einen Umkreis mit Radius r = 4,2 cm, den Winkel γ = 68° und die Seitenhalbierende s_c = 5,4 cm besitzt.

67. Berechnen Sie die Weite der eingezeichneten Winkel:

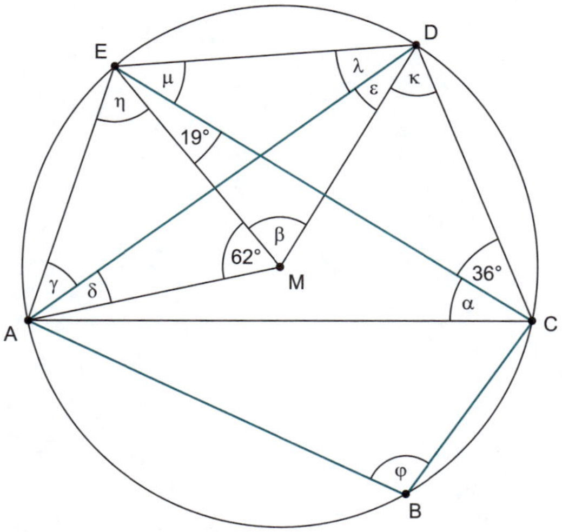

5 Kongruenz

In diesem Kapitel werden wir uns mit sogenannten deckungsgleichen Figuren beschäftigen, also mit Figuren, die man quasi aufeinander legen kann, weil sie dieselbe Form und Größe besitzen.

Definition

Zwei Figuren, die paarweise in allen Seiten und Winkeln übereinstimmen, nennt man **deckungsgleich** oder **kongruent**.

Kongruente Figuren stimmen also in allen Maßen (Seiten und Winkel) paarweise überein, man kann sie deckungsgleich übereinander legen. Will man dies tun, muss man die eine Figur bewegen. Zum Beispiel könnte man diese Figur verschieben, aber auch drehen oder umklappen. Solche Bewegungen nennt man Abbildungen:

Definition

Unter einer **Abbildung** versteht man eine Vorschrift, die **jedem Punkt der Ebene genau einen Bildpunkt zuordnet**.
Betrachtet man die Eckpunkte einer geometrischen Figur, dann bilden deren Bildpunkte ebenfalls eine geometrische Figur, die **Bildfigur** genannt wird.

In nebenstehender Zeichnung ist eine Abbildung dargestellt, bei der der Punkt A auf den Bildpunkt A', der Punkt B auf den Bildpunkt B' und C auf den Bildpunkt C' abgebildet wird. Weiterhin ist bei dieser Abbildung das Dreieck A'B'C' das Bilddreieck von ABC.

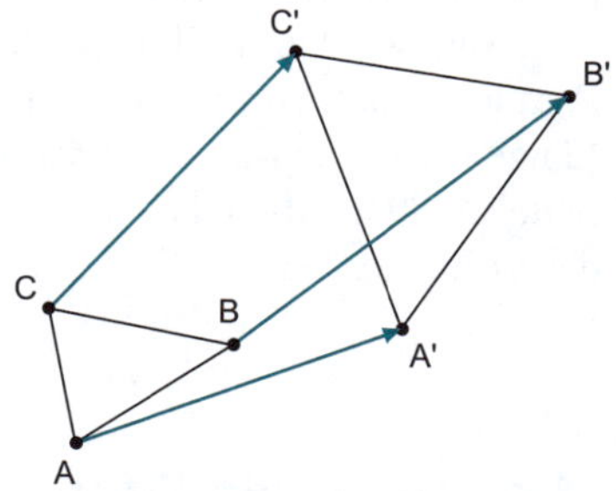

Abbildungen besitzen verschiedene Eigenschaften, je nachdem, in welcher Beziehung Punkte und Bildpunkte zueinander stehen. Wir zählen hier zunächst vier denkbare Eigenschaften von Abbildungen auf und werden anschließend untersuchen, welche dieser Eigenschaften bei bekannten einfachen Grundabbildungen vorliegen.

Definition

Eine Abbildung heißt
- **längentreu**, wenn jeweils zwei Punkten zwei Bildpunkte so zugeordnet werden, dass die Entfernungen zwischen den beiden Punkten und den beiden Bildpunkten gleich sind;
- **geradentreu**, wenn alle Punkte einer Geraden so abgebildet werden, dass die Bildpunkte auch auf einer Geraden liegen;
- **winkeltreu**, wenn alle Punkte eines beliebigen Winkels so abgebildet werden, dass die Bildpunkte einen ebenso großen Winkel bilden;
- **parallelentreu**, wenn parallele Geraden wieder in parallele Geraden abgebildet werden.

Beispiel

Geben Sie an, welche Eigenschaften eine Abbildung besitzen kann, die das Dreieck ABC auf das Dreieck A'B'C' abbildet. Welche Eigenschaften können auf keinen Fall erfüllt sein?

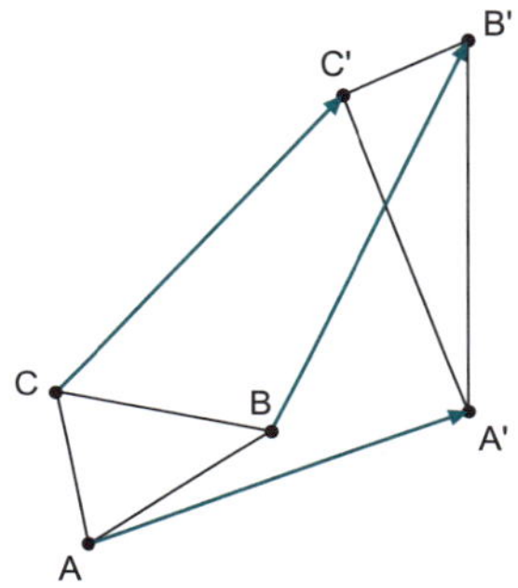

Lösung:
Die Abbildung könnte geradentreu sei, denn die Seiten des Dreiecks werden auf Seiten des Bilddreiecks abgebildet. Über die Parallelentreue kann nichts ausgesagt werden, weil es bei der Ausgangsfigur und bei der Bildfigur keine Parallelen gibt, anhand derer diese Eigenschaft zu vermuten wäre.
Längentreu oder winkeltreu ist die Abbildung jedoch keinesfalls, da z. B. die Seite [A'C'] deutlich länger als [AC] ist und der Winkel α bei A größer als der Winkel α' bei A' ist.

5.1 Kongruenzabbildung

In diesem Abschnitt betrachten wir Abbildungen, die alle Dreiecke auf jeweils **kongruente** Dreiecke abbilden, die also in ihren Winkelmaßen und Seitenlängen übereinstimmen.

Definition

Eine Abbildung, die jede Figur auf eine kongruente Figur abbildet, wird **Kongruenzabbildung** genannt.

Kongruenzabbildungen besitzen alle vier zuvor beschriebenen Eigenschaften:

Regel

Kongruenzabbildungen sind **geraden-**, **längen-**, **winkel-** und **parallelentreu**.

Beispiel

Begründen Sie diese vier Eigenschaften der Kongruenzabbildungen.

Lösung:

- Weil Dreiecke auf Dreiecke abgebildet werden, werden Geraden auf Bildgeraden abgebildet. Daher sind Kongruenzabbildungen geradentreu.
- Damit Dreieck und Bilddreieck deckungsgleich sind, müssen Strecken immer auf gleich lange Strecken und Winkel auf gleich weite Winkel abgebildet werden. Daraus ergeben sich die Längen- und die Winkeltreue.
- Weil ein Parallelogramm stets auf ein Parallelogramm abgebildet wird, werden parallele Geraden auf parallele Geraden abgebildet. Damit folgt die Parallelentreue.

Bei den Kongruenzabbildungen sind insbesondere vier grundlegende Abbildungen zu nennen, die nachfolgend besprochen werden. Diese **vier Grundabbildungen** erzeugen aus Figuren stets kongruente Figuren.

Verschiebung

Wenn man einen Tisch von einer Stelle auf eine andere Stelle verschiebt, ohne ihn dabei zu drehen, bewegt sich jede Ecke des Tisches um dieselbe Strecke in dieselbe Richtung. Solch eine Verschiebung kann man auch auf beliebige geometrische Objekte anwenden:

Definition

Eine **Verschiebung** ist eine Abbildung, bei der jeder Punkt in eine bestimmte Richtung um eine bestimmte Länge verschoben wird.
Die Richtung und die Länge einer solchen Verschiebung werden durch einen **Verschiebungspfeil** veranschaulicht.

Beispiel

In einem Koordinatensystem soll das Dreieck ABC mit A(1 | 1), B(5 | 2) und C(3 | 5) um vier Einheiten nach rechts und zwei Einheiten nach oben verschoben werden.
Beschreiben Sie, wie Sie rechnerisch die Bildkoordinaten bestimmen können, und führen Sie die Verschiebung durch.

Lösung:
Bei einer Verschiebung wird jeder Punkt des Dreiecks um vier Einheiten nach rechts und zwei Einheiten nach oben verschoben. Der Eckpunkt B(5 | 2) z. B. ergibt bei Verschiebung den Bildpunkt B'(5 + 4 | 2 + 2) = B'(9 | 4).

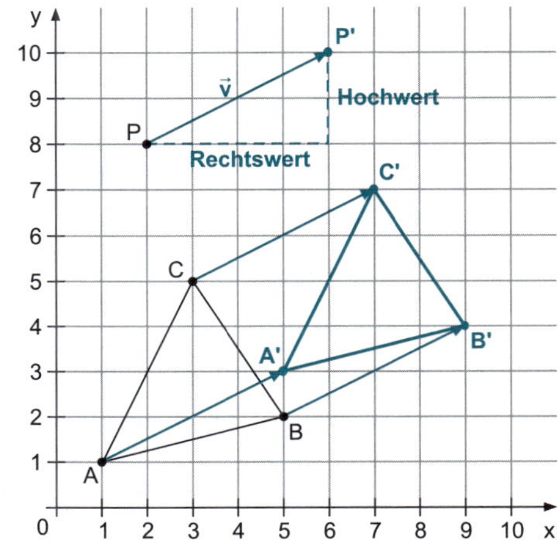

Da es sehr umständlich ist, bei Verschiebungen immer von Rechts- und Hochwert zu sprechen, führt man eine vereinfachende Schreibweise ein und stellt Verschiebungspfeile, die als Vektoren bezeichnet werden, folgendermaßen dar:

Definition

Der **Vektor** $\binom{a}{b}$ verschiebt jeden Bildpunkt gegenüber dem Originalpunkt um **a Einheiten nach rechts** und **b Einheiten nach oben**. Die Werte a und b nennt man **Koordinaten des Vektors**.

Vektoren werden durch Kleinbuchstaben mit einem darüber liegenden **Pfeil** benannt, z. B. $\vec{v}$. Alternativ kann man einen Vektor auch durch seinen **Anfangs- und Endpunkt** kennzeichnen: Ein Vektor, der vom Punkt A zum Punkt B führt, wird als $\overrightarrow{AB}$ bezeichnet.

Addition und skalare Multiplikation von Vektoren werden in Kapitel 11 behandelt.

Beispiele

1. Beschreiben Sie eine Verschiebung um den Vektor $\vec{v} = \binom{3}{-1}$.

   Lösung:

   $\vec{v} = \binom{3}{-1}$ bedeutet eine Verschiebung um 3 Einheiten nach rechts und –1 Einheit nach oben, also eine Einheit nach unten.

2. Geben Sie einen Vektor an, der den Punkt A(2 | 4) zum Punkt B(1 | 9) verschiebt.

Lösung:
Die Verschiebung des Punktes A nach B bedeutet eine Verschiebung der x-Koordinate von x = 2 auf x = 1, also um eine Einheit nach links und somit –1 Einheit nach rechts. Außerdem wird A in y-Richtung von y = 4 auf y = 9 und somit um 5 Einheiten nach oben verschoben. Der Verschiebungsvektor lautet also:

$$\overrightarrow{AB} = \begin{pmatrix} -1 \\ 5 \end{pmatrix}$$

Achsenspiegelung

Bei einer Achsenspiegelung an einer Spiegelachse wird jeder Punkt A auf einen Bildpunkt A' so abgebildet, dass
- die Strecke [AA'] senkrecht auf der Spiegelachse steht und
- die Punkte A und A' gleich weit von der Spiegelachse entfernt sind.

Die Konstruktion eines Bildpunktes bei einer Achsenspiegelung ist in Kapitel 1 bereits beschrieben worden.

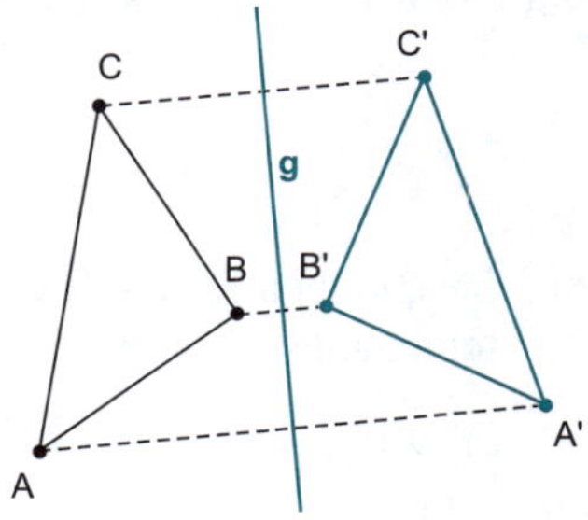

Punktspiegelung

Bei einer Punktspiegelung an einem Spiegelpunkt S wird jeder Punkt A auf einen Bildpunkt A' so abgebildet, dass
- die Gerade AA' durch S geht und
- S in der Mitte der Strecke [AA'] liegt.

Die Konstruktion von Bildpunkten bei einer Punktspiegelung ist ebenfalls in Kapitel 1 dargestellt.

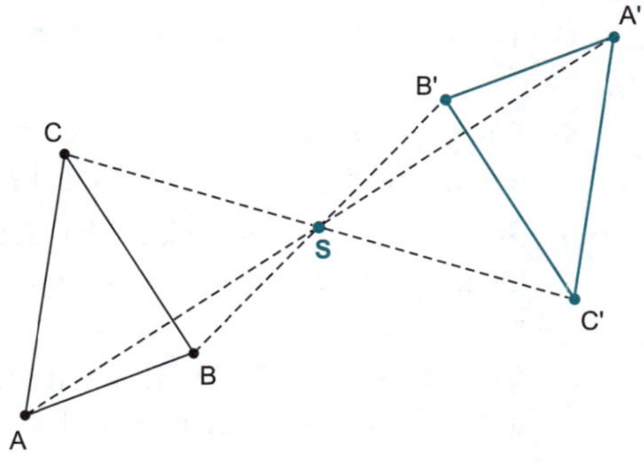

Drehung

Die Punktspiegelung ist ein Spezialfall der Drehung. Bei einer Drehung wird jeder Punkt um einen vorgegebenen Winkel um einen Drehpunkt D gedreht:

Wesentliche Eigenschaften der Drehung um einen Winkel α um den Drehpunkt D sind aus der Skizze bereits ersichtlich:

- Punkt und Bildpunkt liegen auf einem Kreis um D.
- Der Winkel ∢PDP' zwischen Punkt P und Bildpunkt P' am Drehpunkt D ist der Drehwinkel α.

Wenn die Drehrichtung nicht genannt ist, entspricht ein positiver Drehwinkel immer einer **Linksdrehung**, ein negativer Drehwinkel einer **Rechtsdrehung**.

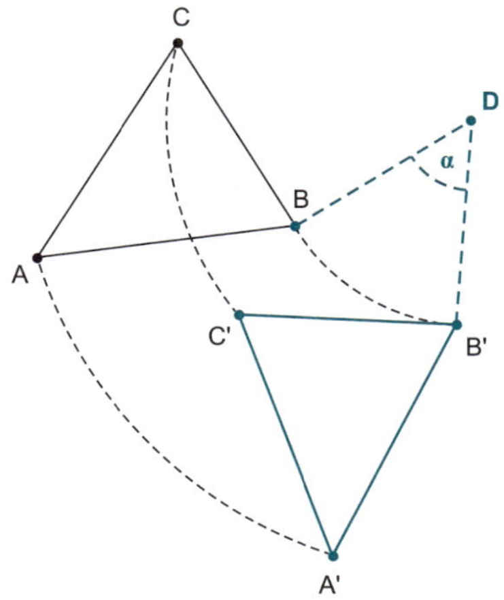

Aufgaben

68. Beschreiben Sie die Richtung einer Verschiebung, wenn der zugehörige Verschiebungsvektor gegeben ist durch:

a) $\vec{v} = \begin{pmatrix} 1 \\ 5 \end{pmatrix}$ b) $\vec{v} = \begin{pmatrix} -2 \\ 1 \end{pmatrix}$

c) $\vec{v} = \begin{pmatrix} 0 \\ -8 \end{pmatrix}$ d) $\vec{v} = \begin{pmatrix} -3 \\ -4 \end{pmatrix}$

69. In einem Koordinatensystem ist das Dreieck ABC gegeben durch A(1 | 1), B(5 | 2), C(3 | 6). Führen Sie folgende Kongruenzabbildungen konstruktiv durch.

a) Spiegeln Sie das Dreieck am Punkt S(–1 | 4) und geben Sie die Koordinaten der Eckpunkte des Bilddreiecks an.

b) Spiegeln Sie das Dreieck an der Geraden durch die Punkte P(8 | –4) und Q(7 | 4) und geben Sie die Koordinaten der Eckpunkte des Bilddreiecks an.

c) Verschieben Sie das Dreieck um den Verschiebungsvektor $\vec{v} = \begin{pmatrix} 8 \\ -5 \end{pmatrix}$ und geben Sie die Koordinaten der Bildpunkte an.

d) Drehen Sie das Dreieck um den Winkel $\varphi = 55°$ um den Punkt P(8 | –4) und geben Sie die Koordinaten der Bildpunkte an.

70. Das Dreieck ABC mit A(2 | 0), B(8 | 2), C(4 | 5) wird um den Punkt D(1 | 4) so gedreht, dass der Bildpunkt A' von A die x-Koordinate –1 besitzt. Führen Sie die Drehung aus und geben Sie die Koordinaten der Eckpunkte der beiden denkbaren Bilddreiecke an.

71. Bei einer Achsenspiegelung wird das Dreieck ABC mit A(–3 | 1), B(3 | 2), C(0 | 5) auf das Bilddreieck mit A'(9 | 6) abgebildet. Bestimmen Sie konstruktiv die Koordinaten der beiden anderen Bildpunkte.

72. Führen Sie die Konstruktion durch und geben Sie an, welche Konstruktion hierdurch realisiert wird:

1. Gegeben: Dreieck ABC und Punkt D
2. Kreis k_1 um A durch B schneidet Kreis k_2 um D durch B in den Punkten B und B'.
3. Kreis k_3 um A durch C schneidet Kreis k_4 um D durch C in den Punkten C und C'.
4. Dreieck AB'C' ist das gesuchte Dreieck.

✷ **73.** Gegeben ist ein beliebiges Dreieck. Spiegeln Sie dieses Dreieck an einer beliebigen Achse und danach das Bilddreieck an einer anderen, zu der ersten Achse parallelen Achse. Wie kann man das zweite Bilddreieck durch eine einzige Abbildung direkt aus dem gegebenen Dreieck erzeugen? Begründen Sie diese Vermutung.

5.2 Kongruenzsätze

Alle Dreiecke, die paarweise in den drei Seiten und den drei Winkeln übereinstimmen, sind sicherlich kongruent, weil man sie quasi „aufeinander“ legen kann. Es stellt sich die Frage, ob auch durch weniger Angaben die Form des Dreiecks eindeutig bestimmt ist.

Definition

Ein Dreieck ist **eindeutig konstruierbar** oder **eindeutig bestimmt**, wenn alle Dreiecke, die die vorgegebenen Größen besitzen, **kongruent** sind.

Beispiel

Ist ein Dreieck durch die Angabe seiner drei Winkel eindeutig konstruierbar?

Lösung:
Nein, es gibt verschieden große Dreiecke, die jedoch in ihren Winkeln übereinstimmen.

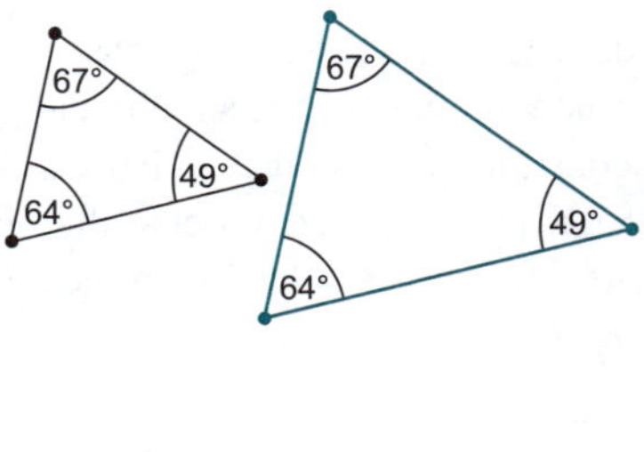

Es ist aber nicht unbedingt erforderlich, alle drei Seiten und alle drei Winkel des Dreiecks zu kennen, um es eindeutig konstruieren zu können. Dafür reichen weniger Angaben aus.
Insgesamt gibt es vier minimale Kombinationen von Seiten und Winkeln, die die eindeutige Konstruierbarkeit von Dreiecken gewährleisten. Diese minimalen Kombinationen werden durch die **vier Kongruenzsätze** beschrieben.

Kongruenzsatz sss

Wir wollen ein Dreieck konstruieren, von dem alle drei Seitenlängen bekannt sind.
Dass ein solches Dreieck eindeutig konstruierbar ist, lässt sich am einfachsten begründen, wenn man die Konstruktion schrittweise ausführt:

1. Zunächst zeichnet man eine Seite des Dreiecks, z. B. [AB].
2. Da die Seitenlänge b von [AC] bekannt ist, muss C auf einem Kreis um A mit Radius b liegen.
3. Wegen der Seitenlänge a von [BC] liegt C aber auch auf einem Kreis um B mit Radius a.
4. C muss also der Schnittpunkt dieser beiden Kreise sein.

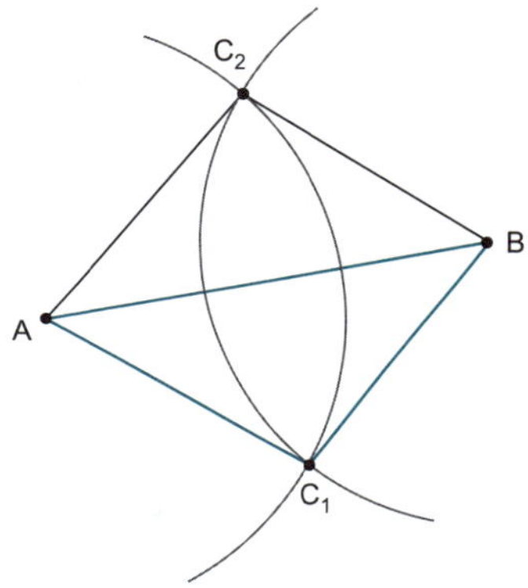

Es gibt nun zwei mögliche Schnittpunkte C_1 und C_2, sodass zwei Dreiecke AC_1B und ABC_2 entstehen.
Diese beiden Dreiecke sind jedoch deckungsgleich, weil sie durch eine Spiegelung an der Geraden AB ineinander übergeführt werden können. Daher ist die Konstruktion eines Dreiecks aus drei gegebenen Seitenlängen eindeutig möglich.

Satz

> **Kongruenzsatz sss.** Zwei Dreiecke sind kongruent, wenn sie paarweise in ihren Seiten übereinstimmen.

Kongruenzsatz sws

Bei der Symbolik „sws“ liegt das „w“ zwischen den beiden „s“. Wir wollen also untersuchen, ob ein Dreieck eindeutig konstruierbar ist, wenn zwei Seiten des Dreiecks und der von diesen beiden Seiten eingeschlossene Winkel gegeben sind.
Dieser Kongruenzsatz ist ebenfalls sehr einfach zu verstehen, wenn man sich die Konstruktion eines solchen Dreiecks ansieht:

Wenn z. B. die Seitenlängen c = | AB | und b = | AC | sowie der Winkel α gegeben sind, dann zeichnet man zunächst die Seite [AB] und trägt den Winkel α an [AB] in A an. Hierdurch entsteht der freie Schenkel AC. Wegen der Seitenlänge b liegt C auf einem Kreis um A mit dem Radius b. Dieser Kreis schneidet den freien Schenkel des Winkels in einem eindeutig festgelegten Punkt, dem Eckpunkt C des Dreiecks. Dieses Dreieck ist daher eindeutig konstruierbar.

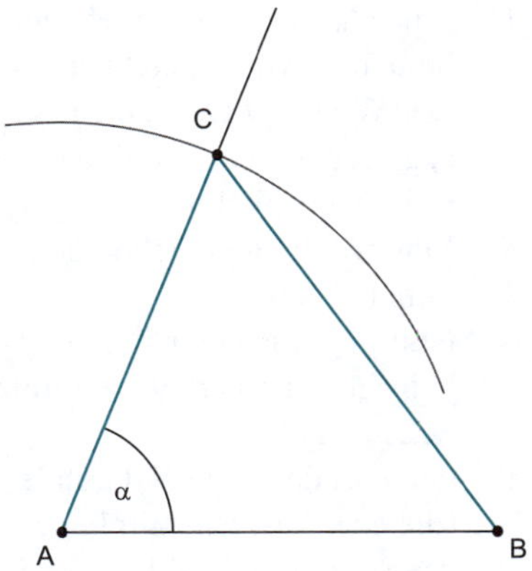

Satz

Kongruenzsatz sws. Zwei Dreiecke sind kongruent, wenn sie paarweise in zwei Seiten und dem von diesen Seiten eingeschlossenen Winkel übereinstimmen.

Kongruenzsatz wsw und wws

„wsw" und „wws" deuten an, dass wir nun versuchen, ein Dreieck zu konstruieren, von dem eine Seite und zwei Winkel gegeben sind. Im ersten Fall liegt die Seite zwischen den gegebenen Winkeln, im zweiten Fall nicht.
Auch hier sieht man anhand der Konstruktion eines solchen Dreiecks die Eindeutigkeit.
Zunächst der **erste Fall**, dass die Seite zwischen den beiden Winkeln liegt:
Wenn z. B. die Seite [AB] und die Winkel α und β gegeben sind, wird zunächst die Seite [AB] gezeichnet. Anschließend legt man die beiden Winkel α bzw. β an diese Seite an und erhält zwei freie Schenkel. Der fehlende Punkt C des Dreiecks muss der Schnittpunkt dieser beiden freien Schenkel sein. Da mit den Punkten A und B auch C eindeutig festgelegt ist, ist die Konstruktion eindeutig möglich.

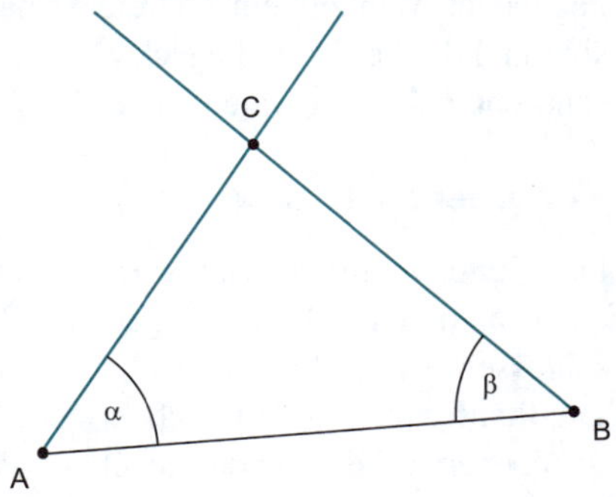

Im **zweiten Fall**, wenn die Seite nicht von beiden Winkeln eingeschlossen ist, ist die Konstruktion eines Dreiecks mit zwei Winkeln und einer nicht eingeschlossenen Seite folgendermaßen möglich:
Gegeben sei die Seite c sowie die Winkel α und γ.

1. Zunächst wird die gegebene Seite c = [AB] gezeichnet.
2. Der Winkel α wird an c in A angetragen; man erhält den freien Schenkel b'.
3. Man wählt einen beliebigen Punkt C' auf b'.
4. Nun trägt man den Winkel γ an b' in C' an und erhält den freien Schenkel a'.
5. Die Parallele a zu a' durch B (die ebenfalls den Winkel γ mit der Seite b' einschließt) schneidet die Gerade AC' im Punkt C.
6. Das Dreieck ABC ist das gesuchte Dreieck.

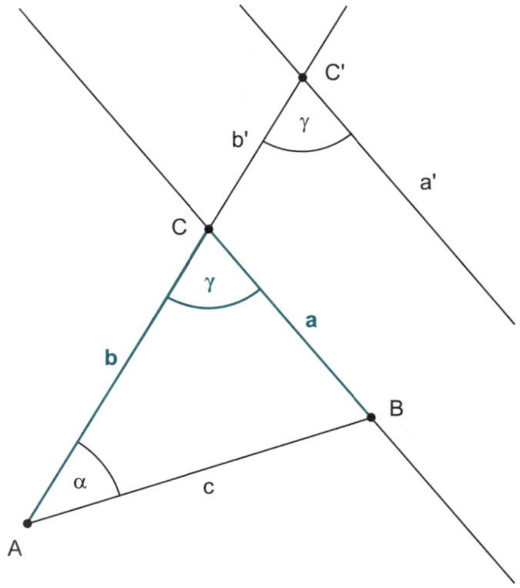

Bei dieser Konstruktion wird ausgenutzt, dass die Stufenwinkel γ bei C und C' gleich groß sind.

Satz

> **Kongruenzsatz wsw und wws.** Zwei Dreiecke sind kongruent, wenn sie paarweise in zwei Winkeln und einer Seite übereinstimmen.

Die beiden Fälle werden als ein einziger Kongruenzsatz betrachtet, da bei zwei gegebenen Winkeln eines Dreiecks natürlich alle Winkel des Dreiecks bekannt sind und die beiden Fälle sich zwar in der Konstruktion unterscheiden, im Wesentlichen aber äquivalent sind.

Kongruenzsatz Ssw

Der vierte Kongruenzsatz ist der schwierigste: Hier sind zwei Seiten und ein nicht eingeschlossener Winkel gegeben, z. B. die Seiten a und c sowie der nicht eingeschlossene Winkel α.

Die Planfigur zeigt den Sachverhalt (die gegebenen Seiten und der gegebene Winkel sind schwarz gezeichnet). Um den Winkel α antragen zu können, muss man mit der Konstruktion der Seite c = [AB] beginnen. Der Winkel liefert dann den freien Schenkel b. Um den Eckpunkt C auf diesem freien Schenkel zu erhalten, dessen Entfernung von B ja gegeben ist,

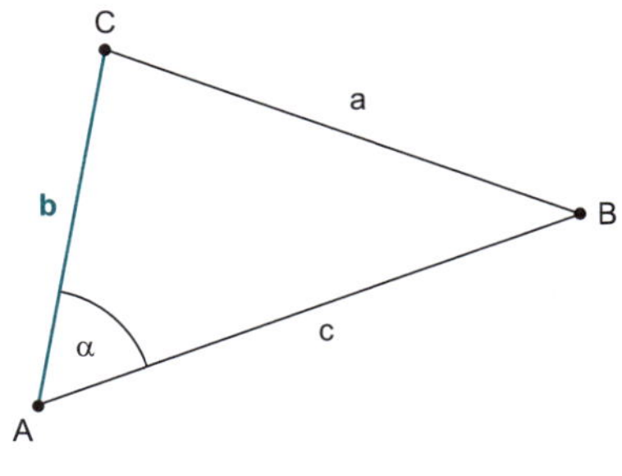

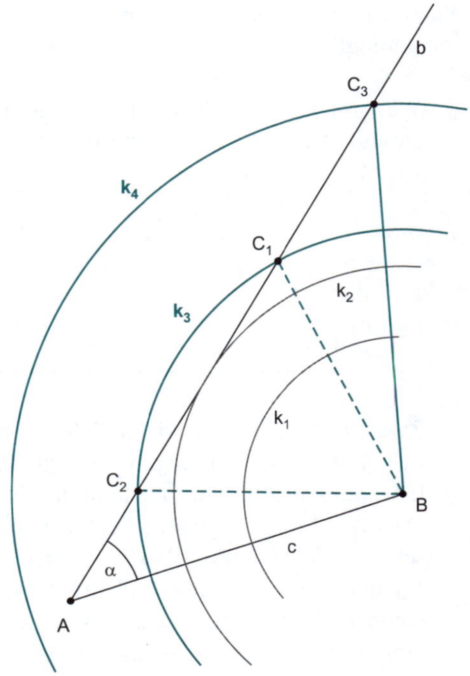

zeichnet man nun einen Kreis um B mit dem Radius der Seite a und schneidet diesen mit dem freien Schenkel.
Hier sind jedoch mehrere Fälle möglich:
Zu beachten sind hier die grün eingezeichneten Kreise k_3 und k_4.
Der Kreis k_3 schneidet den freien Schenkel b in zwei Punkten, nämlich in C_1 und C_2. Die beiden möglichen Dreiecke ABC_1 und ABC_2 sind jedoch sicherlich nicht kongruent. Daher ist die Konstruktion nicht eindeutig möglich, wenn der Kreis den freien Schenkel b in zwei Punkten schneidet.
Der Kreis k_4 jedoch hat mit dem freien Schenkel b nur einen einzigen Punkt, nämlich C_3 gemeinsam. Hier ist die Konstruktion eindeutig.
Somit stellt sich die Frage, in welchen Fällen der Kreis (wie hier k_4) so groß ist, dass er den freien Schenkel nur noch in einem Punkt (C_3) schneidet. Dies ist offensichtlich dann der Fall, wenn der Radius dieses Kreises größer als die Seitenlänge der Seite [AB] ist. Folglich ist die Konstruktion immer dann eindeutig möglich, wenn die dem Winkel gegenüberliegende Seite (a), die dem Radius des Kreises entspricht, größer als die dem Winkel anliegende Seite (hier c) ist.

Satz

Kongruenzsatz Ssw. Zwei Dreiecke sind kongruent, wenn sie paarweise in zwei Seiten und einem nicht eingeschlossenen Winkel übereinstimmen und die dem Winkel gegenüberliegende Seite die längere der beiden ist.

Um zu symbolisieren, dass die dem Winkel gegenüberliegende Seite die größere sein muss, ist bei der Bezeichnung des Kongruenzsatzes der erste Buchstabe „S“ (der dem Buchstaben „w“ gegenüberliegt) groß geschrieben und der am Winkel „w“ anliegende Buchstabe „s“ entsprechend klein.
Der Sonderfall, dass der Kreis k_2 den Schenkel gerade berührt, bleibt außer Betracht, da er höchstens zufällig entstehen kann.

Wenn der Kreis (wie bei k_1) keinen Punkt mit b gemeinsam hat, ist die Konstruktion unmöglich.

Beispiel

Wie groß kann die Seite c sein, damit das Dreieck mit $a=4{,}2$ cm und $\alpha=28°$ garantiert eindeutig konstruierbar ist?

Lösung:

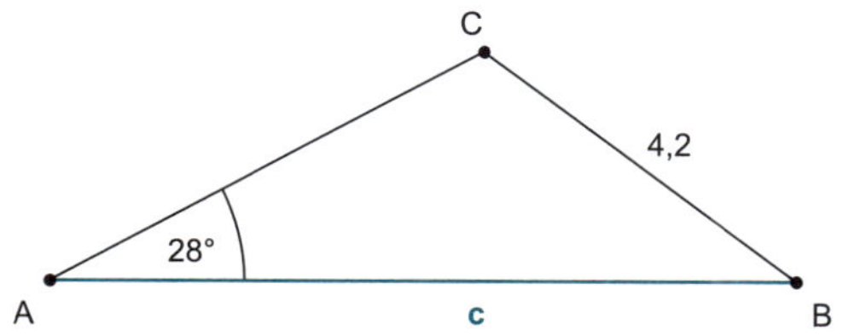

Zwei Seiten a und c sowie ein Winkel sind gegeben, wobei eine Seite, nämlich a, dem Winkel α gegenüberliegt. Daher ist der Winkel nicht von den Seiten eingeschlossen. Infrage kommt folglich nur der Kongruenzsatz Ssw.
Die dem Winkel gegenüberliegende Seite a muss dabei die längere der beiden sein. Die Seite c muss also kleiner als a und damit kleiner als 4,2 cm sein. Wenn c so groß wie in der Planfigur ist, dann ist das Dreieck nämlich nicht eindeutig konstruierbar, denn auch der Punkt C' bei der erweiterten Zeichnung wäre dann ein möglicher Eckpunkt des Dreiecks.

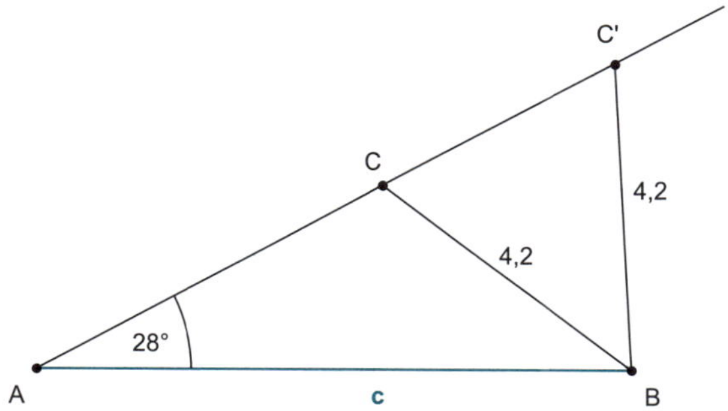

Aufgaben

74. Geben Sie an, welcher Kongruenzsatz die eindeutige Konstruktion des Dreiecks ermöglicht.

a) $a=5$ cm $b=4{,}7$ cm $c=7$ cm

b) $\alpha=33°$ $\beta=92°$ $c=5{,}8$ cm

c) $\gamma=74°$ $a=5{,}8$ cm $c=8{,}2$ cm

d) $\beta=66°$ $\gamma=47°$ $b=11{,}3$ cm

75. Prüfen Sie, ob der Kongruenzsatz Ssw eine eindeutige Konstruktion ermöglicht:

a) $a = 4{,}8$ cm $\gamma = 55°$ $c = 8{,}4$ cm

b) $a = 5{,}2$ cm $\beta = 18°$ $b = 5$ cm

c) $a = 3{,}8$ cm $\alpha = 21°$ $c = 4{,}3$ cm

76. Gegeben sind die Strecke [AB] und eine beliebige Gerade g, die durch die Mitte der Strecke [AB] geht.

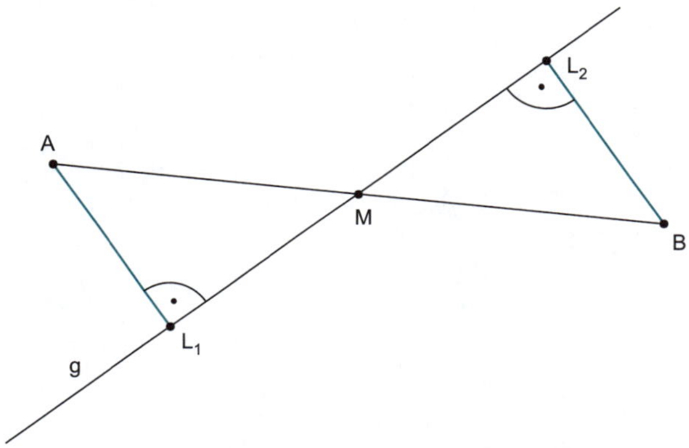

Zeigen Sie mithilfe eines Kongruenzsatzes, dass die beiden Lote von A und B auf die Gerade g gleich lang sind.

77. Ein Kakaogetränk wird in einer quaderförmigen Einwegverpackung mit den Abmessungen 15 cm × 7 cm × 5 cm angeboten und ist mit einem 20 cm langen Trinkhalm versehen.
Bestimmen Sie konstruktiv, wie weit der Trinkhalm unter ungünstigsten Bedingungen noch aus der Trinköffnung herausragen wird.

78. Der 300 m hohe Eiffelturm wird von zwei verschiedenen Beobachtungspunkten aus anvisiert, die auf gleicher Höhe wie der Fußpunkt des Eiffelturms auf einem direkten Weg zum Eiffelturm liegen.
Die Spitze des Eiffelturms sieht man dabei vom einen Punkt aus unter einer Neigung von 65° und vom anderen Punkt aus unter 42°.
Bestimmen Sie die Entfernung der beiden Beobachtungspunkte zum Eiffelturm.

6 Ähnlichkeit

In Kapitel 5 wurden Kongruenzabbildungen besprochen, also Abbildungen, bei denen Figur und Bildfigur nicht nur dieselbe Form haben, sondern sogar deckungsgleich sind. In diesem Kapitel werden wir jetzt Abbildungen betrachten, die nur die Form von Figuren unverändert lassen (also z. B. gleichseitige Dreiecke auch wieder in gleichseitige Dreiecke abbilden), aber deren Größe sich dabei ändern kann. Weil diese Bildfiguren immer noch eine Ähnlichkeit mit den Ausgangsfiguren aufweisen, bezeichnet man diese Abbildungsklasse als „Ähnlichkeitsabbildung". Die wichtigste und einzige hier betrachtete Ähnlichkeitsabbildung ist dabei die zentrische Streckung.

6.1 Zentrische Streckung

Wendet man eine zentrische Streckung auf eine Figur an, kann man sich das Bild von derselben Form, nur vergrößert oder verkleinert, vorstellen. Die zentrische Streckung wird dabei folgendermaßen definiert:

)efinition

Eine **zentrische Streckung** wird durch ein **Streckzentrum** S und einen **Streckfaktor** $k \neq 0$ bestimmt. Für die Lage von Punkten und Bildpunkten gilt dabei:

- Punkt und Bildpunkt liegen auf einer **Geraden s durch das Streckzentrum**.
- Der **Bildpunkt** ist vom Streckzentrum S **k-mal so weit entfernt** wie der Punkt.
- Wenn **k positiv** ist, liegen Punkt und Bildpunkt bezüglich S auf derselben Seite der Geraden s, andernfalls auf verschiedenen Seiten.
- Wenn **$|k|$ größer als 1** ist, wird das Dreieck durch die Abbildung **vergrößert**, bei **$|k| < 1$** wird das Bilddreieck **verkleinert**.

Nebenstehend ist eine zentrische Streckung mit dem Streckfaktor $k = 3$ wiedergegeben. Aufgrund der Definition der zentrischen Streckung weiß man, dass C' dreimal so weit von S entfernt ist wie C (entsprechend auch A' im Vergleich zu A und B' im Vergleich zu B). Daher kann man die Strecke [SC'] in drei gleich große Strecken einteilen, wobei C ein Teilungspunkt ist (entsprechend auch die Strecken [AA'] und [BB']).

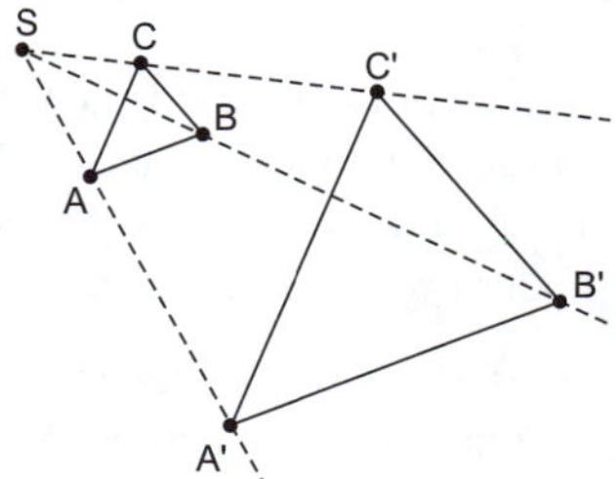

Zeichnet man nun die grünen Hilfsgeraden AC, A'C' und A"C" sowie eine Parallele hierzu durch S ein, dann müssen diese vier Geraden wegen der gleichmäßigen Teilung an den beiden Geraden SA' und SC' eine Streifenschar darstellen:

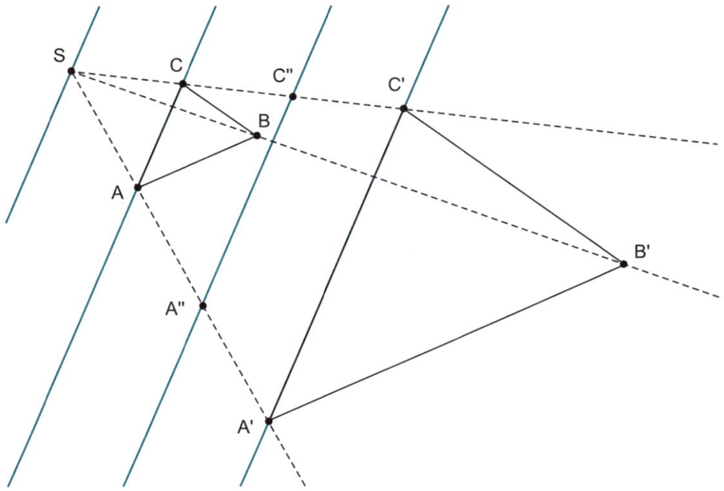

Insbesondere muss daher die Gerade A'C' parallel zu AC sein. Durch eine zentrische Streckung wird eine Gerade also in eine dazu parallele Gerade abgebildet. Mit ähnlicher Argumentation kann man folgende wesentlichen Eigenschaften einer zentrischen Streckung begründen:

Regel

Eine **zentrische Streckung** besitzt folgende Eigenschaften:
- Sie ist **geradentreu**; Geraden werden in Geraden abgebildet.
- Sie ist **winkeltreu**; Winkel werden in gleich große Winkel abgebildet.
- Geraden werden in dazu **parallele Geraden** abgebildet. Insbesondere werden parallele Geraden in parallele Geraden abgebildet, sie ist also **parallelentreu**.
- Strecken werden auf Bildstrecken abgebildet, wobei die **Länge der Bildstrecke stets ein festes Vielfaches der Länge der Ausgangsstrecke** beträgt (konstanter Streckfaktor).

Vergleicht man diese Eigenschaften mit denen der Kongruenzabbildung, so stellt man fest, dass lediglich die Längentreue fehlt; Strecken werden also für $k \neq 1$ in größere oder kleinere Strecken abgebildet. Dies geschieht jedoch nicht regellos, sondern wird durch die zusätzliche Bedingung des Streckfaktors k eingeschränkt.

Zentrische Streckungen mit **negativem Streckfaktor** lassen sich analog darstellen, nur liegt die entsprechende Bildfigur auf der **gegenüberliegenden Seite** des Streckzentrums.

Beispiel

Führen Sie eine zentrische Streckung eines Dreiecks ABC mit dem Streckfaktor $k = -2$ durch.

Lösung:

Man zeichnet die Geraden AZ, BZ und CZ und überträgt die Längen der Strecken [AZ] bzw. [BZ] bzw. [CZ] zweimal auf die andere Seite von Z. Hierdurch erhält man die Bildpunkte A', B' und C' und damit das gesuchte Bilddreieck A'B'C'.

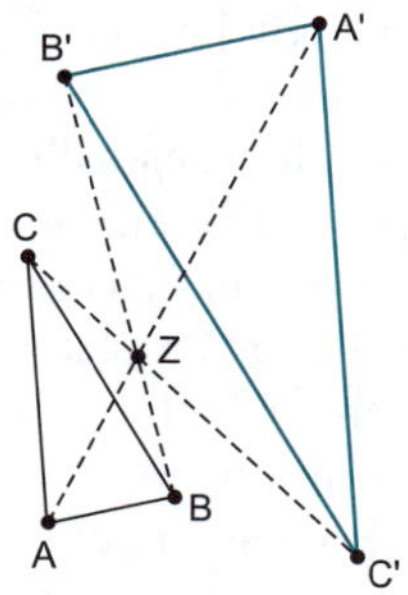

ufgaben

79. Gegeben ist das Dreieck ABC mit A(–3 | –4), B(1 | –2), C(–1 | 3).
Führen Sie jeweils eine zentrische Streckung an den Punkten S, T bzw. U mit dem Streckfaktor k durch.

a) S(–7 | –2) mit $k = 2$

b) T(–3 | 2) und $k = -1$

c) U(1 | 6) mit $k = -\frac{1}{2}$

80. Gegeben ist ein Dreieck durch A(4 | 1), B(7 | 0), C(6 | 4).

a) Das Dreieck ABC wird durch eine zentrische Streckung an S(2 | 3) so abgebildet, dass der Bildpunkt von A die Koordinaten A'(–2 | 7) besitzt. Bestimmen Sie sowohl konstruktiv (mit Konstruktionsbeschreibung) als auch durch Rechnung die Koordinaten der anderen Bildpunkte.

b) Das Dreieck wird an einem Punkt Z zentrisch gestreckt; dabei entsteht der Bildpunkt A'(2 | 8).
Geben Sie zwei denkbare Streckzentren und den jeweils dazugehörenden Streckfaktor an.

81. Führen Sie eine zentrische Streckung eines Dreiecks an einem Streckzentrum Z mit dem Faktor 3 und anschließend eine zentrische Streckung des Bilddreiecks an Z mit dem Faktor $-\frac{1}{2}$ durch und bestimmen Sie das Streckzentrum sowie den Streckfaktor, mit dem das ursprüngliche Dreieck direkt in das endgültige Bilddreieck übergeführt werden kann.

✷ **82.** Ein Schreiner hat ein dreieckiges Holzbrett mit den Maßen $c = 65$ cm; $a = 40$ cm; $b = 35$ cm aus dem Lager geholt.
Aus diesem Holzbrett will er ein möglichst großes Quadrat heraussägen. Eine Quadratseite soll dabei auf der längsten Dreieckseite liegen.
Bestimmen Sie konstruktiv die Abmessungen des größtmöglichen Quadrats.

Hinweis: Zeichnen Sie zunächst ein beliebiges Quadrat, dessen eine Kante auf der Seite c und dessen eine Ecke auf [AC] liegt. Wie können Sie nun dieses Quadrat so abbilden, dass eine weitere Ecke zusätzlich zu den gegebenen Bedingungen auf [BC] liegt?

✱ **83.** Ein Glaser soll in einen halbkreisförmigen Torbogen ein Fenster einsetzen, das aus zwei quadratischen Fensterflügeln besteht und möglichst groß sein soll. Helfen Sie dem Glaser bei der Bestimmung der Abmessungen des Fensters.

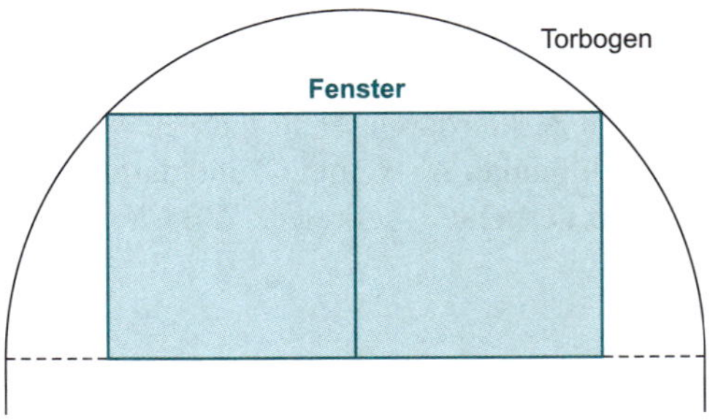

6.2 Strahlensätze

In Kapitel 1 wurden Streifenscharen eingeführt. Bei Streifenscharen werden aus jeder Geraden, die sie schneidet, gleich lange Strecken ausgeschnitten. Dieser Satz gilt dabei für jede beliebige Lage der schneidenden Gerade. Wir betrachten hier die Streifenschar$_1$, die den Punkt S enthält, und die beiden Geraden s und t, die sich in S schneiden:

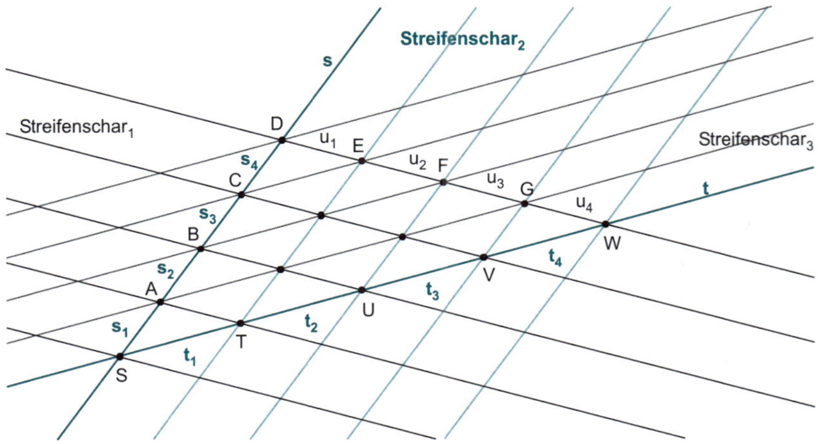

Die Strecken s_1, s_2, s_3 und s_4 werden von der Parallelenschar aus der Geraden s ausgeschnitten, sind also gleich lang. Genauso sind die Streckenlängen von t_1, t_2, t_3 und t_4 gleich, weil diese Strecken ebenfalls durch die Streifenschar$_1$ aus der Geraden t ausgeschnitten werden.

Wenn man durch die Punkte T, U, V und W Parallelen zu s zieht, bilden diese Parallelen ebenfalls eine Streifenschar (Streifenschar$_2$). Hieraus kann man leicht schließen, dass die von der Streifenschar$_2$ ausgeschnittenen Strecken u_1, u_2, u_3 und u_4 auch gleich lang sein müssen.
Diese aus der Streifenschar abgeleiteten Eigenschaften führen bei geeigneter Betrachtung direkt auf die zwei Strahlensätze. Hierzu blenden wir aus der Zeichnung alles aus, was hierfür nicht mehr erforderlich ist: Wir betrachten nur noch die beiden durch S gehenden Geraden s und t sowie die beiden schwarz gezeichneten Parallelen der Streifenschar$_1$:

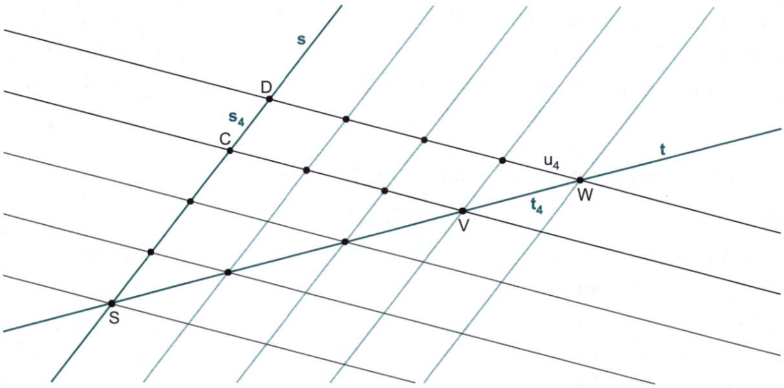

Man sieht sofort, dass die Strecke [SV] dreimal so lang wie die Strecke [VW] ist. Ebenso ist die Strecke [SC] dreimal so lang wie die Strecke [CD]. Damit ist die Strecke [SC] $\frac{3}{4}$ -mal so groß wie die Strecke [SD], es gilt also: $\frac{|SC|}{|SD|} = \frac{3}{4}$

Genauso gilt auf der anderen Geraden: $\frac{|SV|}{|SW|} = \frac{3}{4}$

Durch beliebige Verfeinerung der Streifenscharen lässt sich dies zum ersten Strahlensatz verallgemeinern:

Satz

Erster Strahlensatz. Werden zwei durch einen gemeinsamen Punkt S gehende Geraden von Parallelen geschnitten, so sind die Verhältnisse der entstehenden Streckenabschnitte auf den beiden Geraden gleich:
$\frac{|SV|}{|SW|} = \frac{|SC|}{|SD|}$

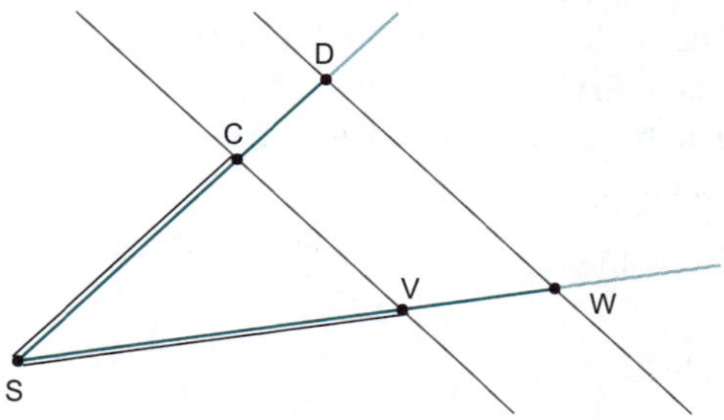

Beim ersten Strahlensatz müssen die Strecken nicht unbedingt am Scheitel beginnen – genauso gut lässt sich die Verhältnisgleichung folgendermaßen formulieren:

$\frac{|SV|}{|VW|} = \frac{|SC|}{|CD|}$

Man muss nur die jeweils zueinanderpassenden Streckenabschnitte auf den beiden Strahlen verwenden.

Für den **zweiten Strahlensatz** werden die Streckenlängen auf den Parallelen mitverwendet:
Betrachtet man die Streckenlängen auf den beiden Parallelen der Streifenschar, dann kann man ebenfalls leicht ablesen, dass die Strecke [CV] (die dreimal die Strecke u_4 enthält) $\frac{3}{4}$ der Streckenlänge von [DW] besitzt, sodass weiterhin gilt:

$\frac{|CV|}{|DW|} = \frac{3}{4}$

Daraus lässt sich die Aussage des zweiten Strahlensatzes formulieren:

Satz

Zweiter Strahlensatz. Werden zwei durch einen gemeinsamen Punkt S gehende Geraden von Parallelen geschnitten, so sind die Verhältnisse der entstehenden Streckenabschnitte auf einer der Geraden und den beiden Parallelen gleich:

$\frac{|SV|}{|SW|} = \frac{|CV|}{|DW|}$

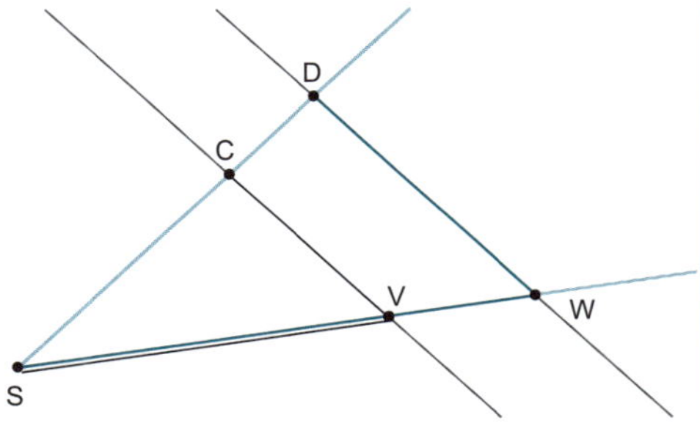

Wichtig: Hier müssen die Strecken auf dem verwendeten Strahl **stets vom Scheitel aus** gemessen werden!

Verallgemeinerung:

Ebenso lässt sich die Strahlensatzeigenschaft auf Parallelen übertragen, bei denen der Scheitel dazwischen liegt. Hier gilt:

1. Strahlensatz: $\frac{|CS|}{|GS|} = \frac{|DS|}{|FS|}$

2. Strahlensatz: $\frac{|CS|}{|CD|} = \frac{|GS|}{|FG|}$

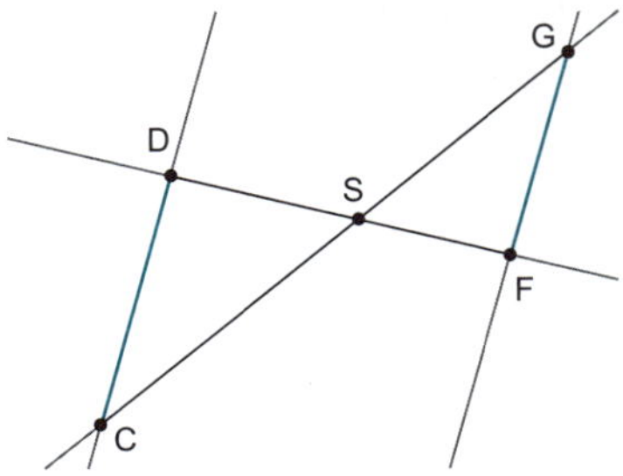

Beispiele

1. Bestimmen Sie die Längen der grün gezeichneten Strecken:

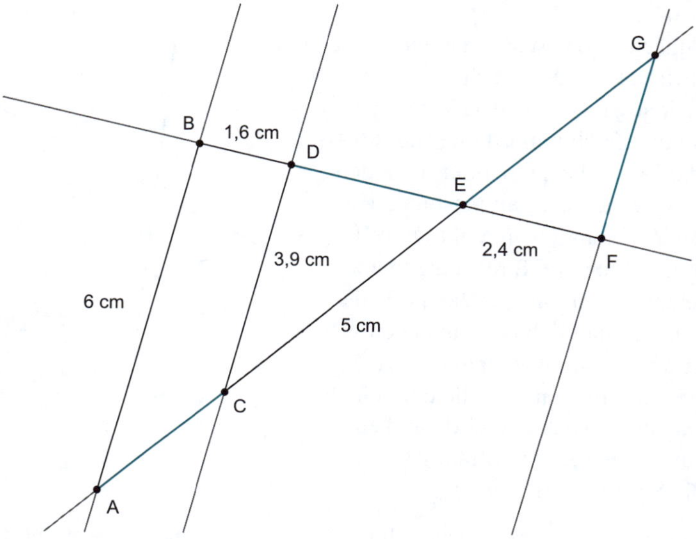

Lösung:
In dieser auf den ersten Blick verwirrenden Darstellung muss man die geeigneten Strahlensatzfiguren finden.
Bestimmung von **|AC|** über den 2. Strahlensatz:

$$\frac{|AB|}{|AE|}=\frac{|CD|}{|CE|} \Leftrightarrow \frac{|AB|}{|AC|+|CE|}=\frac{|CD|}{|CE|}$$

$$\Leftrightarrow \frac{6\text{ cm}}{|AC|+5\text{ cm}}=\frac{3{,}9\text{ cm}}{5\text{ cm}} \qquad \text{(Kehrwert)}$$

$$\Leftrightarrow \frac{|AC|+5\text{ cm}}{6\text{ cm}}=\frac{5\text{ cm}}{3{,}9\text{ cm}}$$

$$\Leftrightarrow |AC|+5\text{ cm}=\frac{5\text{ cm}}{3{,}9\text{ cm}}\cdot 6\text{ cm}$$

$$\Leftrightarrow |AC|=\frac{5\text{ cm}}{3{,}9\text{ cm}}\cdot 6\text{ cm}-5\text{ cm}\approx \mathbf{2{,}7\text{ cm}}$$

Bestimmung von **|DE|** über den 1. Strahlensatz:

$$\frac{|BD|}{|AC|}=\frac{|DE|}{|CE|} \Leftrightarrow |DE|=\frac{|BD|}{|AC|}\cdot|CE|\approx\frac{1{,}6\text{ cm}}{2{,}7\text{ cm}}\cdot 5\text{ cm}\approx \mathbf{3{,}0\text{ cm}}$$

Bestimmung von **|FG|** über den 2. Strahlensatz:

$$\frac{|CD|}{|DE|}=\frac{|FG|}{|EF|} \Leftrightarrow |FG|=\frac{|CD|}{|DE|}\cdot|EF|\approx\frac{3{,}9\text{ cm}}{3{,}0\text{ cm}}\cdot 2{,}4\text{ cm}\approx \mathbf{3{,}2\text{ cm}}$$

Bestimmung von **|EG|** über den 1. Strahlensatz:

$$\frac{|CE|}{|DE|}=\frac{|EG|}{|EF|} \Leftrightarrow |EG|=\frac{|CE|}{|DE|}\cdot|EF|\approx\frac{5\text{ cm}}{3{,}0\text{ cm}}\cdot 2{,}4\text{ cm}\approx \mathbf{4{,}0\text{ cm}}$$

2. Teilen Sie eine Strecke [AB] von 7 cm im Verhältnis 3:5.

Lösung:
Zunächst konstruiert man eine Hilfsstrecke, die in acht (=3+5) gleiche Teilstrecken aufgeteilt ist (in der Zeichnung ist dies die Strecke [AC]). Dann markiert man den entsprechenden Teilungspunkt (in der Zeichnung den Punkt D, weil links davon drei Streckenteile und rechts davon fünf Streckenteile liegen). Schließlich nutzt man den Strahlensatz aus, indem man zu der Geraden BC eine Parallele durch D zeichnet; hierdurch wird das Teilverhältnis auf dem Strahl AC auf die Strecke [AB] übertragen.

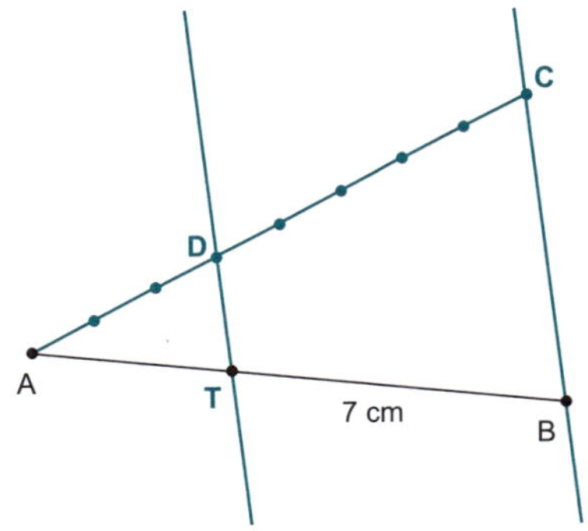

3. Gegeben ist ein gleichschenkliges Trapez, bei dem die Grundseite doppelt so groß wie die gleich langen übrigen Seiten ist.

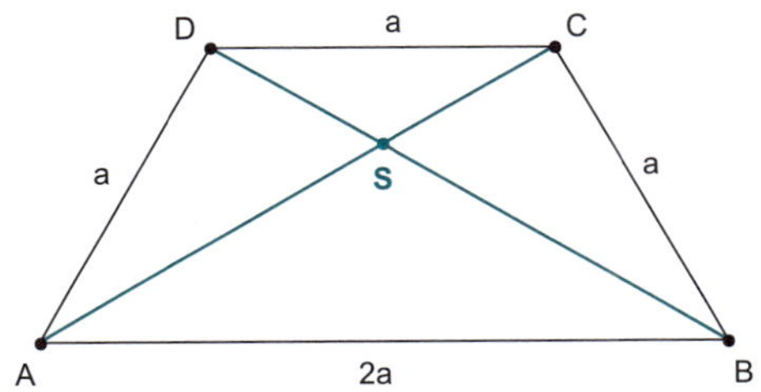

Bestimmen Sie das Verhältnis, in dem der Schnittpunkt der beiden Diagonalen die Diagonalen teilt.

Lösung:
Mithilfe des zweiten Strahlensatzes erhält man eine entsprechende Beziehung:

$$\frac{|CD|}{|AB|} = \frac{|CS|}{|AS|} \quad \Leftrightarrow \quad \frac{|CS|}{|AS|} = \frac{a}{2a} = \frac{1}{2}$$

S teilt die Diagonale [AC] im Verhältnis **2:1**.

ufgaben **84.** Formulieren Sie möglichst viele Strahlensätze an der folgenden Figur:

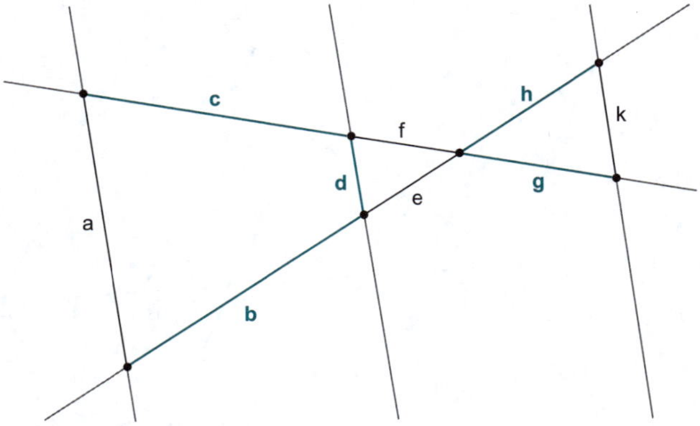

85. Beweisen Sie unter Verwendung der Strahlensätze, dass in der gezeichneten Figur die Verhältnisgleichung

$$\frac{s_1}{s_2} = \frac{t_1}{t_2}$$

gilt.

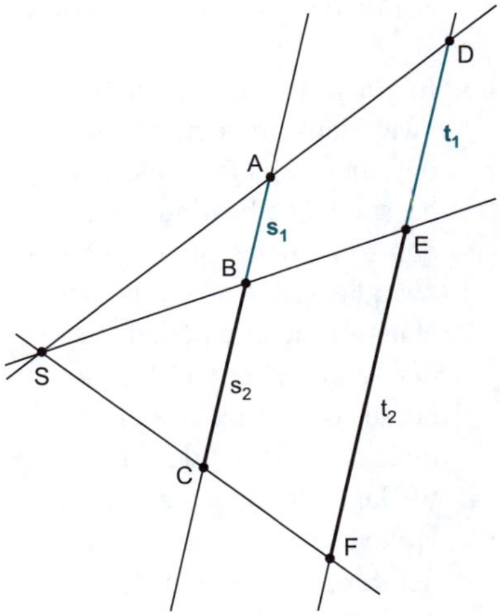

86. Ergänzen Sie die fehlenden Teile der Verhältnisgleichung:

a) $\frac{f}{g} = \frac{a}{\square}$ b) $\frac{m}{p} = \frac{\square}{e}$

c) $\frac{r}{g} = \frac{q}{\square}$ d) $\frac{b}{g} = \frac{\square}{h}$

e) $\frac{j}{n} = \frac{\square}{q}$ f) $\frac{a}{b} = \frac{\square}{r}$

g) $\frac{f}{a} = \frac{j}{\square}$ h) $\frac{p}{q} = \frac{\square}{a}$

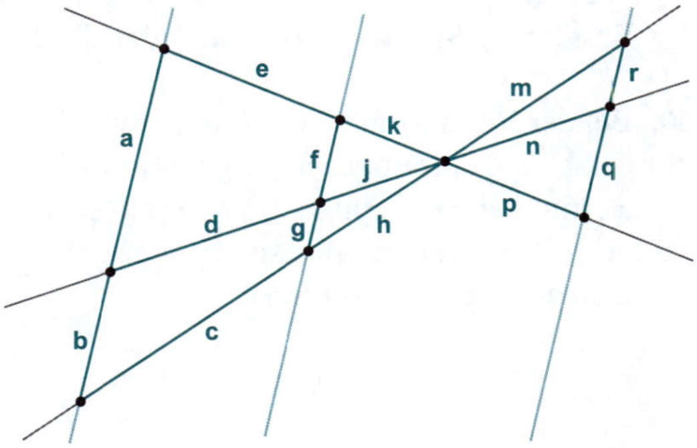

87. In der Zeichnung gilt:
|SU| = 5,7 cm,
|AS| = 7,6 cm,
|BC| = 3,8 cm,
|UV| = 1,9 cm,
|CW| = 8,4 cm
Bestimmen Sie die folgenden Größen:
|VW| =
|AU| =
|BV| =
|AB| =

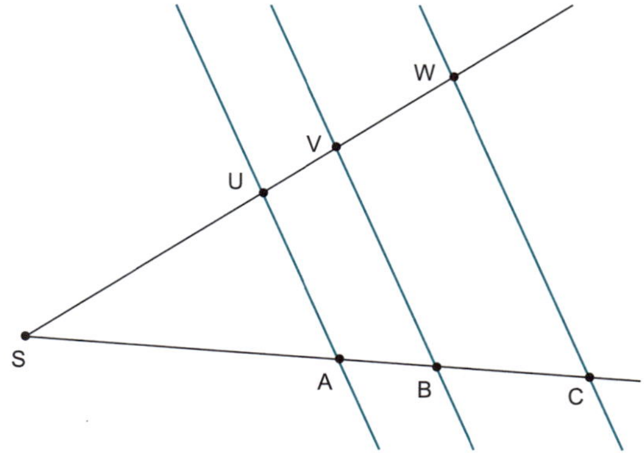

88. Ein 1,80 m großer Mann wirft einen Schatten von 4,80 m. Wie hoch ist ein Baum, der zur selben Zeit einen Schatten von 12 m Länge wirft?

89. In einem Innenhof, der von zwei Häusern begrenzt ist, befindet sich ein Denkmal, dessen Höhe bestimmt werden soll. Hierzu stellen sich zwei Personen an die beiden Hauswände und peilen aus der Augenhöhe von 1,60 m heraus die Spitze des Denkmals an. Anhand der Stockwerke kann die jeweilige Höhe bestimmt werden, in der der Sichtstrahl die jeweils gegenüberliegenden Häuser trifft (6,60 m bzw. 10,60 m).
Bestimmen Sie rechnerisch die Höhe des Denkmals.

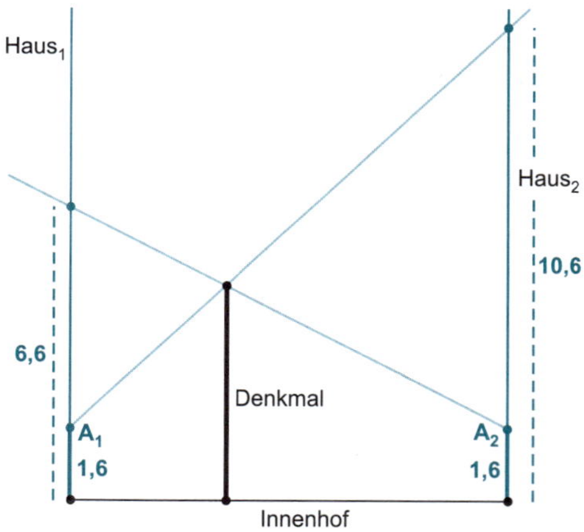

90. Bei der Vermessung eines Flusses werden einige Hilfsstrecken ausgemessen. Bestimmen Sie mithilfe dieser Strecken unter Zuhilfenahme plausibler Annahmen die Breite b des Flusses.

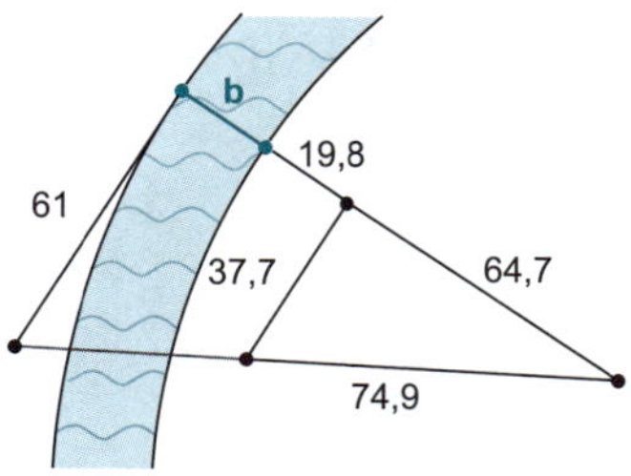

91. Teilen Sie eine Strecke der Länge 5,4 cm in 5 gleich große Teile. Beschreiben Sie die Konstruktion.

92 Teilen Sie eine Strecke der Länge 8,4 cm im Verhältnis 7 : 2.

93. Eine besondere Teilungsart, die wegen ihrer ästhetischen Wirkung auch in der Kunst eine bedeutende Rolle spielt, ist die **Teilung durch den Goldenen Schnitt**. Hier wird eine Strecke so in zwei Teile geteilt, dass das Teilungsverhältnis der beiden Teilstrecken genauso groß ist wie das der gesamten Strecke zur größeren Teilstrecke:

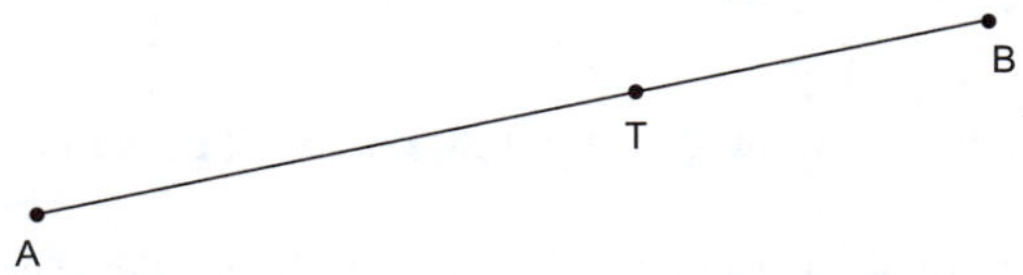

Im abgebildeten Fall ist der Punkt T so gewählt, dass gilt:

$$\frac{|AT|}{|BT|} = \frac{|AB|}{|AT|}$$

Bestimmen Sie durch Rechnung das Verhältnis, in dem T die Strecke [AB] teilt, wenn die Teilung im Goldenen Schnitt vorgenommen werden soll.

6.3 Ähnlichkeitssätze

Genau wie bei kongruenten Figuren stellt sich die Frage, wann zwei Dreiecke dieselbe Form besitzen.

Definition

Zwei Dreiecke sind **ähnlich**, wenn das eine **durch eine zentrische Streckung** so abgebildet werden kann, dass es **kongruent zu dem anderen Dreieck** ist.

Zur Entscheidung, ob zwei Dreiecke ähnlich sind, gibt es – wie es bei der Kongruenz von Dreiecken die vier Kongruenzsätze gibt – hier vier Ähnlichkeitssätze (in Klammern sind die jeweils entsprechenden Kongruenzsätze abgekürzt angegeben):

Satz

Ähnlichkeitssätze für Dreiecke

1. Zwei Dreiecke sind ähnlich, wenn sie im **Verhältnis entsprechender Seiten** übereinstimmen (sss).
2. Zwei Dreiecke sind ähnlich, wenn sie im **Verhältnis zweier entsprechender Seiten** und dem **eingeschlossenen Winkel** übereinstimmen (sws).
3. Zwei Dreiecke sind ähnlich, wenn sie in **zwei** (und damit auch in allen drei) **Winkeln** übereinstimmen (wws und wsw).
4. Zwei Dreiecke sind ähnlich, wenn sie im **Verhältnis zweier entsprechender Seiten** und einem **nicht eingeschlossenen Winkel** übereinstimmen, sofern die dem Winkel **gegenüberliegende Seite die größere** ist (Ssw).

Dass diese Ähnlichkeitssätze richtig sein müssen, folgt direkt aus der Definition der Ähnlichkeit.
Der erste (sss) und der dritte Ähnlichkeitssatz (sws) können direkt aus den Strahlensätzen gefolgert werden. Die Winkelgleichheit (wsw) bei ähnlichen Dreiecken lässt sich mithilfe der Streifenschar ebenfalls leicht begründen. Der Ähnlichkeitssatz Ssw beruht auf denselben Überlegungen wie beim Beweis des Kongruenzsatzes Ssw.

Beispiel

Zwei Kreise mit Radius r_1 und r_2, die sich in B berühren, werden durch eine Gerade g durch B geschnitten. Durch die beiden Kreise werden aus g zwei Sehnen der Längen s_1 bzw. s_2 ausgeschnitten.

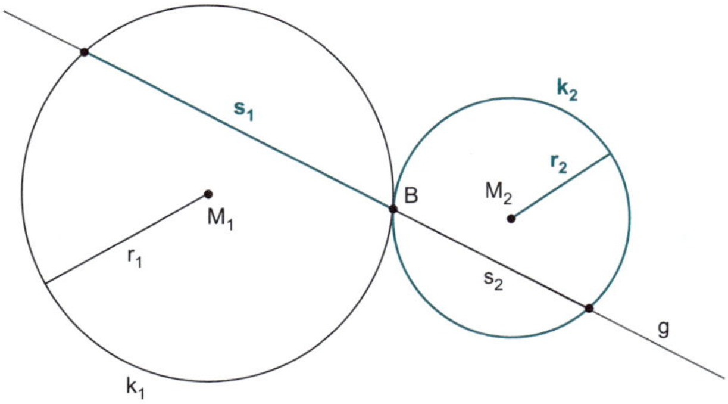

Bestimmen Sie das Verhältnis, in dem die Längen der ausgeschnittenen Sehnen zueinander stehen.

Lösung:
Man ergänzt die Figur durch die Gerade h, die durch die beiden Mittelpunkte M_1 und M_2 und wegen der Symmetrie auch durch B geht. Diese Gerade schneidet die Kreise außer in B noch in den Punkten D und E.

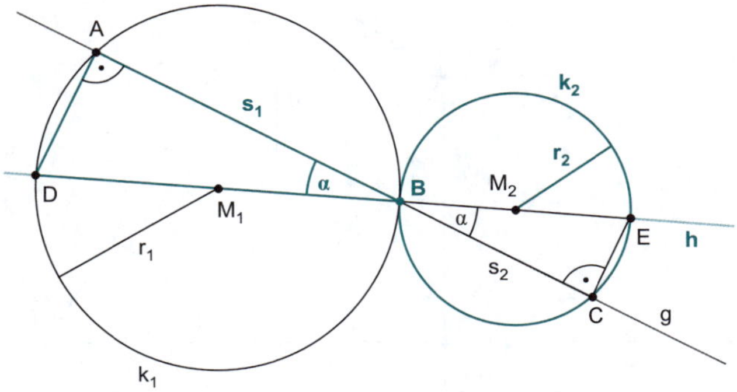

Die beiden Dreiecke ADB und BCE stimmen in ihren Winkeln überein, denn die beiden Winkel α bei B sind Scheitelwinkel, und die Seiten [DB] bzw. [BE] sind Durchmesser der Kreise, sodass die Dreiecke wegen des Satzes von Thales rechtwinklig sein müssen.
Die beiden Dreiecke sind daher ähnlich, sodass entsprechende Seitenverhältnisse gleich sind. Daher gilt:

$$\frac{|AB|}{|BD|} = \frac{|BC|}{|BE|} \quad \Leftrightarrow \quad \frac{s_1}{2r_1} = \frac{s_2}{2r_2} \quad \Leftrightarrow \quad \frac{s_1}{s_2} = \frac{r_1}{r_2}$$

Die Längen der Sehnen verhalten sich wie die Radien der Kreise.

ufgaben **94.** Begründen Sie, dass in der Zeichnung drei ähnliche Dreiecke zu finden sind. Stellen Sie die insgesamt neun möglichen Verhältnisgleichungen (drei verschiedene Dreieckspaare mit jeweils drei verschiedenen Seitenverhältnispaaren) auf und bestimmen Sie dann die fehlenden Seiten, indem Sie eine passende Verhältnisgleichung zugrunde legen.

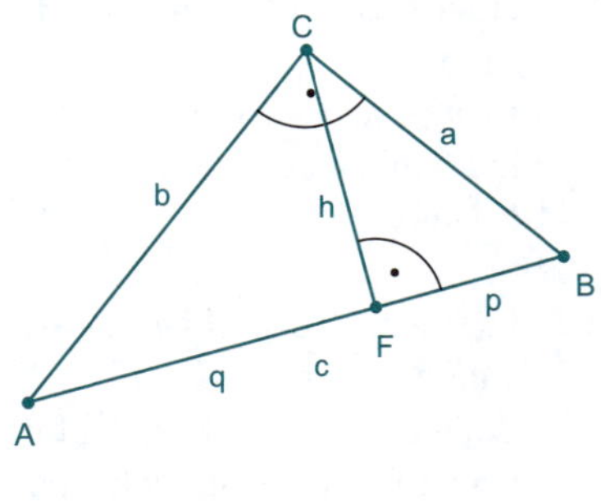

a) $c = 10$ cm, $q = 6{,}4$ cm

b) $p = 7{,}2$ cm, $h = 9{,}6$ cm

c) $a = 12$ cm, $p = 9{,}6$ cm

95. Geben Sie in der nachfolgenden Darstellung eines Fachwerks möglichst viele ähnliche Dreiecke an. Bestimmen Sie die Gesamtlänge aller Balken (also die Gesamtlänge aller gezeichneten Strecken) des abgebildeten Fachwerks.

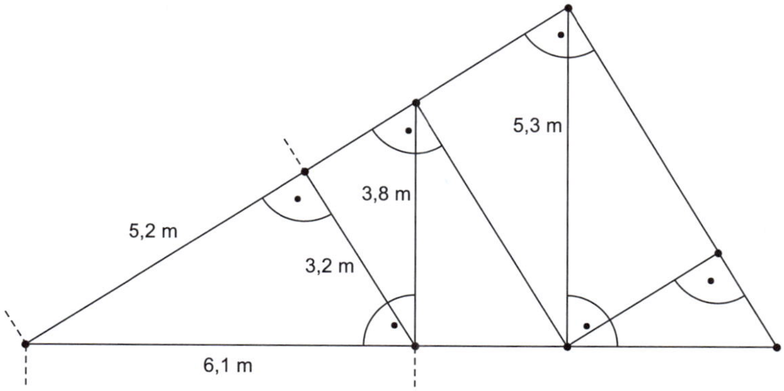

96. Auf einen rechteckigen Rasen mit den Abmessungen 6 m × 4 m soll ein rechteckiger Sandkasten so errichtet werden, dass dessen eine Ecke in der Mitte einer Rasenkante liegt und die Verlängerung einer Sandkastenkante zu einer Rasenecke hinführt.
Bestimmen Sie die Abmessungen des Sandkastens.

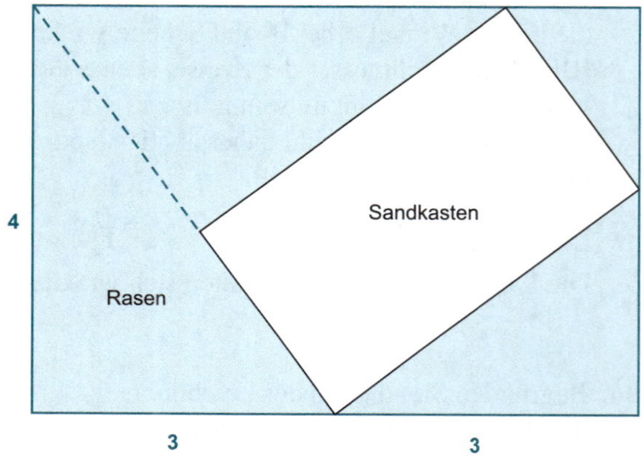

97. In einem Kreis schneiden sich zwei Sehnen in einem Punkt P.
Zeigen Sie, dass die zwei farblich hervorgehobenen Dreiecke ähnlich sind und beweisen Sie die Formel:
$|AP| \cdot |BP| = |CP| \cdot |DP|$

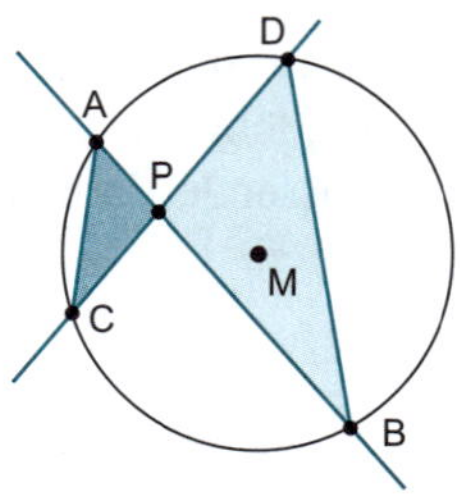

7 Längen- und Flächenberechnung

7.1 Flächeninhalt von n-Ecken

Ein Quadrat mit der Seitenlänge 1 m besitzt den Flächeninhalt 1 m². Genauso besitzen Quadrate mit den Seitenlängen 1 cm den Flächeninhalt 1 cm² bzw. mit den Seitenlängen 1 dm den Flächeninhalt 1 dm².
Solche Quadrate mit dem Flächeninhalt 1 cm², 1 dm² usw. nennt man **Einheitsquadrate** (bezogen auf die jeweilige Einheit).

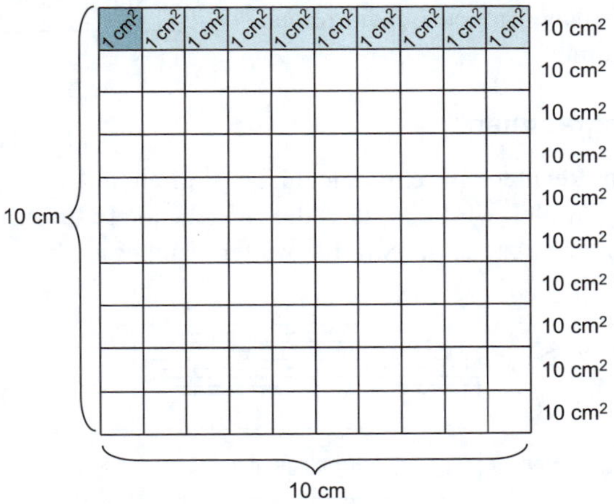

Wie man am Bild leicht sehen kann, passen in ein Quadrat mit der Seitenlänge 1 dm genau $10 \cdot 10 = 100$ Quadrate mit der Seitenlänge 1 cm.
Daher gilt für die große Quadratfläche: $A = 1\ dm^2 = 100\ cm^2$.
Somit erhält man leicht folgende Umwandlungstabelle:

1 cm = 10 mm	$1\ cm^2 = 100\ mm^2$	
1 dm = 10 cm	$1\ dm^2 = 100\ cm^2$	
1 m = 10 dm	$1\ m^2 = 100\ dm^2$	
1 dam = 10 m	$1\ a = 100\ m^2$	1 dam = 1 Dekameter[1]; 1 a = 1 Ar
1 hm = 10 dam	1 ha = 100 a	1 hm = 1 Hektometer[2]; 1 ha = 1 Hektar[3]
1 km = 10 hm	$1\ km^2 = 100\ ha$	

1 deka (griechisch) bedeutet 10
2 hekto (griechisch) bedeutet 100
3 Hektar ist eine Zusammenziehung von Hekto-Ar („100 Ar“)

Flächeninhalt von Quadrat und Rechteck

Flächeninhalte von Quadraten und Rechtecken lassen sich einfach berechnen:

Regel

> Der **Flächeninhalt eines Rechtecks** mit den Seitenlängen a und b beträgt:
> $\mathbf{A = a \cdot b}$
> Hieraus ergibt sich sofort: Der **Flächeninhalt eines Quadrats** mit den Seitenlängen a lautet: $\mathbf{A = a^2}$

Dies wird an einem Beispiel mit einem Rechteck mit a = 4 cm und b = 3 cm sehr einfach klar:
In solch ein Rechteck passen horizontal vier Einheitsquadrate und vertikal untereinander drei solche Einheitsquadratreihen, also insgesamt $3 \cdot 4$ Einheitsquadrate.

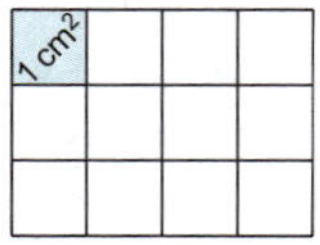

Flächeninhalt von Parallelogrammen

Zerschneidet man gedanklich ein Rechteck in sehr viele dünne Streifen und verschiebt diese Streifen ein wenig parallel, wird klar, dass die entstehende Figur immer noch denselben Flächeninhalt besitzt, da die Streifen weder weniger noch dünner oder kürzer geworden sind:

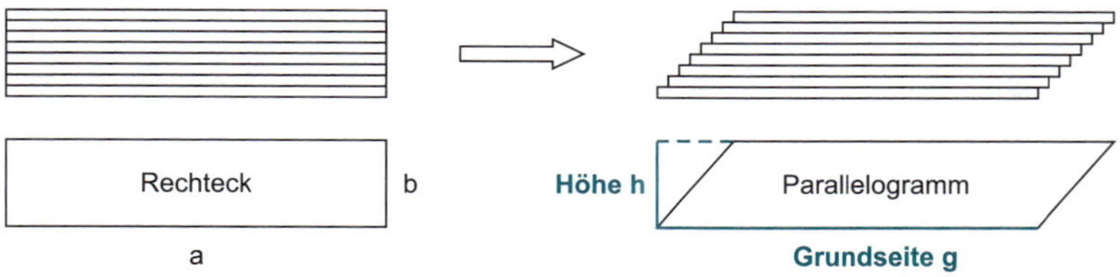

Stellt man sich die Schnitte unendlich dünn vor, dann bilden die verschobenen Streifen ein zu dem ursprünglichen Rechteck flächengleiches Parallelogramm. Die Erhaltung des Flächeninhalts bei solch parallelen Verschiebungen ist ein allgemeingültiges Prinzip:

Satz

> **Satz des Cavalieri.** Figuren, die bei parallelen Schnitten in jeder Höhe dieselbe Schnittlänge besitzen, sind flächengleich.

Somit gilt für den Flächeninhalt eines Parallelogramms:

Regel

> Die **Fläche des Parallelogramms** ist das Produkt aus einer Seite des Parallelogramms und der zugehörigen Höhe: $\mathbf{A = g \cdot h}$

Flächeninhalt von Dreiecken

Zerschneidet man ein Rechteck entlang einer Diagonalen, entsteht ein Dreieck. Die Fläche dieses Dreiecks ist daher nur halb so groß wie die Fläche des Rechtecks:

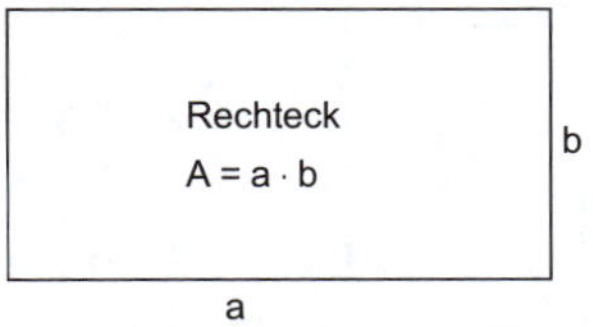

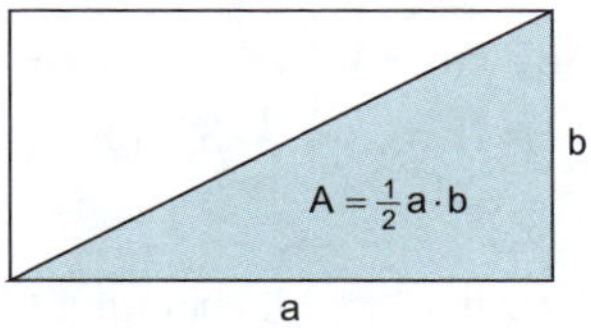

Wendet man nun noch das Prinzip des Cavalieri auf das grüne Dreieck an, dann sieht man leicht, dass die Flächeninhalte all dieser „verschobenen" Dreiecke gleich sind:

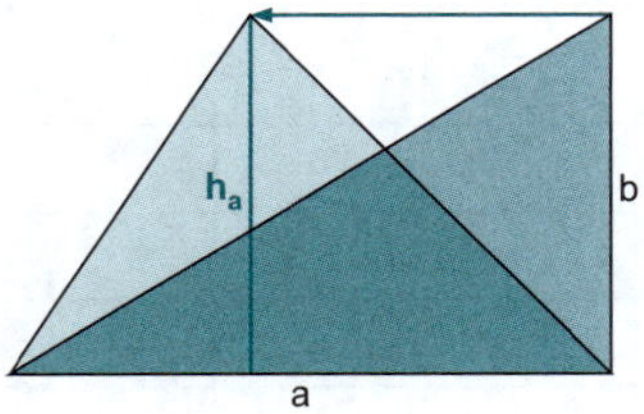

Allerdings darf man jetzt nicht mehr die Seite b für die Flächenberechnung verwenden, sondern muss diese durch die gleichbleibende Höhe der Dreiecke ersetzen. Man erhält somit:

Regel

> Der **Flächeninhalt von Dreiecken** berechnet sich aus dem halben Produkt einer Seite mit der dazugehörenden Höhe: $\mathbf{A = \frac{1}{2} a \cdot h_a = \frac{1}{2} b \cdot h_b = \frac{1}{2} c \cdot h_c}$

Flächeninhalt von n-Ecken

Wenn man die Flächeninhalte von Vielecken bestimmen möchte, zerlegt man diese am einfachsten in Dreiecke und/oder Rechtecke und bestimmt danach die Summe der Einzelflächen.

Beispiel

Bestimmen Sie die Fläche der abgebildeten Figur (Maße in cm).

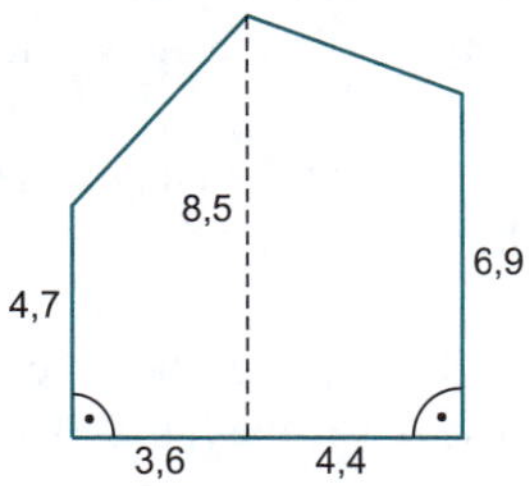

Lösung:

Man teilt das Fünfeck z. B. in zwei Rechtecke und zwei Dreiecke ein und berechnet die Summe der vier Flächeninhalte:

$$A = A_1 + A_2 + A_3 + A_4$$
$$= 3{,}6\ \text{cm} \cdot 4{,}7\ \text{cm} + 4{,}4\ \text{cm} \cdot 6{,}9\ \text{cm} +$$
$$+ \tfrac{1}{2} \cdot 4{,}4\ \text{cm} \cdot 1{,}6\ \text{cm} + \tfrac{1}{2} \cdot 3{,}6\ \text{cm} \cdot 3{,}8\ \text{cm}$$
$$= 57{,}64\ \text{cm}^2$$

Das Fünfeck besitzt den Flächeninhalt **57,64 cm²**.

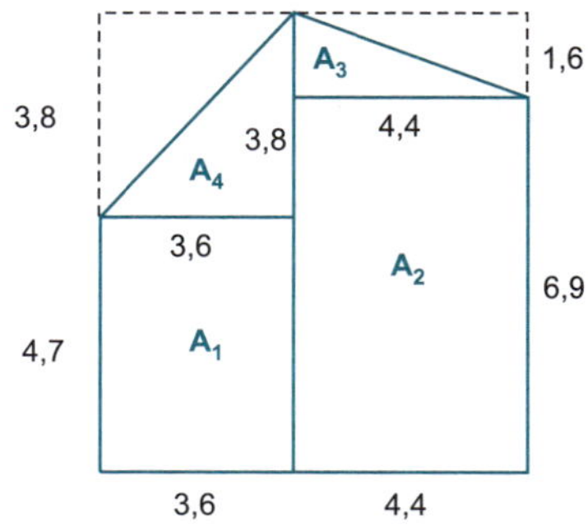

Aufgaben

98. Füllen Sie die Tabelle aus (in jeder Spalte gleiche Flächen):

mm^2	50 000						7 000
dm^2		4 000					
m^2			20			0,2	
cm^2				80 000			
km^2					0,006		

99. Bestimmen Sie die Fläche eines Dreiecks mit $c = 5{,}2$ cm und $h_c = 4{,}2$ cm.

100. Bestimmen Sie die Fläche des rechtwinkligen Dreiecks ABC ($\gamma = 90°$) mit $a = 6$ cm, $b = 8$ cm und $c = 10$ cm.

101. Ein Dreieck mit der Fläche $A = 78\ \text{cm}^2$ besitzt die Seitenlängen $a = 8{,}2$ cm und $b = 7{,}5$ cm. Bestimmen Sie die Höhen h_a und h_b.

102. Ein rechtwinkliges Dreieck mit $\gamma = 90°$ besitzt die Seitenlängen $a = 7{,}5$ cm und $b = 10$ cm sowie die Höhe $h_c = 6$ cm. Bestimmen Sie die Höhen h_a und h_b, die Fläche sowie die Seite c dieses Dreiecks.

103. Ein Parallelogramm ist gegeben durch $a = 6{,}2$ cm, $b = 5{,}3$ cm und $h_a = 3{,}5$ cm. Bestimmen Sie die Fläche sowie die Höhe h_b dieses Parallelogramms.

104. Eine Raute besitzt die Diagonalen $e = 5$ cm und $f = 7{,}2$ cm. Bestimmen Sie die Fläche dieser Raute.

105. Beweisen Sie, dass für die Fläche eines Trapezes mit den parallelen Seiten a und c sowie der Höhe h die Flächenformel $A = \frac{a+c}{2} \cdot h$ gilt.

106. In einem Koordinatensystem ist das Dreieck ABC gegeben durch A(1 | 2), B(7 | 2) und C(3 | 5). Bestimmen Sie rechnerisch die Fläche dieses Dreiecks.

107. In einem Koordinatensystem ist das Viereck ABCD gegeben durch A(–3 | –1), B(3 | 1), C(5 | 6) und D(–1 | 4).
Bestimmen Sie die Fläche dieses Vierecks.

7.2 Kreisumfang und Kreisfläche

Schon in der Antike beschäftigten sich die Mathematiker eingehend mit dem Verhältnis zwischen dem Durchmesser und dem Umfang eines Kreises. Legt man eine Schnur um einen Kreis mit Durchmesser 1 m, benötigt man ziemlich genau 3,14 m der Schnur.

Umfang eines Kreises

Wenn man den Kreis um einen Faktor d vergrößert, ihn also zentrisch an seinem Mittelpunkt streckt, wird sowohl der Durchmesser als auch der Umfang um den Faktor d größer. Daher ist das **Verhältnis** zwischen Umfang und Durchmesser aller Kreise stets gleich groß und beträgt stets ungefähr 3,14.
Viel genauer als 3,14 kann man dieses Verhältnis zwischen Umfang und Durchmesser auch durch Ausmessen nicht bestimmen.
Mathematische Methoden, die aber erst in späteren Kapiteln nachvollziehbar werden, erlauben jedoch die Bestimmung dieses Verhältnisses auf beliebig viele Dezimalen:

Definition

Das **Verhältnis zwischen Umfang und Durchmesser** eines Kreises wird mit dem griechischen Buchstaben π bezeichnet und heißt **Kreiszahl**.

Diese Kreiszahl ist ungefähr $\pi \approx 3{,}14159265358979$.

Regel

Für den **Umfang eines Kreises** mit Durchmesser d bzw. Radius r gilt:
$\mathbf{U = \pi \cdot d = 2\pi \cdot r}$

Hinweis: Betrachtet man nicht Vollkreise, sondern nur Teile eines Kreises, wird die Länge des zugehörigen Kreisbogens (vgl. Abschnitt 7.3) ebenfalls als Umfang bezeichnet. Versteht man unter dem Teilkreis einen Kreissektor, muss bei der Umfangberechnung noch der doppelte Radius zur Bogenlänge addiert werden.

Flächeninhalt eines Kreises

Zerschneidet man einen Kreis in sehr viele gleiche Sektoren, kann man diese Sektoren in einer besonderen Art zusammenlegen:

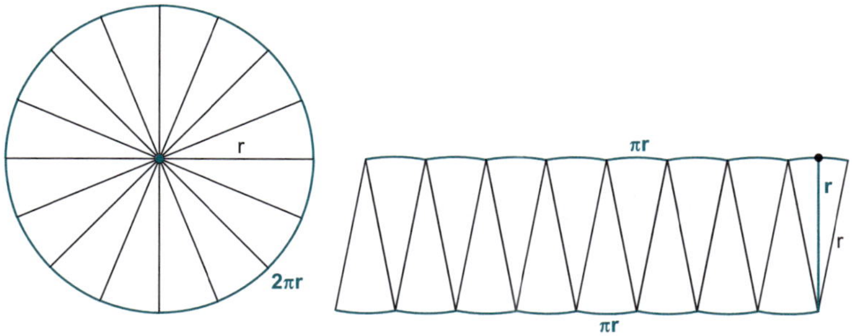

Die Hälfte der Sektoren wird mit der Spitze nach oben, die andere Hälfte mit der Spitze nach unten aneinander gelegt. Die oberen wie auch die unteren grünen Kreisbögen stellen jeweils den halben Kreisumfang dar und besitzen demnach die Länge πr. Zerteilt man gedanklich den Kreis in noch viel mehr Sektoren, sind die Bögen anschließend praktisch nicht mehr zu erkennen und die Form des Gebildes ist überhaupt nicht mehr von einem Parallelogramm zu unterscheiden. Dabei bilden die vielen oberen Bögen natürlich weiterhin den halben Kreisumfang, sodass die Grundseite des „Parallelogramms" immer die Seitenlänge πr besitzt. Die Höhe des „Parallelogramms" ist – wie am grün eingezeichneten Radius gut zu erkennen – gleich r.

Damit besitzt das „Parallelogramm" die Fläche $A = g \cdot h = (\pi r) \cdot r = \pi r^2$.

Da dieses „Parallelogramm" aus allen Kreissektoren zusammengesetzt worden ist, muss also auch die Kreisfläche den Wert πr^2 besitzen:

Regel

> Die **Fläche eines Kreises** mit Radius r ist $\mathbf{A = \pi r^2}$.

Beispiele

1. Die Erde hat einen Umfang von ca. 40 000 km. Bestimmen Sie den Radius sowie die Querschnittsfläche der Erdkugel.

   Lösung:
   Mit der Umfangsformel $U = \pi \cdot d$ erhält man den Durchmesser $d = \frac{U}{\pi} \approx 12\,730$ km und damit einen Erdradius von $\mathbf{r = \frac{d}{2} \approx 6\,365\ km}$.
   Die Querschnittsfläche der Erdkugel beträgt mit diesem Radius:
   $\mathbf{A = \pi r^2 \approx 127 \cdot 10^6\ km^2}$

2. Ein geostationärer Satellit kreist auf einer Kreisbahn in einer Höhe von ca. 36 000 km über der Erde. Bestimmen Sie die Länge seiner Umlaufbahn sowie seine Fluggeschwindigkeit (relativ zum Erdmittelpunkt), wenn er die Erde einmal täglich umkreist.

Lösung:
In einer Höhe von $h = 36\,000$ km umkreist der Satellit die Erde auf einer Kreisbahn mit dem Radius $R = r + h \approx 42\,365$ km. Damit hat seine Umlaufbahn die Länge $U_S = 2\pi \cdot R \approx 266\,000$ km.
Bei einem Umlauf pro Tag hat der Satellit somit die Geschwindigkeit:
$v = \frac{U_S}{24\,h} \approx \frac{266\,000\,km}{24\,h} \approx \mathbf{11\,100\,\frac{km}{h}}$

ufgaben **108.** Bestimmen Sie Umfang und Flächeninhalt eines Kreises mit $r = 6{,}3$ cm.

109. Bestimmen Sie Umfang und Flächeninhalt eines Viertelkreises mit $r = 8$ cm.

110. Ein Kreis besitzt den Umfang 20 m. Bestimmen Sie seinen Radius.

111. Ein Kreis besitzt die Fläche 800 cm^2. Bestimmen Sie seinen Radius.

112. Um einen kreisförmigen Teich soll ein 1 m breiter Weg angelegt werden. Der Teich besitzt 2 000 m^2 Wasserfläche. Bestimmen Sie die Fläche des geplanten Wegs.

113. Um einen rechteckigen Sportplatz, der eine Länge von 100 m besitzt, wird eine Rennbahn erbaut, die an der Innenkante eine Gesamtlänge von 400 m hat und aus zwei 100 m-Geraden sowie zwei halbkreisförmigen Verbindungskurven besteht.
Bestimmen Sie die Fläche dieser Rennbahn, wenn diese an jeder Stelle 4,50 m breit sein soll.

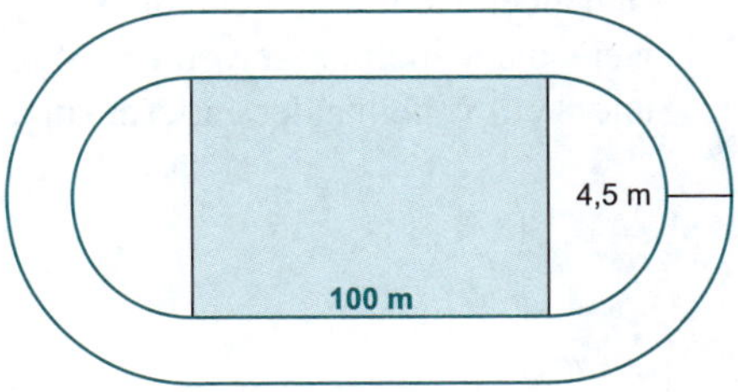

7.3 Länge eines Kreisbogens

Für die Länge eines Kreisbogens ist der zugehörige Mittelpunktswinkel maßgebend:
Die Länge des Kreisbogens ist **proportional** zu dem zugehörigen Mittelpunktswinkel, denn ein Bogen mit z. B. dem doppelten Mittelpunktswinkel ist auch genau doppelt so lang.

Da der Umfang eines Kreises $U = 2\pi \cdot r$ beträgt, ist der Umfang des Halbkreises, dem ein Mittelpunktswinkel von 180° entspricht $U_H = \pi \cdot r$.
Damit hat man für die Länge eines Bogens mit dem Mittelpunktswinkel 1° genau $\frac{1}{180}$ des Halbkreisbogens:

$$b_{1°} = \frac{U_H}{180} = \frac{\pi \cdot r}{180}$$

Für einen Bogen mit dem Mittelpunktswinkel von 12° ergibt sich dann entsprechend:

$$b_{12°} = \frac{U_H}{180} \cdot 12 = \frac{\pi \cdot r}{180} \cdot 12 = \frac{\pi \cdot r}{15}$$

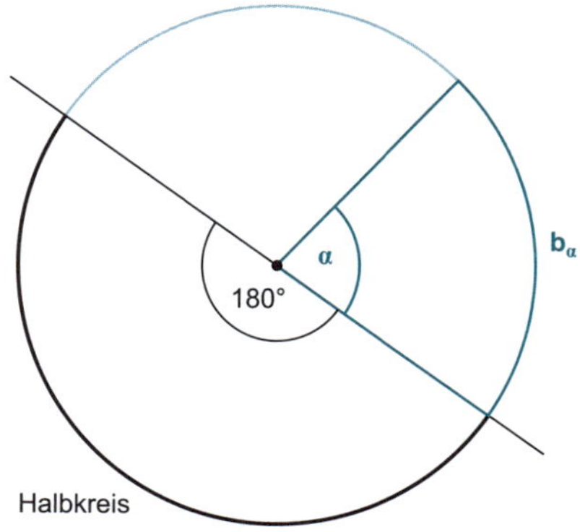

Regel

Die **Länge eines Kreisbogens** b_α mit dem Mittelpunktswinkel α beträgt:
$$b_\alpha = \frac{\alpha}{180°} \cdot \pi \cdot r$$

Beispiel

Bestimmen Sie den Umfang des nebenstehenden Gebildes, wenn die Ecken jeweils die Mittelpunkte von Kreisbögen und 8 cm voneinander entfernt sind.

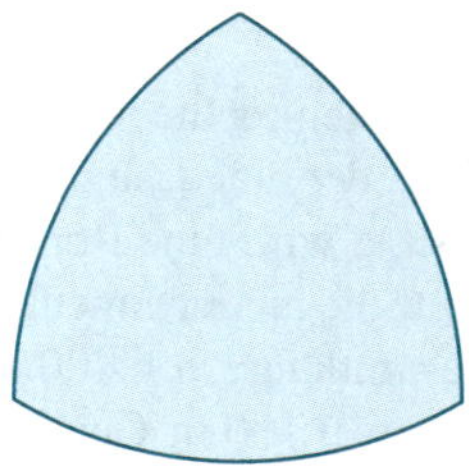

Lösung:
Die drei Bögen entsprechen Kreisausschnitten mit dem Radius $r = 8$ cm und dem Mittelpunktswinkel $\alpha = 60°$; damit hat die Figur den Umfang:

$$U = 3 \cdot \frac{60°}{180°} \cdot \pi \cdot r = \pi \cdot r \approx \mathbf{25{,}13\ cm}$$

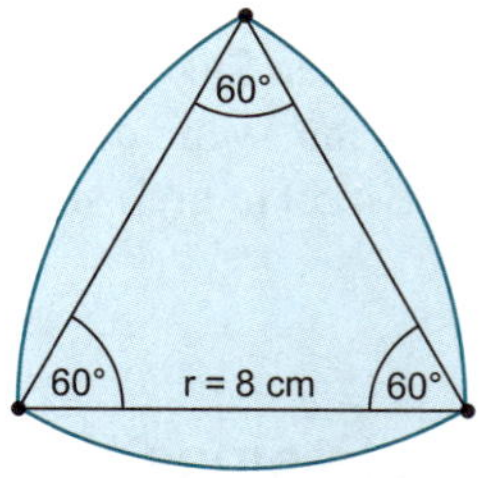

Aufgaben

114. Ein Kreisausschnitt mit Mittelpunktswinkel $\alpha = 80°$ besitzt die Bogenlänge 6,2 cm. Bestimmen Sie den Radius dieses Kreisausschnitts.

115. Ein Kreisausschnitt mit Radius $r = 8{,}3$ cm besitzt die Bogenlänge 4,3 cm. Bestimmen Sie den Mittelpunktswinkel des Kreisausschnitts.

116. Bestimmen Sie den Umfang des Herzens. Die vier eingezeichneten Punkte sind Mittelpunkte von Kreisbögen.

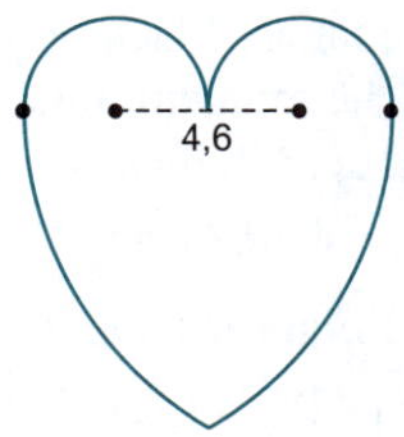

7.4 Fläche eines Kreissektors

Genauso ist auch die Fläche eines Kreissektors proportional zum Mittelpunktswinkel: Dem gesamten Kreis mit dem Mittelpunktswinkel 360° entspricht die Fläche $A = \pi r^2$. Einem Sektor mit 1° Mittelpunktswinkel entspricht dann $\frac{1}{360}$ dieser Fläche, also $A_{1°} = \frac{1}{360}\pi r^2$.
Für einen Kreissektor mit dem Mittelpunktswinkel α ergibt sich schließlich:

Regel

> Die **Fläche eines Kreissektors** mit dem Mittelpunktswinkel α genügt der Formel:
> $\mathbf{A_\alpha = \frac{\alpha}{360°} \cdot \pi r^2}$

Beispiel

Bestimmen Sie die Fläche der abgebildeten Figur (Maßangabe in cm).

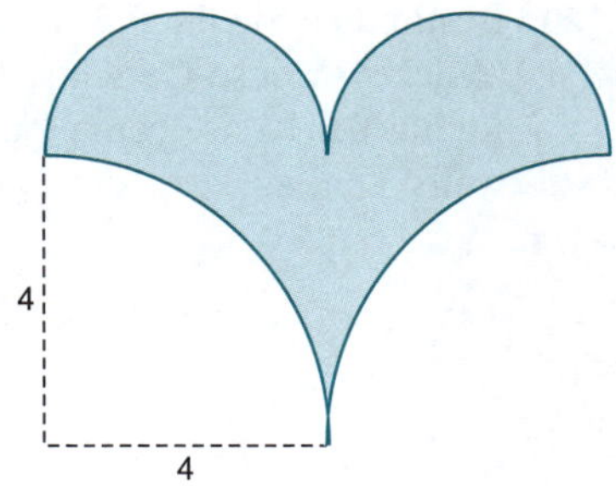

Lösung:
Man ergänzt die Figur durch ein Rechteck.
Der obere Teil der Figur besteht aus zwei Halbkreisen. Diese haben zusammen den Flächeninhalt:
$2 \cdot A_1 = 2 \cdot \frac{1}{2}\pi \cdot (2\text{ cm})^2 = 4\pi\text{ cm}^2$

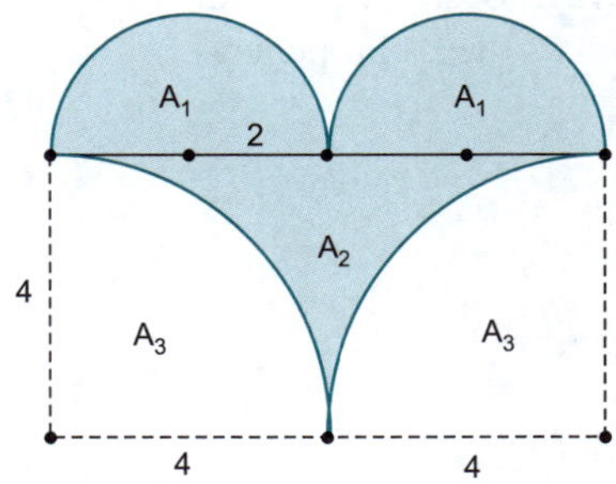

Die untere Fläche A_2 entsteht als Restfläche, wenn man von der Rechtecksfläche mit dem Inhalt $4\text{ cm} \cdot 8\text{ cm} = 32\text{ cm}^2$ den Inhalt zweier Viertelkreise mit dem Radius $r = 4$ cm subtrahiert:

$$A_2 = 4\text{ cm} \cdot 8\text{ cm} - 2 \cdot \frac{1}{4} \cdot \pi \cdot (4\text{ cm})^2 = (32 - 8\pi)\text{ cm}^2$$

Die Figur hat somit den Flächeninhalt:

$$2A_1 + A_2 = (32 - 4\pi)\text{ cm}^2 \approx \mathbf{19{,}43\text{ cm}^2}$$

Aufgaben

117. Ein Kreisausschnitt mit Mittelpunktswinkel $\alpha = 80°$ besitzt die Fläche $6{,}2\text{ cm}^2$. Bestimmen Sie den Radius sowie die Bogenlänge dieses Kreisausschnitts.

118. Ein Kreisausschnitt hat die Fläche 56 cm^2 sowie die Bogenlänge 8,2 cm. Bestimmen Sie den Radius sowie den Winkel dieses Kreisausschnitts.

119. Bestimmen Sie die Fläche des nebenstehenden Gebildes (der Radius der kleinen Kreise ist angegeben, die Punkte sind die jeweiligen Mittelpunkte).

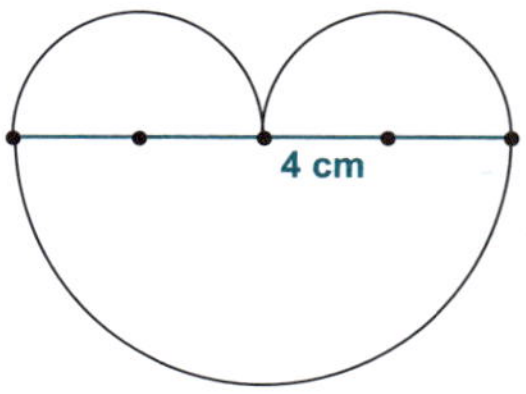

120. Bestimmen Sie die Fläche des „Mickey-Mouse-Gesichts“ (der Radius der Kreise beträgt jeweils 3 cm).

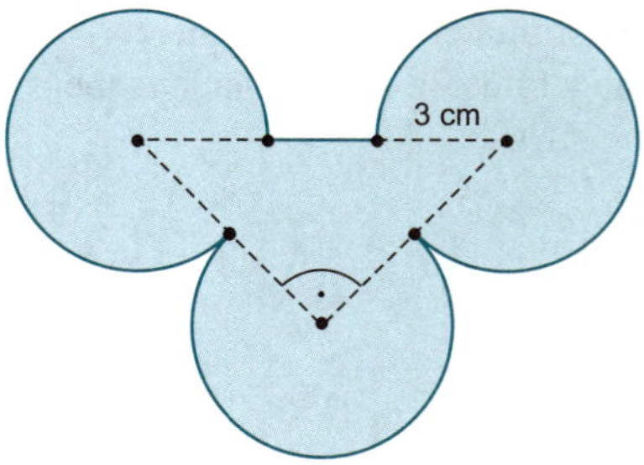

121. Bestimmen Sie die Fläche dieses Propellers.

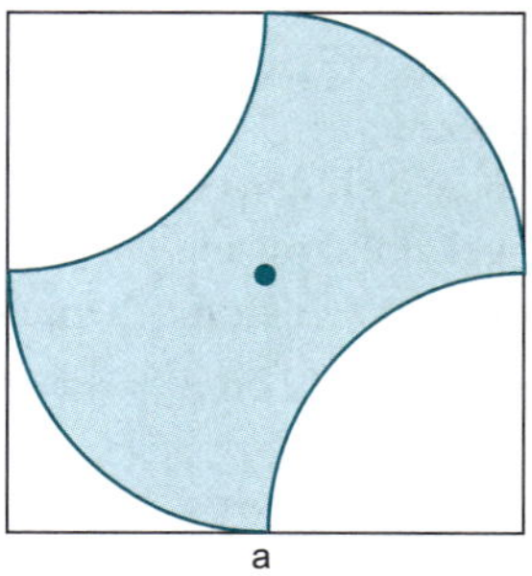

8 Satzgruppe des Pythagoras

Aufgrund der in den vorhergehenden Kapiteln erworbenen Kenntnisse können wir nun noch einmal zu **rechtwinkligen Dreiecken** zurückkehren und weitere wichtige Sätze beweisen.

8.1 Der Satz des Pythagoras

In diesem Abschnitt werden Eigenschaften von rechtwinkligen Dreiecken näher untersucht.
Der wohl bekannteste Zusammenhang zwischen den Seitenlängen eines rechtwinkligen Dreiecks wird durch den Satz des Pythagoras formuliert:

Satz

Satz des Pythagoras. In einem rechtwinkligen Dreieck ist das Quadrat über der Hypotenuse flächengleich zur Summe der Kathetenquadratflächen: $a^2 + b^2 = c^2$

Dies kann durch folgendes Bild symbolisiert werden:

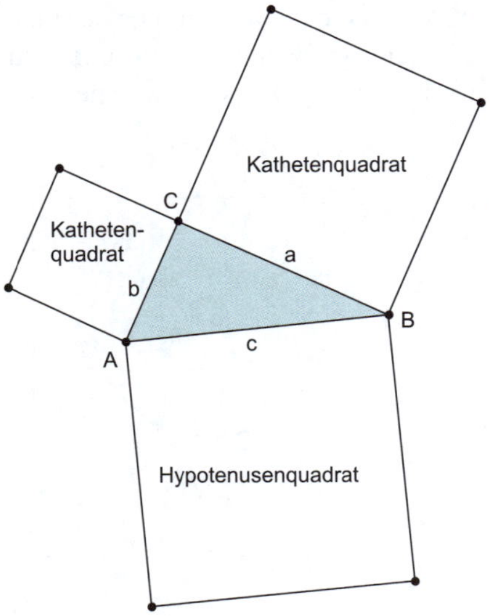

Die Richtigkeit dieses Satzes lässt sich sehr elegant mit einfachen Mitteln anhand folgender Legefigur beweisen:

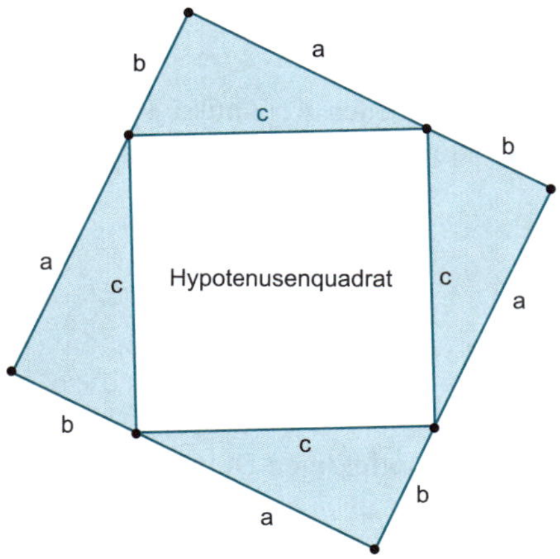

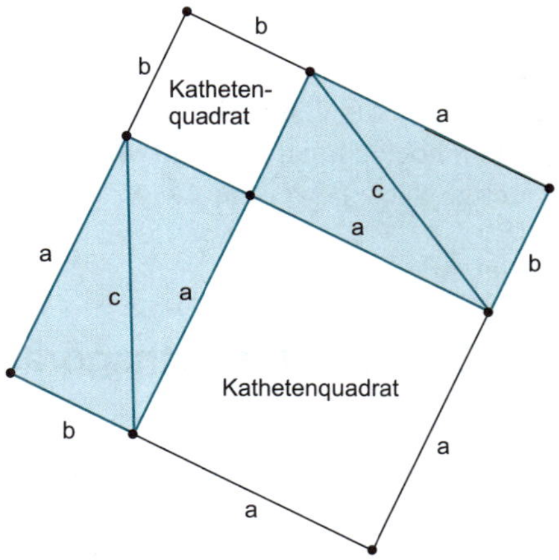

Beide Figuren bestehen aus einem Quadrat mit der Seitenlänge $a+b$. In diesen beiden Quadraten befinden sich jeweils vier rechtwinklige Dreiecke mit den Katheten a und b sowie der Hypotenuse c. Da die vier grünen rechtwinkligen Dreiecke in beiden Figuren dieselbe Fläche besitzen, müssen auch die weiß gefärbten Restflächen gleich groß sein:
Das weiße Quadrat in der ersten Figur wird aus der Hypotenuse c der Dreiecke gebildet und besitzt somit den Flächeninhalt c^2, die beiden weißen Quadrate in der zweiten Figur haben die Seitenlängen a bzw. b und damit als Summe der Flächeninhalte a^2+b^2. Da die weißen Restflächen gleich groß sind, muss also in dem rechwinkligen Dreieck mit den Katheten a und b sowie der Hypotenuse c gelten: $a^2+b^2=c^2$

Beispiel

In dem schwarz gezeichneten Quadrat der Seitenlänge a berührt ein Kreis mit Radius r zwei Viertelkreise sowie das Quadrat. Bestimmen Sie den Radius r.

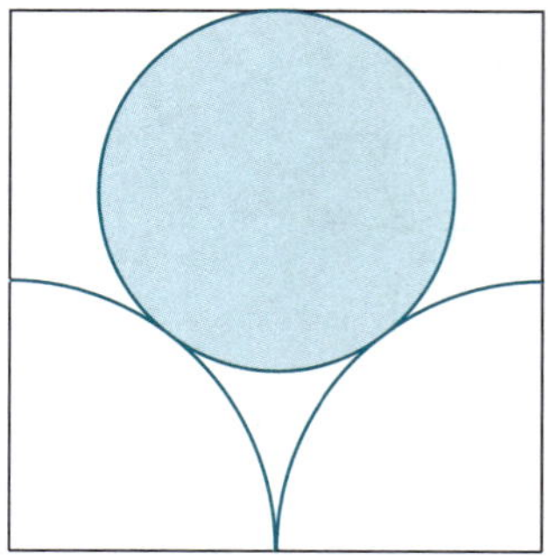

Lösung:

Bei der Lösung des Problems helfen zwei Hilfslinien: Die Strecke [BM] enthält den Berührpunkt F von Kreis und Viertelkreis, da der Berührpunkt zweier Kreise stets auf der Verbindungslinie der beiden Kreismittelpunkte liegt.

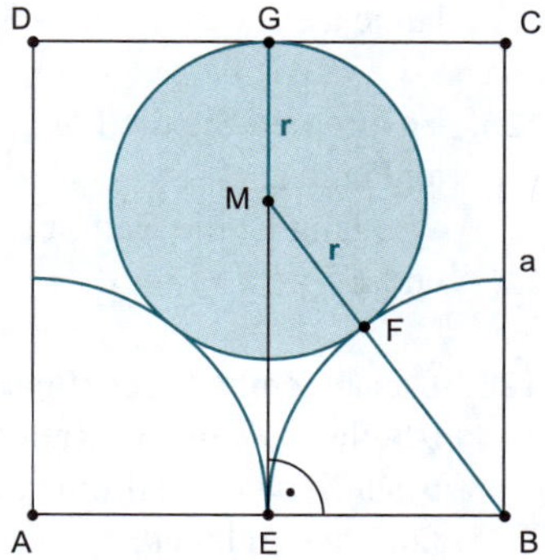

Für die Seiten des Dreiecks EBM folgt:

$|EB| = \frac{1}{2}|AB| = \frac{a}{2}$,

$|BM| = |BF| + |FM| = \frac{a}{2} + r$,

$|EM| = |EG| - |GM| = a - r$

In diesem rechtwinkligen Dreieck EBM lässt sich der Satz des Pythagoras anwenden, wobei [BM] die Hypotenuse ist:

$$|BM|^2 = |EB|^2 + |EM|^2 \Leftrightarrow \left(\frac{a}{2} + r\right)^2 = \left(\frac{a}{2}\right)^2 + (a - r)^2$$

$$\Leftrightarrow \frac{a^2}{4} + a \cdot r + r^2 = \frac{a^2}{4} + a^2 - 2a \cdot r + r^2$$

$$\Leftrightarrow 3a \cdot r = a^2 \Leftrightarrow 3r = a \Leftrightarrow \mathbf{r = \frac{a}{3}}$$

Der Radius ist ein Drittel der Länge einer Quadratseite.

Aufgaben **122.** Bestimmen Sie die fehlenden Seitenlängen in folgenden rechtwinkligen Dreiecken:

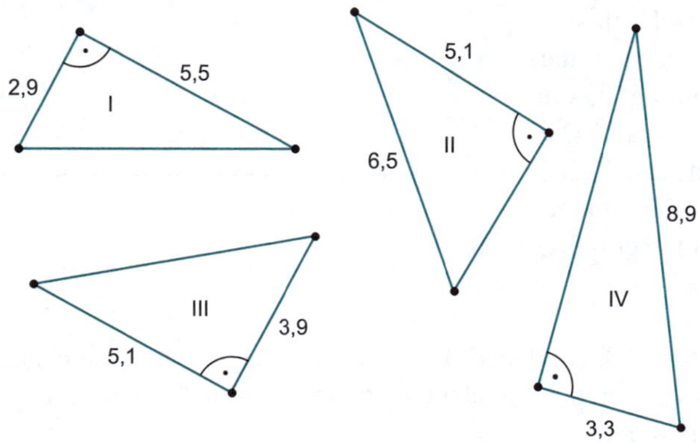

123. Das Quadrat ist einem Kreis einbeschrieben. Bestimmen Sie das Verhältnis der Umfänge von Kreis und Quadrat.

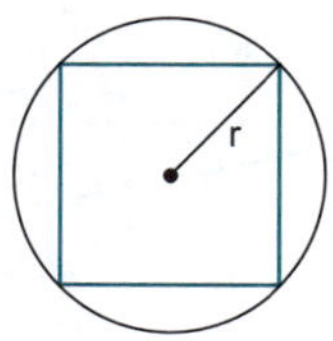

124. Berechnen Sie die Höhe in einem gleichseitigen Dreieck mit der Seitenlänge a.

125. Bestimmen Sie die Länge der Raumdiagonale eines Würfels mit der Kantenlänge a.
Wie lang ist die Raumdiagonale eines Quaders mit den Seitenlängen a, b und c?

126. Das abgebildete regelmäßige Achteck ist einem Kreis mit Radius 12 cm einbeschrieben. Bestimmen Sie den Umfang des Achtecks.

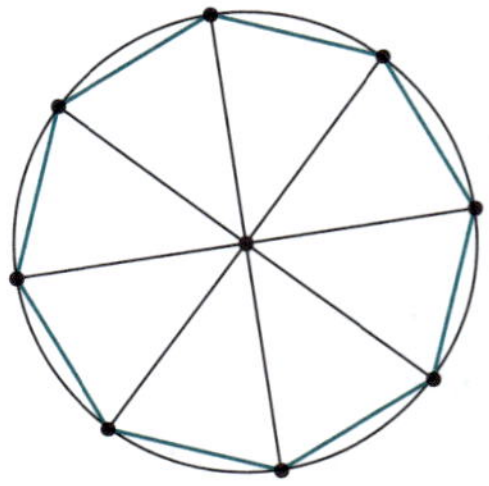

✷ **127.** Bestimmen Sie den Radius des grünen Kreises, der die Viertelkreise in dem Quadrat mit der Seitenlänge $a = 16$ cm berührt.

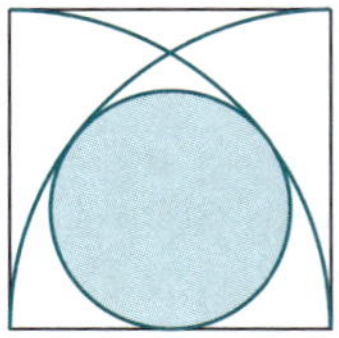

128. Eine unterirdisch verlegte Kanalisationsröhre mit kreisförmigem Querschnitt ist an einer Stelle teilweise freigelegt worden und ragt 25 cm aus dem Boden heraus. Die Breite des sichtbaren Teils beträgt 1,20 m. Bestimmen Sie den Durchmesser d dieser Kanalisationsröhre.

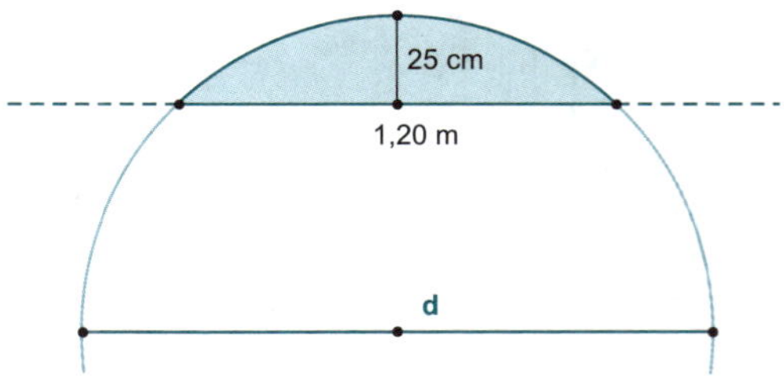

129. Eine Straßenlaterne, die in der Mitte zwischen zwei 7,20 m voneinander entfernten Häuserfronten aufgehängt ist, hängt – bedingt durch ihr Eigengewicht – 40 cm durch.

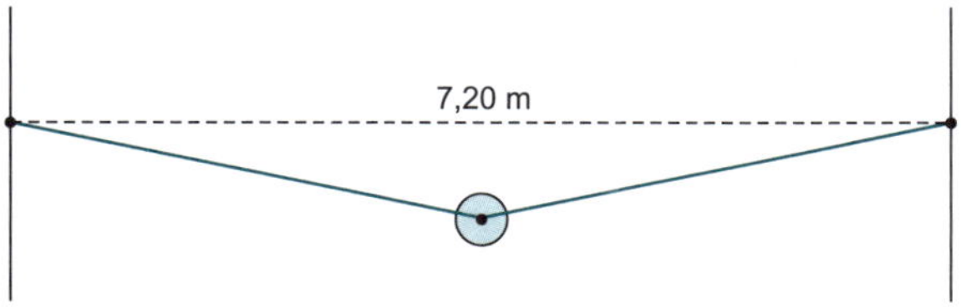

Bestimmen Sie, um wie viel Prozent das Spannseil gegenüber der unbelasteten Länge von 7,20 m gedehnt worden ist.

130. Bei einem Sturm knickt ein 24 m hoher Sendemast in einer bestimmten Höhe so ab, dass seine Spitze in einer Entfernung von 12 m vom Fußpunkt des Sendemastes auf dem Boden auftrifft. Bestimmen Sie die Höhe, in der der Sendemast abgeknickt ist.

8.2 Der Kathetensatz

Zeichnet man in einem rechtwinkligen Dreieck die Höhe zu der Hypotenuse ein, dann teilt der Fußpunkt D der Höhe die Hypotenuse in zwei Abschnitte [AD] = q und [DB] = p.

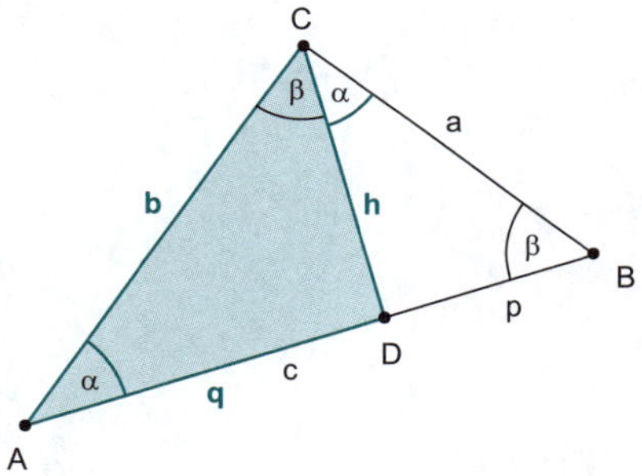

Diese beiden Strecken q und p nennt man daher **Hypotenusenabschnitte**.

Die Dreiecke ABC und ADC stimmen im Winkel α und dem rechten Winkel überein. Daher sind diese beiden Dreiecke ähnlich.

Spiegelt man das Dreieck ADC an der Winkelhalbierenden w_α, wird die Seite q auf b und die Seite b auf c abgebildet. Wegen der Ähnlichkeit der beiden Dreiecke ABC und AC'D' sind die Seiten [C'D'] und [BC] parallel, und der erste Strahlensatz kann bzgl. des Scheitels A angewandt werden:

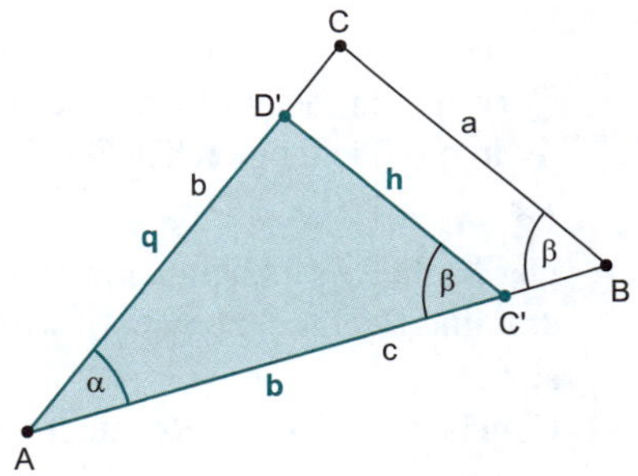

$$\frac{|AC'|}{|AB|} = \frac{|AD'|}{|AC|} \iff \frac{b}{c} = \frac{q}{b} \iff b^2 = c \cdot q$$

Satz

Kathetensatz. Das Quadrat über einer Kathete eines rechtwinkligen Dreiecks ist zu dem Rechteck aus der Hypotenuse und dem zugehörigen Hypotenusenabschnitt flächengleich:

$\mathbf{b^2 = c \cdot q}$ bzw. $\mathbf{a^2 = c \cdot p}$

Stellt man sich die Terme b^2 und $c \cdot q$ bildlich als Flächeninhalte eines Quadrats mit der Seitenlänge b bzw. eines Rechtecks mit den Seiten c und q vor, ergibt sich folgende, leicht zu merkende Figur:

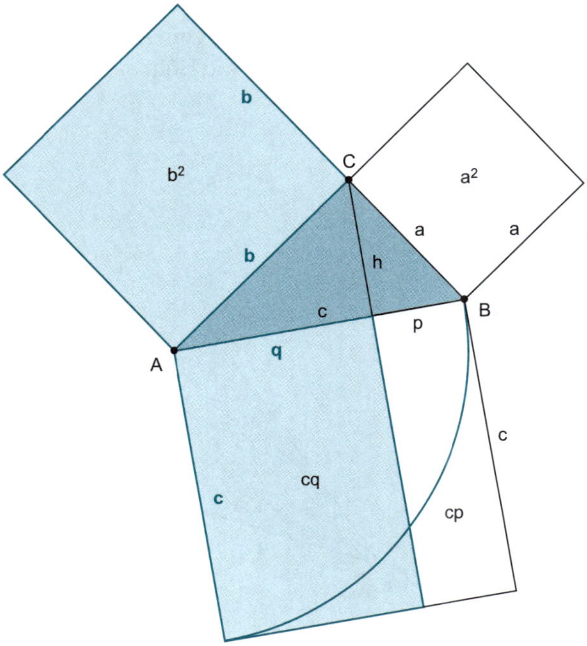

Beispiel

Verwandeln Sie ein Rechteck mit den Seitenlängen 11 cm und 6 cm konstruktiv in ein flächengleiches Quadrat.

Lösung:
Der Kathetensatz beinhaltet eine Beziehung zwischen flächengleichem Quadrat und Rechteck: $b^2 = c \cdot q$, wobei das Rechteck die Seitenlängen c und q besitzt.
Gegeben ist also das Rechteck mit den Seitenlängen $c = 11$ cm und $q = 6$ cm, gesucht ist das flächengleiche Quadrat über der entsprechenden Kathete b des rechtwinkligen Dreiecks. Damit lässt sich die Konstruktion des Quadrats durchführen:

1. Zeichne ein Rechteck mit den Seiten $q = 7$ cm und $c = 11$ cm.
2. Verlängere die kürzere Seite [AD] des Rechtecks auf 11 cm; erhalte B.
3. Thaleskreis K_{Th} über der Strecke [AB] geschnitten mit der Orthogonalen h in D zu [AB] ergibt den gesuchten Punkt C des rechtwinkligen Dreiecks.
4. Die Strecke [AC] ist eine Quadratseite des gesuchten Quadrats.

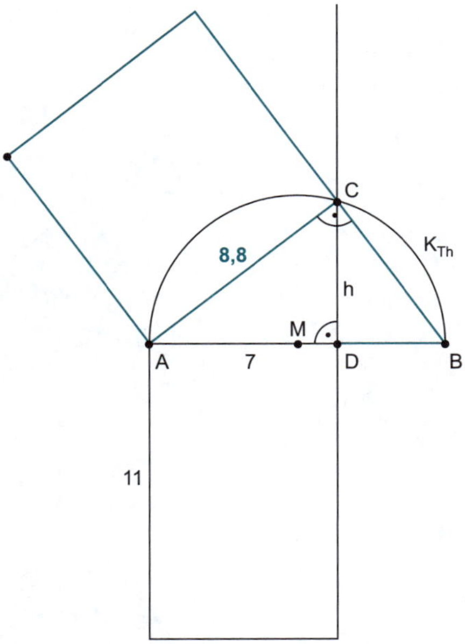

ufgaben **131.** Bestimmen Sie die fehlenden Größen in einem rechtwinkligen Dreieck.

a) $q = 4{,}2$ cm $b = 6{,}2$ cm

b) $a = 5{,}8$ cm $c = 7{,}3$ cm

132. Um die Breite b eines Flusses zu bestimmen, bestimmt man die in der Skizze angegebenen Entfernungen zwischen den markanten Punkten A und B bzw. B und C. Wie breit ist der Fluss an der Stelle C?

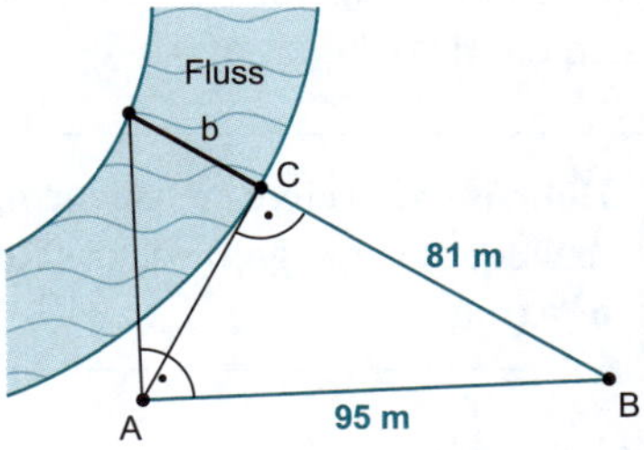

133. Beweisen Sie den Satz des Pythagoras mithilfe der Kathetensätze.

Hinweis: Beachten Sie, dass $p + q = c$ ist.

134. Zeichnen Sie nebenstehende Figur vergrößert ab und zerschneiden Sie das gefärbte Quadrat über der Kathete entlang den eingezeichneten grünen Linien. Legen Sie jeweils die drei erhaltenen Figuren lückenlos in das zugehörige gefärbte Rechteck unter der Hypotenuse. Welchen Satz haben Sie durch dieses Legespiel nachgeprüft?

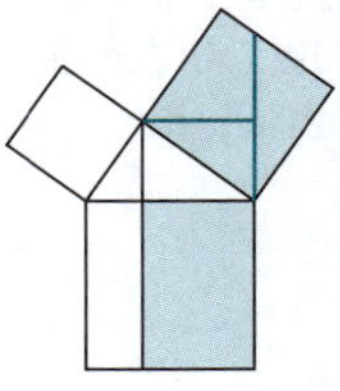

8.3 Der Höhensatz

Verwendet man wieder ein rechtwinkliges Dreieck mit der Hypotenusenhöhe h, kann man zwei weitere ähnliche Dreiecke finden, nämlich die Dreiecke AM_cC und M_cBC. Diese stimmen ebenfalls paarweise in ihren Winkeln überein.

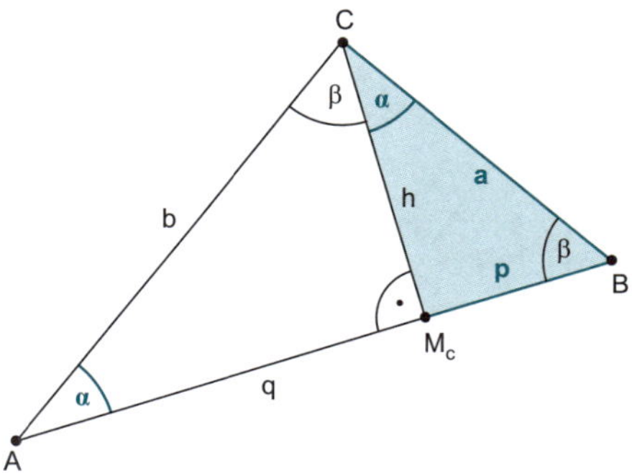

Insbesondere kann man das Dreieck M_cBC so auf das Dreieck AM_cC um 90° drehen und danach verschieben, dass sich die Winkel α überdecken: Da die Strecken [DE] und $[M_cC]$ parallel sind, kann man nun den zweiten Strahlensatz zu dem Scheitel A anwenden:

$$\frac{|AD|}{|AM_c|} = \frac{|DE|}{|M_cC|} \quad \Leftrightarrow \quad \frac{h}{q} = \frac{p}{h}$$

Multipliziert man diese Gleichung mit dem Hauptnenner $h \cdot q$, ergibt sich die Beziehung: $h^2 = p \cdot q$

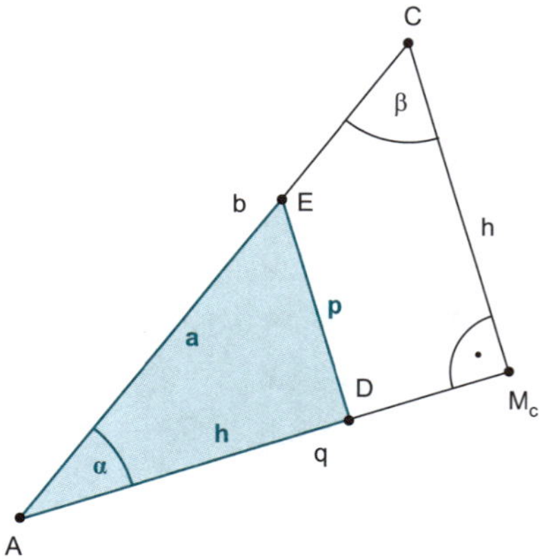

Satz

> **Höhensatz.** In einem rechtwinkligen Dreieck ist das Quadrat über der Hypotenusenhöhe genauso groß wie das Rechteck aus den beiden Hypotenusenabschnitten: **$h^2 = p \cdot q$**

Auch für diesen Satz gibt es eine gut einprägsame Figur. Das Quadrat wird aus der Hypotenusenhöhe des rechtwinkligen Dreiecks gebildet, und die Seiten des Rechtecks besitzen jeweils die Längen der beiden Hypotenusenabschnitte.

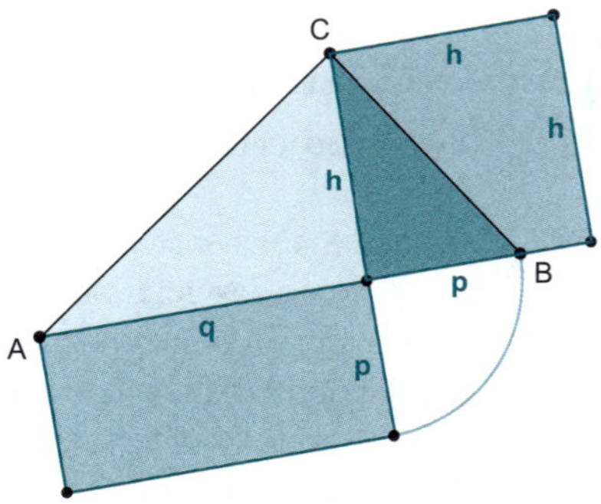

Beispiel

Verwandeln Sie ein Rechteck mit den Seitenlängen 9 cm und 3 cm konstruktiv mithilfe des Höhensatzes in ein flächengleiches Quadrat.

Lösung:

Gegeben ist das Rechteck mit den Seitenlängen q = 9 cm und p = 3 cm.
Da das flächengleiche Quadrat mithilfe des Höhensatzes konstruiert werden muss, wird das zugrunde liegende Dreieck mit der Seitenlänge c = p + q = 12 cm gezeichnet.

Konstruktionsbeschreibung:

1. Gegeben: Rechteck mit den Seitenlängen q = 9 cm und p = 3 cm.
2. Zeichne Strecke [AD] mit der Länge q = 9 cm.
3. Verlängere diese Strecke über D hinaus um p = 3 cm; erhalte B.
4. Der Thaleskreis über der Strecke [AB] schneidet die Orthogonale h in D zu [AB] im Punkt C.
5. Die Strecke [CD] ist die gesuchte Quadratseite.

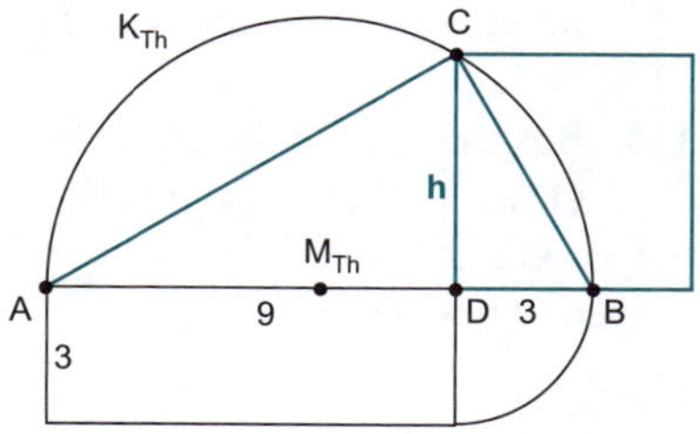

ufgaben

135. Bestimmen Sie die fehlenden Seiten des Dreiecks:
q = 4,2 cm   h = 5,8 cm

136. Beweisen Sie den Höhensatz mithilfe des Kathetensatzes und des Satzes von Pythagoras.

Hinweis: Stellen Sie mithilfe des Satzes des Pythagoras eine Beziehung zwischen a, h und p auf und ersetzen Sie danach a^2 mithilfe des Kathetensatzes.

137. Zeigen Sie, dass das Dreieck ABC mit A(2 | 3), B(7 | 1) und C(5 | 6) gleichschenklig ist, indem Sie die Seitenlängen dieses Dreiecks bestimmen.

138. Ein Architekt plant einen Gebäudeteil, dessen Grundriss nebenstehend abgebildet ist, und muss dazu die Länge der Wand s bestimmen.

a) Helfen Sie dem Architekten bei der Berechnung.

b) Wie oft müsste das Verfahren, ein rechtwinkliges Dreieck mit der Kathete 3 anzusetzen, fortgesetzt werden, damit s die Länge 12 besitzt?

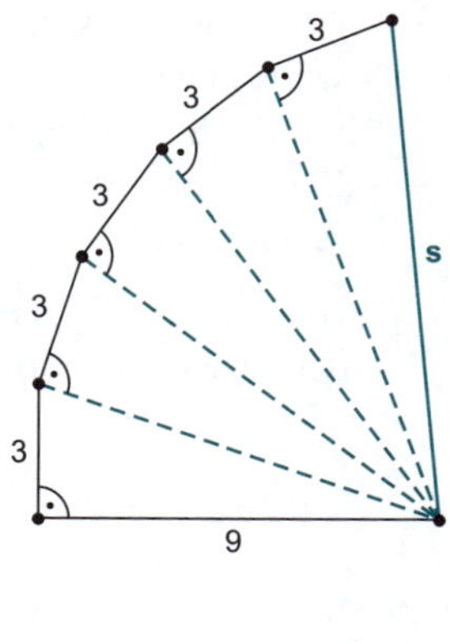

c) Erstellen Sie einen Plan, bei dem aus den Seitenlängen 5 und 2 eine Strecke der Länge $\sqrt{33}$ konstruiert werden kann.

d) Wie lassen sich elegant die Streckenlängen $\sqrt{13}$ und $\sqrt{35}$ konstruieren?

139. Ein Schrank mit den Abmessungen H = 2,20 m, B = 1,60 m und T = 0,80 m soll durch eine 0,85 m breite und 2,05 m hohe Tür transportiert und in einem 2,48 m hohen Zimmer aufgestellt werden.
Untersuchen Sie, ob der Transport durch die Tür und die anschließende Aufstellung des Schrankes in dem Zimmer möglich ist.

140. Bestimmen Sie die grüne Fläche dieser mathematischen „Blume“, wenn die Kreise jeweils den Radius r besitzen.

✷ **141.** Zeigen Sie, dass mittels nebenstehender Konstruktion die Strecke [AB] durch T im Verhältnis

$\varphi = \frac{1+\sqrt{5}}{2} \approx 1{,}618$

des Goldenen Schnitts (vgl. Aufgabe 93 in Kapitel 6) geteilt wird.

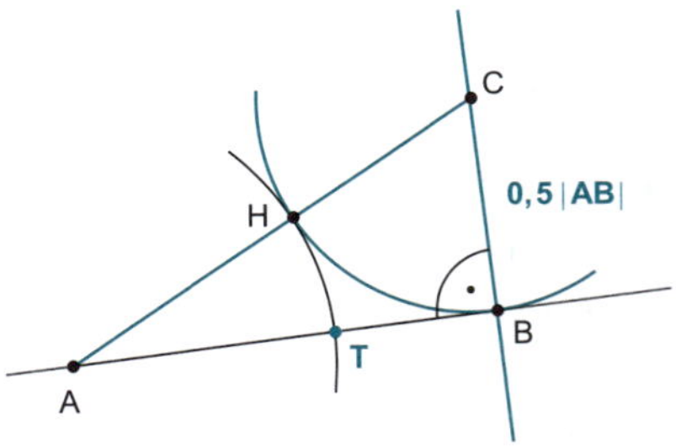

✷ **142.** Aus einem quadratischen Filzstoff soll eine Blume der abgebildeten Form ausgestanzt werden (die Mittelpunkte der Kreisbögen liegen jeweils in den Ecken des Quadrats mit der Seitenlänge a). Bestimmen Sie den prozentualen Abfall beim Ausstanzen.

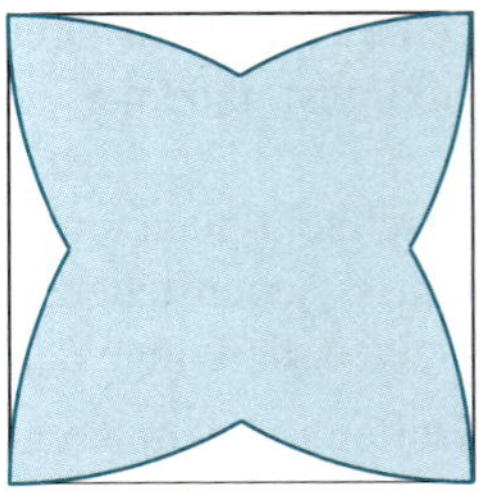

Hinweis: Bestimmen Sie zunächst den Mittelpunktswinkel, der zu einem der gezeichneten Bögen gehört.

9 Trigonometrie

Das Wort Trigonometrie leitet sich aus dem griechischen Wort *trigonon* (=Dreieck) ab. Die Trigonometrie beschäftigt sich mit der Dreieckslehre, speziell an rechtwinkligen Dreiecken. Die in Kapitel 2 eingeführten beiden Katheten werden hierzu folgendermaßen unterschieden:

Definition

In einem rechtwinkligen Dreieck heißt die dem Winkel α gegenüberliegende Kathete **Gegenkathete** von α, die am Winkel α anliegende Kathete wird **Ankathete** von α genannt.

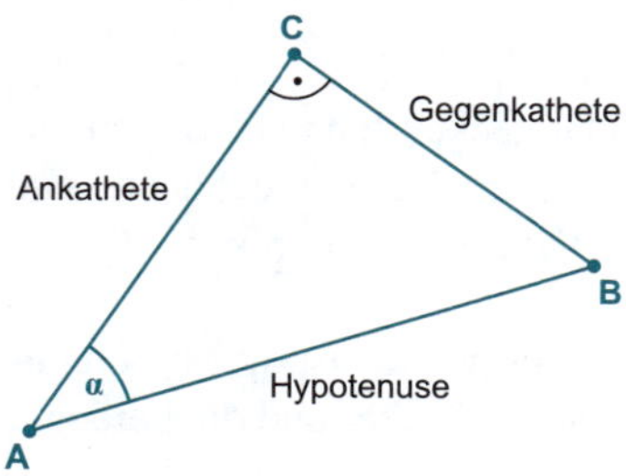

9.1 Winkel im rechtwinkligen Dreieck

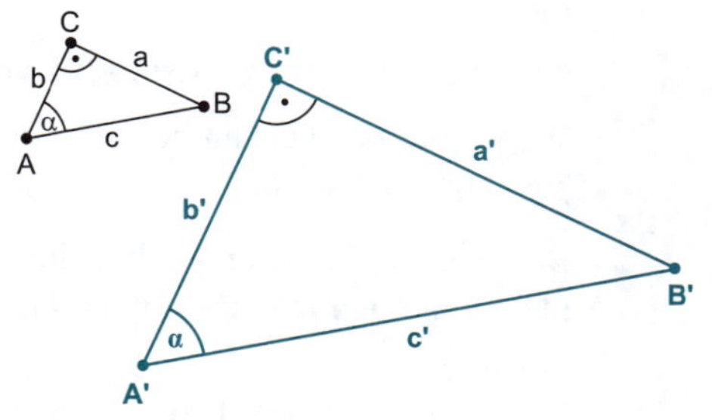

Weil die beiden Dreiecke außer in ihrem 90°-Winkel noch im Winkel α übereinstimmen, sind sie nach einem Ähnlichkeitssatz ähnlich. Daher stimmen sie auch in ihren Seitenverhältnissen überein. Insbesondere gilt für die Seitenverhältnisse in allen rechtwinkligen Dreiecken mit dem gemeinsamen Winkel α:

$\frac{a}{c} = \frac{a'}{c'}$, $\frac{b}{c} = \frac{b'}{c'}$ und $\frac{a}{b} = \frac{a'}{b'}$

Wenn also bei einem rechtwinkligen Dreieck ein weiterer Winkel – z. B. α – bekannt ist, sind hierdurch automatisch auch die entsprechenden Seitenverhältnisse $\frac{a}{c}, \frac{b}{c}, \frac{a}{b}$, die dann nur noch von dem Winkel α abhängen, eindeutig festgelegt. Diese Seitenverhältnisse werden in der Trigonometrie sehr häufig verwendet, sodass man ihnen feste Namen gibt:

Definition

Das Seitenverhältnis $\frac{\text{Gegenkathete}}{\text{Hypotenuse}}$ wird **Sinus** (abgekürzt mit sin) genannt.

Das Seitenverhältnis $\frac{\text{Ankathete}}{\text{Hypotenuse}}$ heißt **Kosinus** (abgekürzt mit cos), und

das Seitenverhältnis $\frac{\text{Gegenkathete}}{\text{Ankathete}}$ wird mit **Tangens** (abgekürzt mit tan) bezeichnet.

Im rechtwinkligen Dreieck gilt also:
$\sin\alpha = \frac{a}{c}$; $\cos\alpha = \frac{b}{c}$; $\tan\alpha = \frac{a}{b}$

Diese Definitionen erlauben es, bei rechtwinkligen Dreiecken fehlende Seiten bzw. Winkel zu bestimmen, wenn man – z. B. mithilfe des Taschenrechners – auf die entsprechenden trigonometrischen Funktionswerte zurückgreifen kann.

Beispiele

1. In einem rechtwinkligen Dreieck mit $\alpha = 27°$ und $\gamma = 90°$ ist die Hypotenuse $c = 6{,}2$ cm lang. Bestimmen Sie den fehlenden Winkel und die beiden fehlenden Seiten.

   Lösung:
   Im rechtwinkligen Dreieck gilt:
   $\sin\alpha = \frac{a}{c} \quad \Leftrightarrow \quad \mathbf{a} = c \cdot \sin\alpha = 6{,}2\text{ cm} \cdot \sin 27° \approx \mathbf{2{,}8\text{ cm}}$
   Mithilfe der Kosinusdefinition lässt sich die noch fehlende Seite b bestimmen:
   $\cos\alpha = \frac{b}{c} \quad \Leftrightarrow \quad \mathbf{b} = c \cdot \cos\alpha = 6{,}2\text{ cm} \cdot \cos 27° \approx \mathbf{5{,}5\text{ cm}}$
   Wegen der Winkelsumme im Dreieck folgt:
   $\boldsymbol{\beta} = 180° - \alpha - \gamma = \mathbf{63°}$

2. Bestimmen Sie die fehlende Seite sowie die fehlenden Winkel in einem rechtwinkligen Dreieck mit $a = 4$ cm, $b = 6{,}2$ cm und $\gamma = 90°$.

   Lösung:
   Bezüglich des Winkels α ist a die Gegenkathete und b die Ankathete, sodass die Beziehung gilt:
   $\tan\alpha = \frac{a}{b} = \frac{4}{6{,}2}$
   Durch Anwenden der inversen Tangenstaste [TAN-1] am Taschenrechner ergibt sich:
   $\boldsymbol{\alpha} \approx \mathbf{32{,}8°}$

Wegen der Winkelsumme im Dreieck folgt:
$\boldsymbol{\beta} = 180° - 90° - \alpha \approx \mathbf{57{,}2°}$

Die fehlende Hypotenuse kann man z. B. mithilfe des Satzes des Pythagoras bestimmen:

$c^2 = a^2 + b^2 \quad \Leftrightarrow \quad \mathbf{c} = \sqrt{a^2 + b^2} \approx \mathbf{7{,}4\ cm}$

Mithilfe dieser trigonometrischen Definitionen lassen sich viele weitere Probleme bei geometrischen Objekten lösen, wenn es gelingt, rechtwinklige Hilfsdreiecke zu erkennen und zu verwenden.

Beispiele

1. Bestimmen Sie den Winkel, unter dem die Raumdiagonale eine Würfelkante bzw. eine Würfelfläche schneidet.

Lösung

Die gesuchten Winkel werden eingetragen. Ein passendes rechtwinkliges Dreieck findet man, wenn man im Quadrat FGCB die Diagonale CF einzeichnet. Das Dreieck EFC ist rechtwinklig, wobei die Seite EC die Hypotenuse darstellt.

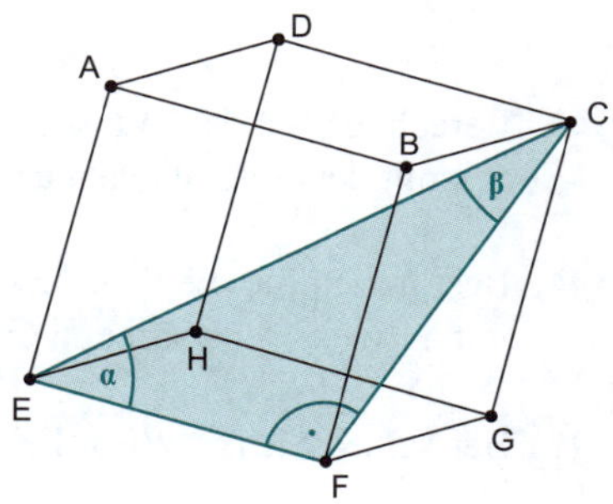

Damit ergibt sich für den gesuchten Winkel α zwischen einer Kante und der Raumdiagonalen:

$\cos\alpha = \frac{|EF|}{|CE|}$

Für die Raumdiagonale [CE] im Würfel gilt gemäß Aufgabe 125 $|CE| = |EF| \cdot \sqrt{3}$, sodass sich ergibt:

$\cos\alpha = \frac{|EF|}{|EF| \cdot \sqrt{3}} = \frac{1}{\sqrt{3}}$

Mithilfe der Invers-Kosinustaste [COS-1] des Taschenrechners, die zu einem gegebenen Kosinus-Wert den zugehörigen Winkel liefert, erhält man:
$\boldsymbol{\alpha} \approx \mathbf{54{,}7°}$

Anschließend erhält man für den Winkel β zwischen der Seitenfläche und einer Raumdiagonalen wegen der Winkelsumme im Dreieck EFC:
$\boldsymbol{\beta} = 90° - \alpha \approx \mathbf{35{,}3°}$

2. Bestimmen Sie den Winkel γ, unter dem sich die Raumdiagonalen in einem Würfel schneiden.

Lösung:
Auch hier hilft eine Skizze weiter:
Die beiden Raumdiagonalen [CE] und [DF] liegen in einer gemeinsamen Ebene und sind die Diagonalen in dem Rechteck EFCD:
Nun ist die Berechung des Winkels γ nicht mehr schwierig!

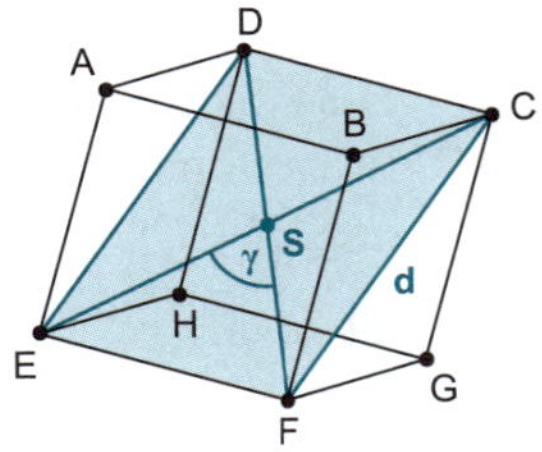

Man sieht sofort, dass γ doppelt so groß wie der Winkel β ist, den wir bereits in Beispiel 1 bestimmt hatten.
Der Schnittwinkel der beiden Raumdiagonalen beträgt somit: $\gamma = 2\beta \approx$ **70,5°**

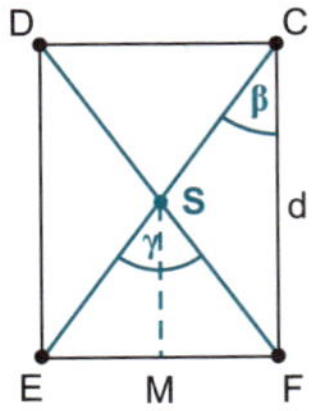

Aufgaben

143. Berechnen Sie den Winkel, unter dem sich die Diagonalen in einem Rechteck mit den Seitenlängen $a = 5$ cm und $b = 4$ cm schneiden.

144. Bestimmen Sie die Schnittwinkel zweier Raumdiagonalen in einem Quader mit $a = 6$ cm, $b = 4$ cm und $c = 4$ cm.

145. Berechnen Sie die Winkel einer Raute mit $a = 6{,}4$ cm und $e = |AC| = 10{,}2$ cm.

146. Ein gleichschenkliges Dreieck besitzt die Basis $c = 9{,}6$ cm und die Schenkel $a = b = 8{,}0$ cm.
Bestimmen Sie den Flächeninhalt und die Winkel des gleichschenkligen Dreiecks.

147. a) Geben Sie mithilfe des Satzes von Pythagoras die Höhe in einem gleichseitigen Dreieck mit der Seitenlänge a an.

b) Bestimmen Sie mit dem Ergebnis aus Teilaufgabe a die exakten Werte: $\sin 60°$; $\cos 60°$; $\sin 30°$; $\cos 30°$; $\tan 60°$; $\tan 30°$

c) Bestimmen Sie mithilfe eines gleichschenklig-rechtwinkligen Dreiecks die Werte $\sin 45°$, $\cos 45°$ und $\tan 45°$.

148. Ein Fluss ist von einem 28 m hohen Turm aus, der 180 m vom Flussufer entfernt ist, unter einem Winkel zwischen 3,30° und 3,40° zu sehen. Bestimmen Sie, wie breit der Fluss an dieser Stelle mindestens bzw. höchstens ist.

149. Von einem Balkon, der 6,30 m über dem Erdboden angebracht ist, sieht man den Fußpunkt eines Hochhauses unter dem Neigungswinkel $\alpha = 16{,}3°$ und das Dach des Hochhauses unter einem Erhebungswinkel von $\beta = 48{,}8°$. Bestimmen Sie die Höhe des Hochhauses.

150. Zwei gleich große Kreise mit Radien $r = 20$ cm besitzen den Mittelpunktsabstand $d = 30$ cm.
Bestimmen Sie die Größe der Schnittfläche dieser beiden Kreise.

151. Bestimmen Sie den Flächeninhalt eines regelmäßigen Achtecks mit Seitenlänge 5 m.

✷ **152.** Um die Fläche der symmetrischen Giebelseite eines Hauses zu bestimmen, wird der Giebel von zwei 3,77 m entfernten Positionen aus und die Dachkante aus einer Entfernung von 13,07 m von der Hauswand aus angepeilt. Die Visierhöhe beträgt dabei jeweils 1,59 m.

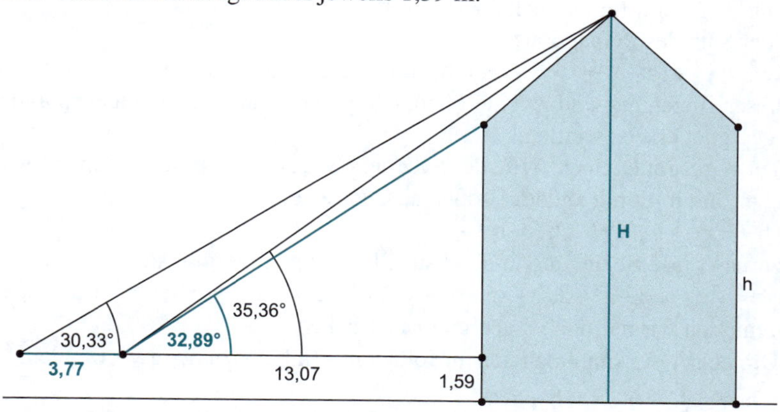

Bestimmen Sie die Fläche dieser Hauswand.

9.2 Sinus- und Kosinussatz

Nachdem im vorherigen Abschnitt nur rechtwinklige Dreiecke betrachtet worden sind, versuchen wir nun, auch für beliebige Dreiecke entsprechende trigonometrische Beziehungen aufzustellen. Ziel wird es insbesondere sein, mithilfe von zwei Sätzen eine Möglichkeit zu schaffen, die restlichen Seiten und Winkel aller Dreiecke zu bestimmen, die mit den Kongruenzsätzen konstruierbar sind.

Der Kosinussatz

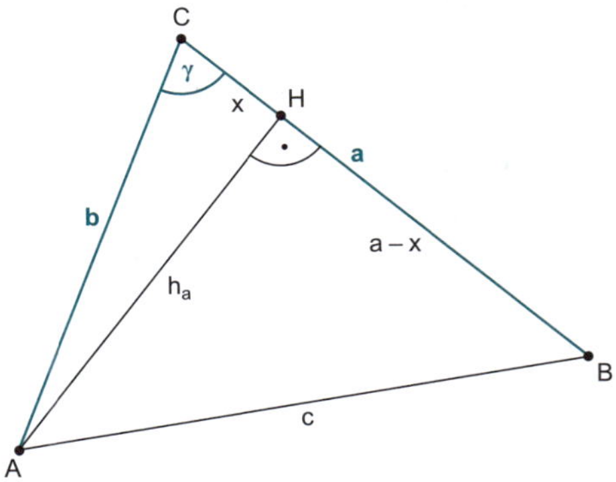

Zunächst betrachten wir den Kongruenzsatz sws. Gegeben sei also ein Dreieck durch zwei Seiten und den eingeschlossenen Winkel.
In der Skizze sind die Seiten a und b sowie der eingeschlossene Winkel γ gegeben.
Um hier eine Berechnung durchführen zu können, brauchen wir ein rechtwinkliges Dreieck, möglichst eins, welches den Winkel γ enthält. Also zeichnen wir die Höhe h_a ein. Hierdurch wird die Seite a in zwei Teile, die wir mit x bzw. $a-x$ bezeichnen, geteilt. Im Dreieck ABH gilt der Satz des Pythagoras:
(1) $c^2 = h_a^2 + (a-x)^2 \quad \Leftrightarrow \quad c^2 = h_a^2 + a^2 - 2ax + x^2$
In dieser Gleichung sind zwei Größen, nämlich h_a und x, nicht gegeben und müssen geeignet ersetzt werden.
Genauso gilt im Dreieck AHC der Satz des Pythagoras. Diese Beziehung verwenden wir, um h_a durch andere Größen auszudrücken:
(2) $b^2 = x^2 + h_a^2 \quad \Leftrightarrow \quad h_a^2 = b^2 - x^2$
Setzt man diese Beziehung in die erste Gleichung ein, ergibt sich:
(3) $c^2 = (b^2 - x^2) + a^2 - 2ax + x^2 = b^2 - x^2 + a^2 - 2ax + x^2 \quad \Leftrightarrow \quad c^2 = a^2 + b^2 - 2ax$
Nun müssen wir nur noch x geeignet ausdrücken.
Im Dreieck AHC kann man hierfür folgende Winkelbeziehung verwenden:
(4) $\cos\gamma = \frac{x}{b} \quad \Leftrightarrow \quad x = b \cdot \cos\gamma$
Setzt man diese Beziehung in die dritte Gleichung ein, ergibt sich:
$c^2 = a^2 + b^2 - 2a \cdot b \cdot \cos\gamma$
Diese Beziehung, die auch für stumpfwinklige Dreiecke gilt (wenn also die Höhe h_a außerhalb des Dreiecks liegt), wird Kosinussatz genannt.

Satz

> **Kosinussatz.** In einem beliebigen Dreieck mit den Seiten a und b sowie dem eingeschlossenen Winkel γ gilt die Beziehung: $\mathbf{c^2 = a^2 + b^2 - 2a \cdot b \cdot \cos\gamma}$

Dieser Satz hat starke Ähnlichkeit mit dem Satz des Pythagoras: Wenn $\gamma = 90°$ ist, dann ist $\cos\gamma = 0$, und der Summand $2a \cdot b \cdot \cos\gamma$ entfällt.
Daher wird der Kosinussatz oft auch „verallgemeinerter Satz des Pythagoras" genannt.

Entsprechend gilt in einem beliebigen Dreieck mit den Seiten b und c und dem eingeschlossenen Winkel α:
$a^2 = b^2 + c^2 - 2b \cdot c \cdot \cos\alpha$
bzw. mit den Seiten a und c und dem eingeschlossenen Winkel β:
$b^2 = a^2 + c^2 - 2a \cdot c \cdot \cos\beta$

Beispiel

Bestimmen Sie die Winkel in einem Dreieck mit den Seitenlängen a = 5,2 cm, b = 4,3 cm und c = 7,8 cm.

Lösung:
Wenn man den Kosinussatz $c^2 = a^2 + b^2 - 2a \cdot b \cdot \cos\gamma$ nach $\cos\gamma$ auflöst, dann eignet sich dieser Satz auch für die Berechnung eines Winkels, wenn die drei Seiten eines Dreiecks (gemäß dem Kongruenzsatz sss) gegeben sind:

$$c^2 = a^2 + b^2 - 2a \cdot b \cdot \cos\gamma \quad \Leftrightarrow \quad 2a \cdot b \cdot \cos\gamma = a^2 + b^2 - c^2$$
$$\Leftrightarrow \quad \cos\gamma = \frac{a^2 + b^2 - c^2}{2a \cdot b}$$
$$\Leftrightarrow \quad \boldsymbol{\gamma \approx 110{,}0°}$$

Ebenso lässt sich ein zweiter Winkel bestimmen:

$$a^2 = b^2 + c^2 - 2b \cdot c \cdot \cos\alpha \quad \Leftrightarrow \quad 2b \cdot c \cdot \cos\alpha = b^2 + c^2 - a^2$$
$$\Leftrightarrow \quad \cos\alpha = \frac{b^2 + c^2 - a^2}{2b \cdot c}$$
$$\Leftrightarrow \quad \boldsymbol{\alpha \approx 38{,}8°}$$

Der dritte Winkel lässt sich entweder über die Winkelsumme im Dreieck oder über die dritte Variation des Kosinussatzes bestimmen:

$$b^2 = a^2 + c^2 - 2a \cdot c \cdot \cos\beta \quad \Leftrightarrow \quad 2a \cdot c \cdot \cos\beta = a^2 + c^2 - b^2$$
$$\Leftrightarrow \quad \cos\beta = \frac{a^2 + c^2 - b^2}{2a \cdot c}$$
$$\Leftrightarrow \quad \boldsymbol{\beta \approx 31{,}2°}$$

Der Sinussatz

Nachdem für den Kosinussatz ein Winkel und zwei Seiten gegeben sein müssen, betrachten wir nun den Fall, dass zwei Winkel und eine Seite gegeben sind (Kongruenzsatz wws bzw. wsw).
Zunächst kann man aufgrund der Winkelsumme im Dreieck leicht den dritten Winkel bestimmen, sodass wir hier davon ausgehen können, dass die einzige gegebene Seite von zwei bekannten Winkeln eingeschlossen wird, was dem Kongruenzsatz wsw entspricht.

Wir nehmen also für unsere Herleitung an, dass die Seite a sowie die anliegenden Winkel β und γ gegeben sind. Auch hier benötigen wir wieder rechtwinklige Dreiecke, was wir durch Einzeichnen der Höhe h_a erreichen. Im Dreieck ABH gilt nun:

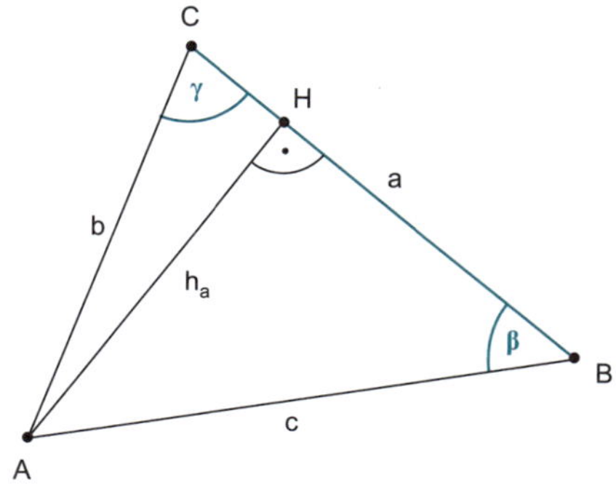

$\sin\beta = \frac{h_a}{c} \quad \Leftrightarrow \quad h_a = c \cdot \sin\beta$

Ebenso gilt im Dreieck AHC:

$\sin\gamma = \frac{h_a}{b} \quad \Leftrightarrow \quad h_a = b \cdot \sin\gamma$

Setzt man diese beiden Gleichungen gleich, ergibt sich:

$c \cdot \sin\beta = b \cdot \sin\gamma \quad \Leftrightarrow \quad \frac{b}{c} = \frac{\sin\beta}{\sin\gamma}$

Damit verhalten sich die Seiten eines Dreiecks wie die Sinuswerte der gegenüberliegenden Winkel. Dieser Satz wird Sinussatz genannt:

Satz

Sinussatz. In einem beliebigen Dreieck verhalten sich die Seiten wie die Sinuswerte der jeweils gegenüberliegenden Winkel:

$\frac{b}{c} = \frac{\sin\beta}{\sin\gamma}; \qquad \frac{a}{b} = \frac{\sin\alpha}{\sin\beta}; \qquad \frac{a}{c} = \frac{\sin\alpha}{\sin\gamma}$

Beispiele

1. Bestimmen Sie den Umfang eines Dreiecks mit $\alpha = 37°$; $\beta = 87°$; $b = 5{,}3$ cm.

   Lösung:
   Mithilfe der Winkelsumme im Dreieck kann γ bestimmt werden:
   $\gamma = 180° - \alpha - \beta = 56°$
   Der Sinussatz liefert:

   $\frac{a}{b} = \frac{\sin\alpha}{\sin\beta} \quad \Leftrightarrow \quad a = b \cdot \frac{\sin\alpha}{\sin\beta} \approx 3{,}2 \text{ cm}$ sowie

   $\frac{c}{b} = \frac{\sin\gamma}{\sin\beta} \quad \Leftrightarrow \quad c = b \cdot \frac{\sin\gamma}{\sin\beta} \approx 4{,}4 \text{ cm}$

   Der Umfang beträgt ca. 5,3 cm + 3,2 cm + 4,4 cm = **12,9 cm**.

2. Um die Höhe eines Berggipfels zu bestimmen, peilt man ihn von zwei Messpunkten A und B aus an, die 480 m voneinander entfernt sind, und misst folgende Winkel:
   Erhebungswinkel: $\sphericalangle FAS = 32{,}5°$; $\sphericalangle SBF = 31{,}1°$;
   horizontale Winkel: $\sphericalangle BAF = 94{,}1°$; $\sphericalangle FBA = 70{,}5°$.
   Bestimmen Sie die Höhe h über dem Wasserspiegel.

Lösung:

Wenn man Entfernungen im dreidimensionalen Raum bestimmen möchte, darf man sich nicht einfach an den Winkeln und Längen der Skizze orientieren, da diese die Realität nur perspektivisch darstellt. Man muss vielmehr versuchen, passende ebene Gebilde, z. B. Dreiecke, in einer Ebene herauszufinden, mit deren Hilfe man gesuchte Größen bestimmen kann. In der Skizze werden Seiten und Winkel benannt (perspektivische Skizze; Winkel und Seiten können nicht maßstabsgetreu dargestellt werden):

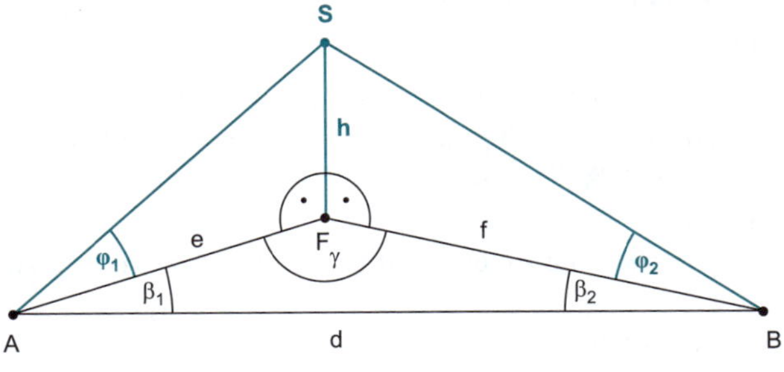

Gegeben sind:

$d = 480$ m; $\varphi_1 = 32{,}5°$; $\varphi_2 = 31{,}1°$; $\beta_1 = 94{,}1°$; $\beta_2 = 70{,}5°$

Damit lässt sich zunächst über die Winkelsumme im Dreieck ABF der Winkel γ bestimmen: $\gamma = 180° - \beta_1 - \beta_2 = 15{,}4°$

Da das Dreieck AFS rechtwinklig ist (die Höhe h steht orthogonal auf der erweiterten Seefläche), benötigt man e zur Bestimmung der Höhe h in diesem Dreieck.

Diese Entfernung e kann über den Sinussatz im Dreieck ABF bestimmt werden:

$$\frac{e}{d} = \frac{\sin\beta_2}{\sin\gamma} \quad \Leftrightarrow \quad e = d \cdot \frac{\sin\beta_2}{\sin\gamma} \approx 1\,703{,}85 \text{ m}$$

Hieraus ergibt sich im Dreieck AFS:
$\tan \varphi_1 = \frac{h}{e} \quad \Leftrightarrow \quad \mathbf{h = e \cdot \tan \varphi_1 \approx 1\,085\ m}$
Der Berggipfel liegt ca. 1 085 m über der Seeoberfläche.

Aufgaben **153.** Bestimmen Sie die fehlenden Seiten und Winkel eines Dreiecks mit:

a)	$a = 5{,}8$ cm;	$b = 9{,}4$ cm;	$\beta = 78°$
b)	$a = 4{,}2$ cm;	$b = 5{,}2$ cm;	$c = 7{,}1$ cm
c)	$\alpha = 78°$;	$c = 9{,}3$ cm;	$b = 5{,}4$ cm
d)	$\alpha = 59°$;	$\beta = 78°$;	$a = 7{,}2$ cm
e)	$\gamma = 88°$;	$b = 7{,}3$ cm;	$a = 8{,}8$ cm

154. Bestimmen Sie die Fläche eines Dreiecks mit $c = 12{,}4$ cm, $\alpha = 48°$ und $\beta = 65°$.

155. Gegeben sind in einem stumpfwinkligen Dreieck ABC der Winkel $\gamma > 90°$ sowie die beiden anliegenden Seiten a und b.
Zeigen Sie anhand der Hilfsfigur, dass auch für stumpfwinklige Dreiecke der Kosinussatz gilt.

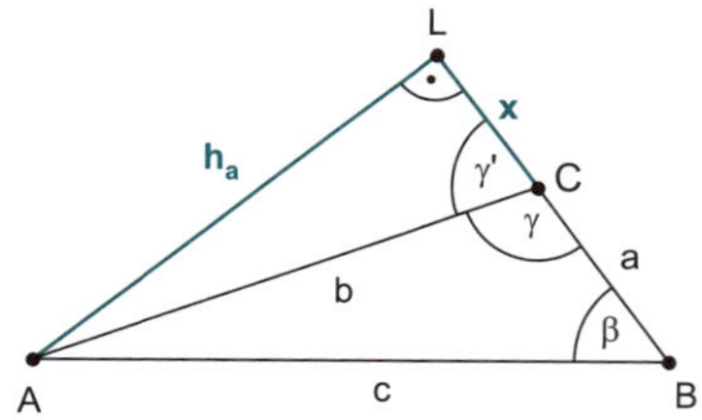

Anleitung: Wenden Sie den Satz des Pythagoras im rechtwinkligen Dreieck ABL an und ersetzen Sie $x^2 + h_a^2$ mithilfe des Satzes von Pythagoras im rechtwinkligen Dreieck ACL sowie x mithilfe des Kosinus in diesem rechtwinkligen Dreieck.
Danach müssen Sie noch die Eigenschaft $\cos(180° - \gamma) = -\cos\gamma$ verwenden.

156. Betrachten Sie das abgebildete stumpfwinklige Dreieck ABC und beweisen Sie damit, dass der Sinussatz auch für stumpfwinklige Dreiecke gilt.

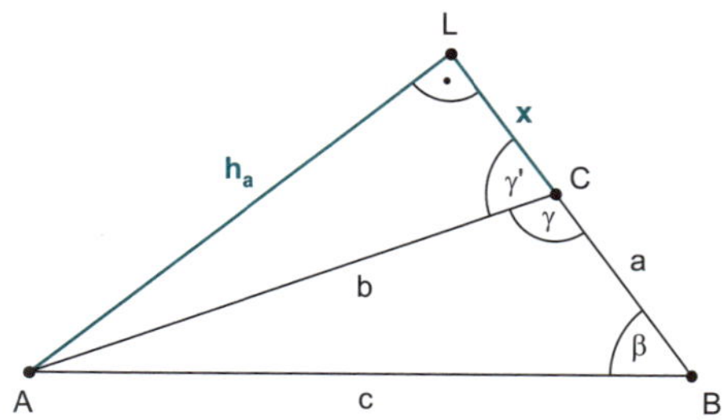

Anleitung: Verwenden Sie in den rechtwinkligen Dreiecken ABL und ACL die Winkelbeziehungen für $\sin\beta$ und $\sin\gamma'$ sowie die Eigenschaft des Sinus für jeden beliebigen Winkel φ: $\sin\varphi = \sin(180° - \varphi)$.

157. Bestimmen Sie die Winkel sowie die Fläche eines Vierecks mit den Seiten $a = 3$ cm, $b = 4$ cm, $c = 5$ cm und $d = 6$ cm sowie dem Winkel $\beta = 116°$.

158. Um die Entfernung zweier Häfen am Bodensee zu bestimmen, peilt man die beiden Häfen von einer 280 m langen Uferlinie aus an und misst die angegebenen Winkel: $\alpha = 63{,}48°$; $\beta = 62{,}19°$; $\gamma = 75{,}41°$; $\delta = 39{,}22°$

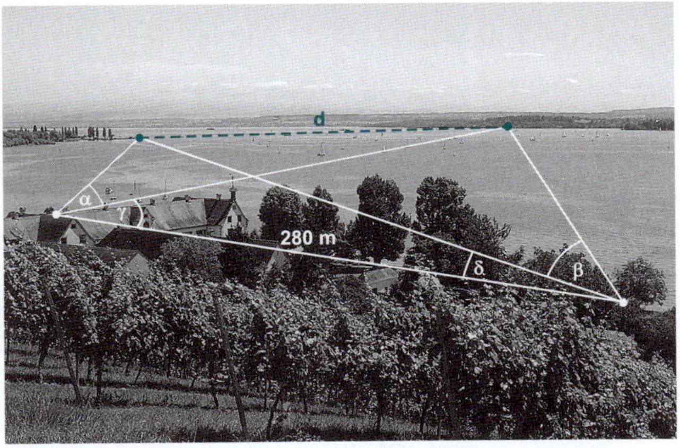

Berechnen Sie die Entfernung der beiden Häfen.

✱ **159.** Von zwei baugleichen Windrädern, von denen man nur den gegenseitigen Abstand von 260 m kennt, möchte man die Höhe bis zum Drehpunkt bestimmen. Hierzu misst man von einem Beobachtungspunkt aus die beiden Erhebungswinkel $\alpha_1 = 23{,}8°$ und $\alpha_2 = 27{,}4°$ sowie den horizontalen Blickwinkel $\beta = 48{,}1°$.

Bestimmen Sie die Höhe h.

10 Körper

In diesem Kapitel verlassen wir die ebene Geometrie und wenden uns dem Dreidimensionalen zu. Insbesondere werden in diesem Kapitel geometrische Körper und ihre Eigenschaften besprochen.

10.1 Volumen von Körpern

Um das Volumen von Körpern bestimmen zu können, benötigt man – analog zu den Flächen – Maßeinheiten, mit denen das Volumen angegeben werden kann. Hierzu verwendet man einen Würfel mit der Kantenlänge 1 cm und gibt ihm das Volumen 1 cm^3 (ausgesprochen: Kubikzentimeter).

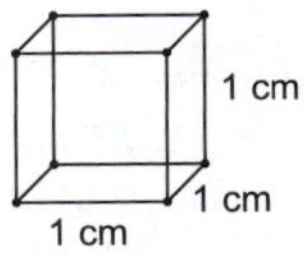

Definition

Ein **Würfel** mit der Kantenlänge 1 cm besitzt das **Volumen** 1 cm^3. Entsprechend hat ein Würfel mit der Kantenlänge 1 dm das Volumen 1 dm^3 (= 1 Liter), ein Würfel mit der Kantenlänge 1 m besitzt das Volumen 1 m^3.

In einen Würfel mit 1 dm = 10 cm Kantenlänge passen tausend Kubikzentimeter-Würfelchen: 10 Reihen mit jeweils 10 Würfeln bedecken den Boden auf einer Höhe von 1 cm. Daher passen 10 solche Würfelplatten übereinander in den großen 1 dm-Würfel. Damit besitzt der Würfel mit der Kantenlänge 1 dm das Volumen 1 dm^3 = 1 000 cm^3.

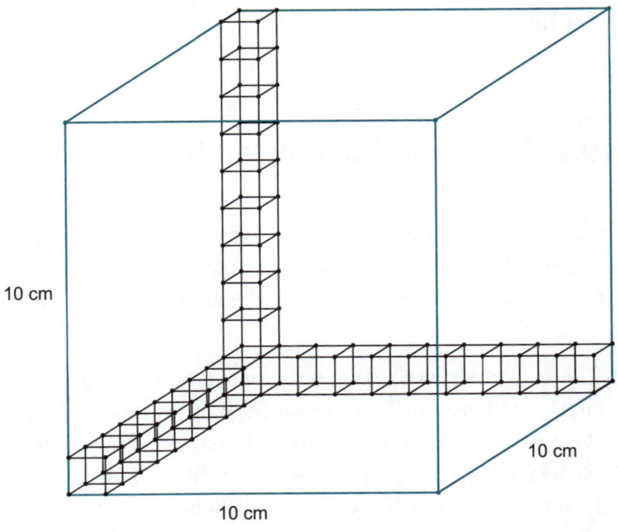

Insgesamt ergibt sich folgende Umrechnungstabelle:

Regel

Für die **Umrechnung von Volumina** in andere Einheiten gelten folgende Regeln:
$1\,000\ mm^3 = 1\ cm^3$
$1\,000\ cm^3 = 1\ dm^3 = 1\ \ell$
$1\,000\ dm^3 = 1\ m^3$
$1\,000\,000\,000\ m^3 = 1\ km^3$

Beispiele

1. Wandeln Sie $4{,}8\ m^3$ in Liter sowie in cm^3 um.

   Lösung:
   $4{,}8\ m^3 = 4{,}8 \cdot 1\,000\ dm^3 = 4\,800\ dm^3 = 4\,800\ \ell$
   $4\,800\ dm^3 = 4\,800 \cdot 1\,000\ cm^3 = 4\,800\,000\ cm^3$

2. Geben Sie $250\,000\ cm^3$ in m^3 an.

   Lösung:
   $250\,000\ cm^3 = \frac{250\,000}{1\,000}\ dm^3 = 250\ dm^3 = \frac{250}{1\,000}\ m^3 = 0{,}25\ m^3$

Aufgabe **160.** Füllen Sie die Tabelle aus (in jeder Spalte sind die Volumina gleich):

mm^3	20 000				
dm^3		500			
cm^3			6 000		40 000
m^3				0,002	

10.2 Körper mit parallelen Kanten

Jeder dieser Körper besitzt einen Mantel sowie zwei kongruente Grundflächen, die durch parallele Kanten bzw. Mantellinien verbunden werden.
Wir unterscheiden zunächst zwischen eckigen und runden Körpern.

Definition

Ein Körper mit parallelen Seitenkanten, dessen Grundflächen kongruente n-Ecke sind, wird **Prisma** (Plural: Prismen) bzw. n-seitiges Prisma genannt.
Bei einem **senkrechten Prisma** stehen die Seitenkanten orthogonal auf den Grundflächen; andernfalls wird der Körper **schiefes Prisma** genannt.
Prismen besitzen neben den **Grundflächen** noch n Vierecke als **Seitenflächen** (Rechtecke beim senkrechten Prisma bzw. Parallelogramme beim schiefen Prisma). Alle Seitenflächen zusammen bilden den **Mantel** des Prismas.

Zu den senkrechten Prismen gehört der Würfel, bei dem die beiden Grundflächen und die vier Seitenflächen gleich große Quadrate sind, sowie der Quader:

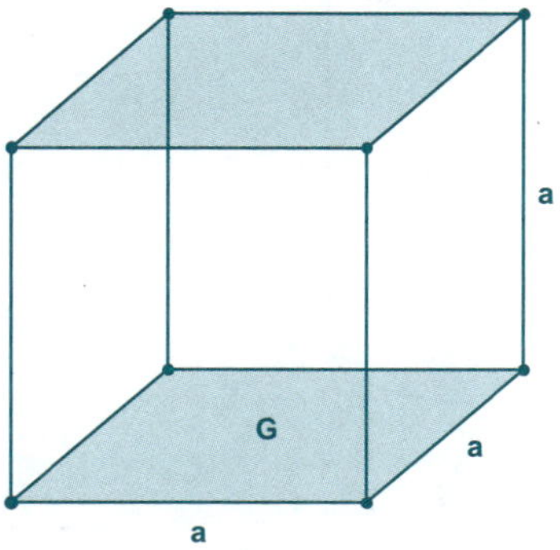

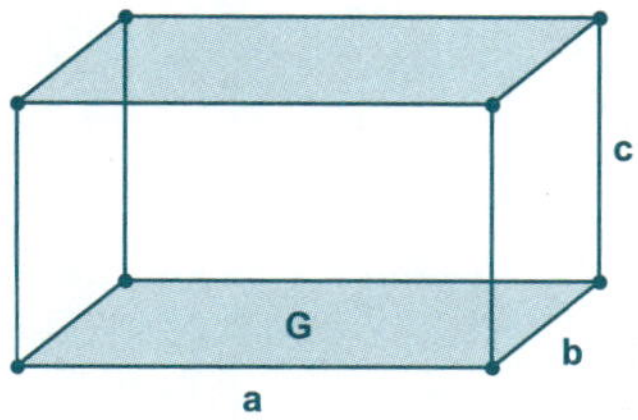

)efinition

Ein **Quader** besteht aus zwei kongruenten rechteckigen Grundflächen und vier rechteckigen Seitenflächen.
Ein **Würfel** besteht aus sechs kongruenten Quadraten.

Während also der Würfel und der Quader vierseitige Prismen (weil sie vier Seitenflächen besitzen) darstellen, gibt es darüber hinaus z. B. das dreiseitige Prisma, das als Grundflächen zwei Dreiecke und dementsprechend als Seitenflächen drei Rechtecke besitzt, oder das achtseitige Prisma, das zwei kongruente Achtecke als Grundflächen und entsprechend acht Rechtecke als Seitenflächen besitzt.

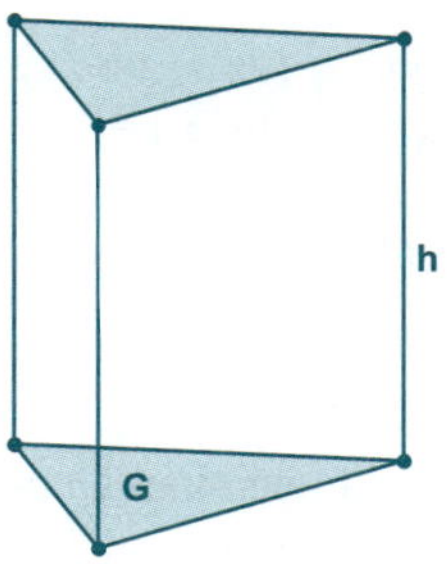

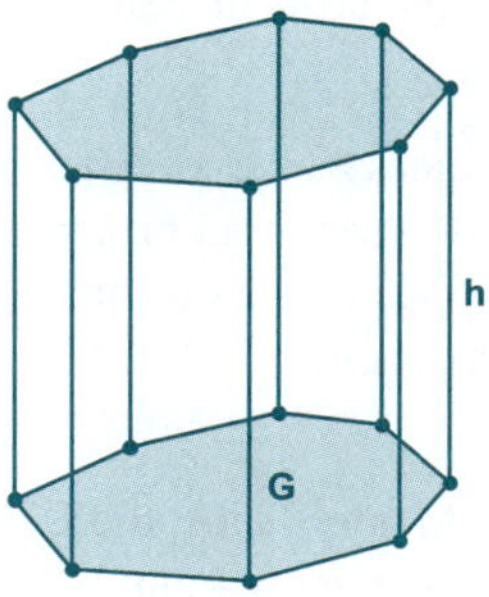

efinition

Ein senkrechtes Prisma mit einem regelmäßigen n-Eck als Grundfläche wird **regelmäßiges Prisma** genannt.

Legt man ein regelmäßiges Vieleck als Grundfläche zugrunde und erhöht die Eckenzahl immer weiter, dann nimmt das Vieleck immer mehr die Form eines Zylinders an.

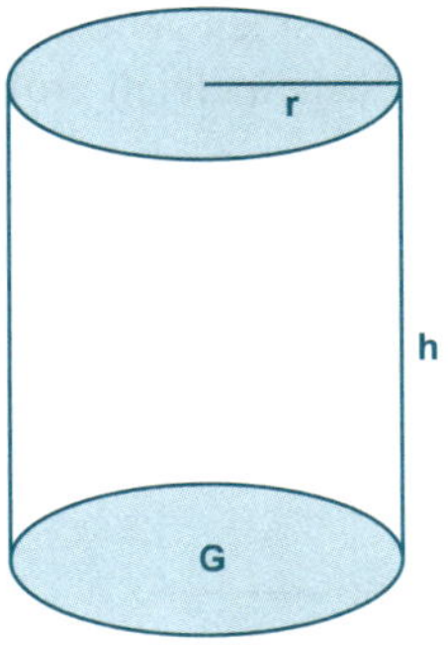

Definition

> Ein **Zylinder** besitzt als Grundflächen zwei gleich große Kreise.
> Der Mantel eines Zylinders hat die Form eines Rechtecks.

Hinsichtlich der Volumenberechnung ist allen diesen Körpern mit parallelen Kanten dieselbe Volumenformel gemeinsam:

Regel

> Das **Volumen von Prismen und Zylindern** ist das Produkt aus der Grundfläche G und der Höhe h:
> $\mathbf{V = G \cdot h}$

Die gesamte Oberfläche eines solchen Körpers wird als Summe der beiden Grundflächen und der Mantelfläche berechnet.

Definition

> Unter der **Oberfläche** eines Körpers versteht man die Summe der einzelnen Teilflächen, aus denen der Körper zusammengesetzt ist.
> Die **Mantelfläche** eines Körpers besteht aus allen Seitenflächen (also aus der Oberfläche ohne die Grundflächen).

Beispiel

Bestimmen Sie die Mantelfläche, die Oberfläche und das Volumen eines Quaders mit den Seitenlängen $a = 4$ cm; $b = 5$ cm; $c = 8$ cm sowie eines Zylinders mit Grundkreisradius $r = 5$ cm und der Höhe $h = 9$ cm.

Lösung:

Die Grundfläche des **Quaders** ist ein Rechteck mit dem Flächeninhalt:

$G = a \cdot b = 20\ \text{cm}^2$

Die Höhe des Quaders ist gleich c, sodass sich als Volumen

$V = G \cdot h = (a \cdot b) \cdot c = 160\ \text{cm}^3$

ergibt.

Die Mantelfläche besteht aus zwei kongruenten Rechteck-Paaren der Seitenlängen a und c bzw. b und c. Diese vier Rechtecke haben die Fläche:
$M = 2 \cdot a \cdot c + 2 \cdot b \cdot c = 144\ cm^2$
Die Oberfläche ergibt sich dann aus:
$O = M + 2 \cdot G = 2 \cdot a \cdot c + 2 \cdot b \cdot c + 2 \cdot a \cdot b = 184\ cm^2$
Der **Zylinder** besitzt als Grundfläche einen Kreis mit dem Flächeninhalt:
$G = \pi r^2 \approx 78{,}5\ cm^3$
Das Volumen des Zylinders ist somit:
$V = G \cdot h = \pi r^2 \cdot h \approx 707\ cm^3$
Der Mantel des Zylinders besteht aus einem Rechteck, dessen Länge der Umfang des Grundkreises und dessen Breite die Höhe des Zylinders ist.
Somit ergibt sich für den Mantel des Zylinders:
$M = 2\pi r \cdot h \approx 283\ cm^2$
Für die Oberfläche folgt schließlich:
$O = M + 2 \cdot G = 2\pi r \cdot h + 2\pi r^2 = 2\pi r \cdot (h + r) \approx 440\ cm^2$

ufgaben

161. Bestimmen Sie das Volumen und die Oberfläche einer quadratischen Säule (Quader mit quadratischer Grundfläche) mit $a = b = 6$ cm und $c = 10$ cm.

162. Bestimmen Sie das Volumen und die Mantelfläche eines Zylinders mit dem Durchmesser 40 cm und der Höhe 60 cm.

163. Ein quaderförmiger Karton mit 80 Litern Inhalt soll eine quadratische Grundfläche und eine Höhe von 50 cm besitzen. Bestimmen Sie die Oberfläche dieses Kartons.

164. Bestimmen Sie die Oberfläche eines 40 cm hohen Zylinders, der 3 Liter Volumen besitzt.

165. Ein Regenfass in der Form eines Zylinders besitzt die Höhe 1,20 m und den Durchmesser 90 cm. Bestimmen Sie sein Fassungsvermögen.

166. Bestimmen Sie das Volumen eines Prismas der Höhe 6 cm, wenn die Grundfläche ein regelmäßiges Sechseck mit Kantenlänge $a = 3$ cm ist.

167. Die Mantelfläche eines Zylinders beträgt 680 cm^2, sein Volumen 340 cm^3. Welche Maße hat der Zylinder?

168. Bestimmen Sie die Masse der abgebildeten Messingmutter sowie der abgebildeten Messingschraube, wenn 1 cm^3 Messing 7,8 g wiegt.
(Maßangaben in cm)

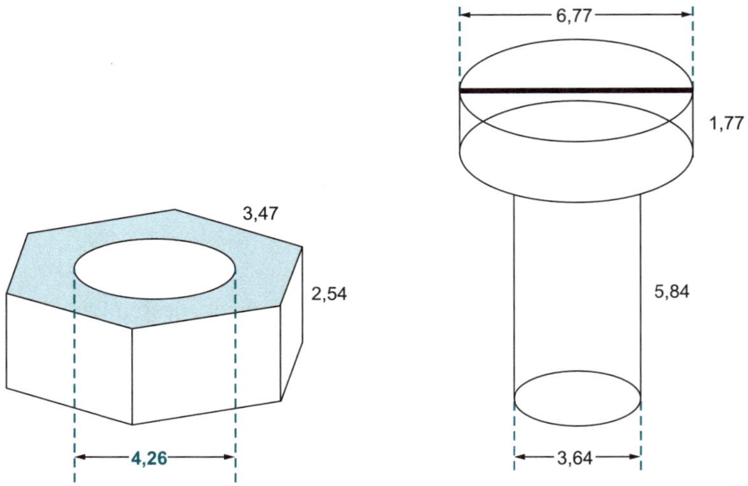

✱ **169.** Durch den abgebildeten massiven Körper (dreiseitiges Prisma) ist eine rechteckige Bohrung parallel zu der hinteren Seitenfläche vorgenommen worden.
Bestimmen Sie das Volumen des Restkörpers.

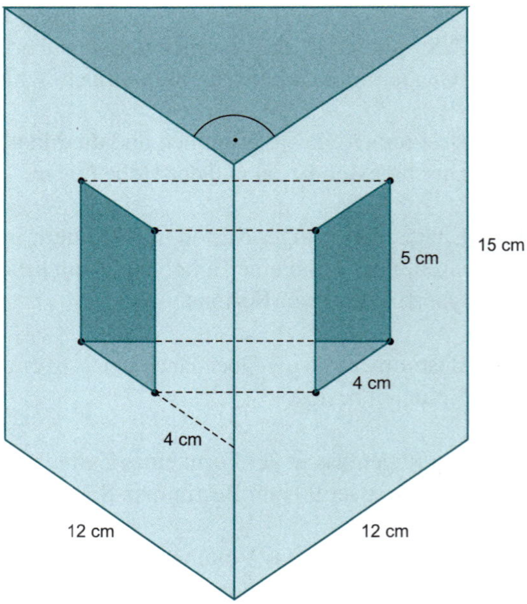

10.3 Körper mit spitz zulaufenden Kanten

Im Gegensatz zu den Prismen besitzen Körper mit spitz zulaufenden Kanten keine Deckfläche, dafür aber Seitenflächen, die oben in einem Punkt (Spitze genannt) zusammentreffen. Wir unterscheiden hier zwischen Pyramiden, die als Grundfläche Vielecke besitzen, und Kegeln, die als Grundfläche Kreise besitzen.

Definition

Eine **n-seitige Pyramide** besitzt ein n-Eck als **Grundfläche und dreieckige Seitenflächen**, wobei sich alle n Seitenkanten in der Spitze der Pyramide treffen. Das Lot von der Spitze auf die Grundfläche nennt man **Höhe** der Pyramide.

Je nach der Zahl der Seitenflächen werden die Pyramiden dreiseitige, vierseitige usw. Pyramiden genannt.

Definition

Eine Pyramide heißt **regelmäßig**, wenn die **Grundfläche ein regelmäßiges n-Eck** ist (also insbesondere auch alle Seitenflächen kongruent sind) und der **Höhenfußpunkt in der Mitte der Grundfläche** liegt.
Eine Pyramide heißt **senkrecht**, wenn der **Höhenfußpunkt im Schwerpunkt** der Grundfläche (z. B. bei rechteckigen Pyramiden im Diagonalenschnittpunkt) liegt. Andernfalls wird die Pyramide als **schiefe Pyramide** bezeichnet.

Wie bei den Körpern mit parallelen Seitenkanten kann man auch bei den Pyramiden – ausgehend von einer regelmäßigen n-seitigen Pyramide – die Zahl der Ecken erhöhen und erhält im Grenzfall einen Kegel:

Definition

Ein **Kegel** besitzt einen Kreis als Grundfläche und eine Spitze.
Trifft das Lot von der Spitze auf die Grundfläche diese im Kreismittelpunkt, dann nennt man den Kegel **senkrechten Kegel**. Andernfalls wird er als **schiefer Kegel** bezeichnet. Dieses Lot von der Spitze des Kegels auf seine Grundfläche nennt man **Höhe** des Kegels.

In der Abbildung sieht man eine regelmäßige (und damit auch senkrechte) vierseitige Pyramide (die Grundfläche ist ein Quadrat), eine sechsseitige nicht regelmäßige Pyramide (schiefe Pyramide) sowie einen (senkrechten) Kegel.

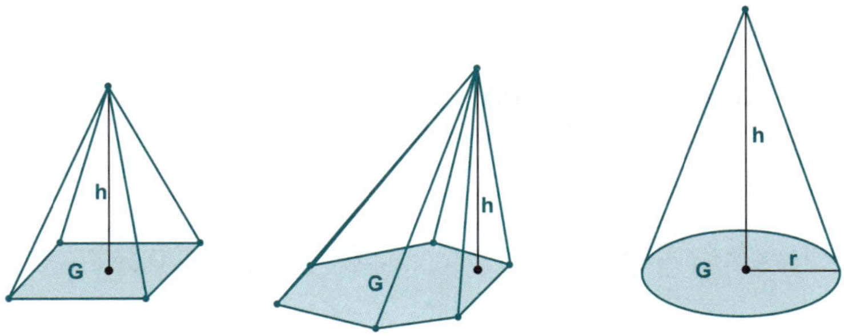

Regel

> Für alle derartigen spitz zulaufenden Körper gilt die gemeinsame **Volumenformel**:
> $\mathbf{V = \frac{1}{3} G \cdot h}$
> Der **Mantel** besteht bei den Pyramiden aus Dreiecken, beim senkrechten Kegel wird der Mantel aus einem Kreisausschnitt gebildet.
> Die **Oberfläche** dieser Körper berechnet sich als Summe von Grundfläche und Mantelfläche.

Beispiele

1. Bestimmen Sie das Volumen, die Mantelfläche und die Oberfläche einer regelmäßigen quadratischen Pyramide, deren Seitenkanten alle 6 cm groß sind.

Lösung:

Schneidet man die Pyramide längs einer Grundflächendiagonalen durch, erhält man als Schnittfläche ein gleichschenkliges Dreieck, bei dem zwei Seiten jeweils a = 6 cm lang sind und die Basis die Diagonale eines Quadrats mit der Seitenlänge a = 6 cm ist.

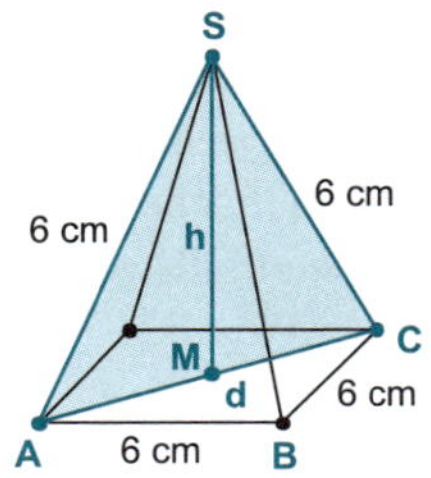

Zunächst bestimmt man die Länge dieser Diagonalen mithilfe des Satzes des Pythagoras:

$$d^2 = a^2 + a^2 = 2a^2 \quad \Leftrightarrow \quad d = a \cdot \sqrt{2} \approx 8{,}49 \text{ cm}$$

Da das Dreieck ACS gleichschenklig ist, besitzt die Seite [AM] die Länge $\frac{d}{2} \approx 4{,}24$ cm.

Mithilfe des Satzes des Pythagoras lässt sich hiermit im rechtwinkligen Dreieck AMS die Höhe h bestimmen:

$$(6\text{ cm})^2 = h^2 + \left(\tfrac{d}{2}\right)^2 \quad \Leftrightarrow \quad h^2 = (6\text{ cm})^2 - \left(\tfrac{d}{2}\right)^2$$

$$\Leftrightarrow \quad h = \sqrt{(6\text{ cm})^2 - \left(\tfrac{d}{2}\right)^2} \approx 4{,}24 \text{ cm}$$

Damit lässt sich das Volumen berechnen:

$$V = \tfrac{1}{3} G \cdot h = \tfrac{1}{3} \cdot a^2 \cdot h \approx \mathbf{50{,}9\ cm^3}$$

Für die Mantelfläche benötigt man die Fläche des gleichseitigen Dreiecks ABS.

Wieder mithilfe des Satzes des Pythagoras lässt sich die Höhe h_s der Seitenfläche bestimmen:

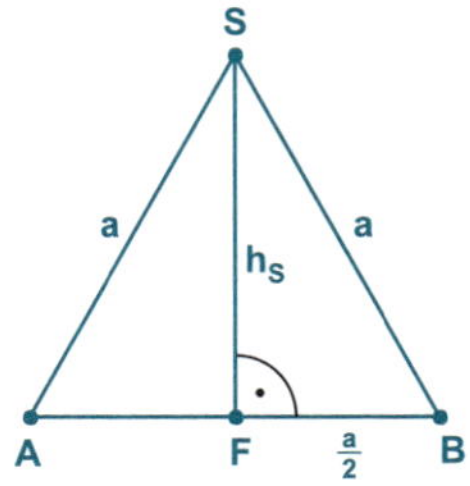

$$h_s^2 + \left(\tfrac{a}{2}\right)^2 = a^2$$

$$\Leftrightarrow \quad h_s = \sqrt{a^2 - \tfrac{a^2}{4}} = \sqrt{\tfrac{3}{4} a^2} = \tfrac{a}{2} \cdot \sqrt{3} \approx 5{,}20 \text{ cm}$$

Daraus ergibt sich für die Seitenfläche:
$A = \frac{1}{2} \cdot a \cdot h_s \approx 15{,}59\,\text{cm}^2$

Damit lassen sich Mantel- und Oberfläche bestimmen:
$\mathbf{M = 4 \cdot A \approx 62{,}35\,cm^2}$ und $\mathbf{O = G + M = a^2 + M \approx 98{,}35\,cm^2}$

2. Bestimmen Sie die Oberfläche eines Kegels, dessen Höhe viermal so groß wie der Radius r des Grundkreises ist, in Abhängigkeit von r.

Lösung:

Zunächst weiß man anhand der Aufgabenstellung, dass $h = 4r$ ist. Somit kann man mithilfe des Satzes des Pythagoras im rechtwinkligen Dreieck MAS die Länge der Kantenlinie k bestimmen:

$$k^2 = r^2 + h^2 = r^2 + (4r)^2 = 17r^2$$

$$\Leftrightarrow \quad k = r \cdot \sqrt{17}$$

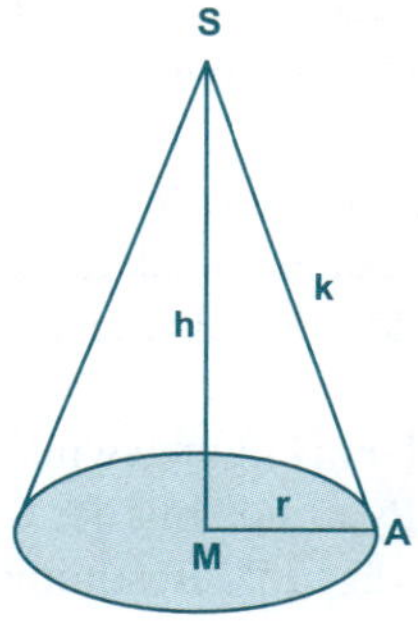

Der Umfang des Grundkreises beträgt:
$U = 2\pi \cdot r$

Rollt man den Mantel ab, so ergibt sich ein Kreisausschnitt, dessen Radius die Länge der Kantenlinie k und dessen Bogenlänge gerade der Umfang des Grundkreises ist. Gesucht ist die Mantelfläche A_M.
Wie in nebenstehendem Bild zu sehen ist, nimmt die Fläche des Kreisausschnittes denselben Anteil vom gesamten Kreis mit der Fläche πk^2 ein, wie der Bogen U vom gesamten Kreisumfang $2\pi k$:

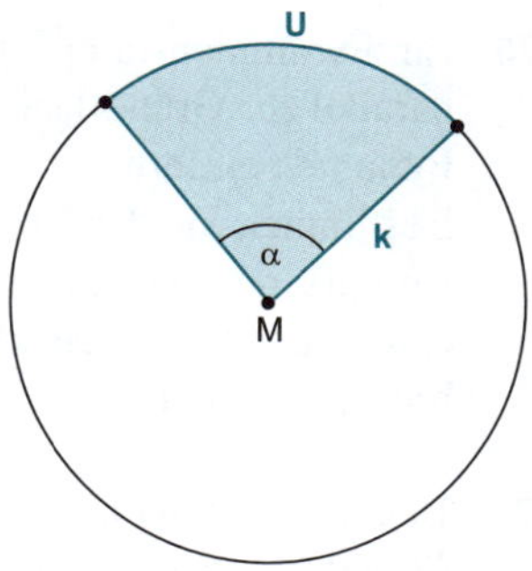

$$\frac{A_{Sektor}}{A_{Kreis}} = \frac{U_{Sektor}}{U_{Kreis}} \quad \Leftrightarrow \quad \frac{A_{Sektor}}{\pi k^2} = \frac{U}{2\pi k} \quad \Leftrightarrow \quad A_{Sektor} = \frac{U}{2\pi k} \cdot \pi k^2 = \frac{1}{2} U \cdot k$$

Daher beträgt die Mantelfläche
$A_M = \frac{1}{2} U \cdot k = \frac{1}{2} \cdot 2\pi \cdot r \cdot r \cdot \sqrt{17} = \pi \cdot \sqrt{17} \cdot r^2 \approx 12{,}95 \cdot r^2$

und somit die Oberfläche des Kegels: $\mathbf{O} = G + A_M = \pi r^2 + A_M \mathbf{\approx 16{,}09 r^2}$

In diesem Beispiel haben wir als Nebeneffekt ein nützliches Hilfsmittel zur Berechnung der Fläche eines Kreissektors kennengelernt:

Regel

> Die **Fläche eines Kreissektors** mit dem Radius R und der Bogenlänge B beträgt:
> $\mathbf{A_{Sektor} = \frac{1}{2} \cdot B \cdot R}$

Aufgaben

170. Bestimmen Sie das Volumen und die Oberfläche einer senkrechten Pyramide mit der Höhe $h = 6$ cm, deren Grundfläche ein Rechteck mit den Seiten $a = 5$ cm und $b = 4{,}8$ cm ist.

171. Eine regelmäßige quadratische Pyramide hat die Höhe 7 cm und das Volumen 85 cm^3. Bestimmen Sie die Oberfläche der Pyramide.

172. Bestimmen Sie den Öffnungswinkel (Winkel zwischen zwei gegenüberliegenden Seitenlinien) eines Kegels mit der Höhe 5 cm und dem Grundkreisradius 3 cm.

173. Ein Tetraeder ist eine regelmäßige dreiseitige Pyramide, bei der alle sechs Kanten gleich lang sind. Bestimmen Sie das Volumen eines Tetraeders mit der Seitenkante a.

174. Der Neigungswinkel der Seitenflächen einer regelmäßigen quadratischen Pyramide mit der Grundkantenlänge 20 cm gegenüber der Grundfläche beträgt 75°. Bestimmen Sie Volumen und Oberfläche dieser Pyramide.

✱ **175.** Ein Pyramidenstumpf wird aus einer Pyramide hergestellt, indem man diese parallel zur Grundfläche durchschneidet und die abgeschnittene, kleinere Pyramide entfernt.
Bestimmen Sie das Volumen und die Oberfläche eines solchen Pyramidenstumpfs, der eine quadratische Grundfläche mit der Seitenkante $a = 8$ cm, eine quadratische Deckfläche mit der Seitenkante $b = 6$ cm und eine Höhe $h = 6$ cm besitzt.

✱ **176.** Bestimmen Sie das Volumen und die Oberfläche des abgebildeten Kegelstumpfs (das ist ein Kegel, bei dem ein kleinerer Kegel parallel zur Grundfläche abgeschnitten wurde).

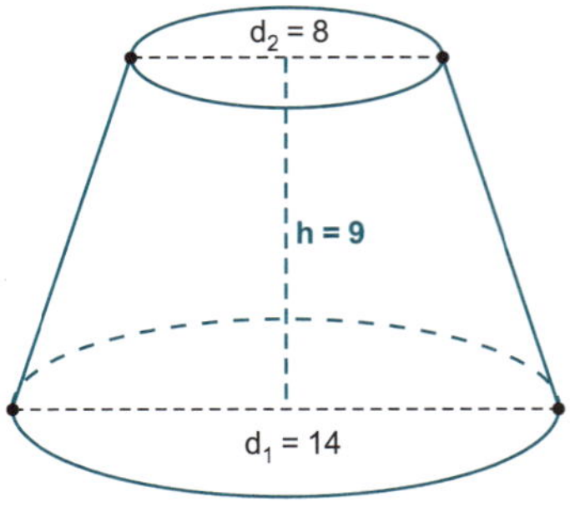

✱ **177.** Bestimmen Sie das Volumen der beiden abgebildeten Türme (Angaben in Meter; zweiter Turm hat quadratische Grundflächen).

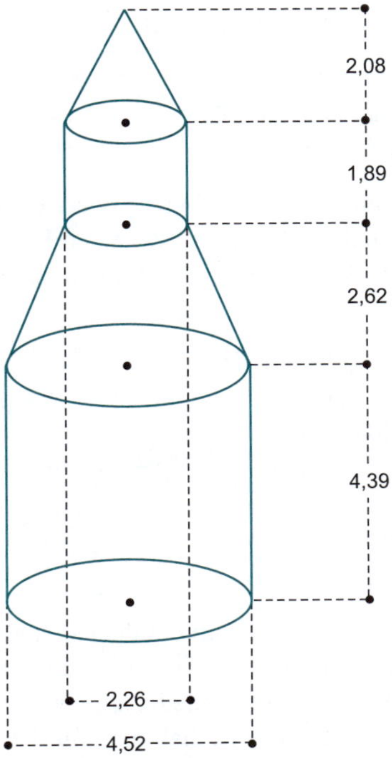

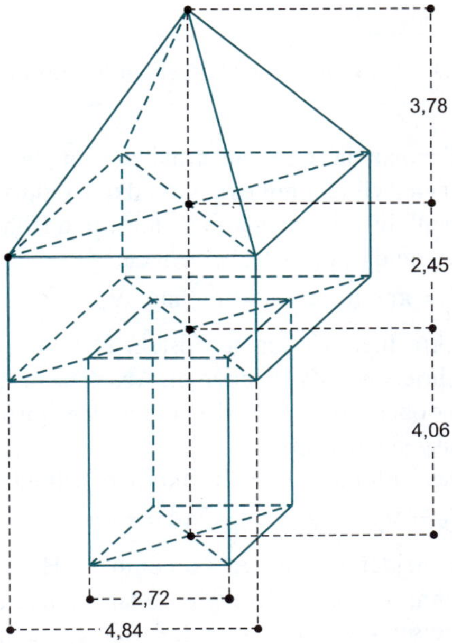

✷ **178.** Eine Holzperle mit der Form eines Doppelkegels wurde durch Abschleifen aus einer Holzkugel hergestellt und zum Auffädeln wie abgebildet senkrecht durchbohrt.

Bestimmen Sie die Masse der durchbohrten Perle, wenn der Durchmesser der Perle D = 24 mm und der Durchmesser der Bohrung d = 4 mm betragen und außerdem 1 cm^3 dieser Holzsorte 0,85 g wiegt.

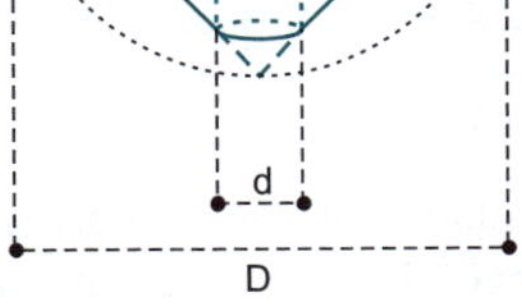

10.4 Kugel

Eine Kugel ist durch die Angabe des Kugelradius oder des Kugeldurchmessers bereits eindeutig bestimmt. Folglich hängen das Volumen und die Oberfläche einer Kugel nur von ihrem Radius bzw. ihrem Durchmesser ab.

Für das Kugelvolumen gilt folgende, leicht einprägsame Formel:

Regel

> Das **Volumen einer Kugel** mit Radius r beträgt $\mathbf{V_{Kugel} = \frac{4}{3}\pi r^3}$.

Wie man diese Formel erhalten kann, wird nun dargestellt. Wir verwenden dazu einen Zylinder mit dem Grundkreisradius r und der Höhe r sowie einen Kegel, ebenfalls mit Grundkreisradius r und Höhe r. Wir können das Volumen des Zylinders und des Kegels berechnen:

$V_Z = \pi r^2 \cdot h = \pi r^2 \cdot r = \pi r^3$ und $V_K = \frac{\pi}{3} r^2 \cdot h = \frac{\pi}{3} r^2 \cdot r = \frac{\pi}{3} r^3$

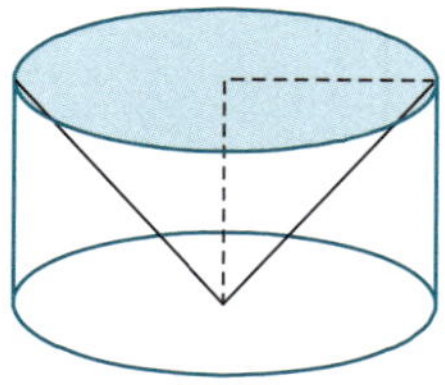

Betrachten wir nun nebenstehendes Bild, das den beschriebenen Zylinder zeigt. Aus diesem Zylinder ist der oben angegebene Kegel mit der Spitze nach unten ausgebohrt worden.

Das Volumen dieses Restkörpers beträgt also:

$V_R = V_Z - V_K = \pi r^3 - \frac{\pi}{3} r^3 = \frac{2}{3}\pi r^3$

Schneidet man diesen Körper in der Höhe x waagerecht durch, bildet sich als Schnittfläche ein Kreisring. Man kann leicht ablesen, dass der Radius des äußeren Kreises stets gleich r ist. Der Radius des inneren Kreises ist jedoch genau x (das grün hervorgehobene Dreieck ist gleichschenklig). Daher erhält man für die Fläche dieses Kreisrings:

$A_R = \pi r^2 - \pi x^2 = \pi(r^2 - x^2)$

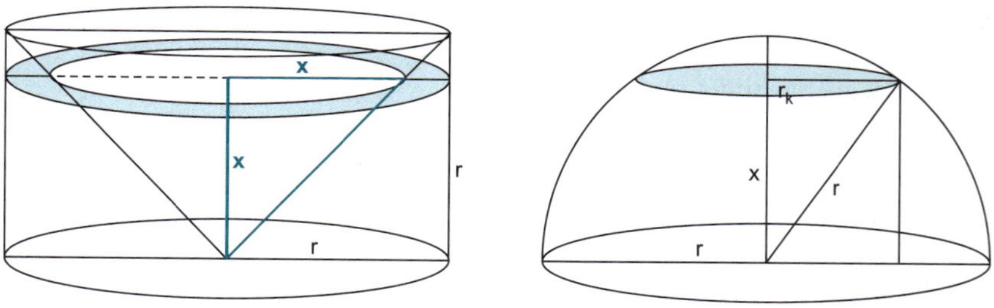

Betrachtet man die daneben stehende Halbkugel, die ebenfalls in der Höhe x durchgeschnitten ist, dann hat deren Schnittfläche den Radius r_k, der sich mithilfe des Satzes des Pythagoras ausdrücken lässt: $x^2 + r_k^2 = r^2 \iff r_k^2 = r^2 - x^2$, sodass die Fläche dieses Schnittkreises $A_K = \pi r_k^2 = \pi(r^2 - x^2)$ beträgt. Daher sind die Schnittflächen der beiden Körper in jeder Höhe gleich!

Wegen des Satzes von Cavalieri bedeutet das, dass auch beide Volumina gleich groß sein müssen. Somit ist das Volumen der Halbkugel: $V_H = V_R = \frac{2}{3}\pi r^3$

Hieraus ergibt sich die Formel für das Kugelvolumen.

Regel

> Die **Oberfläche einer Kugel** mit Radius r beträgt $\mathbf{O_{Kugel} = 4\pi r^2}$.

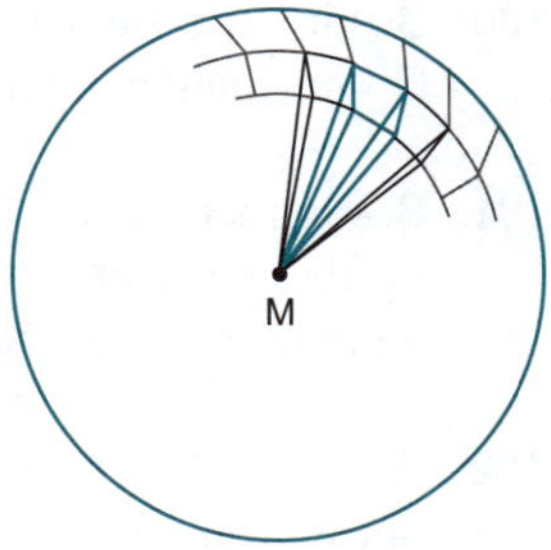

Zum Beweis dieser Formel denkt man sich die Kugel aus sehr vielen Pyramiden zusammengesetzt, deren Spitzen alle im Kugelmittelpunkt liegen.
Die Grundflächen $G_1, G_2, G_3, \ldots$ all dieser Pyramiden zusammen ergeben die Oberfläche der Kugel, und die Volumina $V_1, V_2, V_3, \ldots$ all dieser Pyramiden ergeben zusammen das Kugelvolumen.
Also gilt:
$G_1 + G_2 + G_3 + \ldots = O_{Kugel}$ und
$V_1 + V_2 + V_3 + \ldots = V_{Kugel} = \frac{4}{3}\pi r^3$
Für das Volumen dieser Pyramiden gilt dabei:
$V_1 = \frac{1}{3}G_1 \cdot r;\quad V_2 = \frac{1}{3}G_2 \cdot r;\quad V_3 = \frac{1}{3}G_3 \cdot r;\quad \ldots$
Setzt man diese Formeln in die Formel für das Volumen der Kugel ein, ergibt sich:

$$\begin{aligned} V_{Kugel} &= \frac{4}{3}\pi r^3 = V_1 + V_2 + V_3 + \ldots = \frac{1}{3}G_1 \cdot r + \frac{1}{3}G_2 \cdot r + \frac{1}{3}G_3 \cdot r + \ldots \\ &= \frac{1}{3}r \cdot (G_1 + G_2 + G_3 + \ldots) = \frac{1}{3}r \cdot O_{Kugel} \end{aligned}$$

Insgesamt folgt: $\frac{4}{3}\pi r^3 = \frac{1}{3}r \cdot O_{Kugel} \quad \Leftrightarrow \quad O_{Kugel} = \frac{\frac{4}{3}\pi r^3}{\frac{1}{3}r} = 4\pi r^2$

Beispiel

Eine Glasschale in der Form einer Halbkugel mit Außendurchmesser $D = 28$ cm und einer Wandstärke $w = 1{,}5$ cm soll innen, oben und außen mit einem Schutzlack beschichtet werden. Bestimmen Sie das Fassungsvermögen der Glasschale sowie die mit dem Schutzlack zu beschichtende Fläche.

Lösung:
Das Fassungsvolumen entspricht dem halben Kugelvolumen bei einem Innenradius von $r = \frac{1}{2}D - w = 12{,}5$ cm:

$\mathbf{V} = \frac{1}{2} \cdot \frac{4}{3}\pi r^3 = \frac{2}{3}\pi r^3 \approx \mathbf{4\,090{,}6\ cm^3}$

Die Schale fasst ca. 4 Liter.
Die Oberfläche der Schale setzt sich aus der Oberfläche zweier Halbkugeln mit den Radien $r = 12{,}5$ cm bzw. $R = 14$ cm sowie der Fläche eines Kreisrings mit diesen beiden Radien zusammen:

$\mathbf{O} = \frac{1}{2} \cdot 4\pi R^2 + \frac{1}{2} \cdot 4\pi r^2 + (\pi R^2 - \pi r^2) = 3\pi R^2 + \pi r^2 \approx \mathbf{2\,338{,}1\ cm^2}$

Es sind ca. $0{,}23\ m^2$ zu beschichten.

Aufgaben

179. Bestimmen Sie das Volumen und die Oberfläche einer Kugel mit Radius 40 cm.

180. Bestimmen Sie den Durchmesser einer Stahlkugel mit der Masse 50 kg (1 cm^3 Stahl hat eine Masse von ca. 7,8 Gramm).

181. Bestimmen Sie die ungefähre Dicke der Gummihaut eines aufgeblasenen Luftballons, der 6 g wiegt und einen Durchmesser von 30 cm besitzt (Gummi hat eine Dichte von $\rho \approx 1{,}2 \frac{g}{cm^3}$).

182. Aus einer Kugel mit Radius 8 cm wird ein möglichst großer symmetrischer Doppelkegel ausgefräst.
Bestimmen Sie den prozentualen Abfall dieses Schleifprozesses.

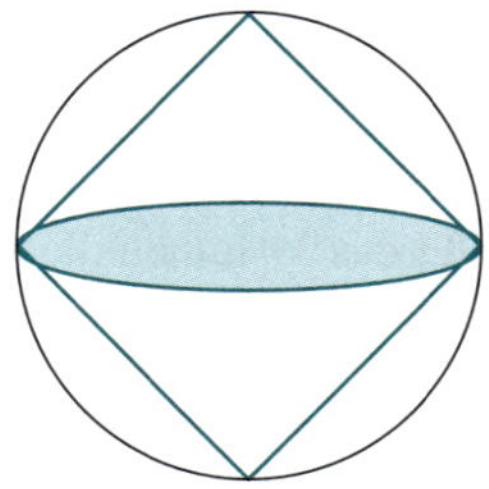

183. In einem Trinkhalm mit 6 mm Innendurchmesser befindet sich ein 4 mm langer Bereich, der mit Seifenlauge gefüllt ist. Diese kleine Wassersäule wird zu einer Seifenblase mit Durchmesser 9 cm aufgeblasen.
Bestimmen Sie näherungsweise die Dicke der Haut der Seifenblase.

10.5 Darstellung von Körpern

Punkte in einem zweidimensionalen Raum wie z. B. der Zeichenfläche können durch die Angabe von zwei Koordinaten, der x- und der y-Koordinate, eindeutig beschrieben werden. Die Lage dieser zweidimensionalen Punkte wird im x-y-Koordinatensystem dargestellt.
Körper im Raum besitzen – anders als zweidimensionale Objekte wie Quadrat, Rechteck, Dreieck usw. – eine dritte Dimension. Zur Beschreibung der Lage der Eckpunkte solcher Körper im dreidimensionalen Raum benötigt man somit drei Koordinaten, die man üblicherweise als x_1-, x_2- und x_3-Koordinaten bezeichnet.
Will man solch ein Koordinatensystem auf einem Blatt Papier darstellen, muss man die Koordinatenachsen perspektivisch zeichnen.
Dabei wird üblicherweise die **x_1-Koordinatenachse schräg nach links vorne** gezeichnet, die **x_2-Achse nach rechts** und die **x_3-Achse nach oben**.
Um einen guten räumlichen Eindruck dreidimensionaler Objekte zu erhalten, verkürzt man dabei die Skalierung auf der x_1-Achse um den Faktor $\frac{1}{2}\sqrt{2} \approx 0{,}707$.

Dadurch ergibt sich der Eindruck, dass die x_1-Koordinate nach vorne zeigt, die x_2-Koordinate den Rechtswert und die x_3-Koordinate den Hochwert angibt.

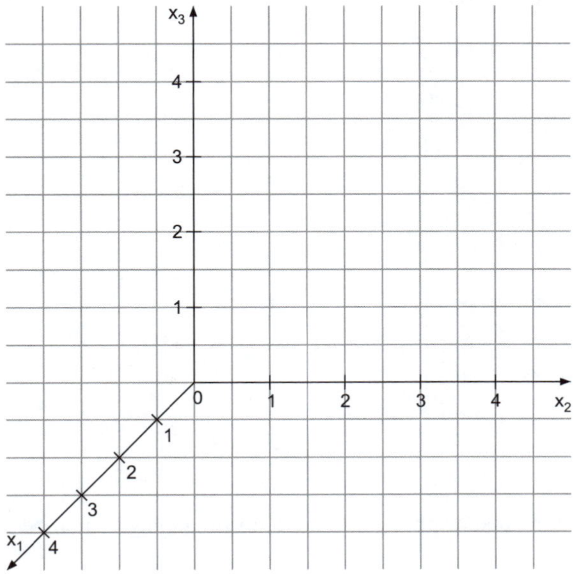

Dieser auf den ersten Blick seltsame Verkürzungsfaktor $\frac{1}{2}\sqrt{2}$ hat den Vorteil, dass ganzzahlige Koordinatenwerte auf kariertem Papier immer auf Kreuzungspunkten der Gitterlinien gezeichnet werden können, denn die Diagonale eines Quadrats mit der Seitenlänge 0,5 (Karobreite) besitzt genau die Länge:

$$d = \sqrt{\left(\tfrac{1}{2}\right)^2 + \left(\tfrac{1}{2}\right)^2} = \sqrt{\tfrac{1}{2}} = \tfrac{1}{2}\sqrt{2} \approx 0{,}707$$

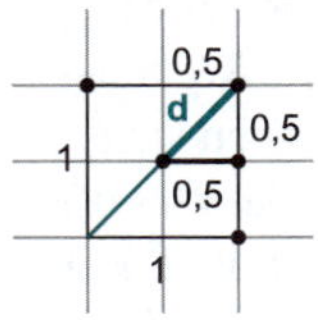

In solch einem dreidimensionalen Koordinatensystem hat der Ursprung die Koordinaten $x_1 = 0$, $x_2 = 0$, $x_3 = 0$; der Ursprung wird daher mit $O(0\,|\,0\,|\,0)$ notiert.
Ein Punkt P, der relativ zum Ursprung um 2 Einheiten weiter vorne, 3 Einheiten weiter rechts und 5 Einheiten weiter oben liegt, hat demnach die Koordinaten $P(2\,|\,3\,|\,5)$.
Der Punkt $Q(3\,|\,5\,|\,4)$ liegt relativ zum Ursprung 3 Einheiten weiter vorne, 5 Einheiten weiter rechts und 4 Einheiten weiter oben.

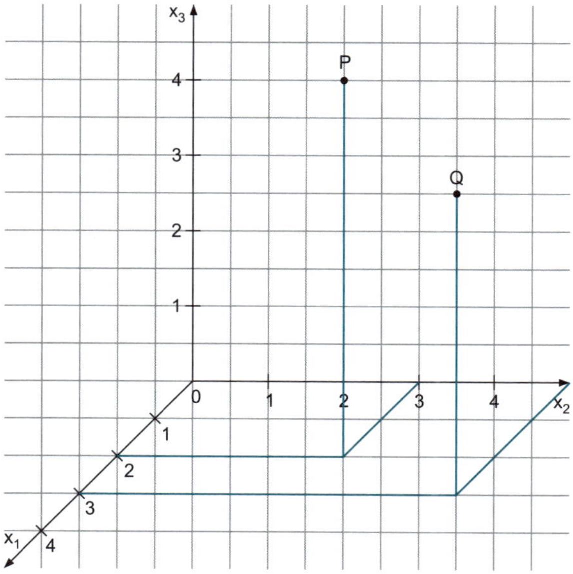

Dreidimensionale Körper kann man sehr gut in solchen Koordinatensystemen beschreiben und darstellen.

Beispiel

Stellen Sie einen Würfel mit der Kantenlänge 4 cm in einem dreidimensionalen Koordinatensystem dar.

Lösung:
Wegen der Seitenlänge 4 der Würfelkanten eignen sich folgende Punktkoordinaten für die 8 Eckpunkte des Würfels:
A(0|0|0), B(0|4|0), C(0|4|4), D(0|0|4), E(4|0|0), F(4|4|0), G(4|4|4), H(4|0|4)

Im Koordinatensystem ergeben diese nebenstehendes Kantenmodell.

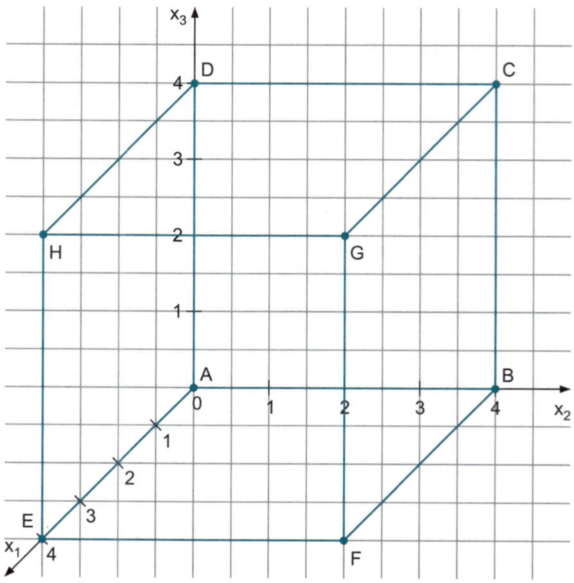

Auch ohne Koordinatensystem erhält man einen guten Eindruck von der Form des Würfels:

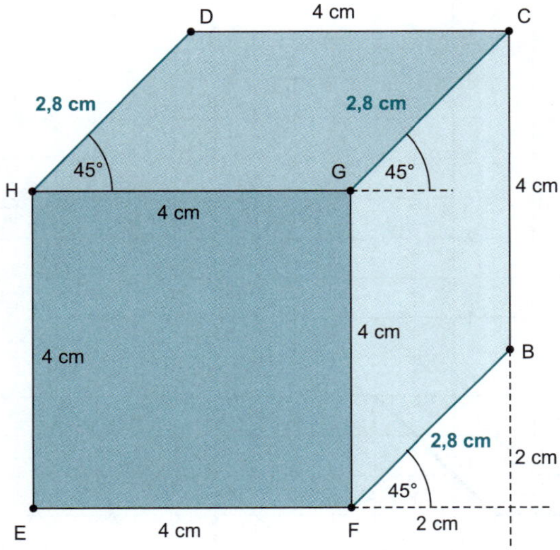

Die Kanten des vorderen Quadrats EFGH sowie die Kanten [BC] und [CD] des hinteren Quadrats verlaufen parallel zur Zeichenfläche, werden also im Originalmaßstab mit 4 cm gezeichnet.
Der Punkt B liegt bezüglich des Punktes F senkrecht hinter der Zeichenebene. Daher wird der Punkt B unter einem Winkel von $\varphi = 45°$ und mit dem Verkürzungsfaktor $k = \frac{1}{2}\sqrt{2}$, also mit der Zeichenlänge

$$4\text{ cm} \cdot \frac{1}{2}\sqrt{2} = 2\sqrt{2}\text{ cm} \approx 2{,}8\text{ cm}$$

gezeichnet. Genauso werden der Punkt C, der „senkrecht" hinter G liegt, und der Punkt D, der senkrecht hinter H liegt, eingezeichnet.
Verbindet man anschließend die zusammengehörenden Punkte einer Kante (und lässt nicht-sichtbare Kanten weg), so entsteht eine räumliche Darstellung des Würfels als Schrägbild.

ufgaben **184.** a) Geben Sie die Koordinaten der eingezeichneten Punkte A_1 bis A_6 an.

b) Begründen Sie, dass die Koordinaten des Punktes B nicht eindeutig angegeben werden können. Geben Sie mehrere denkbare Koordinaten des Punktes B an.

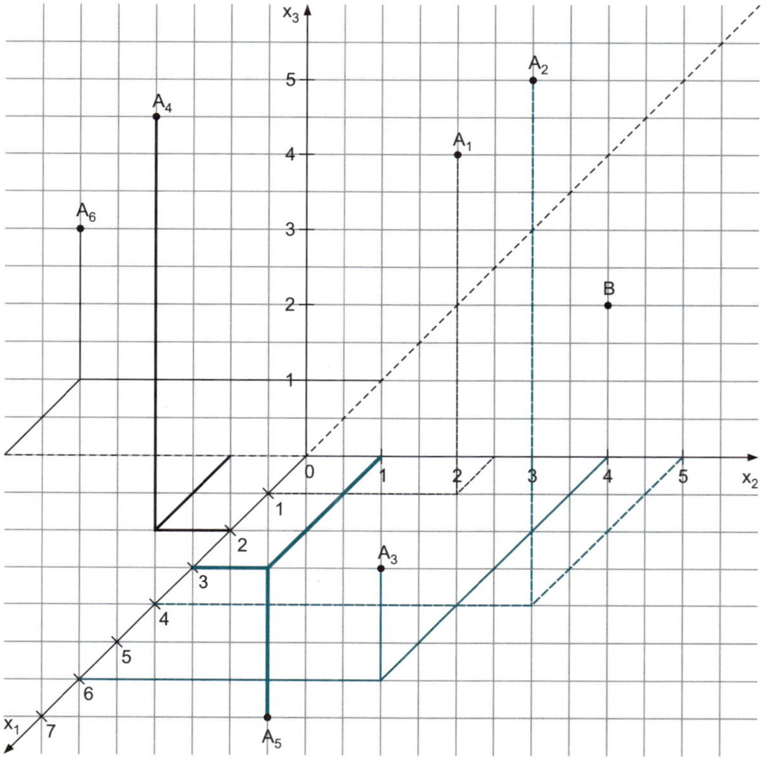

185. Zeichnen Sie das Schrägbild eines Quaders mit den Seitenlängen b = 4 cm, t = 3 cm, h = 5 cm (b = Breite, t = Tiefe, h = Höhe).

186. Die vier Eckpunkte einer quadratischen Pyramide mit der Höhe h = 5 liegen bei A(0 | 0 | 0), B(3 | 0 | 0), C(3 | 3 | 0) und D(0 | 3 | 0).

a) Bestimmen Sie die Koordinaten der Spitze S.

b) Zeichnen Sie ein Schrägbild der Pyramide.

187. Die Ecken eines Hauses werden von den Punkten A(4 | –1 | 0), B(4 | 5 | 0), C(2 | 5 | 0), D(2 | –1 | 0) als Grundfläche, E(4 | –1 | 4), F(4 | 5 | 4), G(2 | 5 | 4), H(2 | –1 | 4) als Deckenfläche sowie K(3 | 5 | 5,5) und L(3 | –1 | 5,5) als Firstlinie gebildet.

a) Erstellen Sie ein Schrägbild des Hauses.

b) Bestimmen Sie die Größe der Dachfläche, wenn 1 Längeneinheit 3 m entspricht.

c) Bestimmen Sie die Größe des umbauten Raums.

11 Vektoren

In diesem Kapitel werden wir uns eingehender mit Vektoren beschäftigen, die in Kapitel 5 bei den Kongruenzabbildungen bereits eingeführt worden sind und dort bei Verschiebungen eine zentrale Rolle spielten.

Definition

Vektoren bestehen aus mehreren **Komponenten** (**Koordinaten**), die jeweils die Ausdehnung des Vektors in eine Koordinatenrichtung ausdrücken.
Im Gegensatz zu Punkten werden die einzelnen **Koordinaten der Vektoren senkrecht untereinander** geschrieben (siehe Seite 72).

Zweidimensionale Vektoren besitzen zwei Koordinaten (für die Rechts- und Hochrichtung). Der zweidimensionale Vektor

$$\vec{v} = \begin{pmatrix} 1 \\ 3 \end{pmatrix}$$

weist z. B. eine Einheit nach rechts und drei Einheiten nach oben.

Dreidimensionale Vektoren besitzen dagegen drei Koordinaten, welche die Richtung nach vorne, rechts und hoch ausdrücken. Der dreidimensionale Vektor

$$\vec{v} = \begin{pmatrix} 1 \\ 3 \\ 4 \end{pmatrix}$$

besagt z. B., dass dieser Vektor eine Einheit nach vorne, drei Einheiten nach rechts und vier Einheiten nach oben zeigt. Wie man mit Vektoren rechnen kann, wird im nachfolgenden Abschnitt gezeigt.

11.1 Punkte und Vektoren

Vektoren besitzen einen Anfangspunkt und einen Endpunkt. Kennt man die Koordinaten dieser beiden Punkte, kann man die Koordinaten des Vektors aus den Koordinaten der Punkte berechnen.

Beispiel

Bestimmen Sie die Koordinaten des Vektors $\overrightarrow{AB}$ für $A(2|1)$ und $B(6|4)$.

Lösung:

Betrachtet wird nur die x-Richtung (also die Richtung nach rechts):
Der Vektor $\overrightarrow{AB}$ beginnt bei $x_A = 2$ und endet bei $x_B = 6$. Daher führt der Vektor $\overrightarrow{AB}$ $6 - 2 = 4$ Einheiten nach rechts.
In y-Richtung (Hochrichtung) beginnt der Vektor $\overrightarrow{AB}$ bei $y_A = 1$ und endet bei $y_B = 4$. Somit weist der Vektor $\overrightarrow{AB}$ $4 - 1 = 3$ Einheiten nach oben.

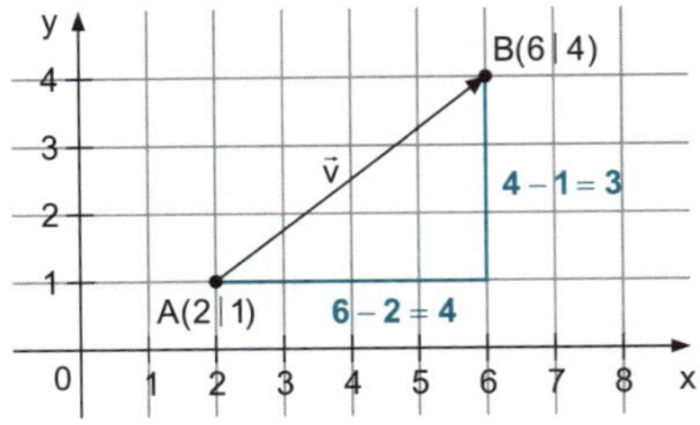

Insgesamt hat damit der Vektor die Koordinaten $\overrightarrow{AB} = \begin{pmatrix} 6-2 \\ 4-1 \end{pmatrix} = \begin{pmatrix} 4 \\ 3 \end{pmatrix}$.

Regel

Der **Vektor $\overrightarrow{AB}$ zwischen den Punkten** $A(x_A \mid y_A)$ und $B(x_B \mid y_B)$ besitzt die Koordinaten:

$$\overrightarrow{AB} = \begin{pmatrix} x_B - x_A \\ y_B - y_A \end{pmatrix}$$

Für dreidimensionale Vektoren gilt entsprechend für die Punkte $A(a_1 \mid a_2 \mid a_3)$ und $B(b_1 \mid b_2 \mid b_3)$:

$$\overrightarrow{AB} = \begin{pmatrix} b_1 - a_1 \\ b_2 - a_2 \\ b_3 - a_3 \end{pmatrix}$$

Aufgaben

188. Bestimmen Sie die Vektoren $\overrightarrow{AB}$; $\overrightarrow{BC}$; $\overrightarrow{AC}$; $\overrightarrow{BA}$; $\overrightarrow{CB}$ und $\overrightarrow{CA}$ für

a) $A(1 \mid 1)$; $B(3 \mid 5)$; $C(8 \mid 4)$.

b) $A(3 \mid -4 \mid 2)$; $B(-3 \mid -1 \mid 7)$; $C(6 \mid 8 \mid -1)$.

189. Gegeben sind die Vektoren $\overrightarrow{AB} = \begin{pmatrix} 6 \\ 1 \end{pmatrix}$ und $\overrightarrow{BC} = \begin{pmatrix} -1 \\ 6 \end{pmatrix}$ sowie der Punkt $A(1 \mid 3)$.
Bestimmen Sie die Koordinaten der Punkte B und C sowie den Vektor $\overrightarrow{AC}$.

190. Gegeben sind der Punkt $A(5 \mid 1 \mid -3)$ sowie die Vektoren:

$$\overrightarrow{AB} = \begin{pmatrix} 1 \\ 4 \\ 2 \end{pmatrix} \text{ und } \overrightarrow{BC} = \begin{pmatrix} -2 \\ -1 \\ 5 \end{pmatrix}$$

Bestimmen Sie die Koordinaten der Eckpunkte des Dreiecks ABC.

191. Gegeben ist ein Viereck ABCD durch $A(4 \mid 2)$; $B(9 \mid 4)$; $C(11 \mid 9)$ und $D(6 \mid 7)$.
Zeigen Sie, dass das Viereck ABCD ein Parallelogramm ist.

11.2 Länge eines Vektors

Stellt man den Vektor $\vec{v} = \begin{pmatrix} 3 \\ 4 \end{pmatrix}$ in einem Koordinatensystem dar, so lässt sich seine Länge durch Ergänzung zu einem rechtwinkligen Dreieck berechnen. Nach dem Satz des Pythagoras ergibt sich für die Länge des Vektors $\vec{v}$:

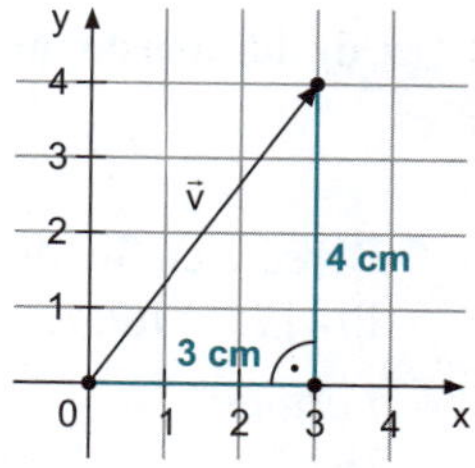

$|\vec{v}| = \sqrt{4^2 + 3^2}\ \text{cm} = \sqrt{25}\ \text{cm} = 5\ \text{cm}$

Allgemein gilt entsprechend:

Regel

> Die **Länge eines zweidimensionalen Vektors** $\vec{v} = \begin{pmatrix} v_1 \\ v_2 \end{pmatrix}$ beträgt $|\vec{v}| = \sqrt{v_1^2 + v_2^2}$.

Für dreidimensionale Vektoren gilt eine ähnliche Betrachtungsweise, wie man sich am Beispiel des Vektors $\vec{v} = \begin{pmatrix} 4 \\ 5 \\ 3 \end{pmatrix}$ anhand der Darstellung im Koordinatensystem klarmachen kann:

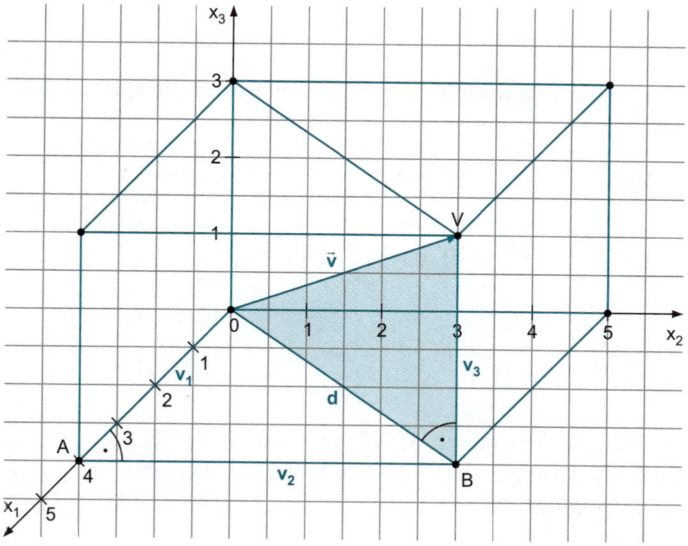

Der Vektor $\vec{v}$ zeigt vier Einheiten nach vorne, fünf Einheiten nach rechts und drei Einheiten nach oben. Umrahmt man diesen Vektor durch einen Quader mit den Seitenlängen 4 cm, 5 cm und 3 cm, bildet der Vektor genau eine Raumdiagonale in diesem Quader. Für die Länge L der Diagonale eines solchen Quaders gilt:

$L = \sqrt{4^2 + 5^2 + 3^2}\ \text{cm} = \sqrt{50}\ \text{cm}$

Allgemein gilt daher:

Regel

Der **dreidimensionale Vektor** $\vec{v} = \begin{pmatrix} v_1 \\ v_2 \\ v_3 \end{pmatrix}$ besitzt die **Länge** $\mathbf{L = |\vec{v}| = \sqrt{v_1^2 + v_2^2 + v_3^2}}$.

Beispiel

Berechnen Sie die Länge des Vektors, der vom Punkt A(2 | 4 | 1) zum Punkt B(4 | 7 | 5) führt.

Lösung:

Der Vektor $\overrightarrow{AB}$ besitzt die Koordinaten

$$\overrightarrow{AB} = \begin{pmatrix} 4-2 \\ 7-4 \\ 5-1 \end{pmatrix} = \begin{pmatrix} 2 \\ 3 \\ 4 \end{pmatrix}$$

und hat somit die Länge:

$$L = \sqrt{2^2 + 3^2 + 4^2} = \sqrt{29}$$

Aufgaben

192. Bestimmen Sie die Länge der Vektoren:

$\vec{a} = \begin{pmatrix} 3 \\ 4 \end{pmatrix}$; $\vec{b} = \begin{pmatrix} -8 \\ 5 \end{pmatrix}$; $\vec{c} = \begin{pmatrix} 6 \\ 2 \\ -3 \end{pmatrix}$; $\vec{d} = \begin{pmatrix} -6 \\ 3 \\ 6 \end{pmatrix}$

193. Bestimmen Sie die fehlende Koordinate, sodass der Vektor die angegebene Länge L besitzt:

a) $\vec{a} = \begin{pmatrix} 3 \\ a \end{pmatrix}$; L = 5

b) $\vec{b} = \begin{pmatrix} b \\ -5 \end{pmatrix}$; L = 13

c) $\vec{c} = \begin{pmatrix} 3 \\ -2 \\ c \end{pmatrix}$; L = 7

d) $\vec{d} = \begin{pmatrix} 6 \\ d \\ -8 \end{pmatrix}$; L = 10

e) $\vec{e} = \begin{pmatrix} e \\ -1 \\ -2 \end{pmatrix}$; L = 4

f) $\vec{f} = \begin{pmatrix} 1 \\ f \\ 1 \end{pmatrix}$; L = 1

194. Gegeben ist ein Dreieck ABC durch A(4 | 2 | 1); B(10 | 0 | 4); C(7 | 2 | 10). Bestimmen Sie die Vektoren $\vec{a}$, $\vec{b}$, $\vec{c}$, die den Seiten des Dreiecks entsprechen, und zeigen Sie mithilfe dieser Vektoren, dass das Dreieck ABC gleichschenklig ist.

195. Gegeben ist ein Dreieck ABD durch A(1 | 2 | –1), B(5 | 4 | 3), D(3 | 8 | 2). Ergänzen Sie das Dreieck durch einen Punkt C so, dass ein Parallelogramm ABCD entsteht.
Berechnen Sie die Längen der Seiten des Parallelogramms.

11.3 Addition und skalare Multiplikation von Vektoren

Vektoren sind mathematische Objekte, mit denen sich einfache Rechenoperationen durchführen lassen. Diese sollen hier näher beschrieben und veranschaulicht werden.

Addition von Vektoren

Wenn man in einem Koordinatensystem vom Punkt A(3 | 1) zum Punkt B(6 | 2) geht, dann lässt sich der Weg von A nach B über den Vektor

$\overrightarrow{AB} = \begin{pmatrix} 6-3 \\ 2-1 \end{pmatrix} = \begin{pmatrix} 3 \\ 1 \end{pmatrix}$

beschreiben.

Läuft man anschließend vom Punkt B nach C(5 | 7), dann entspricht diesem Weg der Vektor:

$\overrightarrow{BC} = \begin{pmatrix} 5-6 \\ 7-2 \end{pmatrix} = \begin{pmatrix} -1 \\ 5 \end{pmatrix}$

Wenn man jedoch direkt von A nach C geht, dann wählt man den Vektor:

$\overrightarrow{AC} = \begin{pmatrix} 5-3 \\ 7-1 \end{pmatrix} = \begin{pmatrix} 2 \\ 6 \end{pmatrix}$

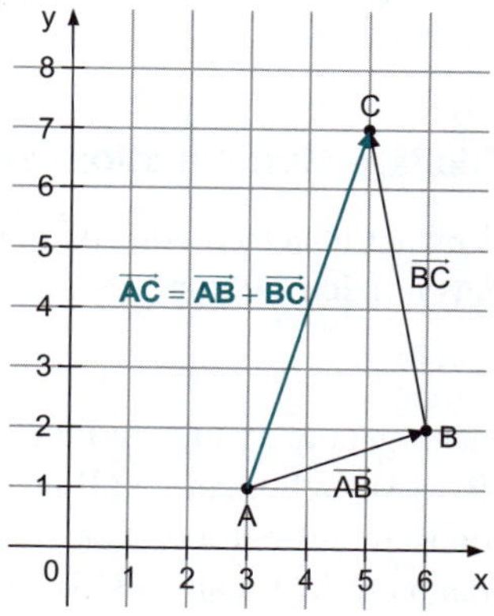

Weil sowohl der direkte Weg von A nach C als auch der Umweg von A über B nach C dieselben Anfangs- und Endpunkte besitzen, kann man vereinbaren, dass die Summe der Vektoren $\overrightarrow{AB}$ und $\overrightarrow{BC}$ genauso groß wie $\overrightarrow{AC}$ sein soll:

$\overrightarrow{AB} + \overrightarrow{BC} = \overrightarrow{AC}$

Betrachtet man nun die Koordinaten

$\overrightarrow{AB} + \overrightarrow{BC} = \begin{pmatrix} 3 \\ 1 \end{pmatrix} + \begin{pmatrix} -1 \\ 5 \end{pmatrix}$ und $\overrightarrow{AC} = \begin{pmatrix} 2 \\ 6 \end{pmatrix}$,

dann bedeutet dies, dass man bei der Addition zweier Vektoren einfach die entsprechenden Koordinaten addiert:

$x_{\overrightarrow{AC}} = 3 + (-1) = 2$ und $y_{\overrightarrow{AC}} = 1 + 5 = 6$

Definition

Die **Addition zweier Vektoren** $\vec{a}$ und $\vec{b}$ ist definiert durch:

$$\vec{a}+\vec{b}=\begin{pmatrix}a_1\\a_2\end{pmatrix}+\begin{pmatrix}b_1\\b_2\end{pmatrix}=\begin{pmatrix}a_1+b_1\\a_2+b_2\end{pmatrix}$$

Im **dreidimensionalen Raum** vereinbart man entsprechend:

Die Addition zweier Vektoren $\vec{a}$ und $\vec{b}$ ist definiert durch:

$$\vec{a}+\vec{b}=\begin{pmatrix}a_1\\a_2\\a_3\end{pmatrix}+\begin{pmatrix}b_1\\b_2\\b_3\end{pmatrix}=\begin{pmatrix}a_1+b_1\\a_2+b_2\\a_3+b_3\end{pmatrix}$$

Beispiel

Bestimmen Sie die Summe: $\begin{pmatrix}3\\-2\end{pmatrix}+\begin{pmatrix}-5\\1\end{pmatrix}$ sowie $\begin{pmatrix}1\\2\\-5\end{pmatrix}+\begin{pmatrix}-2\\-2\\1\end{pmatrix}$

Lösung:

$$\begin{pmatrix}3\\-2\end{pmatrix}+\begin{pmatrix}-5\\1\end{pmatrix}=\begin{pmatrix}3+(-5)\\-2+1\end{pmatrix}=\begin{pmatrix}3-5\\-1\end{pmatrix}=\begin{pmatrix}-2\\-1\end{pmatrix}$$

$$\begin{pmatrix}1\\2\\-5\end{pmatrix}+\begin{pmatrix}-2\\-2\\1\end{pmatrix}=\begin{pmatrix}1+(-2)\\2+(-2)\\-5+1\end{pmatrix}=\begin{pmatrix}1-2\\2-2\\-5+1\end{pmatrix}=\begin{pmatrix}-1\\0\\-4\end{pmatrix}$$

Skalare Multiplikation von Vektoren

Bewegt man sich von A(2 | 1) aus um den Vektor

$\vec{v}=\begin{pmatrix}3\\2\end{pmatrix}$,

dann gelangt man zum Punkt B(5 | 3). Geht man von B aus denselben Vektor weiter, dann erreicht man C(8 | 5). Schließlich erreicht man bei nochmaligem Ansetzen des Vektors $\vec{v}$ den Endpunkt D(11 | 7).

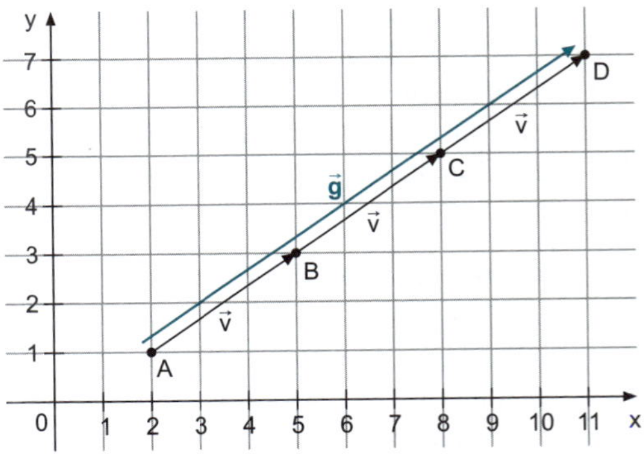

Man hat also insgesamt dreimal den Vektor $\vec{v}$ zurückgelegt und ist vom Punkt A(2 | 1) zum Punkt D(11 | 7) gelangt, d. h., man hat den Vektor

$$\vec{g}=\begin{pmatrix}11-2\\7-1\end{pmatrix}=\begin{pmatrix}9\\6\end{pmatrix}$$

zurückgelegt. Dieser Vektor besitzt aber genau die dreifachen Koordinaten von $\vec{v}$, sodass man die Multiplikation eines Vektors mit einer Zahl sinnvoll definieren kann:

Definition

Die Multiplikation eines Vektors $\vec{v}$ mit einer Zahl n wird **skalare Multiplikation** genannt.
Für zweidimensionale Vektoren gilt:

$$\mathbf{n}\cdot\vec{\mathbf{v}}=\mathbf{n}\cdot\begin{pmatrix}\mathbf{v}_1\\\mathbf{v}_2\end{pmatrix}=\begin{pmatrix}\mathbf{n}\cdot\mathbf{v}_1\\\mathbf{n}\cdot\mathbf{v}_2\end{pmatrix}$$

Entsprechend definiert man für dreidimensionale Vektoren:

$$\mathbf{n}\cdot\vec{\mathbf{v}}=\mathbf{n}\cdot\begin{pmatrix}\mathbf{v}_1\\\mathbf{v}_2\\\mathbf{v}_3\end{pmatrix}=\begin{pmatrix}\mathbf{n}\cdot\mathbf{v}_1\\\mathbf{n}\cdot\mathbf{v}_2\\\mathbf{n}\cdot\mathbf{v}_3\end{pmatrix}$$

Speziell gilt: $-\vec{v}=-1\cdot\vec{v}$

Beispiel

Bestimmen Sie für $\vec{a}=\begin{pmatrix}1\\-3\\5\end{pmatrix}$ und $\vec{b}=\begin{pmatrix}4\\-2\\1\end{pmatrix}$ die Vektoren $5\cdot\vec{a}$, $-3\cdot\vec{b}$ sowie den Vektor $\frac{1}{3}\cdot\vec{a}-\frac{2}{3}\cdot\vec{b}$.

Lösung:

$$5\cdot\vec{a}=5\cdot\begin{pmatrix}1\\-3\\5\end{pmatrix}=\begin{pmatrix}5\cdot1\\5\cdot(-3)\\5\cdot5\end{pmatrix}=\begin{pmatrix}5\\-15\\25\end{pmatrix};$$

$$-3\cdot\vec{b}=-3\cdot\begin{pmatrix}4\\-2\\1\end{pmatrix}=\begin{pmatrix}-3\cdot4\\-3\cdot(-2)\\-3\cdot1\end{pmatrix}=\begin{pmatrix}-12\\6\\-3\end{pmatrix};$$

$$\frac{1}{3}\cdot\vec{a}-\frac{2}{3}\cdot\vec{b}=\frac{1}{3}\cdot\begin{pmatrix}1\\-3\\5\end{pmatrix}-\frac{2}{3}\cdot\begin{pmatrix}4\\-2\\1\end{pmatrix}=\begin{pmatrix}\frac{1}{3}\\-1\\\frac{5}{3}\end{pmatrix}-\begin{pmatrix}\frac{8}{3}\\-\frac{4}{3}\\\frac{2}{3}\end{pmatrix}=\begin{pmatrix}-\frac{7}{3}\\\frac{1}{3}\\1\end{pmatrix}$$

Aufgaben

196. Bestimmen Sie die angegebene Summe für die Vektoren

$\vec{a}=\begin{pmatrix}3\\-2\end{pmatrix}$, $\vec{b}=\begin{pmatrix}-1\\4\end{pmatrix}$, $\vec{c}=\begin{pmatrix}5\\3\end{pmatrix}$:

a) $\vec{a}+\vec{b}$

b) $\vec{b}+\vec{a}$

c) $\vec{a}+\vec{c}+\vec{b}$

d) $\vec{a}+\vec{b}+\vec{b}+\vec{a}$

197. Bestimmen Sie a, b und c so, dass gilt:

a) $\begin{pmatrix}3\\2\\c\end{pmatrix}+\begin{pmatrix}a\\4\\7\end{pmatrix}=\begin{pmatrix}5\\b\\6\end{pmatrix}$

b) $\begin{pmatrix}3\\b\\2\end{pmatrix}+\begin{pmatrix}a\\4\\-8\end{pmatrix}=\begin{pmatrix}9\\7\\c\end{pmatrix}+\begin{pmatrix}-3\\2\\c\end{pmatrix}$

198. Bestimmen Sie für $\vec{a} = \begin{pmatrix} 2 \\ -1 \\ -3 \end{pmatrix}$ und $\vec{b} = \begin{pmatrix} 1 \\ 0 \\ -3 \end{pmatrix}$:

a) $-3 \cdot \vec{a}$ b) $7 \cdot \vec{b}$

c) $4 \cdot \vec{a} + 3 \cdot \vec{b}$ d) $-\vec{a}$

199. Gegeben ist das Dreieck ABC durch A(4 | 1); B(9 | 3); C(5 | 7).

a) Bestimmen Sie die Vektoren $\overrightarrow{AB}$ und $\overrightarrow{AC}$.

b) Das Dreieck ABC wird an A mit dem Faktor 3 zentrisch gestreckt. Bestimmen Sie rechnerisch die Bildpunkte A', B' und C'.

c) Das Dreieck ABC wird an S(2 | 6) punktgespiegelt. Bestimmen Sie rechnerisch die Bildpunkte A", B" und C".

200. Bestimmen Sie den Vektor $\vec{x}$ so, dass die Gleichung erfüllt ist:

a) $\vec{x} = \begin{pmatrix} 2 \\ 4 \end{pmatrix} + 3 \cdot \begin{pmatrix} 1 \\ -1 \end{pmatrix}$ b) $2 \cdot \vec{x} = \begin{pmatrix} 1 \\ 5 \\ 7 \end{pmatrix} + 3 \cdot \begin{pmatrix} 5 \\ -3 \\ -1 \end{pmatrix}$

c) $\begin{pmatrix} 1 \\ 3 \\ 5 \end{pmatrix} + 3 \cdot \vec{x} = \begin{pmatrix} 7 \\ -6 \\ 8 \end{pmatrix}$ d) $\begin{pmatrix} 1 \\ 0 \\ 2 \end{pmatrix} + 2 \cdot \vec{x} = \begin{pmatrix} 4 \\ -3 \\ 11 \end{pmatrix} + \vec{x}$

201. Der Punkt C teilt die Strecke [AB] im Verhältnis 3 : 1. Bestimmen Sie rechnerisch die Koordinaten von C für A(2 | 1); B(14 | 9).

202. Gegeben ist das Dreieck ABC durch A(4 | –2), B(8 | 4) und C(3 | 10). Bestimmen Sie den Schwerpunkt S des Dreiecks ABC.

Hinweis: Der Schwerpunkt teilt die Seitenhalbierenden im Verhältnis 2 : 1.

12 Aufgabenmix

Jetzt wird es ernst! Nun sollen Sie das Gelernte selbstständig anwenden! In diesem Kapitel finden Sie eine bunte Mischung von Aufgaben, für deren Lösung Sie die wichtigsten geometrischen Sätze der vorhergehenden Kapitel benötigen.
Die Aufgaben sind in Form von **Aufgabenblocks** gruppiert, wobei die **Aufgabenschwierigkeit** innerhalb jedes Blocks zunimmt. Für die Bearbeitung eines einzelnen Aufgabenblocks sollten Sie sich ca. **30 bis 45 Minuten** Zeit nehmen und erst danach die Lösung des gesamten Blocks überprüfen.
Wenn Sie bei der einen oder anderen Aufgabe Defizite erkennen, dann arbeiten Sie die entsprechenden Kapitel des Buchs noch einmal durch.

Aufgabenblock 1

203. Konstruieren Sie ein gleichschenkliges Dreieck mit der Basis $b = 4{,}2$ cm und dem Scheitelwinkel $\beta = 68°$.
Geben Sie eine Konstruktionsbeschreibung an.
Messen Sie die Länge eines Schenkels und der Höhe h_b.

204. Berechnen Sie den Umfang und Flächeninhalt eines rechtwinkligen Dreiecks mit den Katheten $a = 12{,}3$ cm und $b = 5{,}9$ cm.

205. Zeichnen Sie ein Schrägbild eines Quaders mit $a = 5$ cm, $b = 3$ cm, $c = 4$ cm.

206. Berechnen Sie den Umfang und den Flächeninhalt der abgebildeten Figur (angegebene Länge in cm).

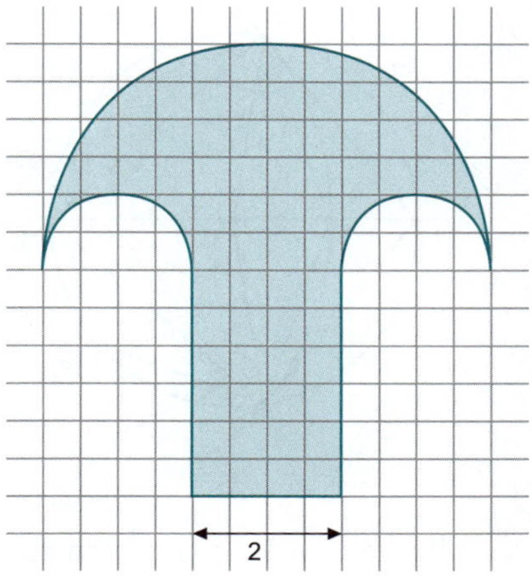

207. Ein Satellit kreist in 36 000 km Höhe über der Erdoberfläche. Die Erde hat einen Durchmesser von ca. 12 750 km. Bestimmen Sie rechnerisch den Blickwinkel, unter dem vom Satellit aus die Erde zu sehen ist.

208. Gegeben ist ein regelmäßiges Sechseck. Bestimmen Sie das Verhältnis, in dem sich die eingezeichneten Diagonalen teilen.

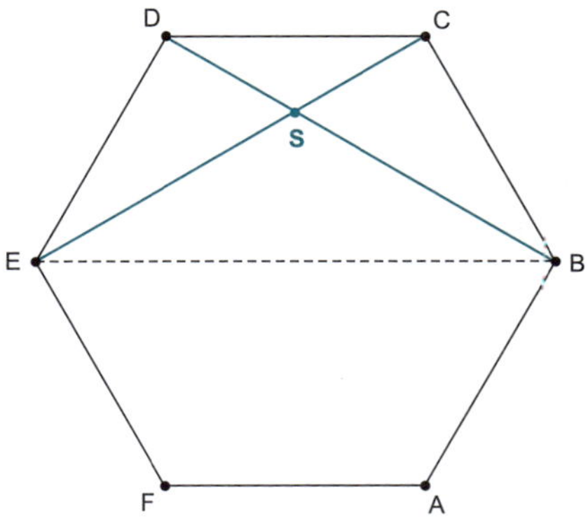

Aufgabenblock 2

209. Bestimmen Sie konstruktiv den Inkreisradius einer Raute mit $\alpha = 55°$ und $a = 8$ cm.

210. Der grün gezeichnete Winkel $\sphericalangle APC$ bei dem Schnittpunkt P der beiden Kreise mit Mittelpunkt M_1 bzw. M_2 wird durch die schwarzen Strahlen in vier Teile geteilt.

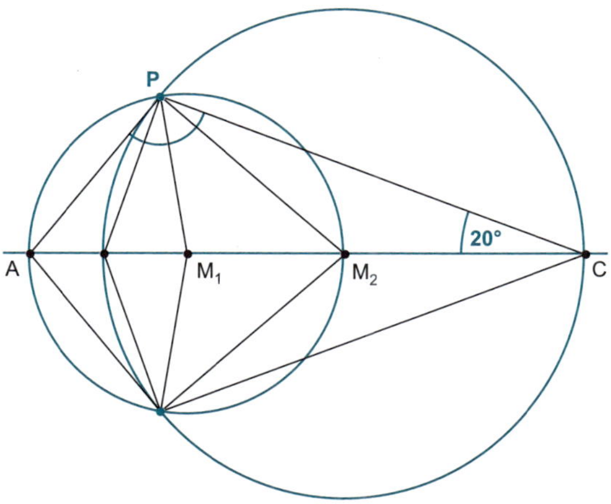

Bestimmen Sie rechnerisch die Winkelweiten dieser vier Teilwinkel.

211. Aus einem runden Baumstamm mit dem Umfang 2,48 m sollen 4 cm dicke Bretter der Breite 50 cm gesägt werden. Das Sägeblatt hat eine Dicke von 2 mm. Wie viele solche Bretter liefert der Baumstamm,
- wenn nur ein rechteckiger Bereich ausgenutzt werden kann?
- wenn der Baumstamm optimal genutzt werden soll?

212. Der Hersteller von Autorennbahnen plant eine Rennstrecke in Form einer Acht, wobei sich die Bahnen in der Mitte überkreuzen sollen. Die Straßenstücke sollen aus Geraden sowie geeigneten Kreisstücken bestehen, wobei die Geraden tangential in die Kurven übergehen sollen, damit die Autos nicht aus der Kurve fliegen. Hierzu fertigt er folgende Skizze im Maßstab 1 : 20 an:

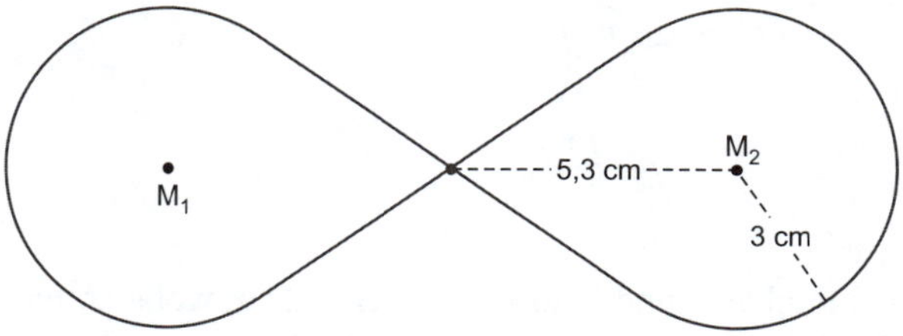

Bestimmen Sie konstruktiv den Winkel, unter dem sich die beiden Straßen kreuzen müssen.

213. Gegeben ist ein Trapez mit den parallelen Grundseiten a = 8,4 cm und c = 4,8 cm. Zeigen Sie, dass sich die Diagonalen des Trapezes im Verhältnis 7 : 4 teilen.

✱ **214.** An die Seiten eines Quadrats werden zwei gleichseitige Dreiecke gelegt. Zeigen Sie, dass das Dreieck ABC gleichseitig ist.

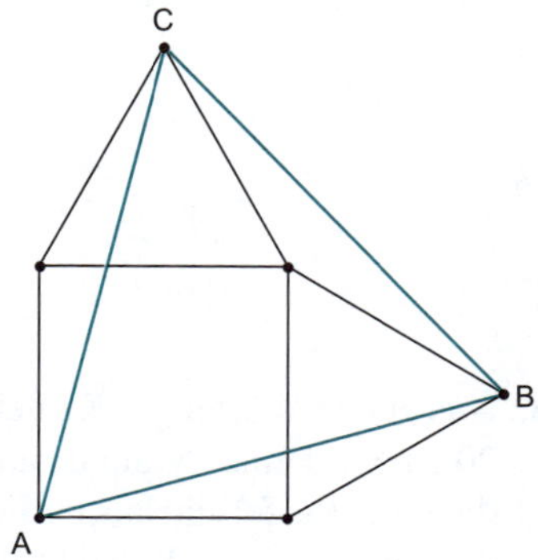

Aufgabenblock 3

215. Bestimmen Sie die fehlenden Winkel:

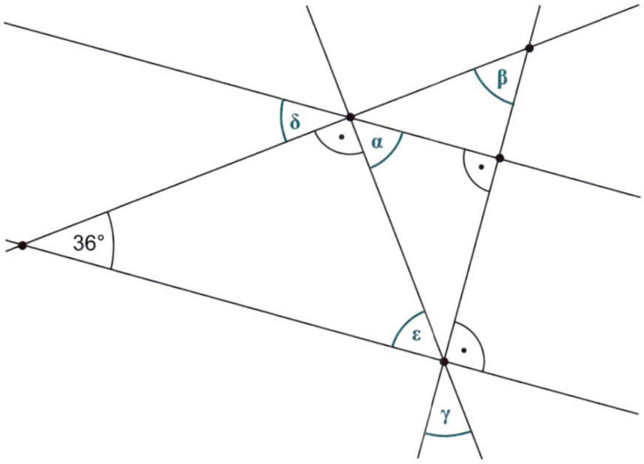

216. Gegeben sind zwei Punkte A und B sowie eine Gerade g, wobei A und B auf derselben Seite der Geraden liegen. Bestimmen Sie denjenigen Punkt auf g, für den die Summe der Entfernungen zu den beiden Punkten A und B minimal ist.

217. Jeder der drei Kreise geht durch die Mittelpunkte der beiden anderen Kreise. Bestimmen Sie den Inhalt der grün getönten Figur.

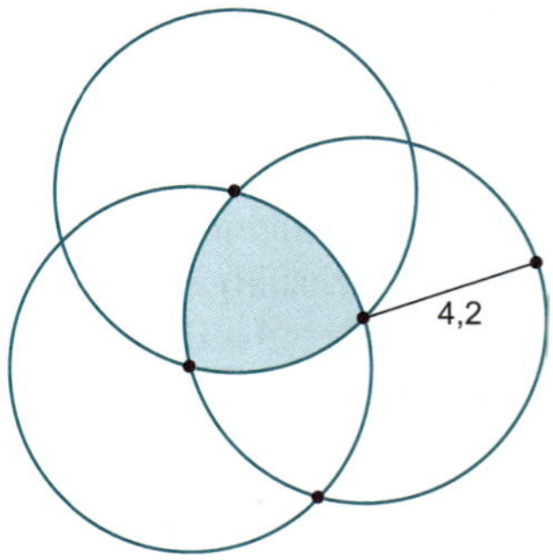

218. Aus einem Würfel der Kantenlänge 20 cm wird eine Pyramide ausgefräst, die eine Würfelseite als Grundfläche und eine Ecke des Würfels als Spitze besitzt. Bestimmen Sie das Volumen und die Oberfläche dieser Pyramide.

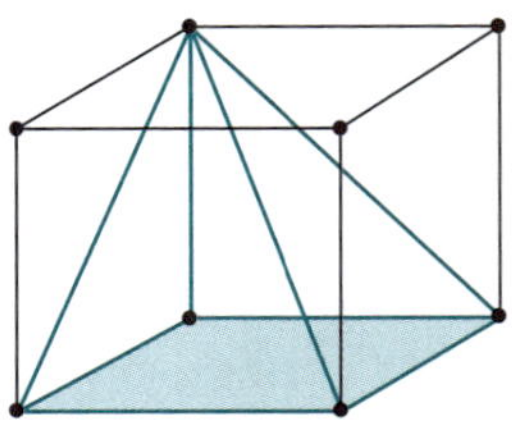

✱ **219.** Betrachten Sie nebenstehende Figur; sie enthält vier kongruente Dreiecke und zwei Quadrate.
Wie groß ist die Seitenlänge des inneren Quadrats?
Geben Sie die Fläche des großen Quadrats auf zwei verschiedene Arten an und beweisen Sie damit den Satz des Pythagoras.

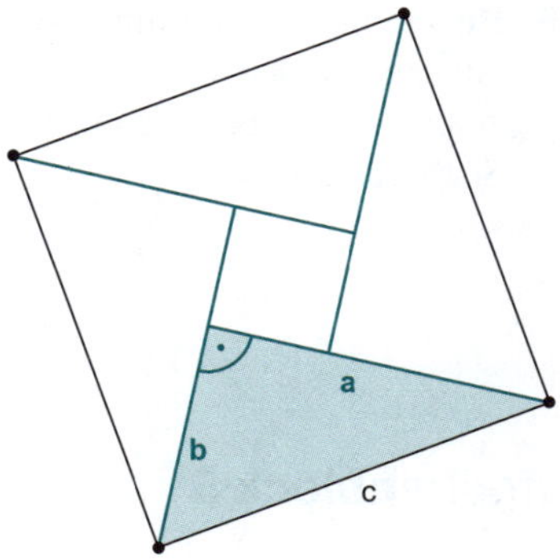

Aufgabenblock 4

220. Bestimmen Sie die Länge der Vektoren $\vec{a} = \begin{pmatrix} 8 \\ -8 \\ -4 \end{pmatrix}$, $\vec{b} = \begin{pmatrix} -5 \\ 12 \end{pmatrix}$ und $\overrightarrow{CD}$ mit $C(2\,|\,-2\,|\,5)$ und $D(-4\,|\,1\,|\,3)$.

221. Bestimmen Sie den Flächeninhalt eines gleichschenkligen Trapezes, bei dem die parallelen Seiten 6 cm bzw. 9 cm und die beiden Schenkel des Trapezes jeweils 4 cm lang sind.

222. Berechnen Sie die angegebenen Winkel:

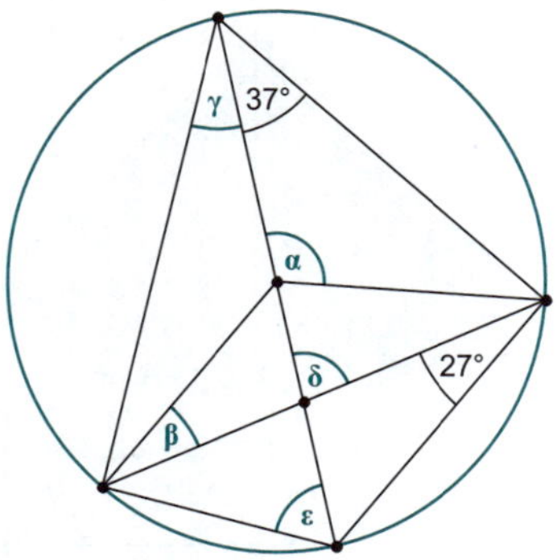

223. Berechnen Sie den Flächeninhalt eines Dreiecks mit $a = 4{,}3$ cm, $b = 5{,}2$ cm und $c = 8{,}2$ cm.

224. Verwandeln Sie konstruktiv ein Rechteck mit den Seitenlängen $a = 6{,}4$ cm und $b = 4{,}8$ cm in ein flächengleiches Quadrat.

225. Bestimmen Sie auf mindestens zwei Wegen ohne Ausmessen den Winkel α, den die beiden eingezeichneten Diagonalen in einem regelmäßigen Sechseck bilden.

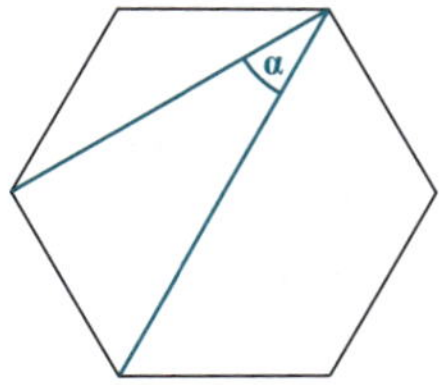

Aufgabenblock 5

226. Bestimmen Sie den Schwerpunkt des Dreiecks ABC mit A(1 | 2); B(5 | –2); C(6 | 6).

227. Bestimmen Sie die Länge der Strecke q, wenn h = 4,2 cm und a = 9,2 cm lang sind.

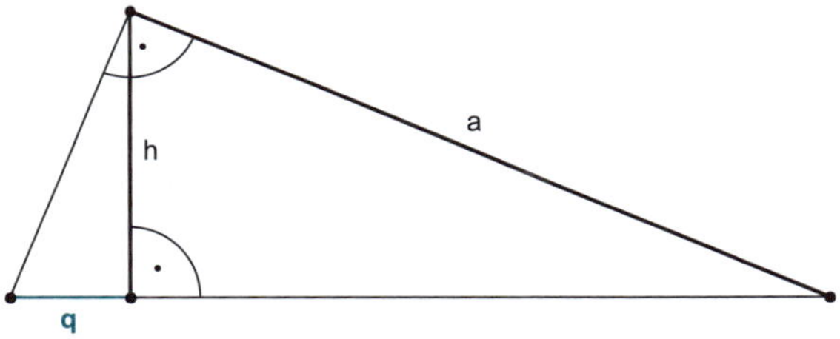

228. Bestimmen Sie Volumen und Oberfläche des aus Kegel, Zylinder und Halbkugel zusammengesetzten Körpers (Angaben in dm).

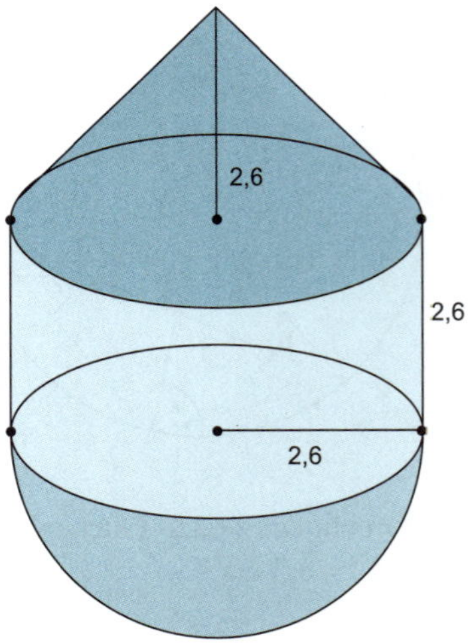

✷ **229.** Über einem gleichseitigen Dreieck sind drei Quadrate errichtet sowie die Diagonalenschnittpunkte A, B und D eingezeichnet.

a) Beweisen Sie, dass AB orthogonal zu CD ist.

b) Zeigen Sie, dass |AB|=|CD| gilt.

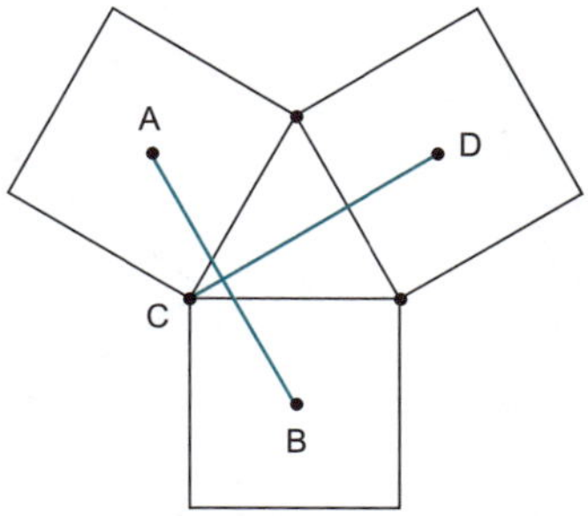

230. Zur Vermessung der Breite der Cheopspyramide wurden folgende Winkel bestimmt:
$\alpha_1 = 50{,}97°$; $\alpha_2 = 11{,}94°$; $\beta_1 = 109{,}59°$; $\beta_2 = 12{,}38°$

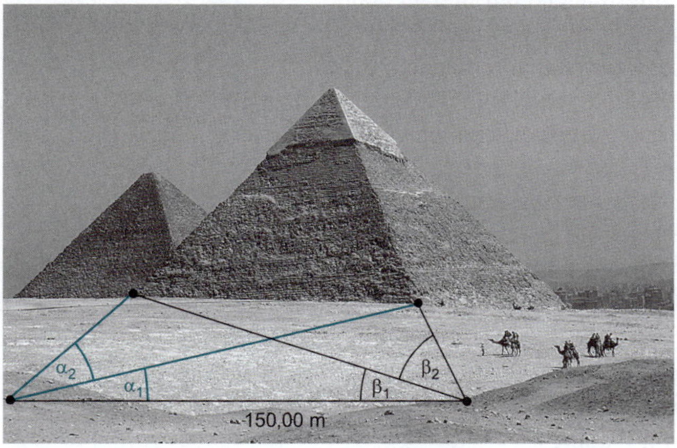

Bestimmen Sie die Breite der Cheopspyramide.

Aufgabenblock 6

231. Geben Sie 3,2 m^3 in Liter an.

232. Bestimmen Sie die Mitte M der Strecke [AB] mit A(4 | 1) und B(–6 | 7).

233. Bestimmen Sie die fehlenden grün gezeichneten Streckenlängen (drei bzw. zwei Geraden sind zueinander parallel).

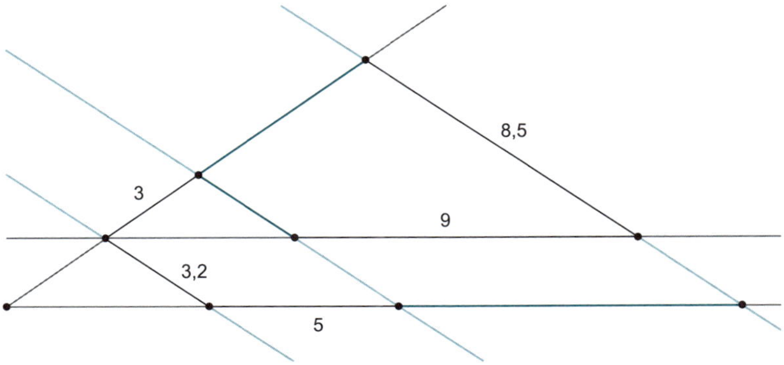

234. In einem chemischen Labor wird eine provisorische Filtertüte erzeugt, indem man ein kreisrundes Filterpapier mit 12 cm Durchmesser zwei Mal aufeinander zu vier Viertelkreisen faltet und dann die Tüte an einem der vier Viertelkreise zu einem kegelförmigen Filter auseinanderzieht (die eine Hälfte des Filters besteht dann aus einer Papierlage, die andere aus drei). Bestimmen Sie das Fassungsvermögen eines solchen Filters.

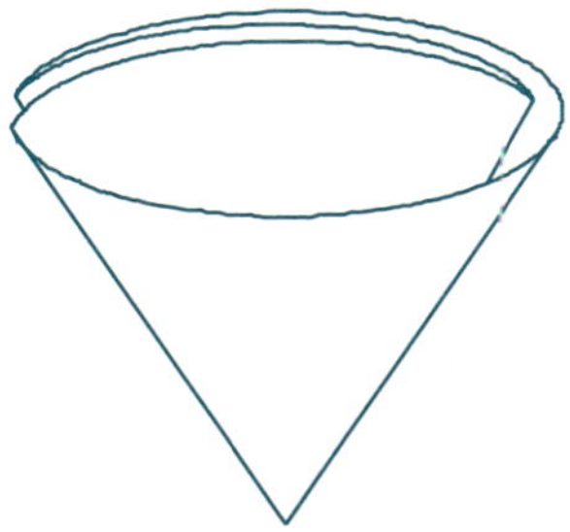

✷ **235.** Gegeben sind ein Kreis und ein Punkt P außerhalb des Kreises. Von P aus sind weiterhin zwei Geraden gezeichnet, die den Kreis jeweils in zwei Punkten schneiden. Begründen Sie, dass die beiden farblich hervorgehobenen Dreiecke ADP und BCP ähnlich sind und beweisen Sie damit folgende Beziehung:
$|AP| \cdot |BP| = |CP| \cdot |DP|$
Hinweis: Verwenden Sie den Umfangswinkelsatz.

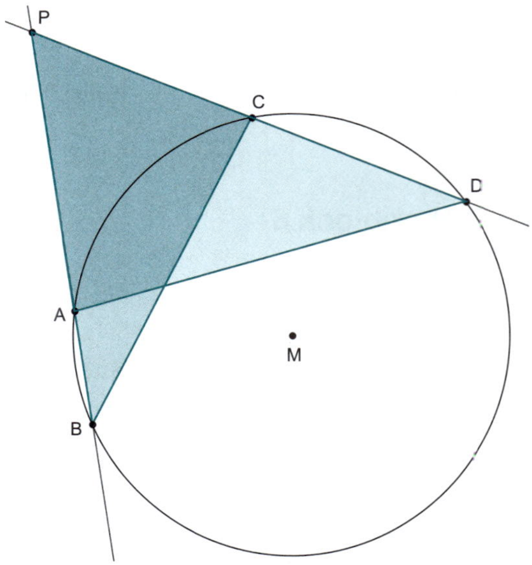

Aufgabenblock 7

236. Bestimmen Sie die Seitenlängen des Dreiecks ABC mit A(3 | 2); B(8 | –1); C(5 | 9).

237. Berechnen Sie $\begin{pmatrix} 3 \\ -1 \\ 2 \end{pmatrix} + 2 \cdot \begin{pmatrix} -1 \\ -2 \\ 0 \end{pmatrix} - \frac{1}{2} \cdot \begin{pmatrix} 4 \\ -6 \\ 2 \end{pmatrix}$.

238. Bestimmen Sie den Anteil der farblich hervorgehobenen Fläche an der Rechtecksfläche, wenn M die Mitte der Rechteckseite ist.

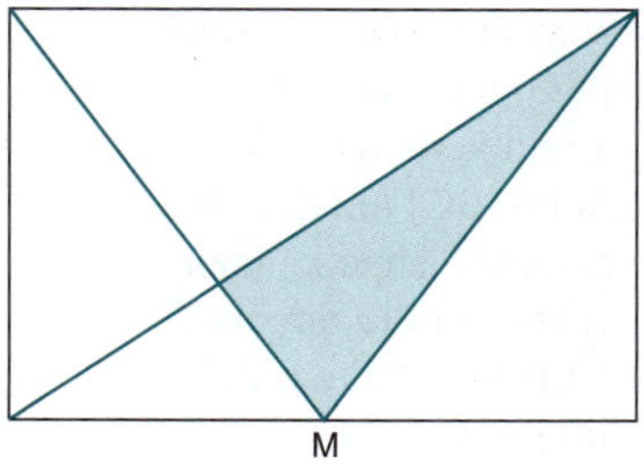

239. Eine Kanalisationsröhre mit kreisrundem Querschnitt ragt h = 25 cm aus dem Boden heraus und ist auf einer Breite von b = 1,15 m zu sehen. Bestimmen Sie den Durchmesser sowie den prozentualen unterirdischen Anteil der Röhre.

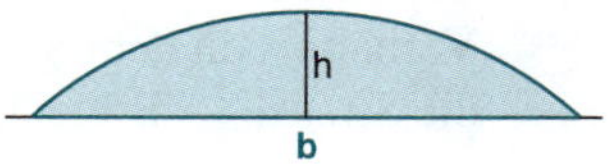

240. Eine Terrasse soll überdacht werden.

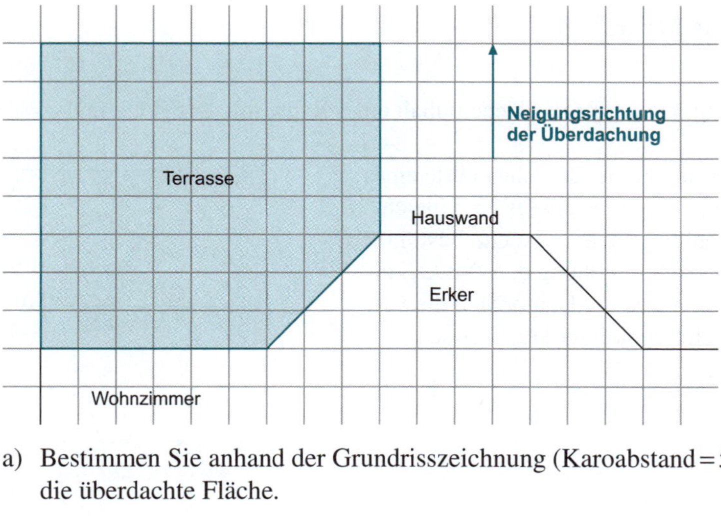

a) Bestimmen Sie anhand der Grundrisszeichnung (Karoabstand = 50 cm) die überdachte Fläche.

b) Für das Dach ist eine Dachneigung von 5° vorgesehen.
Bestimmen Sie die Dachfläche sowie die Höhe, in der das Dach an der Wohnzimmerwand befestigt werden muss, wenn das Dach überall eine Mindesthöhe von 2,40 m besitzen soll.

✷ **241.** Gegeben ist ein gleichschenkliges Dreieck ABC mit $\alpha = \beta$.

Verkürzt man die Seite [AC] um eine Strecke x und verlängert die Seite [BC] um dieselbe Streckenlänge x, dann schneidet die Strecke [A'B'] die Seite [AB] im Punkt S.

Bestimmen Sie das Verhältnis, in dem S die Strecke [A'B'] teilt.

Hinweis: Spiegeln Sie die Strecke [A'B'] an der Mitte von [AB].

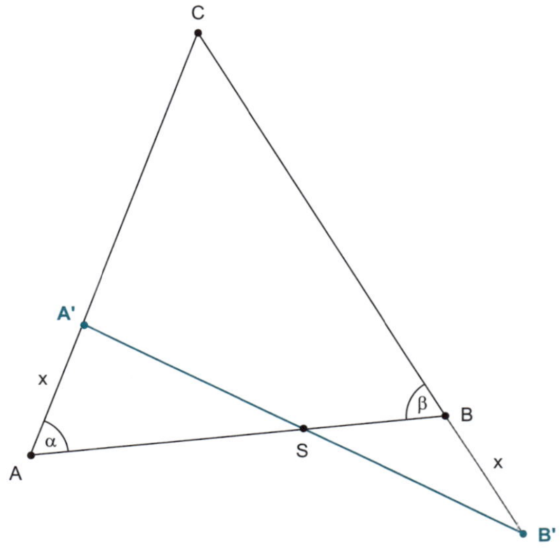

Aufgabenblock 8

242. Bestimmen Sie den Flächeninhalt einer Raute mit $a = 6{,}4$ cm und $\alpha = 38°$.

243. Begründen Sie, dass die Hälfte eines regelmäßigen Sechsecks ein gleichschenkliges Trapez ist und bestimmen Sie durch Rechnung den Winkel, unter dem sich die Diagonalen dieses gleichschenkligen Trapezes schneiden.

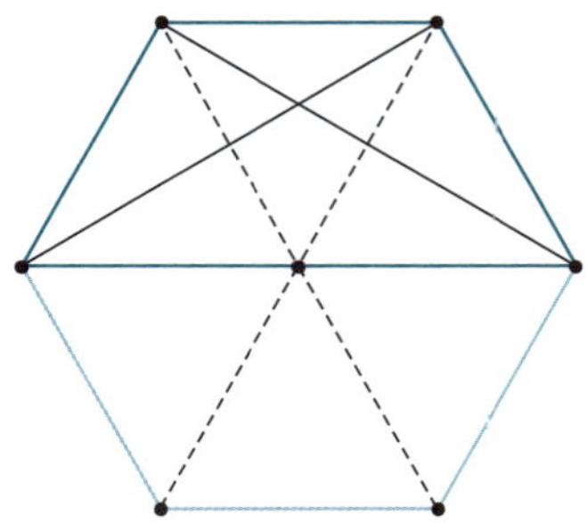

244. Bestimmen Sie die Gesamtlänge der grün gezeichneten Streben der nebenstehenden Auffahrrampe.

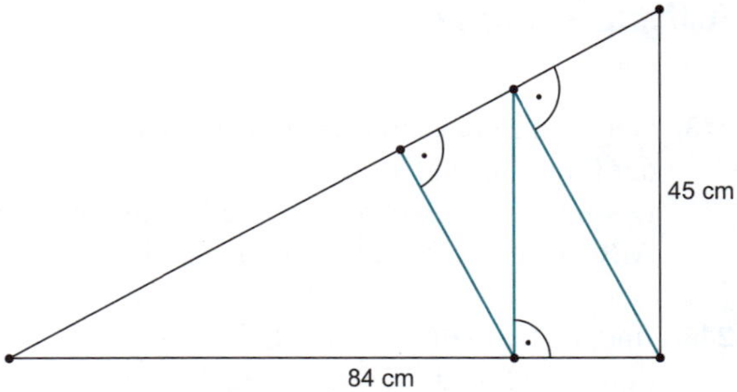

245. Ein Halbkreis mit Radius 12 cm bildet den Mantel eines Kegels. Bestimmen Sie das Volumen und die Oberfläche des Kegels.

246. Gegeben ist ein Tetraeder mit der Kantenlänge 7 cm (alle sechs Kanten sind gleich lang).
Bestimmen Sie:

a) die Grundfläche des Tetraeders,

b) die Höhe des Tetraeders,

c) das Volumen des Tetraeders,

d) die Oberfläche des Tetraeders.

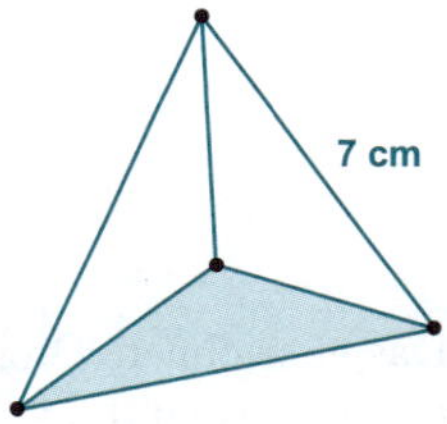

✷ **247.** Bestimmen Sie mithilfe der 54 m langen Messstrecke [AB] und den vier angegebenen Winkeln die Höhe des in Linz stehenden Wissensturms.

$\alpha_1 = 33{,}0°$; $\alpha_2 = 57{,}7°$; $\beta_1 = 37{,}5°$; $\beta_2 = 88{,}5°$

Aufgabenblock 9

248. Gegeben ist das Dreieck ABC mit A(–4 | –2), B(–1 | –3) und C(–2 | 1) sowie der Punkt S(2 | 1).
Bestimmen Sie rechnerisch die Koordinaten der Bildpunkte des Dreiecks ABC bei einer Punktspiegelung an S.

249. Im Dreieck ABC wird die Seite c durch die Punkte E und F in drei gleiche Teile geteilt und die Seite a durch G halbiert.
Bestimmen Sie das Verhältnis, in dem S die Strecke [CE] teilt.

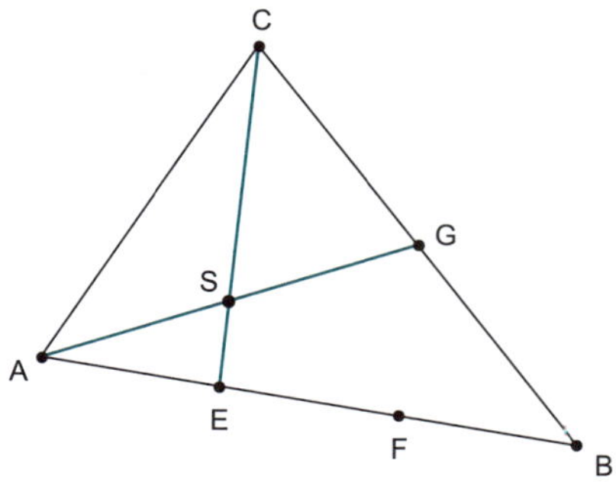

250. Das gezeichnete Dreieck ist gleichseitig und besitzt die Seitenlänge a; die drei Kreisbögen besitzen denselben Radius. Bestimmen Sie den Inhalt der grün hervorgehobenen Fläche in Abhängigkeit von a.

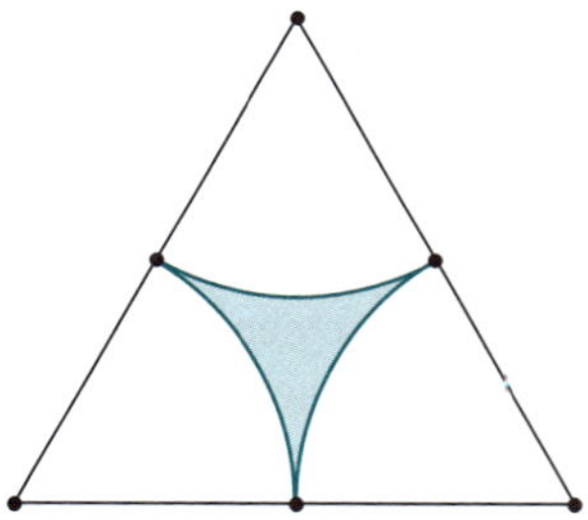

✱ **251.** Bestimmen Sie das Volumen der abgebildeten herzförmigen Pralinenschachtel.

Hinweis: Unterteilen Sie die Herzfläche in geeignete Teilflächen und bestimmen Sie diese.

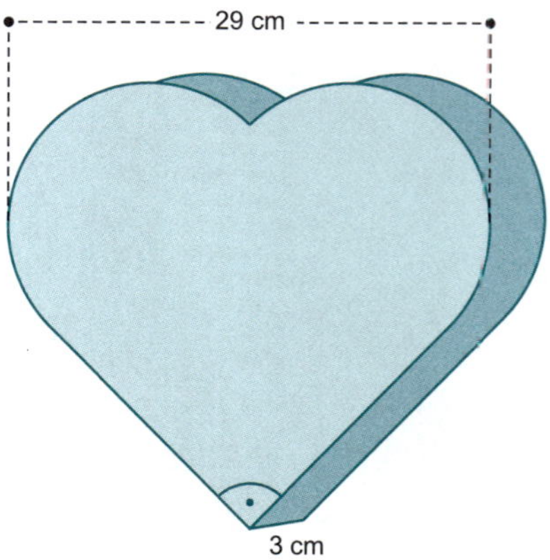

252. Die schwarzen Karos sind sechs Quadrate.

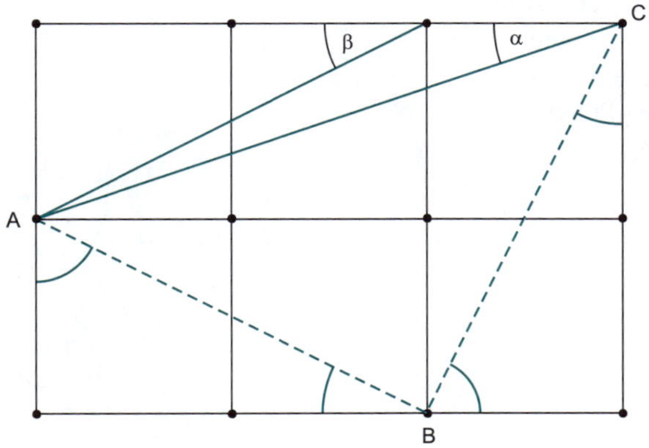

a) Zeigen Sie, dass das Dreieck ABC gleichschenklig-rechtwinklig ist.
Hinweis: Zeigen Sie, dass die punktierten Strecken gleich lang sind.

b) Bestimmen Sie die Winkelsumme $\alpha + \beta$.
Hinweis: Bestimmen Sie die grün markierten Winkel.

c) Beweisen Sie mithilfe dieser Figur: $\tan\alpha + \tan\beta = \frac{5}{6}$

Aufgabenblock 10

253. Konstruieren Sie auf zwei verschiedene Arten eine Strecke der Länge $\sqrt{12}$ cm.

254. Bestimmen Sie rechnerisch die Koordinaten der Bildpunkte des Dreiecks ABC mit A(3 | 1); B(9 | 2); C(6 | 5) bei einer zentrischen Streckung am Punkt S(–3 | 3) mit dem Streckfaktor $k = \frac{1}{2}$.

255. Bestimmen Sie die fehlenden Seiten und Winkel sowie den Flächeninhalt des Dreiecks mit $a = 6{,}4$ cm; $\alpha = 78°$; $b = 4{,}2$ cm.

256. Eine regelmäßige quadratische Pyramide besitzt acht Kanten der Länge a. Bestimmen Sie das Volumen dieser Pyramide.

257. Bestimmen Sie die Mantelfläche des kleinsten Zylinders, der eine Kugel mit Radius R umschließt, und vergleichen Sie diese Mantelfläche mit der Oberfläche dieser Kugel.

258. Bestimmen Sie die Gesamtlänge der grünen Linien sowie die Fläche des grün getönten Gebildes (der Abstand zwischen benachbarten Punkten beträgt stets 2 cm).

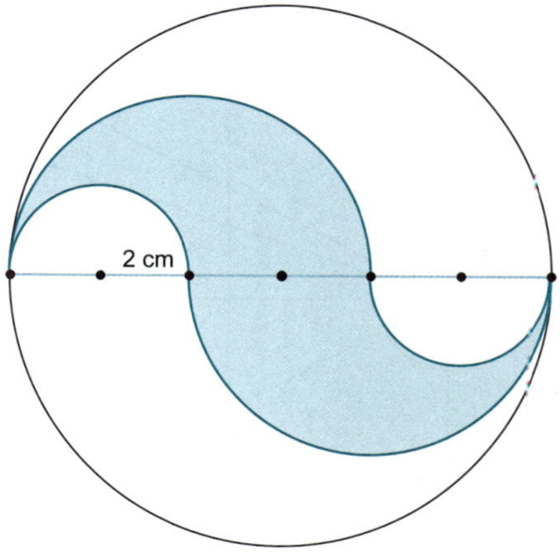

Lösungen

Hinweis: Wenn in Zwischenlösungen gerundete Werte angegeben werden, wird dies durch das Ungefährzeichen (≈) angezeigt. Für die weitere Rechnung wurden aber stets die exakten Zwischenwerte verwendet.

1. β: Winkel;
AB: Gerade;
$|XY|$: Länge der Strecke [XY] oder Entfernung der Punkte X und Y;
[BZ]: Strecke;
∢RST: Winkel bei S zwischen den Schenkeln SR und ST;
UVW: Dreieck mit den Eckpunkten U, V und W.

2. 78°: spitzer Winkel;
220°: überstumpfer Winkel;
180°: gestreckter Winkel;
360°: Vollwinkel;
150°: stumpfer Winkel;
90°: rechter Winkel

3. $\alpha = ∢CAD$ $\beta = ∢CBD$ $\gamma = ∢DCA$ $\delta = ∢ACB$ $\varepsilon = ∢BDC$

4. $\alpha = ∢BAD$,
$\beta = ∢CBD$,
$\gamma = ∢DCB$,
$\delta = ∢ADB$,
$\varepsilon = ∢DAB$,
$\varphi = ∢ABC$,
$\eta = ∢BCD$

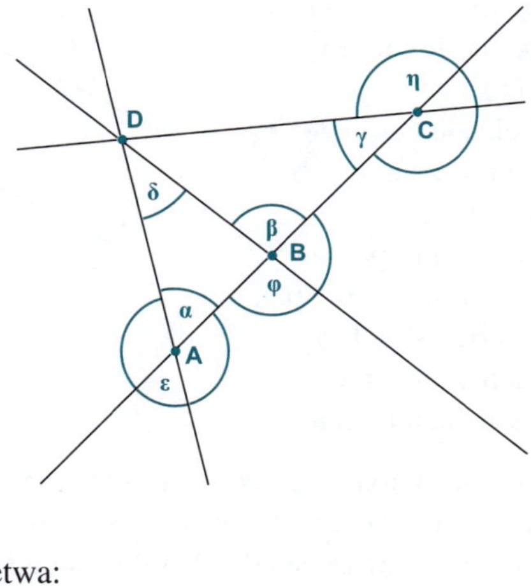

5. Die Winkel im Fünfeck sind etwa:
$\alpha \approx 90°$; $\beta \approx 65°$; $\gamma \approx 132°$; $\delta \approx 123°$; $\varepsilon \approx 130°$
Als Winkelsumme ergibt sich $\alpha + \beta + \gamma + \delta + \varepsilon \approx 540°$.

6. 1. Gegeben sind die Parallelen p_1 und p_2.
2. Konstruiere die Mittelparallele m zu p_1 und p_2.
(Hierzu sind im Bild eine Orthogonale zu p_1 und p_2 sowie die beiden Kreise mit demselben Radius gezeichnet, die mit den Schnittpunkten S_1 und S_2 die Mittelparallele bestimmen.)

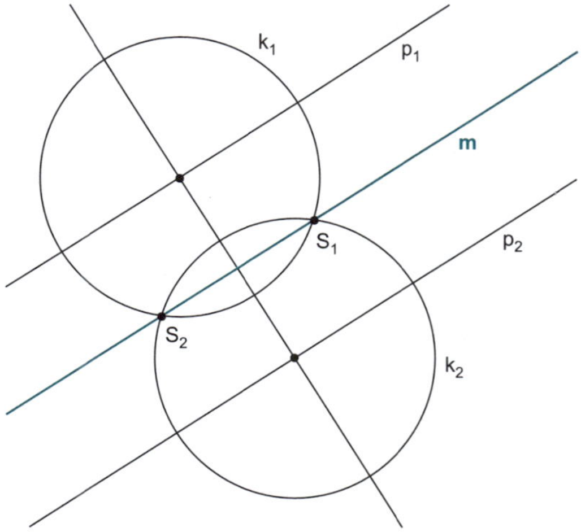

7. 1. Gegeben sind die Gerade a sowie die Punkte A und B.
2. Konstruiere die Mittelsenkrechte m_s der Strecke [AB], denn dort liegen alle Punkte, die gleich weit von A und B entfernt sind.
3. Zeichne Parallelen p_1 und p_2 zu a im Abstand 4 cm.
4. Die Schnittpunkte $\mathbf{S_1}$ und $\mathbf{S_2}$ der Parallelen mit der Mittelsenkrechten m_s sind die gesuchten Punkte.

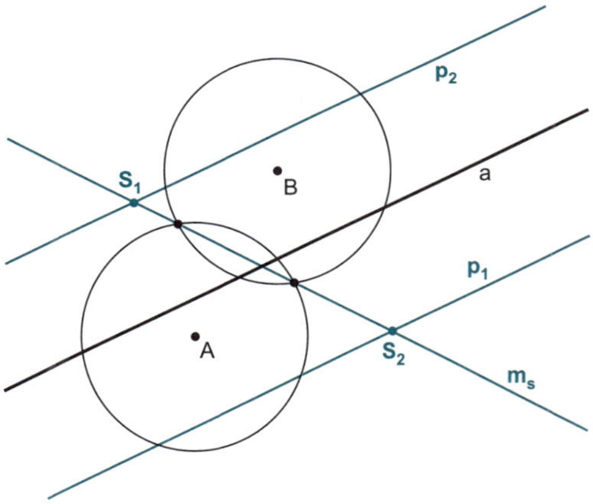

Die Konstruktion ist unmöglich, wenn die Strecke [AB] senkrecht zur Geraden a ist (und diese nicht genau 4 cm von m_s entfernt ist), weil es dann keine Schnittpunkte zwischen den Parallelen und der Mittelsenkrechten gibt.

8. 1. Gegeben sind zwei Geraden a und b sowie ein Punkt A.
2. Konstruiere die beiden Winkelhalbierenden w_1 und w_2 der Geraden a und b (auf diesen Winkelhalbierenden liegen alle Punkte, die von a und b gleich weit entfernt sind).
3. Zeichne den Kreis k um A mit Radius 4 cm.
4. Die Schnittpunkte des Kreises k mit den beiden Winkelhalbierenden w_1 und w_2 sind die gesuchten Punkte (je nach Lage der Geraden a und b sowie des Punktes A gibt es auch weniger als vier Lösungen).

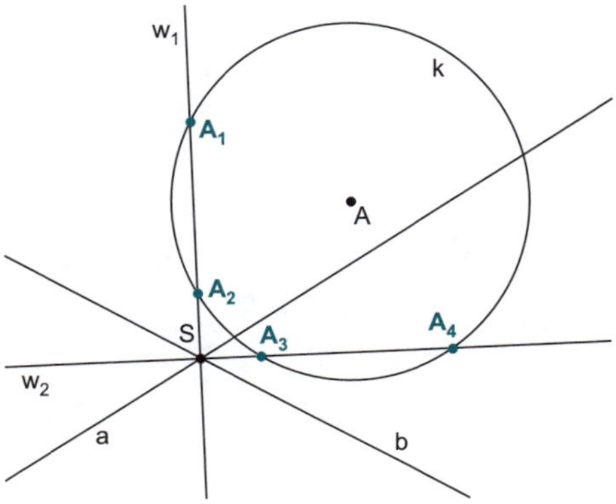

Wenn z. B. der Punkt A sehr viel weiter als 4 cm von den beiden Winkelhalbierenden entfernt ist, gibt es keine Lösung.

9. Gegeben sind die fünf Parallelen der Streifenschar. Bezeichnet man die Schnittpunkte einer Geraden mit den fünf Parallelen mit A_1 bis A_5, dann teilt der Punkt $\mathbf{A_2}$ die Strecke $[A_1A_5]$ im Verhältnis **1 : 3**.

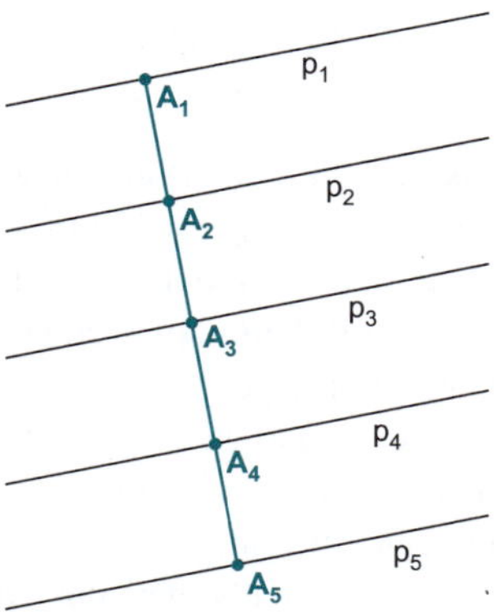

10. Wenn die Städte auf verschiedenen Seiten der Hochspannungsleitung liegen würden, dann wäre die Strecke zwischen den beiden Städten die kürzeste Verbindung.

Idee: Spiegelt man die eine Stadt B an der Hochspannungsleitung h, dann ist die Strecke [AB'] zwischen der ersten Stadt und dem Bild der zweiten Stadt genauso groß wie die Summe der beiden Stromleitungen s_1 und s_2 zwischen den Städten und dem Schnittpunkt U von [AB'] mit der Geraden h.

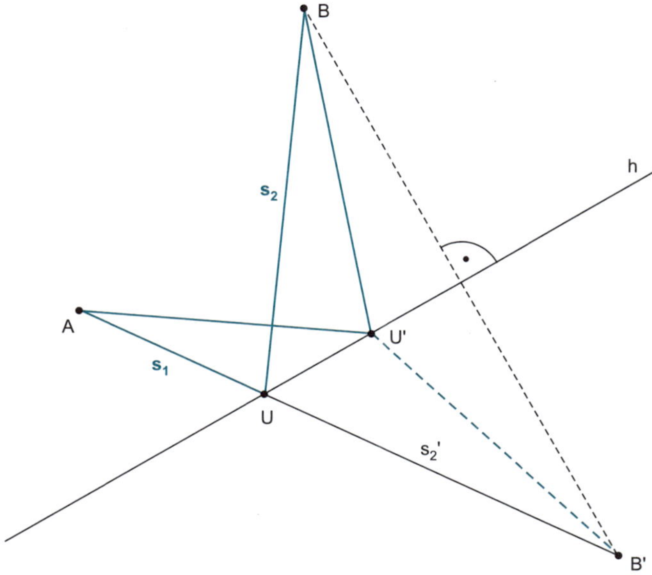

Daher ist U der ideale Punkt für die Umspannstation. Würde wie im Bild angedeutet, die Umspannstation an einer anderen Stelle, z. B. U', gebaut werden, dann wäre die Leitungslänge so groß wie der Umweg von A über U' zu B.

11. Zunächst wird die Schultüte anhand der Angaben verkleinert (h = 10 cm; b = 4 cm) gezeichnet. Der Ball, der als Kreis gezeichnet werden soll, berührt – wenn er in der Tüte liegt – beide Seitenwände; daher ist der Ballmittelpunkt M einen halben Durchmesser (entspricht r = 1,5 cm) von den beiden Wänden entfernt.
Übersetzt in die mathematische Konstruktion: Dieser Kreismittelpunkt M ist jeweils 1,5 cm von den beiden Geraden, die die Tüte begrenzen, entfernt, er ist daher der Schnittpunkt von zwei Parallelen zu den Tütenwänden t_1 bzw. t_2 im Abstand von 1,5 cm.

Der vorgesehene Ball passt in die Schultüte.

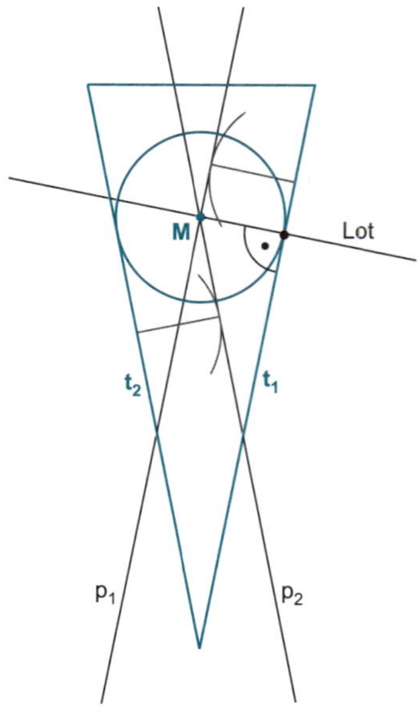

12. **Idee:** Der Architekt sucht zunächst einen Ort, der gleich weit von A und B entfernt ist. Da alle Punkte auf der Mittelsenkrechten von [AB] dieselbe Entfernung zu A und B haben, muss das Einkaufszentrum auf der Mittelsenkrechten m_{AB} liegen.

Da auch C dieselbe Entfernung vom Einkaufszentrum Z haben soll wie A, muss Z zudem auf der Mittelsenkrechten von [AC] liegen. Der gesuchte Ort des Einkaufszentrums ist also der Schnittpunkt der beiden Mittelsenkrechten von [AB] und [AC].

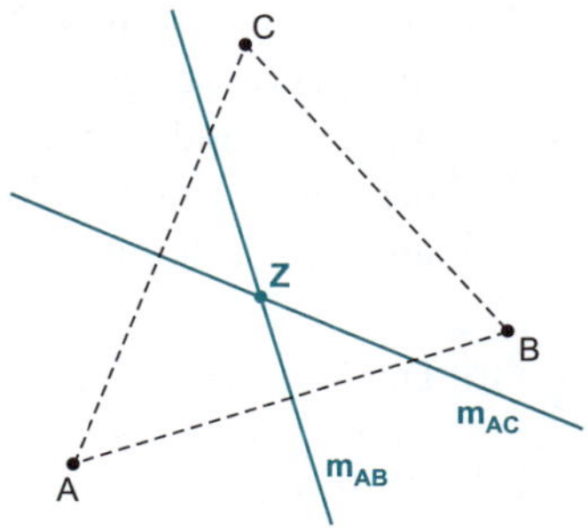

13. Die Fabrik darf nicht mehr als 3 km von e entfernt sein, liegt also innerhalb eines Parallelstreifens von 3 km Abstand zu e. Wegen der Entfernung von höchstens 5 km zu b muss F ebenfalls in einem Parallelstreifen im Abstand von 5 km zu b liegen. Damit kommt nur noch das gesamte grün getönte Viereck für F in Frage. Da F weiterhin mindestens 6 km von G entfernt sein muss, muss F zusätzlich noch außerhalb eines Kreises k mit Radius 6 km um G liegen. Das dunkelgrün markierte Gebiet stellt die möglichen Standorte für F dar.

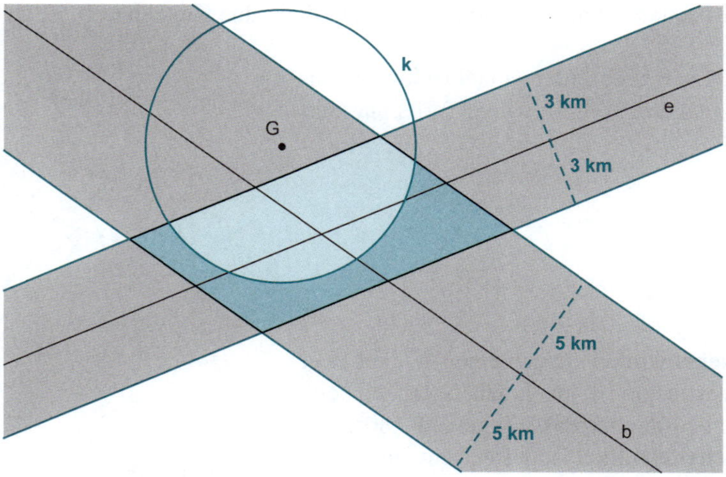

14. a) **Zentrale Idee:** Wenn die Kugel unter demselben Winkel reflektiert wird, dann muss man in Richtung auf das Spiegelbild des Zielballs stoßen. Wegen der Symmetrie der grünen Kugel und ihrer Bildkugel bezüglich der Bande a sind die Winkel α_1 und α_2 gleich groß.

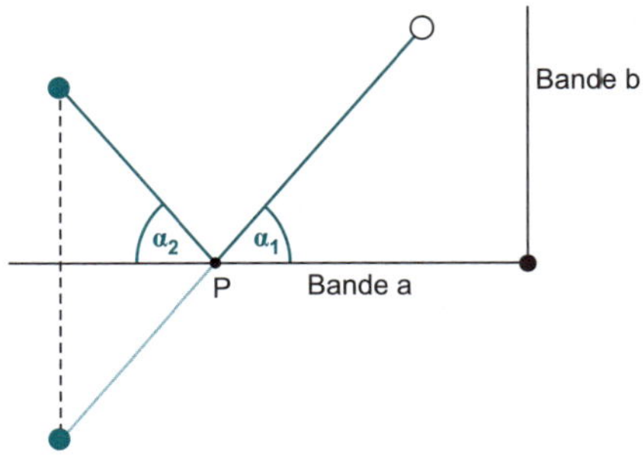

b) Die Idee aus Teilaufgabe a wird weitergeführt, indem man zusätzlich die weiße Kugel an Bande b spiegelt. Verbindet man die Bilder der beiden Kugeln miteinander, dann schneidet diese Verbindungsstrecke die beiden Banden in den Punkten Q und R. Man muss die weiße Kugel in Richtung Q stoßen; sie wird dann so reflektiert, wie wenn sie direkt vom Bild der weißen Kugel aus gestoßen worden wäre. Da sie zwischen Q und R direkt auf das Spiegelbild der grünen Kugel zuläuft, muss sie nach der Reflexion die Richtung auf die grüne Kugel haben.

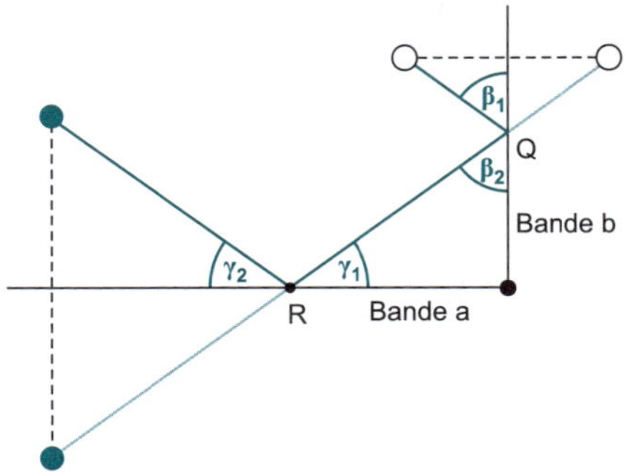

15. Es gibt zu α drei Stufenwinkel (schwarz markiert) und drei Wechselwinkel (grün markiert).

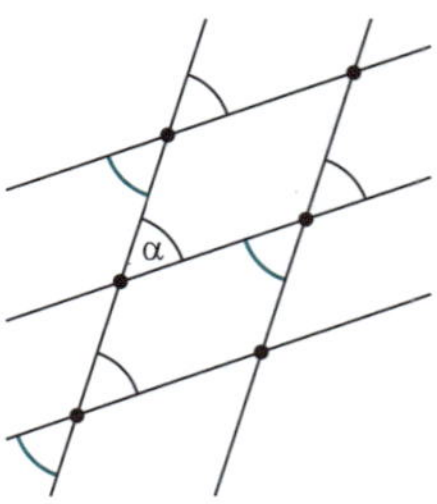

16. Ein **Nebenwinkel** ergänzt einen Winkel zu einem gestreckten Winkel, daher besitzen beide Winkel zusammen das Winkelmaß 180°.
Ein **Scheitelwinkel** ist der Nebenwinkel des Nebenwinkels eines Winkels:
In der Skizze ist β ein Nebenwinkel zu α; es gilt also $\beta = 180° - \alpha$. Ebenso ist γ ein Nebenwinkel zu β, sodass hieraus folgt:
$\gamma = 180° - \beta = 180° - (180° - \alpha) = \alpha$

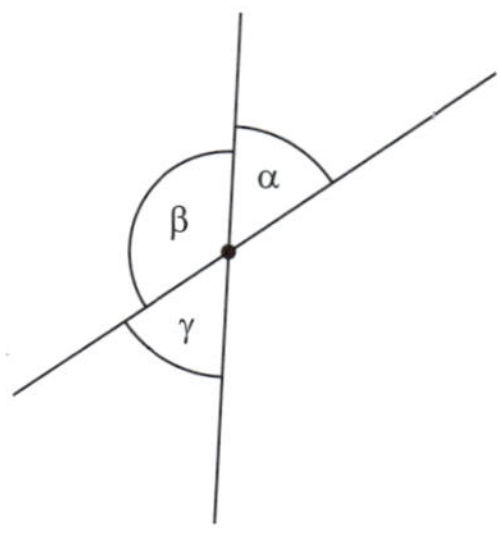

17. Bei A liegt ein gestreckter Winkel vor:
$76° + \beta + 58° = 180° \quad \Leftrightarrow \quad \boldsymbol{\beta} = 180° - 76° - 58° = \mathbf{46°}$

δ ist ein Wechselwinkel zu β: $\boldsymbol{\delta} = \beta = \mathbf{46°}$
γ ist ein Nebenwinkel zu δ: $\boldsymbol{\gamma} = 180° - \delta = 180° - 46° = \mathbf{134°}$
ε ist ein Stufenwinkel zu δ: $\boldsymbol{\varepsilon} = \delta = \mathbf{46°}$
φ ist ein Stufenwinkel zu β: $\boldsymbol{\varphi} = \beta = \mathbf{46°}$
η ist ein Stufenwinkel zu dem Winkel mit 58°: $\boldsymbol{\eta} = \mathbf{58°}$
α ist ein Wechselwinkel zu η: $\boldsymbol{\alpha} = \eta = \mathbf{58°}$
λ ist ein Wechselwinkel zu dem 76°-Winkel bei A: $\boldsymbol{\lambda} = \mathbf{76°}$

18.

A(7 | 3)	B(–3 | 1)	C(0 | 3)	D(–5 | –3)	E(2 | –5)
F(7 | –2)	G(3 | 2)	H(4 | 5)	J(–6 | 4)	K(0 | –1)
L(–2 | –3)	M(–6 | 0)	N(4 | 0)	O(0 | 0)	

19. Die Koordinaten des Schnittpunkts S lauten ungefähr S(3,2 | –2,5).
Der Schnittwinkel der beiden Geraden beträgt ca. 69°.

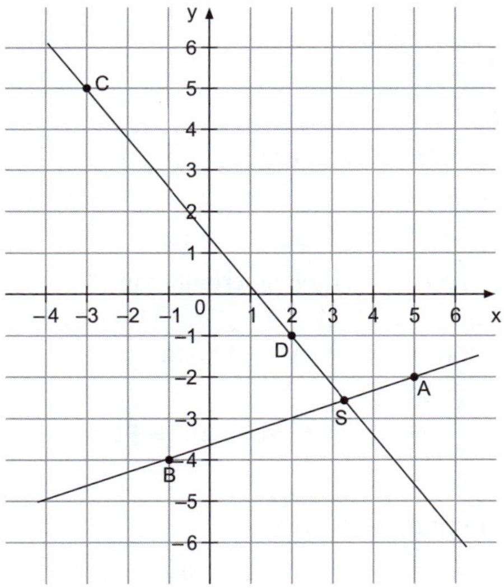

20. A liegt im 4. Quadranten, B im zweiten und C im dritten.

21. Man zeichnet die drei Orte in ein Koordinatensystem ein, in dem z. B. A im Ursprung liegt; B und C haben dann die Koordinaten B(6 | 1) und C(5 | 7). Da der Baum jeweils 4 km von B und von C entfernt ist, muss er auf den beiden Kreisen um B und C mit Radius 4 km liegen. Somit gibt es für den Baum die beiden Schnittpunkte P_1 und P_2 der Kreise als möglichen Standort.

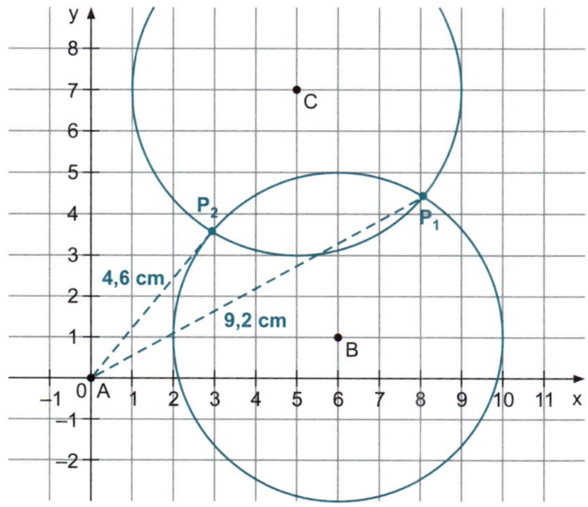

P_1 ist ca. 9,2 km von A entfernt, P_2 besitzt eine Entfernung von ca. 4,6 km. Der Baum kann also entweder 9,2 km oder 4,6 km von A entfernt sein.

22. Im Dreieck AED gilt für die Winkelsumme im Dreieck:
$\alpha + 55° + 56° = 180° \iff \boldsymbol{\alpha} = 180° - 55° - 56° = \mathbf{69°}$

Entsprechend gilt im Dreieck ABE:
$\beta + 21° + 25° = 180° \iff \boldsymbol{\beta} = 180° - 21° - 25° = \mathbf{134°}$

Für das Dreieck BCE folgt genauso:
$\varepsilon + 91° + 53° = 180° \iff \boldsymbol{\varepsilon} = 180° - 91° - 53° = \mathbf{36°}$

Weil die vier Winkel bei E zusammen 360° ergeben, erhält man:
$\gamma + 55° + \beta + 91° = 360° \iff \gamma = 360° - 55° - \beta - 91°$
$\gamma = 360° - 55° - 134° - 91° = \mathbf{80°}$

Schließlich ergibt sich im Dreieck CDE:
$\delta + \gamma + 49° = 180° \iff \boldsymbol{\delta} = 180° - \gamma - 49° = 180° - 80° - 49° = \mathbf{51°}$

23. Es gilt jeweils: $\alpha + \beta + \gamma = 180°$. Hiermit ergibt sich:

a) $\boldsymbol{\beta} = 180° - \alpha - \gamma = 180° - 78° - 90° = \mathbf{12°}$ rechtwinkliges Dreieck ($\gamma = 90°$)

b) $\boldsymbol{\beta} = 180° - \alpha - \gamma = 180° - 32° - 47° = \mathbf{101°}$ stumpfwinkliges Dreieck ($\beta > 90°$)

c) $\boldsymbol{\gamma} = 180° - \alpha - \beta = 180° - 45° - 86° = \mathbf{49°}$ spitzwinkliges Dreieck (alle Winkel kleiner als 90°)

d) $\boldsymbol{\beta} = 180° - \alpha - \gamma = 180° - 63° - 27° = \mathbf{90°}$ rechtwinkliges Dreieck ($\beta = 90°$)

e) $\boldsymbol{\alpha} = 180° - \beta - \gamma = 180° - 52° - 38° = \mathbf{90°}$ rechtwinkliges Dreieck ($\alpha = 90°$)

24. Ein rechtwinkliges Dreieck besitzt einen Winkel von 90°. Für die beiden anderen Winkel, die wegen der Gleichschenkligkeit gleich groß sein müssen, bleiben wegen der Winkelsumme im Dreieck zusammen 90° übrig, sodass die beiden Basiswinkel jeweils eine Winkelweite von 45° besitzen müssen.

25. a) Der zweite Basiswinkel (z. B. α) besitzt ebenfalls die Weite 32°. Somit verbleibt für den Scheitelwinkel wegen der Winkelsumme im Dreieck:
$\gamma = 180° - 2 \cdot 32° = \mathbf{116°}$

b) Wegen der Winkelsumme im Dreieck besitzen die beiden Basiswinkel zusammen die Weite von $180° - 80° = 100°$. Somit sind die beiden Basiswinkel jeweils **50°** groß.

c) Ein Winkel (z. B. γ) muss wegen der Rechtwinkligkeit 90° groß sein. Damit folgt für den noch fehlenden Winkel $\boldsymbol{\alpha}$:
$\alpha = 180° - 90° - 72° = \mathbf{18°}$

26. Wenn es zwei stumpfe Winkel in einem Dreieck geben würde, wäre die Winkelsumme dieses Dreiecks größer als 180°.

27. Die Winkel α', β' und γ' bilden zusammen mit den drei Dreieckswinkeln insgesamt drei Vollwinkel, besitzen also zusammen die Winkelweite von $3 \cdot 360° = 1\,080°$. Subtrahiert man davon die Winkelsumme des Dreiecks von 180° für die drei Innenwinkel des Dreiecks, dann ergibt sich für die Summe der drei Außenwinkel:
$\boldsymbol{\alpha' + \beta' + \gamma'} = 1\,080° - 180° = \mathbf{900°}$

28. Die Dreiecke ABM, BCM, CDM und DAM sind gleichschenklig.
Damit lassen sich alle gesuchten Winkel bestimmen:
Im Dreieck ABM gilt $\boldsymbol{\beta_1 = 36°}$ und damit wegen der Winkelsumme:
$\boldsymbol{\beta_2} = 180° - 2 \cdot 36° = \mathbf{108°}$
β_2 und β_3 bilden einen gestreckten Winkel. Somit ist $\boldsymbol{\beta_3} = 180° - \beta_2 = \mathbf{72°}$.
Im Dreieck BCM sind die Winkel β_4 und β_5 gleich groß. Somit gilt:
$\beta_3 + 2 \cdot \beta_4 = 180° \iff 2 \cdot \beta_4 = 180° - \beta_3 = 108° \iff \boldsymbol{\beta_4 = \beta_5} = \frac{108°}{2} = \mathbf{54°}$

Im Dreieck CDM sind die Winkel β_6 und β_7 gleich groß. Somit gilt:
$40° + 2 \cdot \beta_6 = 180° \iff 2 \cdot \beta_6 = 180° - 40° = 140° \iff \boldsymbol{\beta_6 = \beta_7} = \frac{140°}{2} = \mathbf{70°}$

β_8 ist ein Nebenwinkel zu 40° und besitzt somit die Weite 140°.
Im Dreieck DAM sind die Winkel β_9 und β_{10} gleich groß. Somit gilt:
$140° + 2 \cdot \beta_9 = 180° \iff 2 \cdot \beta_9 = 180° - 140° = 40° \iff \boldsymbol{\beta_9 = \beta_{10}} = \frac{40°}{2} = \mathbf{20°}$

29. Weil die fünf Dreiecke identisch sind, gruppieren sich insgesamt fünf identische Winkel um den Mittelpunkt M. Somit hat jeder der fünf Winkel um M die Winkelweite:

$\beta = \frac{360°}{5} = 72°$

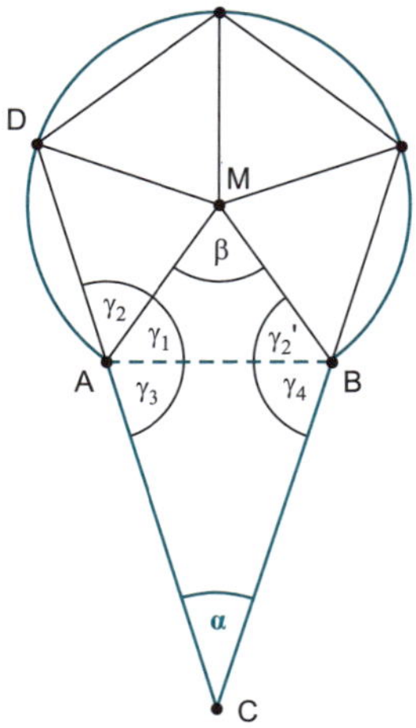

Da das Dreieck ABM gleichschenklig ist (zwei Seiten haben die Länge des Kreisradius), müssen die Winkel γ_1 und γ_2' gleich groß sein, sodass sich wegen der Winkelsumme im Dreieck ABM ergibt:

$\gamma_1 + \gamma_2' + 72° = 180° \quad \Leftrightarrow \quad 2\gamma_1 = 180° - 72° = 108°$

$\Leftrightarrow \quad \gamma_1 = 54°$

Da die fünf Dreiecke identisch sind, muss auch $\gamma_2 = 54°$ sein.

Wegen des gestreckten Winkels bei A folgt nun:

$\gamma_2 + \gamma_1 + \gamma_3 = 180° \quad \Leftrightarrow \quad \gamma_3 = 180° - \gamma_1 - \gamma_2 = 180° - 54° - 54° = 72°$

Das Dreieck ACB ist gleichschenklig; somit ist $\gamma_3 = \gamma_4$, und es folgt für den Winkel α mithilfe der Winkelsumme in diesem Dreieck:

$\gamma_3 + \gamma_4 + \alpha = 180° \quad \Leftrightarrow \quad \alpha = 180° - \gamma_3 - \gamma_4 = 180° - 72° - 72° = \mathbf{36°}$

30. Die Winkel betragen 90°, ca. 37° und ca. 53°.

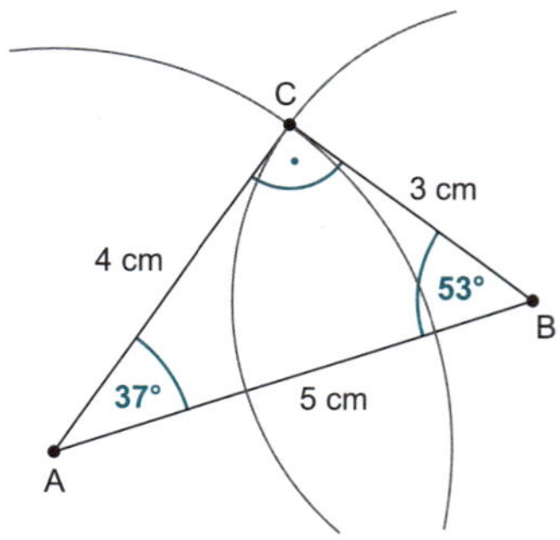

31. a) $a + c = 9{,}7$ cm $< b = 10{,}1$ cm; es gibt kein Dreieck mit diesen Seitenlängen.

b) $a + b = 5{,}5$ cm $< c = 6{,}2$ cm; auch diese Seitenlängen ergeben kein Dreieck.

c) Die beiden kleinsten Seiten sind zusammen größer als die größte; somit ist dieses Dreieck konstruierbar.

32. Die Seite c muss größer als 6,3 cm − 2,8 cm = 3,5 cm und kleiner als 6,3 cm + 2,8 cm = 9,1 cm sein.

33. Wir betrachten zunächst das **Dreieck ACD**:
Wenn [AD] die längste Seite ist, dann muss diese kleiner als die Summe der beiden anderen Seiten sein; daher ist $|AC| > 5{,}1 - 4{,}6 = 0{,}5$.
Wenn [AC] dagegen die größte Seite ist, dann ist diese kleiner als die Summe der beiden anderen:

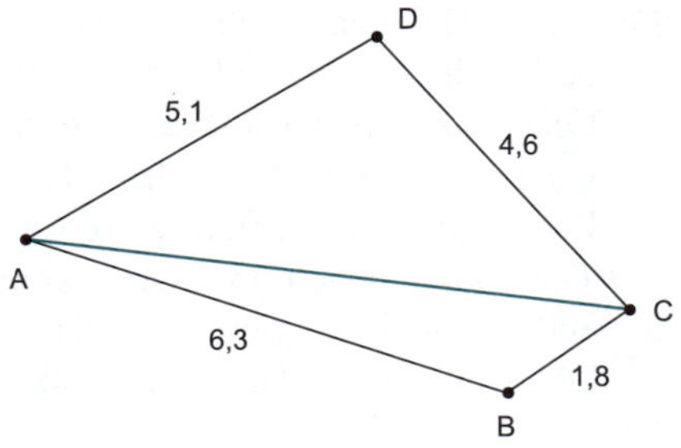

$|AC| < 5{,}1 + 4{,}6 = 9{,}7$
Dieselbe Überlegung wird im **Dreieck ABC** angestellt; hier ergibt sich:
$|AC| > 6{,}3 - 1{,}8 = 4{,}5$ sowie $|AC| < 6{,}3 + 1{,}8 = 8{,}1$
Alle vier Bedingungen führen zu $4{,}5 < |AC| < 8{,}1$.
Die Entfernung von A nach C beträgt mehr als 4,5 km und weniger als 8,1 km.

34. Die gesuchten Punkte liegen auf dem Thaleskreis über der angegebenen Strecke.

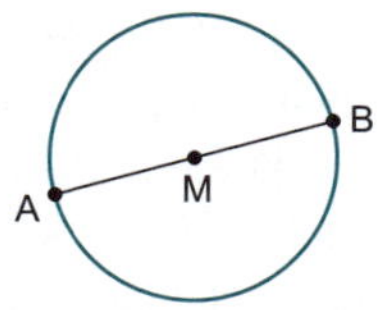

35. Das Dreieck ABD ist gleichschenklig, da die Seiten [AB] und [BD] gleich lang sind (die Punkte A und D liegen auf einem Kreis um B). Daher ist:
$\beta_1 + \beta_3 = 55°$
Wegen der Winkelsumme im Dreieck ABD gilt für den Winkel β bei B:
$\beta = 180° - 2 \cdot 55° = 70°$
Das Dreieck ABC hat bei C einen rechten Winkel, da C auf dem Thaleskreis über [AB] liegt. Daraus ergibt sich wegen der Winkelsumme im Dreieck ABC:
$\boldsymbol{\beta_3} = 180° - 90° - \beta = 180° - 90° - 70° \mathbf{= 20°}$
Da $\beta_1 + \beta_3 = 55°$ ist, ergibt sich nun:
$\boldsymbol{\beta_1} = 55° - \beta_3 = 55° - 20° \mathbf{= 35°}$
Da das Dreieck ABE ebenfalls rechtwinklig (bei E) ist und da E auf dem Thaleskreis über [AB] liegt, folgt für β_4:
$\boldsymbol{\beta_4} = 180° - 90° - (\beta_1 + \beta_3) \mathbf{= 35°}$
Weil das Dreieck ASE bei E ebenfalls rechtwinklig ist, ergibt sich:
$\boldsymbol{\beta_2} = 180° - 90° - \beta_1 \mathbf{= 55°}$

36. Da der Drachen zwei rechte Winkel besitzt, liegen die beiden zugehörigen Ecken auf dem Thaleskreis über der Diagonalen durch die anderen beiden Eckpunkte, die ebenfalls auf diesem Thaleskreis liegen. Der Thaleskreis enthält somit alle vier Eckpunkte des Drachens und ist daher sein Umkreis.

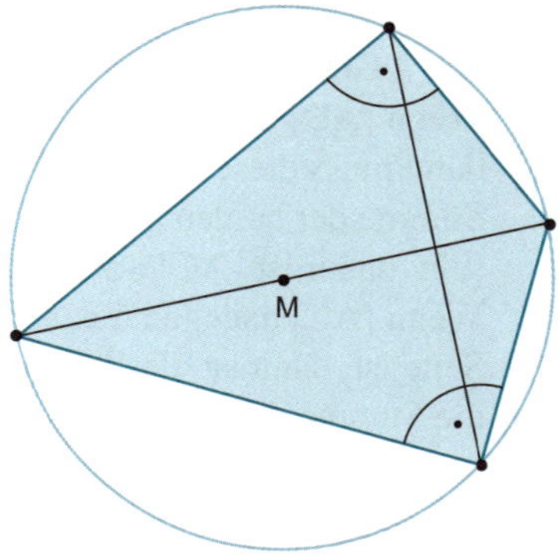

37. Wir wollen zeigen, dass $\gamma > 90°$ sein muss, wenn C im Innern des Thaleskreises über [AB] liegt.

Das Dreieck ABC' ist rechtwinklig, da C' auf dem Thaleskreis über [AB] liegt. Daher ist auch das Dreieck BC'C bei C' rechtwinklig. Dies bedeutet aber, dass die beiden anderen Winkel des Dreiecks BC'C jeweils kleiner als 90° sein müssen (da sie zusammen genau 90° ergeben). Insbesondere ist der Winkel $\sphericalangle BCC'$ kleiner als 90°. Da γ ein Nebenwinkel zum Winkel $\sphericalangle BCC'$ ist, muss daher γ größer als 90° sein.

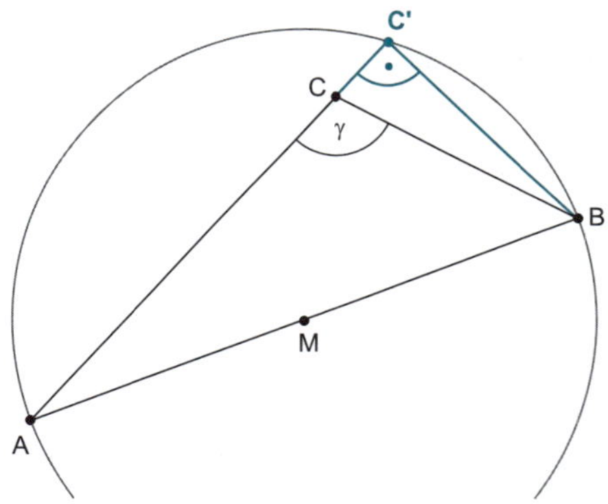

38. Die Parallelität von Bildstrecke und Strecke wird ersichtlich, wenn man zunächst die Gerade AB und eine Parallele p zu dieser Gerade durch S betrachtet.

Jeder beliebige Punkt auf der Geraden AB wird an S so gespiegelt, dass sein Bildpunkt auf der anderen Seite von p liegt und daher kein Bildpunkt auf p liegen kann.

Wir nehmen jetzt einmal an, dass die Bildgerade A'B' nicht parallel zu AB ist.

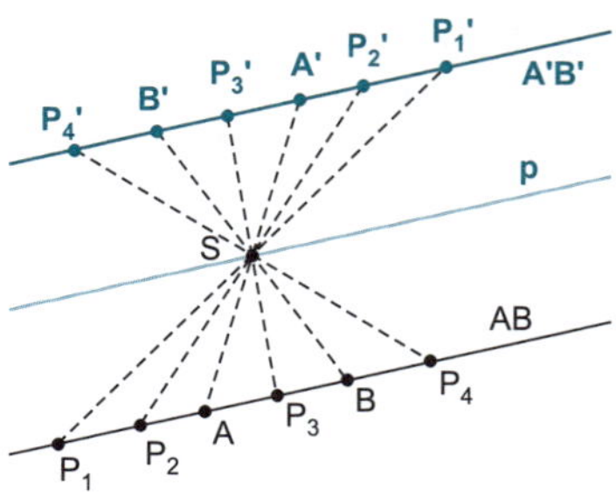

Dann müssen sich die Geraden AB und A'B' in einem Punkt schneiden. In diesem Fall müsste aber die Gerade A'B' auch die Gerade p schneiden, sonst würde die Gerade A'B' nie die Gerade AB erreichen. Dies ist jedoch nicht möglich, da – wie schon am Anfang überlegt – kein Bildpunkt auf p liegen kann. Daher muss die Gerade A'B' parallel zu AB sein und damit auch die Strecke [A'B'] parallel zur Strecke [AB].

39. a) 1. Zeichne die Strecke [AB] der Länge $c = 6{,}8$ cm.
2. Trage den Winkel $\alpha = 80°$ in A an c an; erhalte freien Schenkel b.
3. Konstruiere die Winkelhalbierende w_α von α:
Kreis mit beliebigem Radius um A schneidet b in H_1 und c in H_2.
Kreise um H_1 bzw. H_2 mit demselben Radius schneiden sich in den Punkten A und H_3. AH_3 ist die Winkelhalbierende w_α.
4. Kreis um A mit Radius 5,2 cm schneidet w_α im Punkt D (und D').
5. Die Gerade BD schneidet den freien Schenkel b im Punkt C.
6. Das Dreieck ABC ist das gesuchte Dreieck.

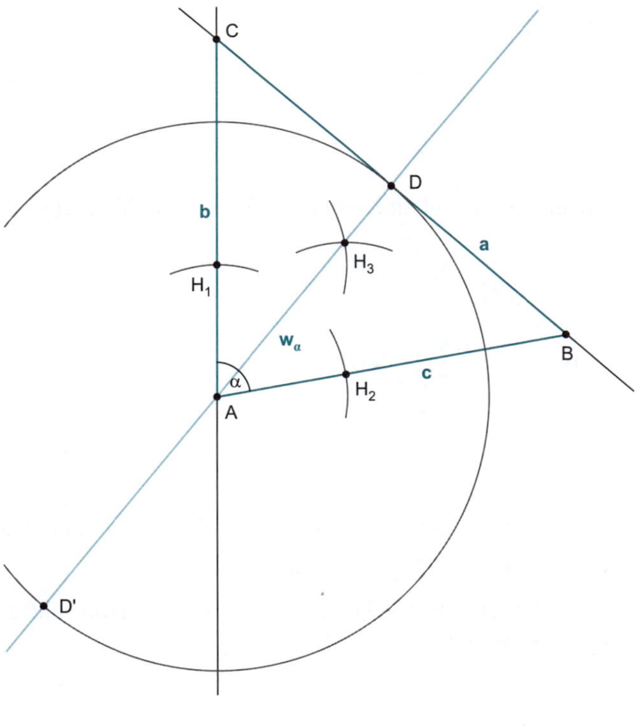

b) **Zentrale Idee** für die Konstruktion: Der Mittelpunkt M des Umkreises ist 4 cm von B und C entfernt (wird in Konstruktionsschritt 3 verwendet).

1. Zeichne die Strecke [BC] der Länge $a=4{,}2$ cm.
2. Trage den Winkel $\gamma=65°$ in C an a an; erhalte freien Schenkel b.
3. Kreise um B und C mit dem Radius $r=4$ cm schneiden sich in M (und M').
4. Kreis k um M mit Radius $r=4$ cm schneidet b in A und C.
5. Das Dreieck ABC ist das gesuchte Dreieck.

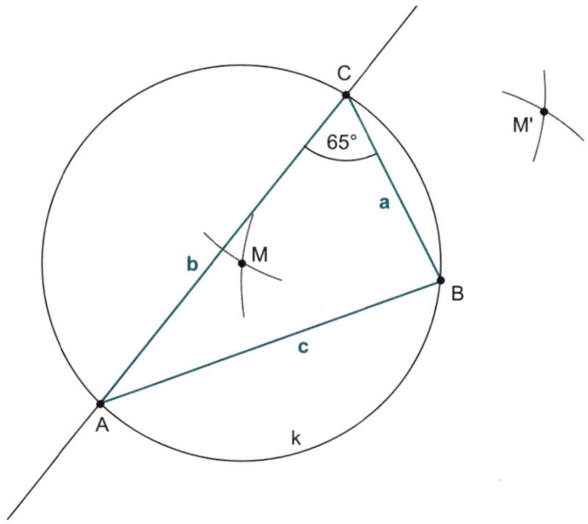

c) **Zentrale Idee:** Die Seitenhalbierenden teilen sich im Verhältnis 2 : 1.

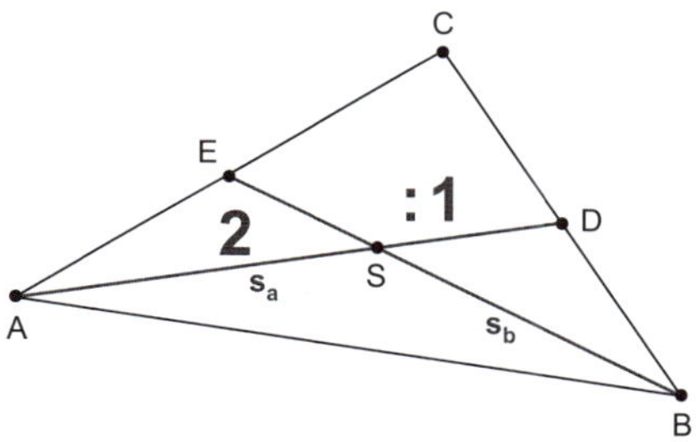

Daher konstruiert man zunächst das Dreieck ABS mit den Seitenlängen
$c=5{,}2$ cm, $\frac{2}{3}s_a=4{,}2$ cm, $\frac{2}{3}s_b=3{,}6$ cm

und verlängert danach die Strecken [AS] bzw. [BS] um die Hälfte ihrer Längen bis zu den Punkten D bzw. E.

1. Zeichne Strecke [AB] der Länge $c = 5{,}2$ cm.
2. Kreis um A mit Radius 4,2 cm schneidet Kreis um B mit Radius 3,6 cm im Punkt S (und S', der nicht weiterverwendet wird).
3. Kreis um A mit Radius $s_a = 6{,}3$ cm schneidet die Halbgerade AS im Punkt D.
4. Kreis um B mit Radius $s_b = 5{,}4$ cm schneidet die Halbgerade BS im Punkt E.
5. Halbgerade AE schneidet Halbgerade BD im Punkt C.
6. Dreieck ABC ist das gesuchte Dreieck.

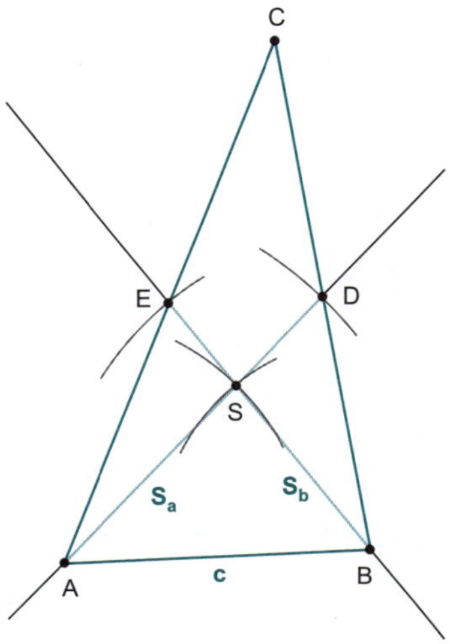

d) **Zentrale Idee:** Damit der Winkel γ verwendet werden kann, muss mit der Höhe h_a begonnen werden.
1. Zeichne Strecke [AF] der Länge $h_a = 5{,}8$ cm.
2. Orthogonale zu [AF] durch F ergibt Gerade a.
3. Trage Winkel γ in beliebigem Punkt C' auf a an; erhalte freien Schenkel b'.
4. Parallele zu b' durch A schneidet a in C.
5. Kreis um A mit Radius r = c schneidet a in B.
6. Dreieck ABC ist das gesuchte Dreieck.

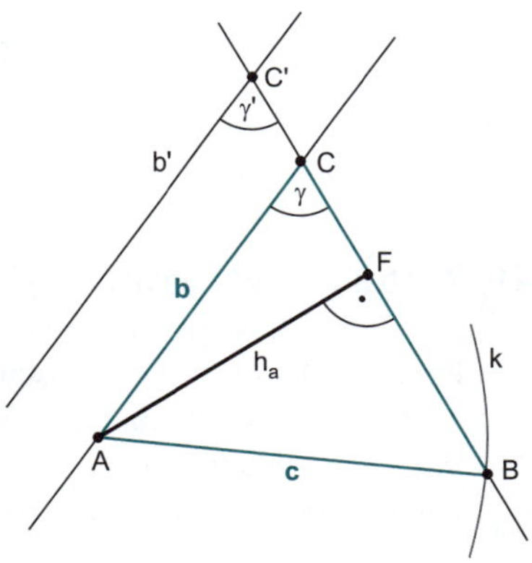

40. 1. Zeichne Strecke [AB] der Länge c = 5 cm.
2. Kreis um A mit Radius b = 4 cm schneidet Kreis um B mit Radius a = 3 cm im Punkt C (und C').
3. Zu dem Dreieck ABC wird der Umkreis konstruiert: Die Mittelsenkrechten von [AB], [AC] und [BC] schneiden sich im Punkt M.
4. Der Kreis um M mit Radius |AM| ist der gesuchte Umkreis.

Der Umkreismittelpunkt liegt auf der Strecke [AB] (und zwar genau in der Mitte dieser Strecke). Das Dreieck ABC ist rechtwinklig bei C (dies wird später mithilfe des Satzes des Pythagoras nachgewiesen werden können).

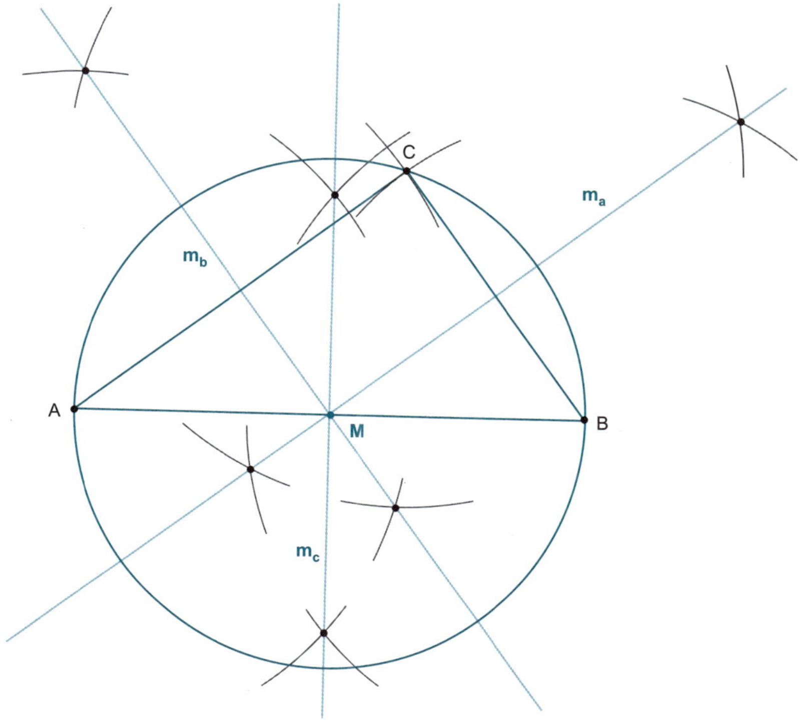

41. **Zentrale Idee:** Punkte, die gleich weit von zwei gegebenen Punkten entfernt sind, liegen auf der Mittelsenkrechten zu diesen zwei Punkten. Der gesuchte Punkt X, der denselben Abstand zu A und zu B haben soll, liegt also auf der Mittelsenkrechten von [AB]. Da sein Abstand zu C ebenfalls gleich sein soll, muss er auch auf den anderen beiden Mittelsenkrechten liegen und somit der Schnittpunkt der drei Mittelsenkrechten sein.

1. Zeichne die gegebenen Punkte A, B, C in ein Koordinatensystem ein.
2. Konstruiere die Mittelsenkrechten von [AB], [AC] und [BC].
3. Der Schnittpunkt der drei Mittelsenkrechten **X** ist der gesuchte Punkt.

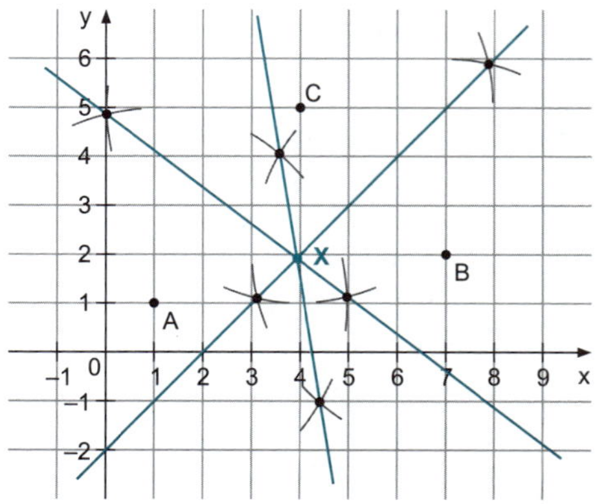

42. **Zentrale Idee:** Die gesuchten Punkte müssen auf der Mittelparallelen von a und b liegen, da sie von a und b gleich weit entfernt sein sollen. Außerdem müssen sie auf einer Winkelhalbierenden von b und g liegen, da sie auch von diesen beiden Geraden gleich weit entfernt sein sollen (dann liegen sie natürlich auch auf einer Winkelhalbierenden von a und g).

1. Zeichne die Parallelen a und b sowie die Gerade g.
2. Zeichne die Mittelparallele m von a und b.
3. Zeichne die beiden Winkelhalbierenden von b und g.
4. Die Schnittpunkte der Mittelparallelen mit den beiden Winkelhalbierenden sind die gesuchten Punkte $\mathbf{A_1}$ und $\mathbf{A_2}$.

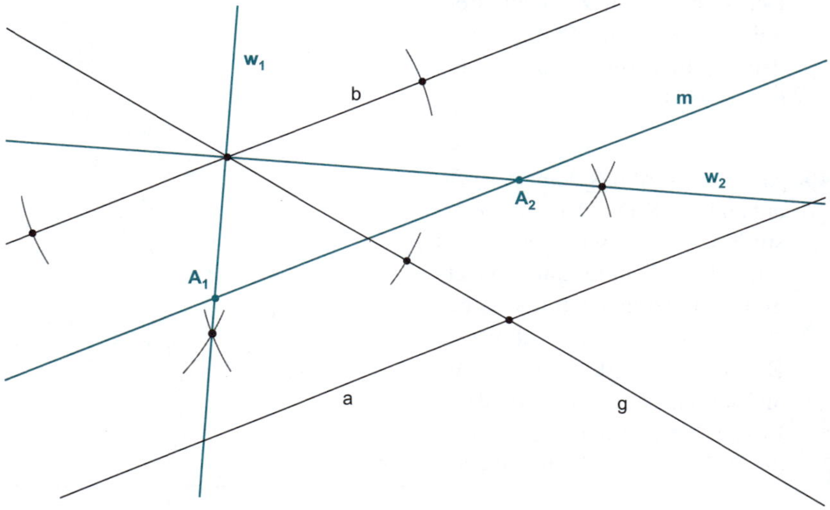

43. Die drei Orte werden gezeichnet (B liegt 16 Einheiten rechts von A; C liegt 14 Einheiten im Winkel von 45° von B entfernt). Der Schnittpunkt W der Mittelsenkrechten ist der geeignete Ort für das Wasserwerk, weil dieser Schnittpunkt der Umkreismittelpunkt des Dreiecks ABC ist und somit gleich weit (ca. 8,2 km) von A, B und C entfernt ist.

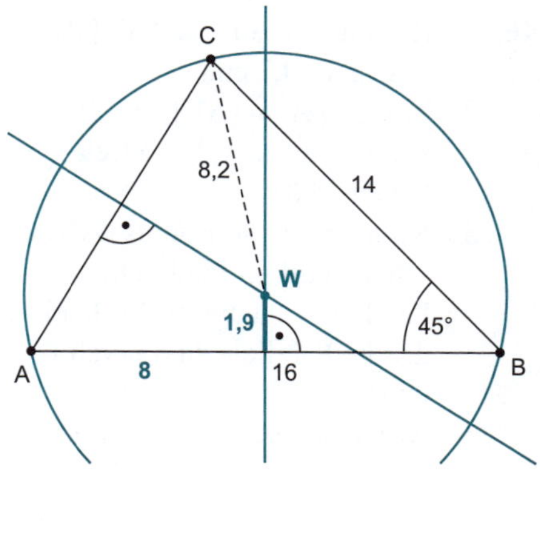

Das Wasserwerk sollte 8 km östlich und ca. 1,9 km nördlich von A errichtet werden.

44. **Zentrale Idee:** Der Inkreis des Dreiecks ist der größtmögliche Kreis, der ganz im Dreieck liegt. Zunächst wird aus den drei Seitenlängen ein Dreieck ABC konstruiert. Mithilfe zweier Winkelhalbierenden w_1 und w_2, die sich im Punkt M schneiden, wird der Mittelpunkt M des Springbrunnens bestimmt.
Der Abstand von M zu den drei Seiten beträgt ca. 1,90 m, sodass der Durchmesser ca. 3,80 m betragen wird.

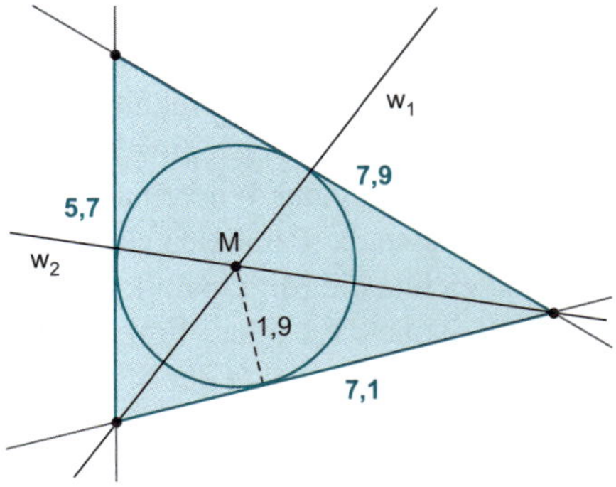

45. Zunächst wird das Sonnensegel anhand der Kantenlängen konstruiert. Danach wird der Schwerpunkt L als Schnittpunkt zweier Seitenhalbierenden s_1 und s_2 bestimmt. Nun kann man abmessen: Der Schwerpunkt ist ca. 3,90 m auf der längsten Kante von der Ecke E entfernt und liegt von dieser Kante ca. 1,90 m entfernt.

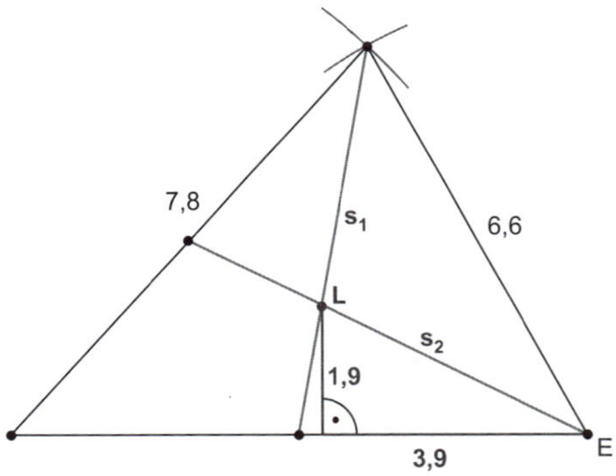

46.
1. Zeichne die Strecke [AB] der Länge a = 4,2 cm.
2. Trage in A an [AB] den Winkel $\alpha = 48°$ an; erhalte freien Schenkel d.
3. Kreis um A mit Radius |AB| schneidet d im Punkt D.
4. Parallele zu a durch D schneidet die Parallele zu d durch B im Punkt C.
5. ABCD ist die gesuchte Raute.

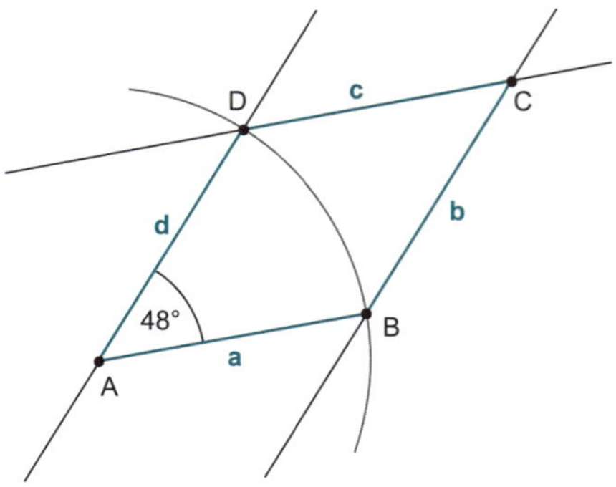

47. 1. Zeichne die Strecke [AB] der Länge $a = 6{,}2$ cm.
2. Trage den Winkel $\alpha = 51°$ in A an a an; erhalte freien Schenkel d.
3. Kreis um A mit Radius $b = 4{,}2$ cm schneidet d im Punkt D.
4. Parallele durch D zu a schneidet Parallele durch B zu d im Punkt C.
5. ABCD ist das gesuchte Parallelogramm.

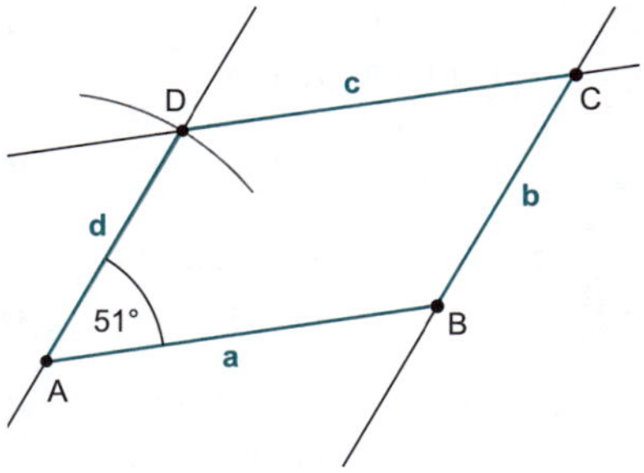

48. 1. Zeichne die Strecke [BC] der Länge $b = 4{,}8$ cm.
2. Trage an b in C den Winkel $\gamma = 120°$ an; erhalte freien Schenkel c.
3. Trage an b in B den Winkel $\beta = 110°$ an; erhalte freien Schenkel a.
4. Kreis um C mit Radius $c = 2{,}8$ cm schneidet c im Punkt D.
5. Kreis um B mit Radius $a = 3{,}2$ cm schneidet a im Punkt A.
6. ABCD ist das gesuchte Viereck.

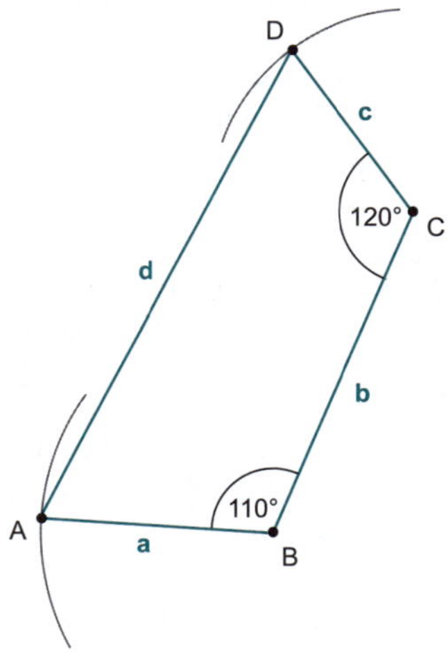

49. 1. Zeichne die Strecke [CD] der Länge $c = 3{,}8$ cm.
2. Trage Winkel $\gamma = 78°$ an [CD] in C an; erhalte freien Schenkel b.
3. Kreis um C mit Radius $b = 5{,}4$ cm schneidet b im Punkt B.
4. Kreis um B mit Radius $a = 2{,}8$ cm schneidet Kreis um D mit Radius $d = 3{,}5$ cm in den Punkten A und A'.
5. Vierecke ABCD und A'BCD sind die gesuchten Vierecke.

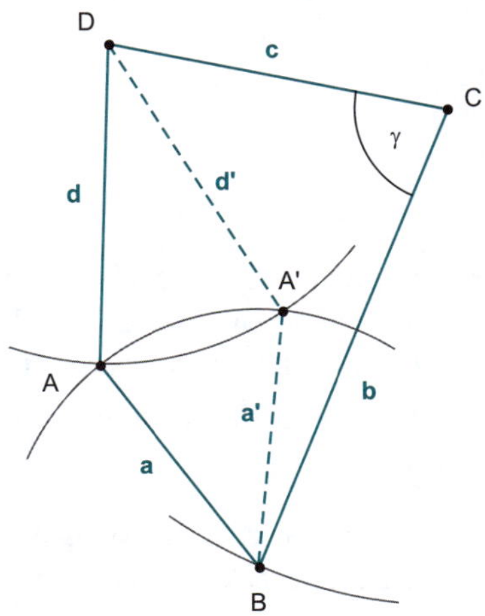

50. a) Wahr; jedes Rechteck hat paarweise parallele Seiten, ist also auch ein Parallelogramm.

b) Falsch; eine Raute ist nur dann ein Quadrat, wenn alle Winkel 90° sind.

c) Wahr; wenn eine Raute einen 90°-Winkel besitzt, dann sind alle Winkel gleich 90°; außerdem sind alle Seiten gleich lang.

d) Falsch; ein Rechteck mit gleich langen Seiten ist ein Quadrat und gleichzeitig auch eine Raute.

e) Falsch; da die Diagonalen einer Raute verschieden lang sein können, gibt es in solch einem Fall keinen Umkreis.

f) Wahr; wenn ein Parallelogramm einen Inkreis besitzt, dann sind die Diagonalen gleichzeitig Winkelhalbierenden und damit Symmetrieachsen des Parallelogramms, welches wegen der Symmetrieachsen eine Raute sein muss.

g) Wahr; wenn ein Rechteck einen Inkreis besitzt, dann sind die Diagonalen gleichzeitig Winkelhalbierenden und Symmetrieachsen des Rechtecks, sodass dieses gleichzeitig ein Quadrat sein muss.

h) Wahr; nur ein Quadrat hat wegen der seitenparallelen Symmetrieachsen gleich große Winkel und wegen der Diagonalen-Symmetrieachsen gleich lange Seiten.

i) Falsch; wie in der Skizze ersichtlich ist, hat z. B. auch ein symmetrisches Trapez einen In- und einen Umkreis.

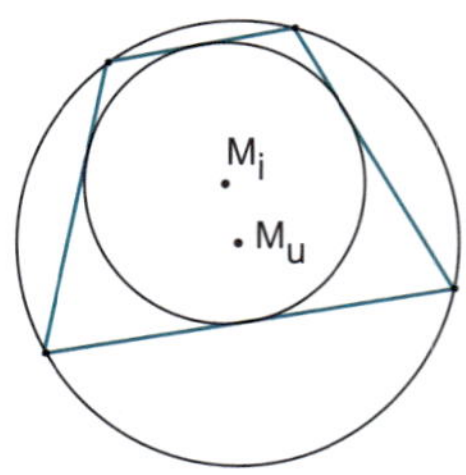

51. Ein regelmäßiges Siebeneck ist aus sieben gleichschenkligen Dreiecken aufgebaut, deren Scheitelwinkel zusammen einen Vollwinkel bilden.
Der Scheitelwinkel ist daher $\gamma = \frac{360°}{7}$.
Wegen der Winkelsumme in jedem der Dreiecke gilt für die Basiswinkel:
$2\alpha + \gamma = 180° \quad \Leftrightarrow \quad \alpha = 90° - \frac{\gamma}{2} = 90° - \frac{360°}{14} = \frac{900°}{14}$
Da immer zwei Basiswinkel einen Winkel des Siebenecks ergeben, besitzt das Siebeneck die Innenwinkel $\frac{900°}{7}$.
Alle sieben Innenwinkel zusammen ergeben folglich die Winkelsumme 900°.

52. a) Trägt man die einzelnen Drehwinkel an einem Punkt an, indem man die gestrichelten Richtungen parallel verschiebt, sieht man leicht, dass der Jogger sich insgesamt um 360° nach links gedreht hat.

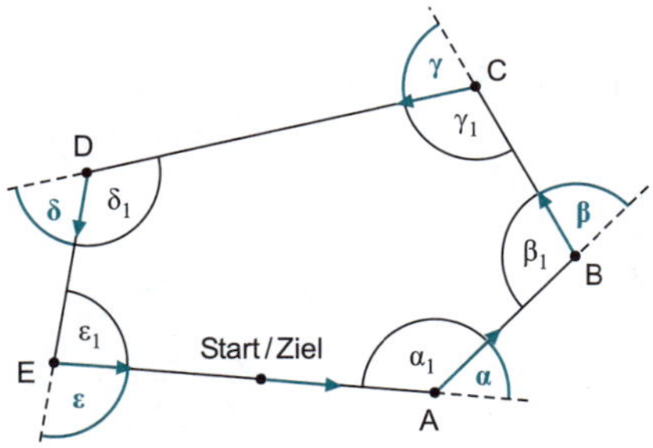

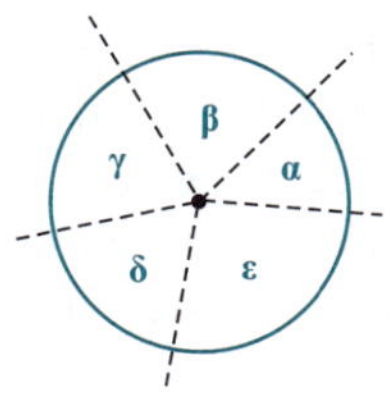

b) Die fünf schwarz markierten Innenwinkel des Fünfecks ABCDE ergeben zusammen mit den fünf grün gezeichneten Drehwinkeln insgesamt fünf gestreckte Winkel, also zusammen $5 \cdot 180° = 900°$. Subtrahiert man davon die fünf Drehwinkel, die zusammen 360° ergeben, erhält man für die Summe der fünf Innenwinkel $900° - 360° = \mathbf{540°}$.

53. Ein Achteck hat gemäß der Formel für die Eckenzahl $n = 8$ genau $\frac{8 \cdot (8-3)}{2} = 20$ Diagonalen.

54. Gleich lange Diagonalen besitzen das Quadrat, das gleichschenklige Trapez und das Rechteck.
Die Diagonalen stehen beim Quadrat, bei der Raute und bei einem Drachen senkrecht aufeinander.

55. Die Summe der Innenwinkel eines Fünfecks beträgt mit $n = 5$:
$(n-2) \cdot 180° = 3 \cdot 180° = 540°$
Daher ist jeder Innenwinkel $\frac{540°}{5} = 108°$ groß:
$\beta = 108°$

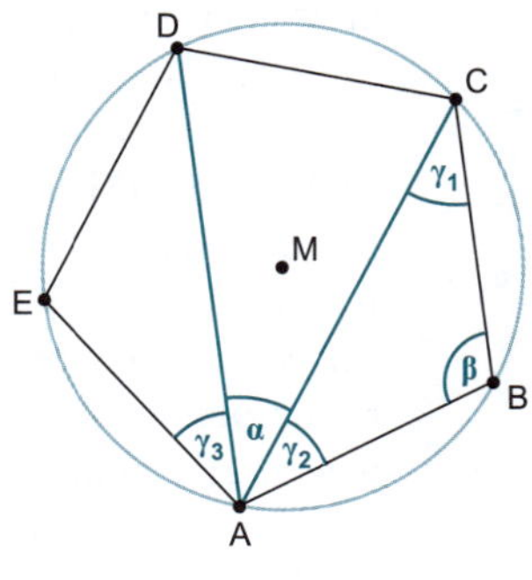

Das Dreieck ABC ist gleichschenklig, da es zwei Seiten des regelmäßigen Fünfecks enthält. Daher sind die Basiswinkel γ_1 und γ_2 gleich groß, sodass mithilfe der Winkelsumme in diesem Dreieck folgt:

$$\gamma_1 + \gamma_2 + \beta = 180° \quad \Leftrightarrow \quad 2\gamma_2 + \beta = 180°$$
$$\Leftrightarrow \quad 2\gamma_2 = 180° - \beta$$
$$\Leftrightarrow \quad \gamma_2 = \frac{180° - 108°}{2} = 36°$$

Wegen der Symmetrie ist nun auch $\gamma_3 = 36°$.
Somit folgt mit dem Fünfeckwinkel bei A von 108°:
$\gamma_3 + \alpha + \gamma_2 = 108° \quad \Leftrightarrow \quad \boldsymbol{\alpha} = 108° - \gamma_3 - \gamma_2 = 108° - 36° - 36° \mathbf{= 36°}$

56. **Zentrale Idee:** Konstruiere einen Punkt P, der einen Tangentenabschnitt von 4 cm besitzt. Alle gesuchten Punkte liegen wegen der Symmetrie des Kreises auf einem Kreis um M durch diesen Punkt P.

1. Gegeben: Kreis k mit Mittelpunkt M und Radius r = 3 cm.
2. B sei ein Kreispunkt. Konstruiere die Tangente t in B an den Kreis k.
3. Kreis um B mit Radius 4 cm schneidet t in den Punkten P und P'.
4. Die gesuchten Punkte liegen auf einem Kreis k' um M durch P.

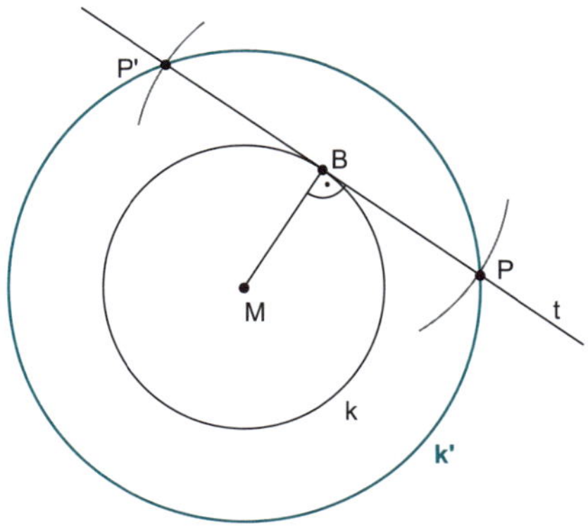

57. Gegeben ist der Kreis k mit Mittelpunkt M und der Punkt A.
Da die Tangenten orthogonal auf dem Berührradius stehen, liegen die Berührpunkte auf dem Thaleskreis über der Strecke [MA]:

1. Konstruiere die Mitte M_T der Strecke [MA].
2. Zeichne den Thaleskreis über der Strecke [MA] mit Mittelpunkt M_T und Radius $r = |MM_T|$.
3. Die Schnittpunkte B_1 und B_2 der beiden Kreise sind die Berührpunkte der beiden Tangenten; zeichne die gesuchten Tangenten AB_1 und AB_2.

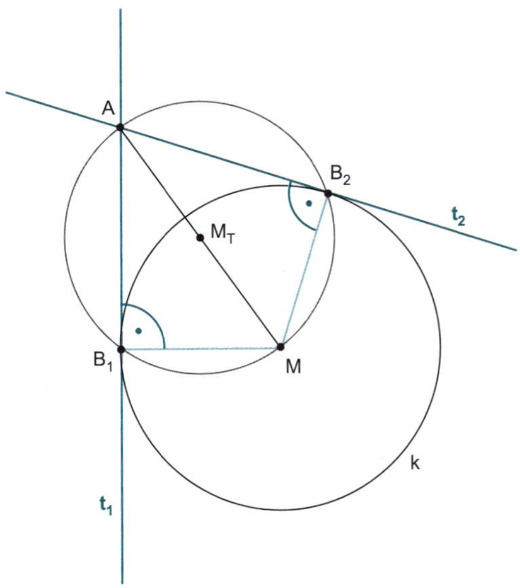

58. Man zeichnet eine Mittellinie m sowie eine Parallele p im Abstand der halben Korbbreite 0,6 cm (Maßstab 1 : 100).

In einem Punkt A auf der Parallele p wird der halbe Öffnungswinkel von 22° angetragen und auf dem freien Schenkel eine Strecke von 11,3 cm abgetragen, sodass man den Berührpunkt B an den Kreis erhält.

In B wird das Lot auf die Strecke [AB] errichtet, das die Mittellinie m im Punkt M schneidet. Die Länge der Strecke [BM] ist der Radius des kugelförmigen Ballonteils.

Der Durchmesser des Heißluftballons beträgt etwa 10,4 m (Durchmesser des Kreises $= 2 \cdot |BM| \approx 10{,}4$ cm).

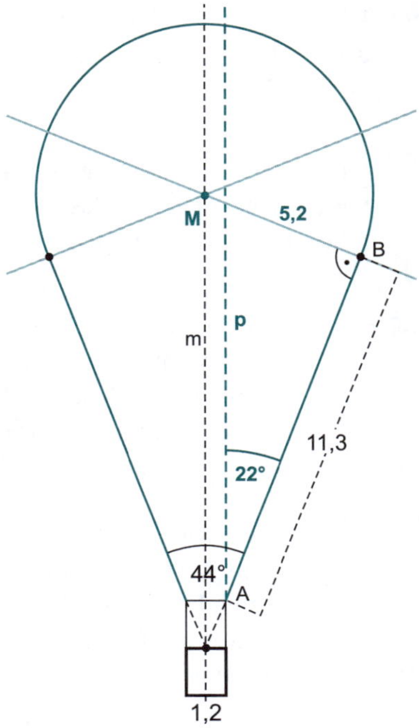

59. Zunächst wird die horizontale Strecke der Länge 7,5 m vom Fußpunkt des Beobachters P zum Punkt A gezeichnet. Der Gasspeicher beginnt 3,90 m über diesem Punkt A, und der Mittelpunkt M des Gasspeichers liegt nochmals 3,40 m darüber, sodass man den Mittelpunkt des Gasspeichers insgesamt 7,30 m über A einzeichnet.

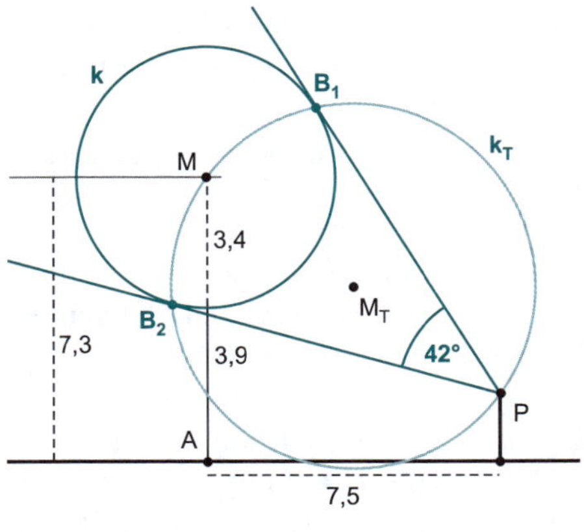

Gesucht sind die beiden Tangenten von P aus an den Kreis k um M mit Radius $r = \frac{d}{2} = 3{,}40$ m. Daher wird der Thaleskreis k_T über der Strecke [MP] errichtet. Die Schnittpunkte der Kreise k und k_T sind B_1 und B_2, deren Verbindungsgeraden mit P die beiden Tangenten sind. Ausmessen des Winkels zwischen den beiden Tangenten ergibt ungefähr das Winkelmaß 42°.

60. Da bei einem Sehnenviereck gegenüberliegende Winkel zusammen 180° ergeben, folgt:
$\alpha+\gamma=180° \Leftrightarrow \gamma=180°-\alpha=\mathbf{102°}$ und $\beta+\delta=180° \Leftrightarrow \delta=180°-\beta=\mathbf{94°}$

61. Die Summen jeweils gegenüberliegender Seiten sind bei einem Tangentenviereck stets gleich, sodass hieraus folgt:
$a+c=b+d \Leftrightarrow d=a+c-b=\mathbf{5{,}2\ cm}$

62. a)
1. Zeichne Strecke [AB] mit $a=3$ cm.
2. Trage Winkel $\beta=73°$ an a in B an; erhalte freien Schenkel b.
3. Kreis um B mit Radius $b=4{,}2$ cm schneidet b in C.
4. Konstruiere Umkreis k des Dreiecks ABC.
5. Kreis um C mit Radius $c=2{,}8$ cm schneidet k in den Punkten D und D'.
6. Viereck ABCD ist das gesuchte Sehnenviereck.

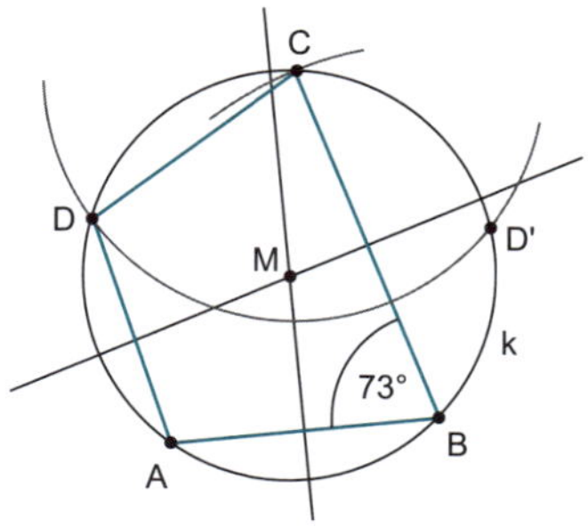

b) **Zentrale Idee:** Konstruktion der Länge der vierten Seite d über den Satz für Tangentenvierecke:
$a+c=b+d \Leftrightarrow d=a+c-b$
Hilfskonstruktion zur Bestimmung der Länge von d:

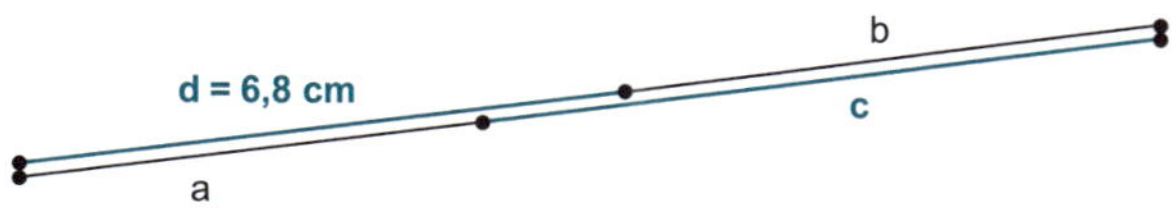

Konstruktionsbeschreibung für das Tangentenviereck:
1. Zeichne Strecke [AB] mit $a=5{,}2$ cm.
2. Trage an a in B den Winkel $\beta=115°$ an; erhalte freien Schenkel b.
3. Kreis um B mit Radius $b=6{,}1$ cm schneidet b in C.
4. Kreis um C mit Radius $c=7{,}7$ cm schneidet Kreis um A mit Radius $d=6{,}8$ cm in den Punkten D und D'.
5. ABCD ist das gesuchte Tangentenviereck.
6. Die Winkelhalbierenden von α und β schneiden sich in M.
7. Lot von M auf AB geschnitten mit AB ergibt Lotfußpunkt L.
8. Kreis um M mit Radius $r_i=|ML|$ ist der Inkreis des Tangentenvierecks.

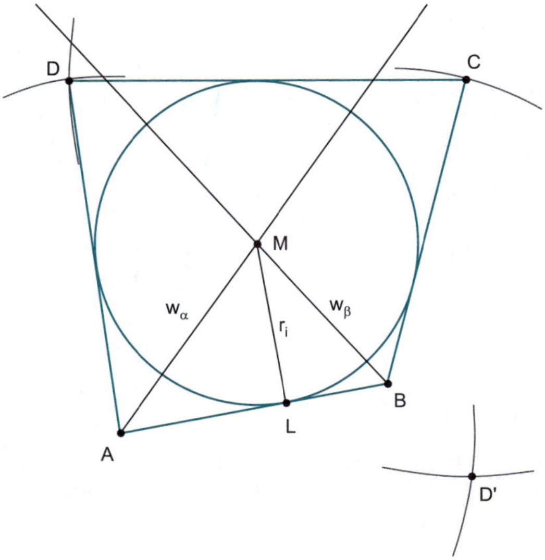

63. Das Sehnenviereck kann z. B. so konstruiert werden, dass man zunächst einen beliebigen Kreis und zwei Punkte A und B auf dem Kreis zeichnet. Die Orthogonale zu AB im Punkt A schneidet den Kreis z. B. im Punkt D. Nun wählt man einen beliebigen vierten Punkt C auf dem Kreisbogen zwischen B und D und zeichnet das Sehnenviereck ABCD.

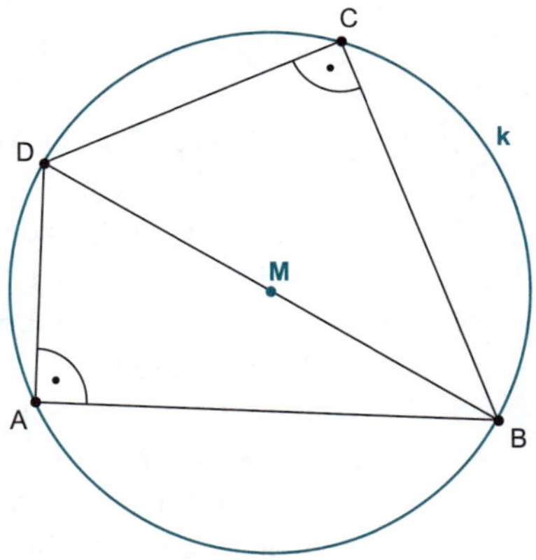

Beim Nachmessen der Winkel erhält man außer dem Winkel bei A nochmals einen rechten Winkel bei C.
Dies kann man dadurch erklären, dass bei einem Sehnenviereck gegenüberliegende Winkel zusammen 180° ergeben; ist einer der beiden Winkel 90°, muss der andere auch 90° sein.
Weiterhin ist die Diagonale [DB] ein Durchmesser des Kreises; dies liegt daran, dass der Kreis k der Thaleskreis über dieser Strecke sein muss, da der Winkel bei A ein rechter ist.

64. Zentrale Idee: Zeichne einen Winkel von 70° an einem Kreispunkt und bestimme die dazugehörige Sehne. Über dieser Sehne sind alle Umfangswinkel gleich und somit 70°.

1. Gegeben: beliebiger Kreis mit Mittelpunkt M.
2. Wähle beliebige Punkte A und B auf dem Kreis.
3. Trage den Winkel 70° an AB in B an; erhalte freien Schenkel g.
4. g schneidet den Kreis im Punkt C.
5. Die Strecke [AC] ist die gewünschte Sehne.

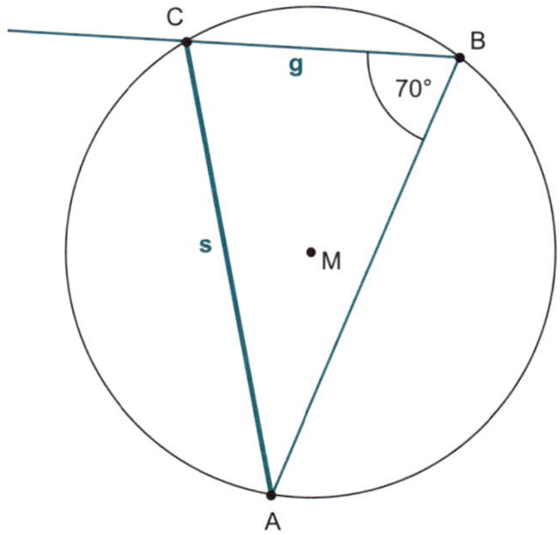

Wenn der Umfangswinkel ein rechter Winkel ist, dann ist die Sehne ein Durchmesser des Kreises (und der Kreis der Thaleskreis über dieser Sehne).

65. **Zentrale Idee:** Der Sehnen-Tangentenwinkel ist genauso groß wie ein zu derselben Sehne gehörender Umfangswinkel (auf der anderen Seite der Sehne).

1. Gegeben: Strecke [AB] der Länge 6 cm.
2. Trage den Winkel 75° an AB in A an; erhalte Gerade h.
3. Zeichne das Lot zur Geraden h in A; erhalte Hilfsgerade g.
4. Konstruiere die Mittelsenkrechte m_s der Strecke [AB].
5. Der Schnittpunkt von g und m_s ist der Mittelpunkt des gesuchten Kreises, auf dem alle Punkte mit dem angegebenen Blickwinkel liegen (diese Punkte müssen auf dem Kreis auf derselben Seite der Sehne wie P liegen).

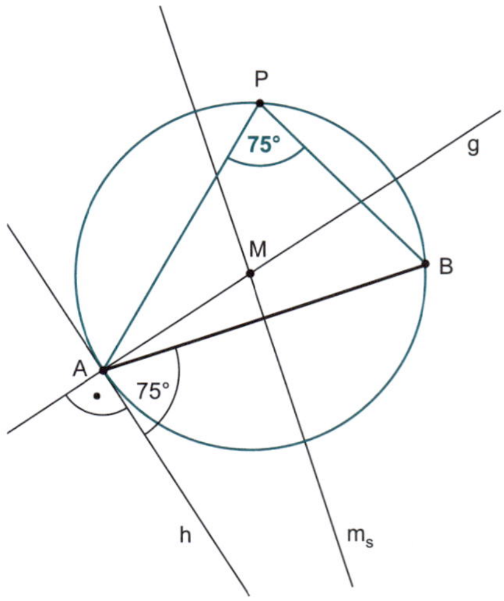

66. **Zentrale Idee:** Konstruiere mithilfe des Umfangswinkelsatzes in dem gegebenen Kreis eine beliebige Sehne, die zum Umfangswinkel 68° gehört. Konstruiere danach mithilfe der Seitenhalbierenden den gesuchten dritten Eckpunkt des Dreiecks.

1. Gegeben: Kreis k mit Mittelpunkt M und Radius 4,2 cm.
2. Wähle beliebige Punkte A und H auf dem Kreis k; erhalte Strecke [AH].
3. Trage den Winkel 68° an [AH] im Punkt H an; erhalte freien Schenkel h.
4. h schneidet den Kreis k im Punkt B; erhalte gesuchte Seite [AB] = c.
5. M_c ist die Mitte der Seite [AB].
6. Kreis um M_c mit Radius s_c schneidet k in zwei Punkten C und C'.
7. Die Dreiecke ABC und ABC' sind die gesuchten Dreiecke.

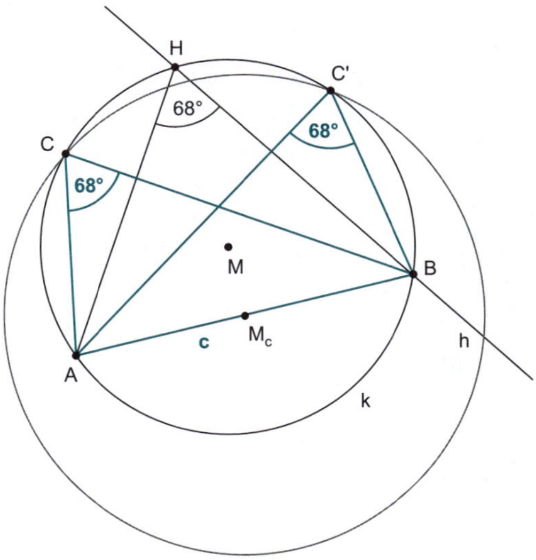

67. α ist ein Umfangswinkel über der Sehne AE zum Mittelpunktswinkel 62° und hat daher die Weite **α = 31°**.
λ ist ein Umfangswinkel zu derselben Sehne und hat daher ebenfalls die Winkelweite **λ = 31°**.
β ist der Mittelpunktswinkel über der Sehne ED, zu der ein Umfangswinkel (bei C) von 36° gehört. **β** hat also die Weite **72°**.
γ ist ebenfalls ein Umfangswinkel über der Sehne ED und besitzt daher ebenfalls die Winkelweite **γ = 36°**.
Das Dreieck AMD ist gleichschenklig; also ist ε = δ. Zusammen mit der Winkelsumme in diesem Dreieck folgt:
$\delta + \varepsilon + \beta + 62° = 180° \;\Leftrightarrow\; 2\delta = 180° - 62° - \beta = 46° \;\Leftrightarrow\; \mathbf{\delta = \varepsilon = 23°}$
Die Winkelsumme im Dreieck EMD liefert:
$\beta + \varepsilon + \lambda + \mu + 19° = 180° \;\Leftrightarrow\; \mu = 180° - \beta - \varepsilon - \lambda - 19° = \mathbf{35°}$
Ebenso liefert die Winkelsumme im Dreieck AME:
$\eta = 180° - 62° - \delta - \gamma = \mathbf{59°}$
κ lässt sich über die Winkelsumme im Dreieck CDE bestimmen:
$\kappa = 180° - 36° - \mu - \lambda - \varepsilon = \mathbf{55°}$
Das Viereck ABCE ist ein Sehnenviereck; daher ist $\varphi + 19° + \eta = 180°$ und somit $\varphi = 180° - 19° - \eta = \mathbf{102°}$.

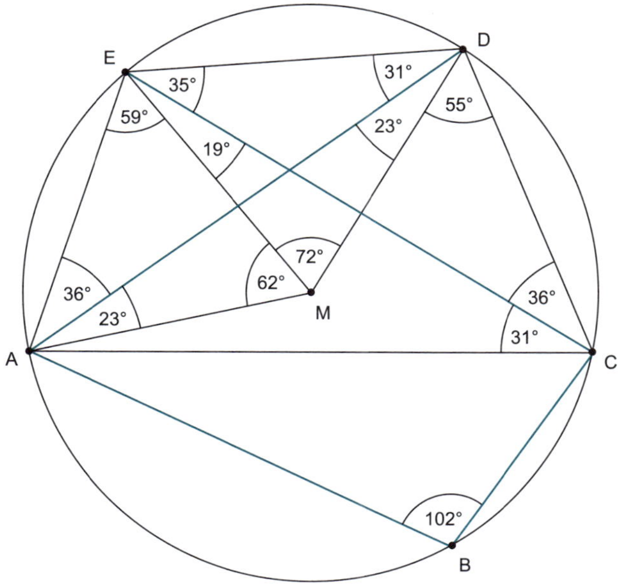

68. a) Die Verschiebung erfolgt um 1 Einheit nach rechts und 5 Einheiten nach oben.

b) Der Verschiebungspfeil zeigt 2 Einheiten nach links und 1 Einheit nach oben.

c) Die Verschiebung wird um 8 Einheiten nach unten durchgeführt.

d) Es handelt sich um eine Verschiebung um 3 Einheiten nach links und 4 Einheiten nach unten.

69. Die Koordinaten der Bildfiguren lauten:

a)	A'(–3 | 7)	B'(–7 | 6)	C'(–5 | 2)
b)	A''(13,6 | 2,6)	B''(9,4 | 2,6)	C''(10,4 | 7,0)
c)	A'''(9 | –4)	B'''(13 | –3)	C'''(11 | 1)
d)	A_4(–0,2 | –6,9)	B_4(1,4 | –3)	C_4(–3,1 | –2,3)

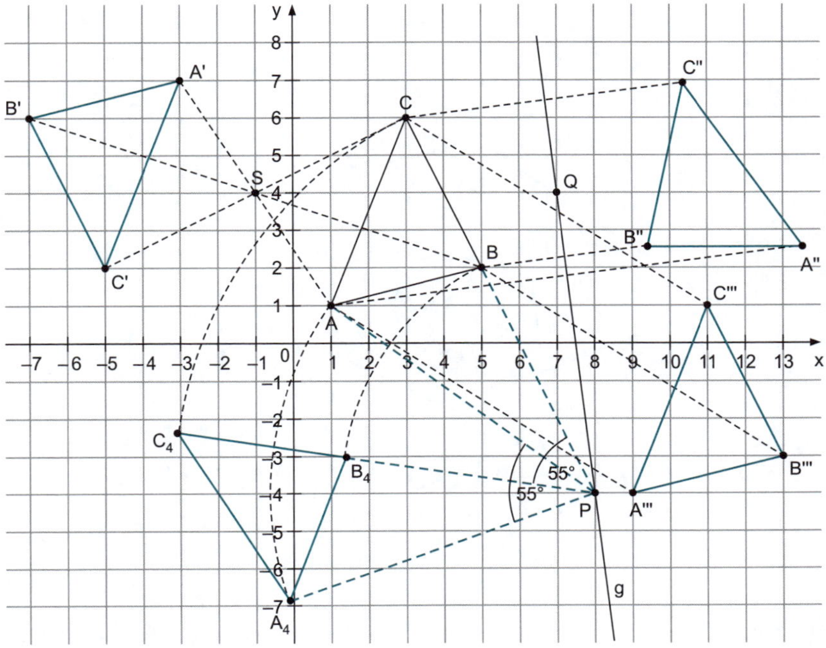

70. Zentrale Idee: Da der Bildpunkt A' von D genauso weit entfernt sein muss wie A von D, wird A' (und A'') mithilfe eines Kreises um D durch A bestimmt. Danach wird der Drehwinkel auf die beiden anderen Punkte übertragen und so das Bilddreieck konstruiert.

1. Gegeben: Dreieck ABC und Punkt D.
2. Kreis um D durch A schneidet Orthogonale h zur x-Achse mit $x = -1$ in den Punkten A' und A''.
3. Bestimmung des Drehwinkels $\varphi_1 = 43°$ (nach rechts) und $\varphi_2 = 195°$ (nach links.
4. Drehung der Punkte B und C um φ_1 bzw. φ_2 ergibt die Punkte B' und C' bzw. B'' und C''.
5. Die Dreiecke A'B'C' mit A'(–1 | 0,4), B'(4,8 | –2,2) und C'(3,9 | 2,7) und A''B''C'' mit A''(–1 | 7,6), B''(–6,3 | 4,1) und C''(–1,7 | 2,3) sind die gesuchten Dreiecke.

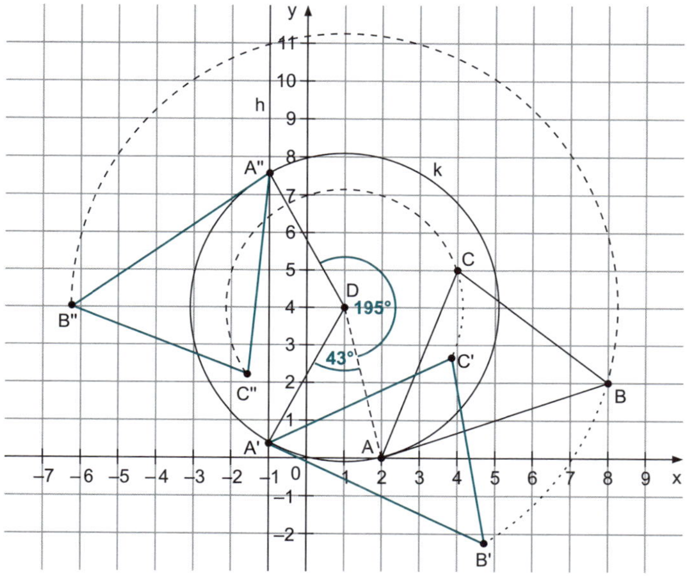

71. **Zentrale Idee:** Zunächst wird die Spiegelachse bestimmt; diese ist die Mittelsenkrechte der Strecke [AA'].

1. Konstruiere Mittelsenkrechte von [AA'].
2. Spiegle die Punkte B und C an dieser Mittelsenkrechten, erhalte B' und C'.

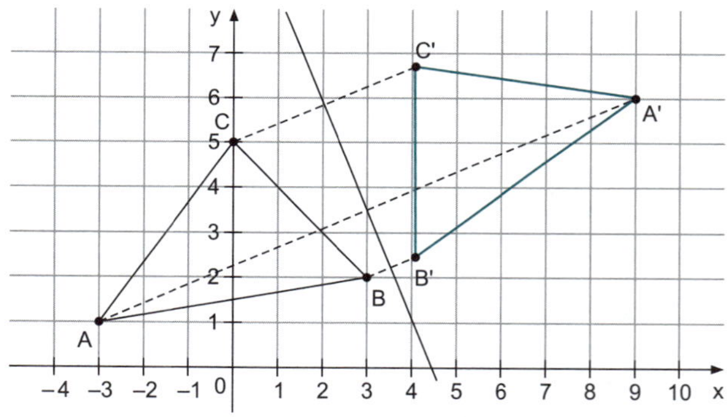

Die Koordinaten der beiden anderen Bildpunkte lauten B'(4,1 | 2,4) und C'(4,1 | 6,7).

72. Durch diese Konstruktionsbeschreibung wird eine Spiegelung des Dreiecks ABC an der Spiegelachse AD beschrieben.

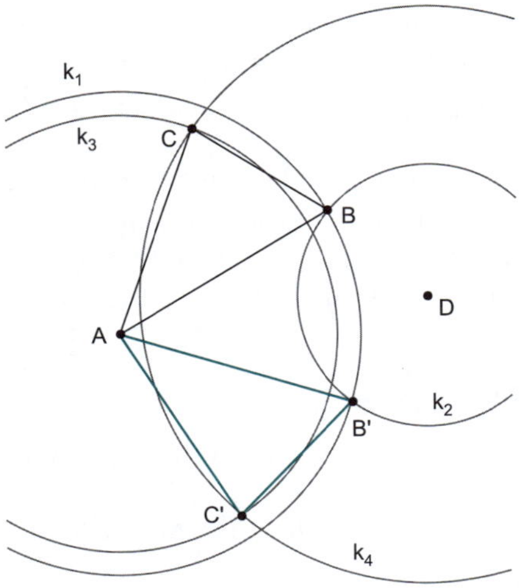

73. Die zweifache Achsenspiegelung an parallelen Achsen ergibt ein Dreieck, das durch eine Verschiebung direkt aus dem ursprünglichen Dreieck erzeugt werden kann.

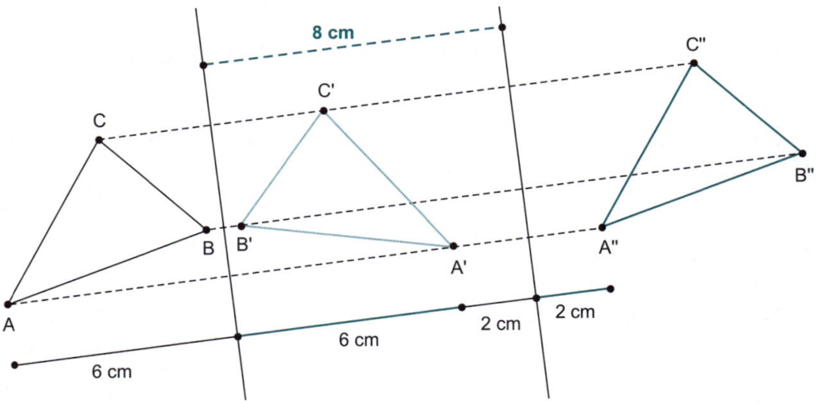

In der Beispielkonstruktion sind die beiden Achsen 8 cm voneinander entfernt und der Punkt A 6 cm von der ersten Achse. Bei der ersten Abbildung liegt daher A' ebenfalls 6 cm von dieser Achse entfernt, sodass A und A' insgesamt 12 cm voneinander entfernt sind und AA' orthogonal zu den Spiegelachsen liegt.

Der Punkt A' ist daher 2 cm von der zweiten Achse entfernt, und diese Entfernung überträgt sich auf A''. Insgesamt ist also A'' 16 cm von A entfernt und AA'' steht orthogonal auf den Achsen.

Allgemein: Wenn die Achsen a cm voneinander entfernt sind und ein Punkt P x cm von der ersten Achse, dann ist auch P' x cm von der ersten Achse ent-

fernt und (wenn P' zwischen beiden Achsen liegt) damit a − x cm von der zweiten Achse. Somit ist auch P'' a − x cm von der zweiten Achse entfernt. Hieraus ergibt sich für die Entfernung d von A zu A'':
$d = x + x + (a - x) + (a - x) = 2a$
Dieselbe Entfernung erhält man auch, wenn P' nicht zwischen den beiden Achsen liegt, sodass man immer eine Achsenspiegelung an zwei parallelen Achsen durch eine Parallelverschiebung um den doppelten Abstand der beiden Achsen orthogonal zu den Achsen ersetzen kann.

74. a) Kongruenzsatz **sss** (drei Seiten sind gegeben)

b) Kongruenzsatz **wsw** (die Seite c liegt zwischen den Winkeln α und β)

c) Kongruenzsatz **Ssw** (die dem Winkel γ gegenüberliegende Seite ist die längere)

d) Kongruenzsatz **wws** (die Seite liegt nicht zwischen den beiden Winkeln)

75. a) Der Kongruenzsatz Ssw ist anwendbar, weil die dem Winkel γ gegenüberliegende Seite c die längere Seite ist.

b) Hier ist der Kongruenzsatz Ssw nicht anwendbar, da die kürzere Seite b dem Winkel β gegenüber liegt.

c) Der Kongruenzsatz Ssw ist hier ebenfalls nicht anwendbar; die kürzere Seite a liegt dem Winkel α gegenüber.

76. Betrachtet man die beiden Winkel α und α' bei M, so stellt man fest, dass diese Winkel gleich groß (Scheitelwinkel) sind. Außerdem sind die Strecken [AM] und [BM] gleich groß, da M die Mitte von [AB] ist.

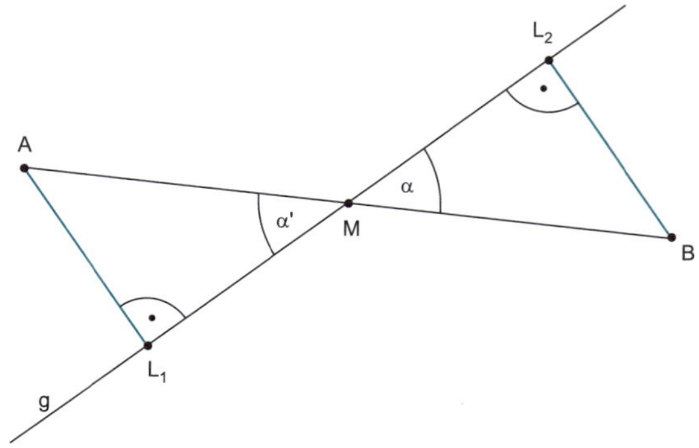

Die Dreiecke AML_1 und MBL_2 stimmen also in zwei Winkeln (α bzw. α' sowie den beiden rechten Winkeln) und in einer nicht eingeschlossenen Seite ([AM] bzw. [MB]) überein und sind wegen des Kongruenzsatzes wws kongruent. Daher sind auch die anderen beiden Seiten ($[AL_1]$ und $[BL_2]$ sowie

$[ML_1]$ und $[ML_2]$) paarweise gleich groß und daher insbesondere die beiden Lote $[AL_1]$ und $[BL_2]$ gleich lang.

77. Im ungünstigsten Fall steckt der Trinkhalm t so im Quader, dass er von einer Ecke in die gegenüberliegende Ecke reicht.

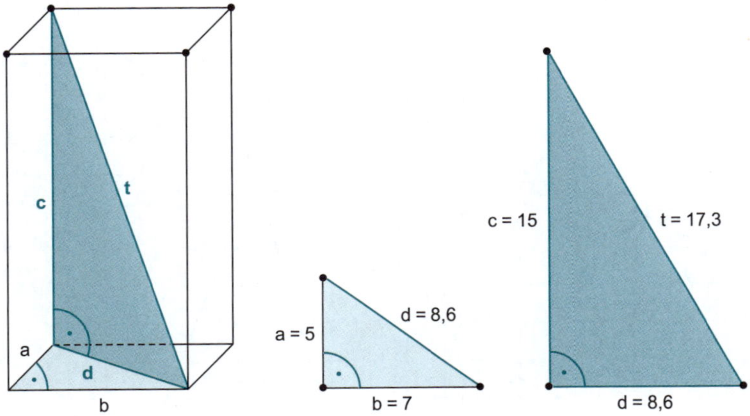

Zunächst wird die rechteckige Grundfläche des Quaders konstruiert und damit die Länge der Diagonale d mit etwa 8,6 cm bestimmt.
Anschließend wird das dunkelgrün getönte Dreieck mit den Seiten $c = 15$ und $d = 8{,}6$ sowie dem eingeschlossenen rechten Winkel konstruiert.
Nachmessen ergibt eine Länge der Raumdiagonalen von ca. 17,3 cm. Der Trinkhalm ragt somit etwa **2,7 cm** aus dem „Kakaoquader" heraus.

78. Der Eiffelturm wird z. B. im Maßstab 1 : 10 000 gezeichnet und in rechtem Winkel dazu der Erdboden.

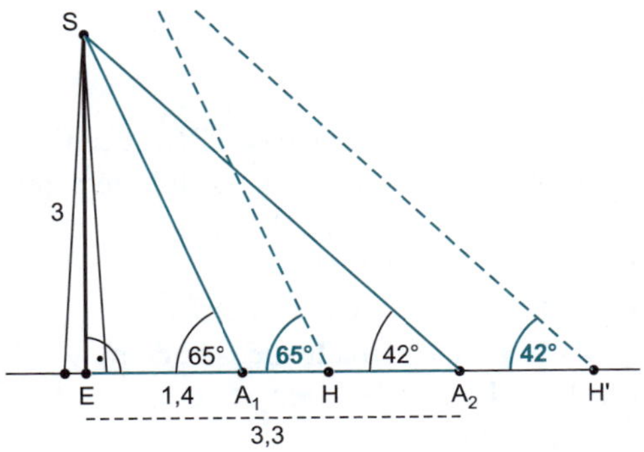

Von beliebigen Punkten H bzw. H' auf dem Erdboden aus werden die Winkel 65° bzw. 42° angetragen. Die entstehenden freien Schenkel werden nun so parallel verschoben, dass sie durch die Spitze S des Eiffelturms verlaufen. Anschließend kann man die Entfernungen $|EA_1|$ und $|EA_2|$ ausmessen. Man erhält ca. 140 m und 330 m Entfernung zum Eiffelturm.

79.

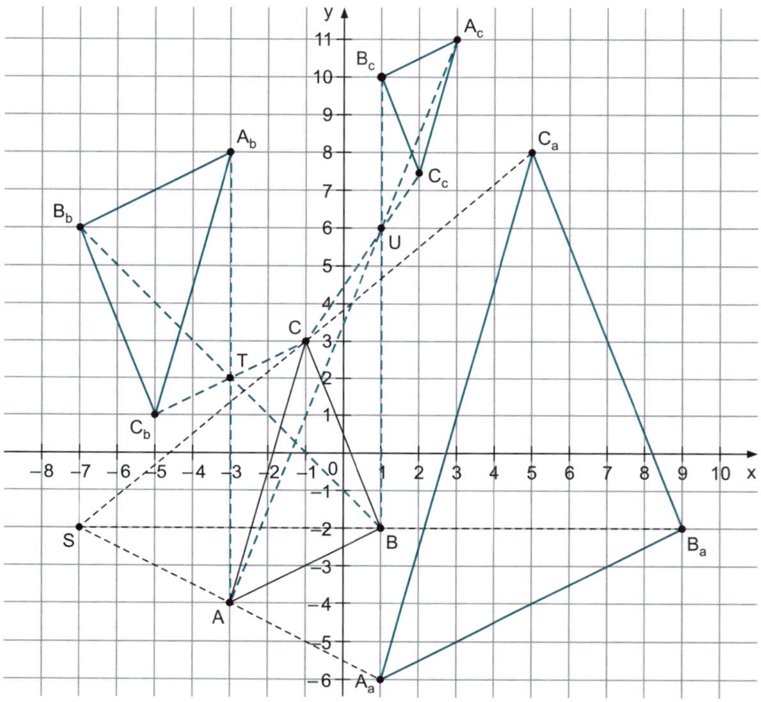

80. a) **Konstruktive Lösung**
Bestimmung des Bildpunktes B':
Zentrale Idee: Der Bildpunkt B' liegt auf der Geraden BS, außerdem sind jeweils eine Seite des Dreiecks und die entsprechende Bildseite parallel:

1. Zeichne die Parallele zu AB durch A'; erhalte die Gerade c'.
2. Die Gerade BS schneidet c' im Punkt B'(−8 | 9).

Dieselbe Idee wird zur Konstruktion von C' angewandt:

3. Zeichne die Parallele zu AC durch A'; erhalte die Gerade b'.
4. Die Gerade CS schneidet b' im Punkt C' (−6 | 1).
5. Das Dreieck A'B'C' ist das gesuchte Dreieck.

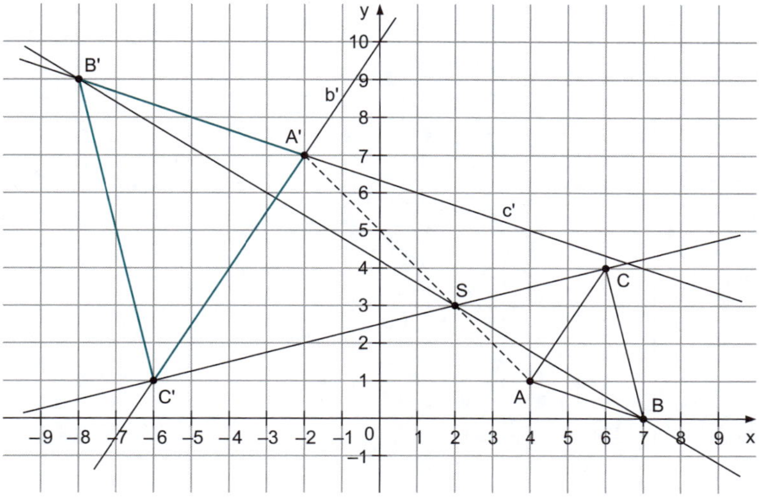

Rechnerische Lösung

Betrachtung der x-Koordinaten von A, S und A':

Von A zu S sind es (horizontal) 2 Schritte nach links, von S zu A' nochmals 4 Schritte. Diese Verdopplung (k = –2) überträgt sich sowohl auf die x-Koordinaten der anderen Punkte als auch auf die y-Koordinaten.

Von B zu S:
5 Schritte nach links, also von S zu B' 10 Schritte nach links;
ergibt $x_B = -8$.
3 Schritte nach oben, also von S zu B' 6 Schritte nach oben; ergibt $y_B = 9$.
Von C zu S:
4 Schritte nach links, also von S zu C' 8 Schritte nach links;
ergibt $x_C = -6$.
1 Schritt nach unten, also von S zu C' 2 Schritte nach unten; ergibt $y_C = 1$.
Daher haben die Bildpunkte die Koordinaten **B'(–8 | 9), C'(–6 | 1)**.

b) Das Streckzentrum muss auf der Geraden AA' liegen.

Wenn z. B. Z genau in der Mitte von A und A' liegt, dann hat Z die Koordinaten $Z_1(3\,|\,4{,}5)$ und es handelt sich um eine Punktspiegelung (k = –1).

Wenn z. B. Z die Strecke AA' im Verhältnis 1 : 3 teilt (Z also in der Mitte von Z_1 und A liegt), dann hat Z die Koordinaten $Z_2(3{,}5\,|\,2{,}75)$ und der Streckfaktor ist k = –3.

Ebenso könnte aber Z auch punktsymmetrisch zu Z_2 bezüglich A liegen; dann ergeben sich für Z die Koordinaten $Z_3(4{,}5\,|\,-0{,}75)$ und der Streckfaktor k = 5.

Verwendet man jedoch z. B. die Mitte von A' und Z_1, dann erhält man $Z_4(2{,}5\,|\,6{,}25)$ und $k = -\frac{1}{3}$.

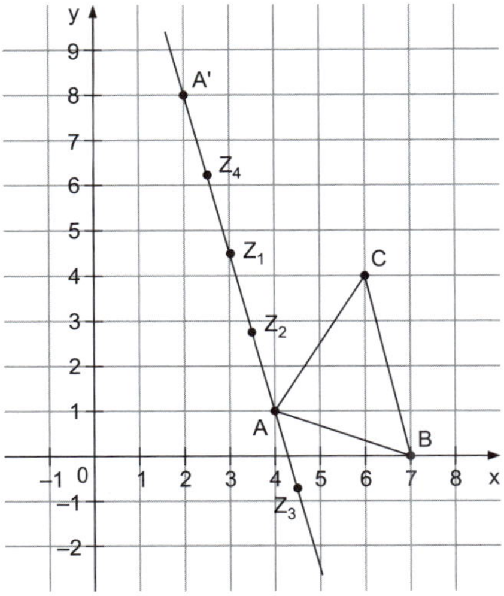

81. Durch die erste zentrische Streckung ist C' dreimal so weit von Z entfernt wie C. Die zweite zentrische Streckung mit $k = -\frac{1}{2}$ bewirkt, dass C'' nur noch halb so weit von Z entfernt ist wie C'; daher beträgt die Entfernung von C'' zu Z $\frac{1}{2} \cdot 3 = \frac{3}{2}$ der Entfernung von C zu Z.
Da darüber hinaus C'' im Vergleich zu C auf der anderen Seite von Z liegt, ergibt sich der Streckfaktor $k = -\frac{3}{2}$. Da diese Eigenschaft auch für die anderen Punkte des Dreiecks gilt, ist das Streckzentrum auch bei der Ersatzabbildung gleich Z.

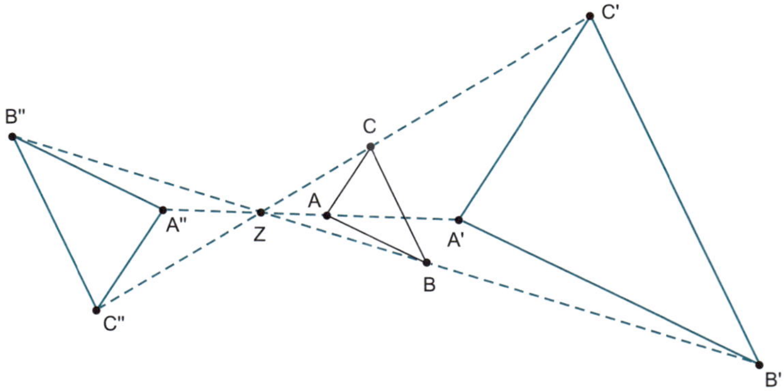

82. Zunächst wird das Dreieck ABC mit den gegebenen Maßen konstruiert. Anschließend zeichnet man ein Quadrat wie im Tipp beschrieben in das Dreieck ein:

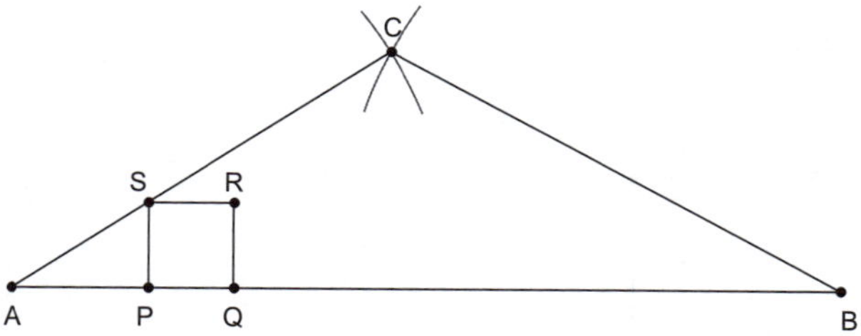

Nun muss das Quadrat größer werden; hierzu eignet sich eine zentrische Streckung.
Dabei soll aber die Seite [PQ] auf [AB] und die Ecke S auf [AC] bleiben. Dies ist nur möglich, wenn das Streckzentrum in A liegt (dann bleiben die Bilder von P, Q und S auf den entsprechenden Strahlen AB bzw. AC).
Das Quadrat wird von A aus so gestreckt, dass die Ecke R auf die Seite [BC] fällt. Den Bildpunkt R' von R erhält man als Schnittpunkt der Gerade AR mit BC.

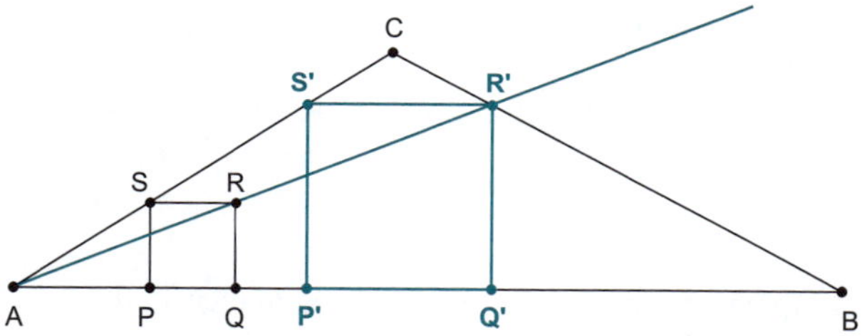

Die Seiten des gesuchten Quadrats P'Q'R'S' erhält man durch entsprechende Parallelen und Orthogonalen zu [AB].

83. Das gesuchte Fenster besteht aus zwei Quadraten, die jeweils eine Ecke im Mittelpunkt B des Kreisbogens besitzen. Zeichnet man zunächst das Hilfsquadrat ABCD, dessen eine Seite ein Radius des Halbkreises ist, dann muss dieses Quadrat an B zentrisch so gestreckt werden, dass die Ecke D auf den Kreisbogen fällt. Durch parallele und orthogonale Strecken durch den Bildpunkt D' erhält man das gewünschte Fenster A'E'F'D'.

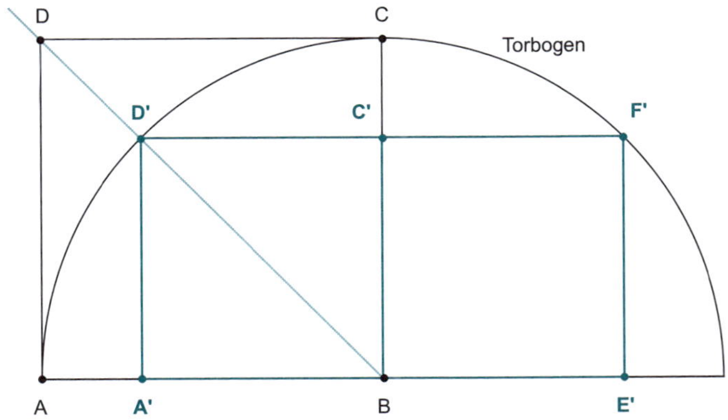

84. Der erste Strahlensatz ermöglicht z. B. folgende Verhältnisgleichungen:

$\frac{b}{e} = \frac{c}{f}$ $\quad\frac{b}{h} = \frac{c}{g}$ $\quad\frac{e}{h} = \frac{f}{g}$ $\quad\frac{b+e}{h} = \frac{c+f}{g}$

Der zweite Strahlensatz ergibt unter anderem:

$\frac{a}{d} = \frac{b+e}{e}$ $\quad\frac{a}{k} = \frac{b+e}{h}$ $\quad\frac{d}{k} = \frac{e}{h}$

$\frac{a}{d} = \frac{c+f}{f}$ $\quad\frac{a}{k} = \frac{c+f}{g}$ $\quad\frac{d}{k} = \frac{f}{g}$

85. Mit dem zweiten Strahlensatz erhält man mit den Strahlen SA und SB

$$\frac{s_1}{t_1} = \frac{|BS|}{|ES|}$$

sowie mit den Strahlen SB und SC:

$$\frac{s_2}{t_2} = \frac{|BS|}{|ES|}$$

Da die rechten Seiten dieser Gleichungen identisch sind, sind auch die linken Seiten gleich:

$$\frac{s_1}{t_1} = \frac{s_2}{t_2}$$

Multiplikation mit t_1 und Division durch s_2 liefert die gewünschte Behauptung:

$$\frac{s_1}{s_2} = \frac{t_1}{t_2}$$

Werden zwei Parallelen von drei Strahlen geschnitten, so stehen die Strecken, die durch die Strahlen aus den Parallelen ausgeschnitten werden, in jeweils gleichem Verhältnis.

86. a) $\frac{f}{g} = \frac{a}{\mathbf{b}}$ b) $\frac{m}{p} = \frac{\mathbf{c}}{e}$ c) $\frac{r}{g} = \frac{q}{\mathbf{f}}$ d) $\frac{b}{g} = \frac{\mathbf{c+h}}{h}$

e) $\frac{j}{n} = \frac{\mathbf{f}}{q}$ f) $\frac{a}{b} = \frac{\mathbf{q}}{r}$ g) $\frac{f}{a} = \frac{j}{\mathbf{j+d}}$ h) $\frac{p}{q} = \frac{\mathbf{e+k}}{a}$

87. Erster Strahlensatz:

$$\frac{|VW|}{|SU|} = \frac{|BC|}{|AS|} \Leftrightarrow \mathbf{|VW|} = \frac{|BC| \cdot |SU|}{|AS|} = \frac{3{,}8 \cdot 5{,}7}{7{,}6}\text{ cm} = \mathbf{2{,}85\text{ cm}}$$

Zweiter Strahlensatz:

$$\frac{|AU|}{|CW|} = \frac{|SU|}{|SU|+|UV|+|VW|} \Leftrightarrow \mathbf{|AU|} = \frac{|SU| \cdot |CW|}{|SU|+|UV|+|VW|} = \frac{5{,}7 \cdot 8{,}4}{5{,}7+1{,}9+2{,}85}\text{ cm} \approx \mathbf{4{,}58\text{ cm}}$$

Zweiter Strahlensatz:

$$\frac{|BV|}{|CW|} = \frac{|SU|+|UV|}{|SU|+|UV|+|VW|} \Leftrightarrow \mathbf{|BV|} = \frac{(|SU|+|UV|) \cdot |CW|}{|SU|+|UV|+|VW|} = \frac{(5{,}7+1{,}9) \cdot 8{,}4}{5{,}7+1{,}9+2{,}85}\text{ cm} \approx \mathbf{6{,}11\text{ cm}}$$

Erster Strahlensatz:

$$\frac{|AB|}{|AS|} = \frac{|UV|}{|SU|} \Leftrightarrow \mathbf{|AB|} = \frac{|UV| \cdot |AS|}{|SU|} = \frac{1{,}9 \cdot 7{,}6}{5{,}7}\text{ cm} \approx \mathbf{2{,}53\text{ cm}}$$

88. An der Skizze erkennt man die Strahlensatzfigur, da die Lichtstrahlen, die den jeweiligen Schatten begrenzen, parallel sind. Die Größen von Mensch und Baum stehen daher im selben Verhältnis wie die entsprechenden Schatten:

$$\frac{\text{Schatten (Baum)}}{\text{Schatten (Mensch)}} = \frac{\text{Größe (Baum)}}{\text{Größe (Mensch)}}$$

$$\Leftrightarrow \mathbf{\text{Größe (Baum)}} = \frac{\text{Schatten (Baum)}}{\text{Schatten (Mensch)}} \cdot \text{Größe (Mensch)} = \frac{12}{4{,}8} \cdot 1{,}8\text{ m} = \mathbf{4{,}5\text{ m}}$$

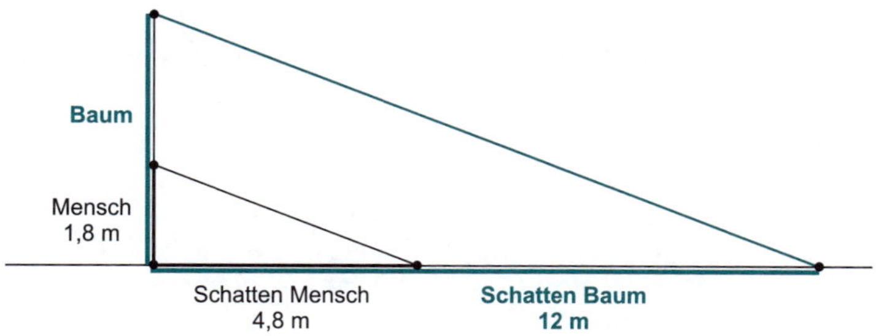

89. Zunächst wird die Figur um einige Bezeichnungen ergänzt:

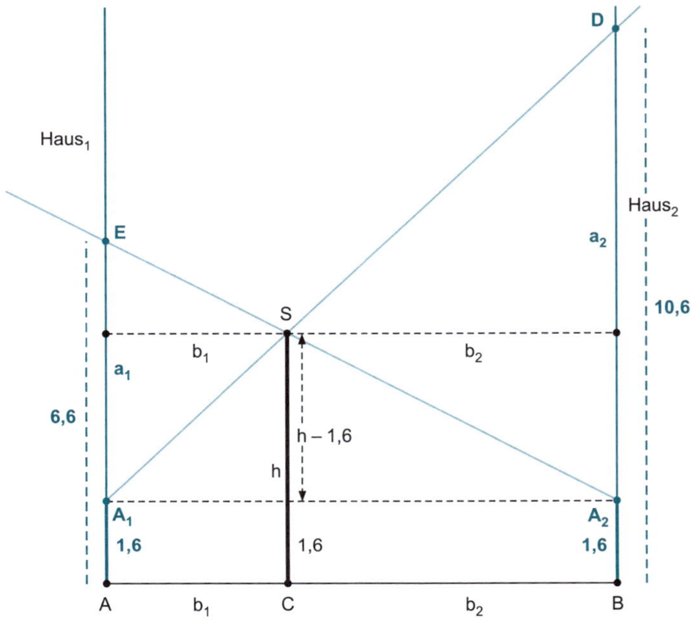

Die Längen von $a_1 = |A_1E|$ und $a_2 = |A_2D|$ können bestimmt werden:
$a_1 = 6{,}6 - 1{,}6 = 5;$ $\qquad a_2 = 10{,}6 - 1{,}6 = 9$
Der zweite Strahlensatz mit dem Zentrum S führt zu der Gleichung:

$$\frac{a_1}{b_1} = \frac{a_2}{b_2} \quad \Leftrightarrow \quad \frac{b_1}{a_1} = \frac{b_2}{a_2} \quad \Leftrightarrow \quad b_1 = \frac{b_2}{a_2} \cdot a_1 = \frac{b_2}{9} \cdot 5 = \frac{5}{9} b_2$$

Ferner kann der zweite Strahlensatz mit den Strahlen A_1A_2 und A_1D betrachtet werden:

$$\frac{a_2}{b_1 + b_2} = \frac{h - 1{,}6}{b_1}$$

Ersetzt man dort b_1 durch die zuvor gefundene Formel und a_2 durch 9, dann erhält man:

$$\frac{9}{\frac{5}{9}b_2 + b_2} = \frac{h - 1{,}6}{\frac{5}{9}b_2} \quad \Leftrightarrow \quad \frac{9}{\frac{14}{9}b_2} = \frac{h - 1{,}6}{\frac{5}{9}b_2}$$

$$\Leftrightarrow \quad h - 1{,}6 = \frac{9}{\frac{14}{9}b_2} \cdot \frac{5}{9} b_2 = \frac{9}{14} \cdot 5 = \frac{45}{14}$$

$$\Leftrightarrow \quad \mathbf{h} = \frac{45}{14} + 1{,}6 \approx \mathbf{4{,}81}$$

Das Denkmal ist ca. 4,8 Meter hoch.

90. Unter der Annahme, dass die Strecken [AD] und [BC] parallel sind, kann man den zweiten Strahlensatz anwenden.

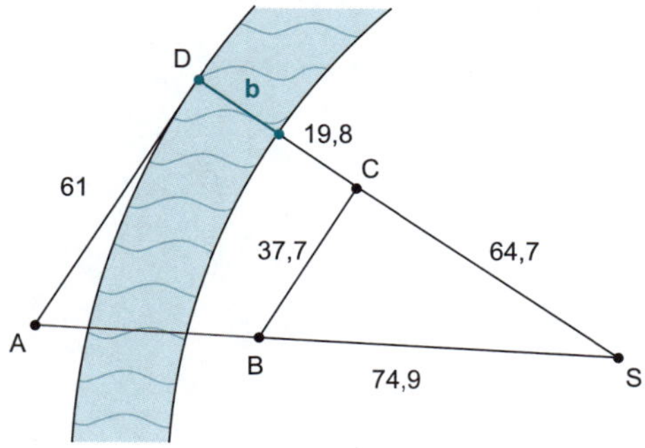

$$\frac{|AD|}{|DS|} = \frac{|BC|}{|CS|} \Leftrightarrow \frac{61}{b + 19{,}8 + 64{,}7} = \frac{37{,}7}{64{,}7}$$

$$\Leftrightarrow b + 19{,}8 + 64{,}7 = \frac{64{,}7}{37{,}7} \cdot 61$$

$$\Leftrightarrow \mathbf{b} = \frac{64{,}7}{37{,}7} \cdot 61 - 19{,}8 - 64{,}7 \approx \mathbf{20{,}2}$$

Der Fluss ist ca. 20 m breit.

91. Gegeben ist die Strecke [AB] der Länge 5,4 cm. Zeichne eine weitere Strecke $[AP_5]$ z. B. der Länge 7,5 cm und teile sie in 5 gleich große, jeweils 1,5 cm lange Teilstrecken (erhalte P_1 bis P_4).
Zeichne die Parallelen durch P_1 bis P_4 zur Geraden BP_5.
Wegen des zweiten Strahlensatzes teilen diese Parallelen die Strecke [AB] im selben Verhältnis wie die Strecke AP_5 und erzeugen somit auch auf [AB] 5 gleich große Teilstrecken.

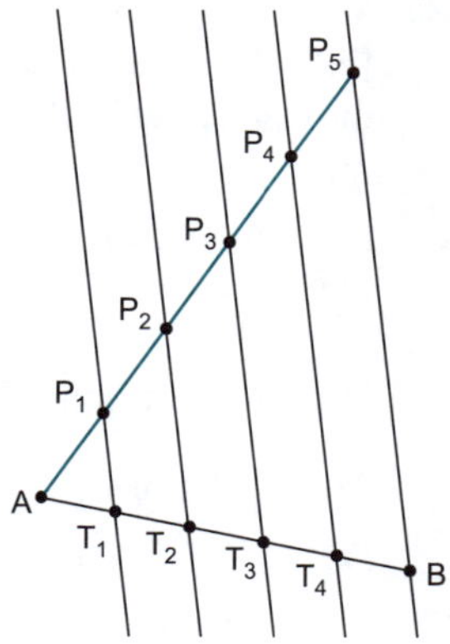

92. Durch den Punkt A der Strecke [AB] wird eine Hilfsstrecke $[AP_9]$ der Länge 9 cm gezeichnet, wobei diese Strecke im Verhältnis 7 : 2 geteilt wird (P_7 liegt also 7 cm von A entfernt). Wegen der Parallele durch P_7 zu P_9B teilt der Punkt T die Strecke [AB] im Verhältnis 7 : 2.

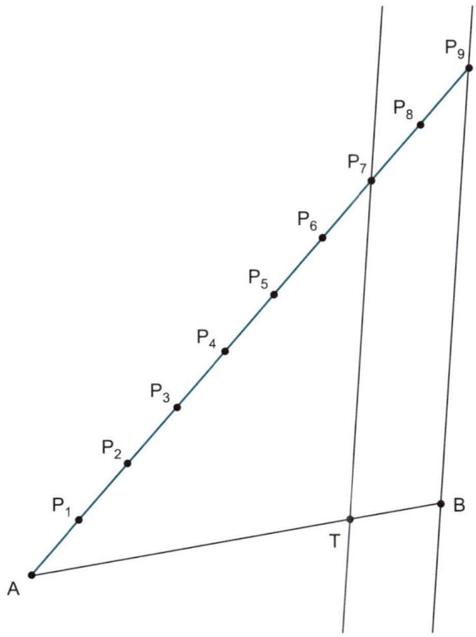

93. Wir verwenden für die Strecke [AB] die Länge 1 und bezeichnen die Länge der Teilstrecke [AT] mit x.

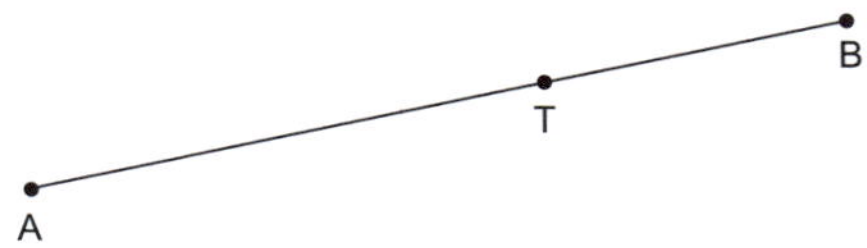

Damit ergibt sich folgende Verhältnisgleichung:

$$\frac{|AT|}{|BT|} = \frac{|AB|}{|AT|} \quad \Leftrightarrow \quad \frac{x}{1-x} = \frac{1}{x} \quad \Leftrightarrow \quad x^2 = 1 - x \quad \Leftrightarrow \quad x^2 + x - 1 = 0$$

Diese quadratische Gleichung besitzt die Lösungen:

$$x_{1;2} = -\tfrac{1}{2} \pm \sqrt{\tfrac{1}{4} + 1} = -\tfrac{1}{2} \pm \tfrac{1}{2}\sqrt{5}$$

Da $-\frac{1}{2} - \frac{1}{2}\sqrt{5} < 0$ ist und somit keine sinnvolle Lösung darstellt, muss für $x = |AT|$ gelten: $x = -\frac{1}{2} + \frac{1}{2}\sqrt{5}$.

Für die Streckenlänge von [BT] folgt:

$|BT| = 1 - |AT| = 1 - \left(-\frac{1}{2} + \frac{1}{2}\sqrt{5}\right) = \frac{3}{2} - \frac{1}{2}\sqrt{5}$ und damit für

$$\frac{|AT|}{|BT|} = \frac{-\frac{1}{2} + \frac{1}{2}\sqrt{5}}{\frac{3}{2} - \frac{1}{2}\sqrt{5}} = \frac{-1+\sqrt{5}}{3-\sqrt{5}} = \frac{(-1+\sqrt{5})\cdot(3+\sqrt{5})}{(3-\sqrt{5})\cdot(3+\sqrt{5})} = \frac{-3+2\sqrt{5}+5}{9-5} = \frac{1+\sqrt{5}}{2}$$

Diese Zahl $\varphi = \frac{1+\sqrt{5}}{2}$ **≈ 1,618** nennt man aus diesem Grund auch **goldene Zahl**.

94. Die Dreiecke ABC, AFC und FBC sind ähnlich; sie stimmen in drei Winkeln überein.
Begründung: Alle drei Dreiecke haben einen rechten Winkel.
Außerdem haben die Dreiecke ABC und AFC bei A einen zweiten gleichen Winkel und stimmen somit in allen drei Winkeln überein.
Die Dreiecke ABC und FBC besitzen bei B einen zweiten gleichen Winkel und haben somit ebenfalls drei paarweise gleiche Winkel.
Damit ergeben sich folgende neun Verhältnisgleichungen:
Dreiecke **AFC und ABC**:

(1) $\frac{h}{q} = \frac{a}{b}$ (2) $\frac{h}{b} = \frac{a}{c}$ (3) $\frac{q}{b} = \frac{b}{c}$

Dreiecke **FBC und ABC**:

(4) $\frac{p}{h} = \frac{a}{b}$ (5) $\frac{p}{a} = \frac{a}{c}$ (6) $\frac{h}{a} = \frac{b}{c}$

Dreiecke **AFC und FBC**:

(7) $\frac{h}{q} = \frac{p}{h}$ (8) $\frac{h}{b} = \frac{p}{a}$ (9) $\frac{q}{b} = \frac{h}{a}$

a) Hier eignet sich zunächst Gleichung (3):
$\frac{q}{b} = \frac{b}{c} \Leftrightarrow b^2 = q \cdot c \Leftrightarrow \mathbf{b = \sqrt{q \cdot c} = 8\,cm}$
Aus $c = p + q$ ergibt sich: $\mathbf{p = c - q = 3{,}6\,cm}$
(7) liefert: $\frac{h}{q} = \frac{p}{h} \Leftrightarrow h^2 = p \cdot q \Leftrightarrow \mathbf{h = \sqrt{p \cdot q} = 4{,}8\,cm}$
(9) bringt: $\frac{q}{b} = \frac{h}{a} \Leftrightarrow a \cdot q = b \cdot h \Leftrightarrow \mathbf{a = \frac{b \cdot h}{q} = 6\,cm}$

b) Hier führt Gleichung (7) weiter:
$\frac{h}{q} = \frac{p}{h} \Leftrightarrow p \cdot q = h^2 \Leftrightarrow \mathbf{q = \frac{h^2}{p} = 12{,}8\,cm}$
Aus $c = p + q$ folgt: $\mathbf{c = (7{,}2 + 12{,}8)\,cm = 20\,cm}$
(5) liefert: $\frac{p}{a} = \frac{a}{c} \Leftrightarrow a^2 = p \cdot c \Leftrightarrow \mathbf{a = \sqrt{p \cdot c} = 12\,cm}$
(3) bringt: $\frac{q}{b} = \frac{b}{c} \Leftrightarrow b^2 = q \cdot c \Leftrightarrow \mathbf{b = \sqrt{q \cdot c} = 16\,cm}$

c) Hier kann mit Gleichung (5) begonnen werden:
$\frac{p}{a} = \frac{a}{c} \Leftrightarrow p \cdot c = a^2 \Leftrightarrow \mathbf{c = \frac{a^2}{p} = 15\,cm}$
Aus $c = p + q$ folgt: $\mathbf{q = c - p = 5{,}4\,cm}$
(7) liefert: $\frac{h}{q} = \frac{p}{h} \Leftrightarrow h^2 = p \cdot q \Leftrightarrow \mathbf{h = \sqrt{p \cdot q} = 7{,}2\,cm}$
(3) bringt: $\frac{q}{b} = \frac{b}{c} \Leftrightarrow b^2 = q \cdot c \Leftrightarrow \mathbf{b = \sqrt{q \cdot c} = 9\,cm}$

95. In diesem Fachwerk sind alle Dreiecke ähnlich, weil in jedem dieser Dreiecke neben dem rechten Winkel die Winkel α und β vorkommen, die sich zusammen immer zu 90° ergänzen.

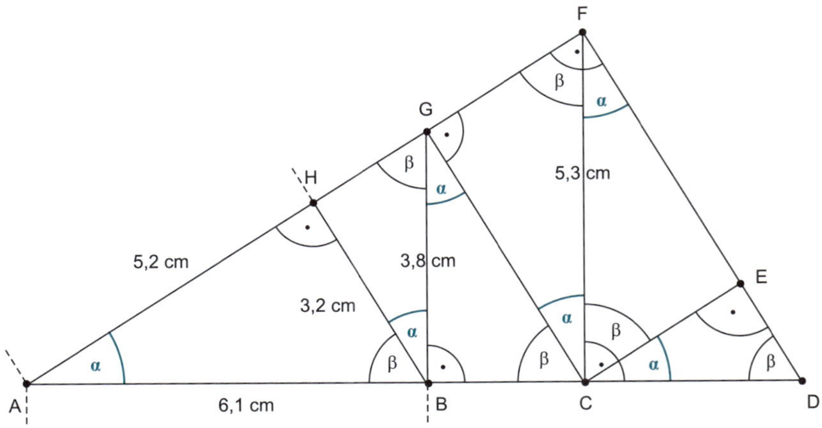

Damit ergeben sich folgende Seitenverhältnisse:

Dreieck ABG und Dreieck ACF:

$$\frac{|BC|+6{,}1}{6{,}1}=\frac{5{,}3}{3{,}8} \Leftrightarrow \mathbf{|BC|}=\frac{5{,}3}{3{,}8}\cdot 6{,}1-6{,}1\approx \mathbf{2{,}41}$$

Dreieck ABH und Dreieck ACG:

$$\frac{|GH|}{5{,}2}=\frac{|BC|}{6{,}1} \Leftrightarrow \mathbf{|GH|}=\frac{|BC|}{6{,}1}\cdot 5{,}2\approx \mathbf{2{,}05}$$

Dreieck ABH und Dreieck ACG:

$$\frac{|CG|}{3{,}2}=\frac{|BC|+6{,}1}{6{,}1} \Leftrightarrow \mathbf{|CG|}=\frac{|BC|+6{,}1}{6{,}1}\cdot 3{,}2\approx \mathbf{4{,}46}$$

Dreieck ABG und Dreieck ACF:

$$\frac{|GF|+5{,}2+|GH|}{5{,}3}=\frac{5{,}2+|GH|}{3{,}8} \Leftrightarrow \mathbf{|GF|}=\frac{5{,}2+|GH|}{3{,}8}\cdot 5{,}3-5{,}2-|GH|\approx \mathbf{2{,}86}$$

Das Viereck CEFG ist ein Rechteck, daher ist: $\mathbf{|EF|}=|CG|\approx \mathbf{4{,}46}$

Dreieck ABH und Dreieck ADF:

$$\frac{|DE|+|EF|}{3{,}2}=\frac{5{,}2+|GH|+|GF|}{5{,}2} \Leftrightarrow \mathbf{|DE|}=\frac{5{,}2+|GH|+|GF|}{5{,}2}\cdot 3{,}2-|EF|\approx \mathbf{1{,}76}$$

Dreieck ABH und Dreieck CDE: $\frac{|CD|}{|DE|}=\frac{6{,}1}{3{,}2} \Leftrightarrow \mathbf{|CD|}=\frac{6{,}1}{3{,}2}\cdot |DE|\approx \mathbf{3{,}36}$

Dreieck ABH und Dreieck CDE: $\frac{|CE|}{|DE|}=\frac{5{,}2}{3{,}2} \Leftrightarrow \mathbf{|CE|}=\frac{5{,}2}{3{,}2}\cdot |DE|\approx \mathbf{2{,}86}$

Addiert man alle Strecken auf, so erhält man für die Gesamt-Balkenlänge in Metern:

$$5{,}2+2{,}05+2{,}86+4{,}46+1{,}76+3{,}36+2{,}41+6{,}1+3{,}2+3{,}8+4{,}46+5{,}3+2{,}86$$
$$\approx \mathbf{47{,}8}$$

96. Der Sandkasten teilt zusammen mit der Verlängerungslinie [DH] vier rechtwinklige Dreiecke ab. Da sich immer ein schwarz gezeichneter Winkel mit einem grün gezeichneten Winkel zu 90° ergänzt, sind alle vier Dreiecke ähnlich und stimmen daher in ihren Seitenverhältnissen überein.

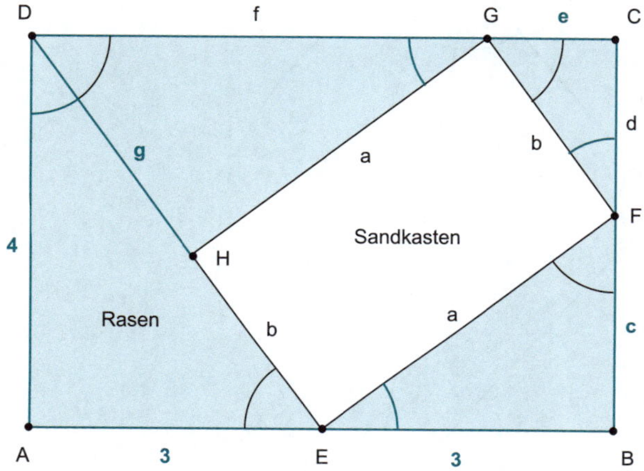

Werden die einzelnen Seiten mit entsprechenden Buchstaben versehen, ergeben sich folgende Verhältnisse in den vier Dreiecken (beginnend bei Dreieck AED gegen den Uhrzeigersinn):

$\frac{4}{3} = \frac{3}{c} = \frac{d}{e} = \frac{a}{g}$

Aus der ersten Gleichheit folgt $c = \frac{9}{4} = 2{,}25$.

Wegen $c + d = 4$ erhält man $d = 4 - 2{,}25 = 1{,}75$.

Die zweite Gleichheit der obigen Verhältniskette liefert:

$\frac{d}{e} = \frac{4}{3} \quad \Leftrightarrow \quad e = \frac{3}{4} \cdot d = \frac{21}{16} = 1{,}3125$

Hieraus lässt sich wegen $e + f = 6$ die Länge von f bestimmen:

$f = 6 - \frac{21}{16} = \frac{75}{16} = 4{,}6875$

Bei den ähnlichen Dreiecken DHG und EBF gilt:

$\frac{a}{f} = \frac{3}{a} \quad \Leftrightarrow \quad a^2 = 3f \quad \Leftrightarrow \quad a = \sqrt{3f} = \sqrt{3 \cdot \frac{75}{16}} = \sqrt{\frac{225}{16}} = \frac{15}{4} = 3{,}75$

Entsprechend erhält man mit den Dreiecken EBF und FCG:

$\frac{a}{3} = \frac{b}{d} \quad \Leftrightarrow \quad b = \frac{a}{3} \cdot d = \frac{35}{16} = 2{,}1875$

Der Sandkasten ist **3,75 m** lang und ca. **2,20 m** breit.

97. Wie üblich wird die Planfigur um einige Bezeichnungen erweitert.

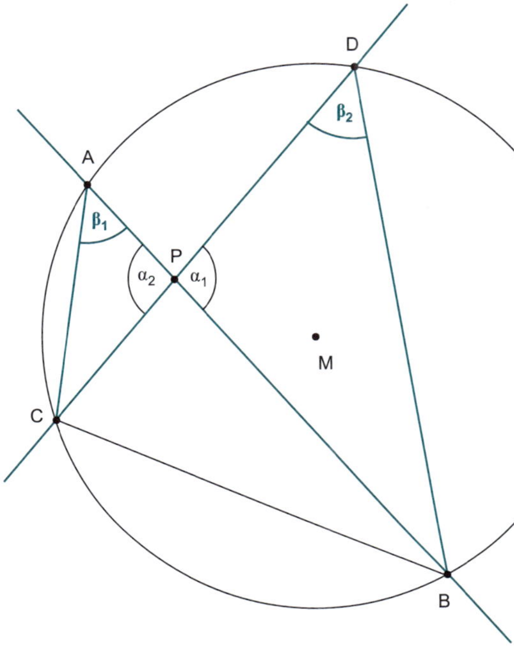

Die beiden Dreiecke stimmen in dem Scheitelwinkel bei P überein: $\alpha_1 = \alpha_2$
Betrachtet man die Sehne [BC], so erkennt man, dass die Winkel β_1 und β_2 Umfangswinkel über dieser Sehne sind und somit wegen des Umfangswinkelsatzes gleich groß sein müssen. Daher stimmen die beiden Dreiecke in zwei Winkeln überein und sind ähnlich.
Wegen dieser Ähnlichkeit gelten entsprechende Seitenverhältnisse:

$$\frac{|AP|}{|CP|} = \frac{|DP|}{|BP|} \quad \Leftrightarrow \quad |AP| \cdot |BP| = |CP| \cdot |DP|$$

Genau dies war zu zeigen.

98.

mm^2	50 000	40 000 000	20 000 000	8 000 000
dm^2	5	4 000	2 000	800
m^2	0,05	40	20	8
cm^2	500	400 000	200 000	80 000
a	0,0005	0,4	0,2	0,08

mm^2	600 000	200 000	7 000
dm^2	60	20	0,7
m^2	0,6	0,2	0,007
cm^2	6 000	2 000	70
a	0,006	0,002	0,00007

99. Als Grundseite des Dreiecks wird c verwendet; die dazugehörige Höhe ist h_c:
$\mathbf{A} = \frac{1}{2} c \cdot h_c = \frac{1}{2} \cdot 5{,}2 \cdot 4{,}2\ \text{cm}^2 \mathbf{= 10{,}92\ cm^2}$

100. Verwendet man als Grundseite a, dann ist die zugehörige Höhe orthogonal hierzu und geht durch den Punkt A; daher ist b die entsprechende Höhe:
$\mathbf{A} = \frac{1}{2} a \cdot b = \frac{1}{2} \cdot 6 \cdot 8\ \text{cm}^2 \mathbf{= 24\ cm^2}$

101. $A = \frac{1}{2} a \cdot h_a \quad \Leftrightarrow \quad \mathbf{h_a} = \frac{2 \cdot A}{a} \mathbf{\approx 19{,}02\ cm}$
$A = \frac{1}{2} b \cdot h_b \quad \Leftrightarrow \quad \mathbf{h_b} = \frac{2 \cdot A}{b} \mathbf{= 20{,}8\ cm}$

102. Im rechtwinkligen Dreieck ist b die Höhe von a, also $\mathbf{h_a = b}$ und umgekehrt a die Höhe von b, also: $\mathbf{h_b = a}$
Damit gilt: $\mathbf{A} = \frac{1}{2} a \cdot b \mathbf{= 37{,}5\ cm^2}$
Aus $A = \frac{1}{2} c \cdot h_c$ folgt: $\mathbf{c} = \frac{2 \cdot A}{h_c} \mathbf{= 12{,}5\ cm}$

103. $\mathbf{A} = a \cdot h_a \mathbf{= 21{,}7\ cm^2}$
$A = b \cdot h_b \quad \Leftrightarrow \quad \mathbf{h_b} = \frac{A}{b} \mathbf{\approx 4{,}09\ cm}$

104. Um eine Raute, deren Diagonalen orthogonal aufeinander stehen und sich gegenseitig halbieren, lässt sich ein Rechteck legen, dessen Seiten parallel zu diesen Diagonalen sind.
Die Rechtecksfläche beträgt
$A_{Rechteck} = e \cdot f$
und demzufolge beträgt die Fläche A der Raute:
$\mathbf{A} = \frac{1}{2} e \cdot f \mathbf{= 18\ cm^2}$

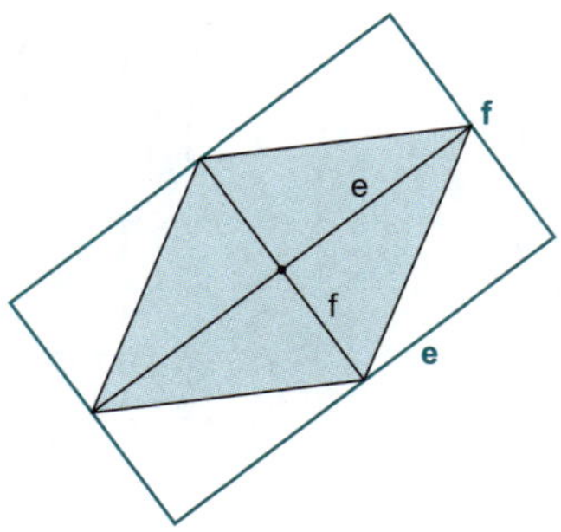

105. Zunächst erkennt man, dass:

$$x + a + x = c \quad \Leftrightarrow \quad 2x = c - a$$

$$\Leftrightarrow \quad x = \frac{c - a}{2}$$

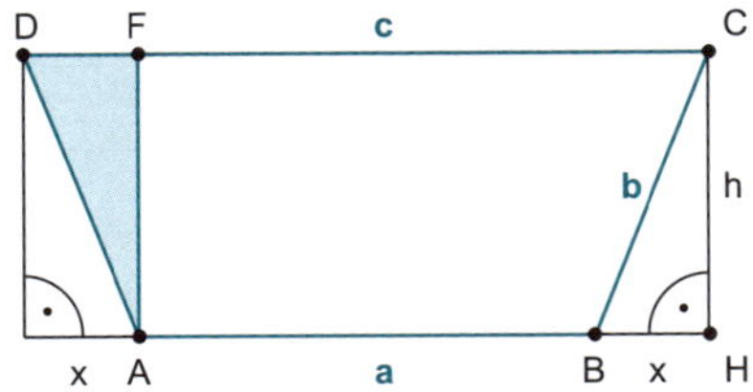

Nun kann man die Fläche des Trapezes ABCD bestimmen, indem man das grün getönte Dreieck abschneidet und als Dreieck BHC an das Trapez ansetzt. Damit erhält man das Rechteck AHCF, dessen Fläche mit der Trapezfläche übereinstimmt und die man leicht bestimmen kann:

$$\mathbf{A} = (a + x) \cdot h = \left(a + \frac{c - a}{2}\right) \cdot h = \frac{2a + c - a}{2} \cdot h = \mathbf{\frac{a + c}{2} \cdot h}$$

106. Weil bei dem gegebenen Dreieck die Punkte A und B denselben y-Wert besitzen, verläuft die Seite $c = [AB]$ parallel zur x-Achse und die dazugehörige Höhe h_c parallel zur y-Achse. Daher ist h_c die Differenz der y-Koordinaten von C und A:

$h_c = y_C - y_A = (5 - 2)\text{ cm} = 3\text{ cm}$

Damit ergibt sich für die Fläche:

$$\mathbf{A} = \frac{1}{2} c \cdot h_c = \frac{1}{2} \cdot (x_B - x_A) \cdot h_c$$

$$= \frac{1}{2} \cdot (7 - 1) \cdot 3\text{ cm}^2 = \mathbf{9\text{ cm}^2}$$

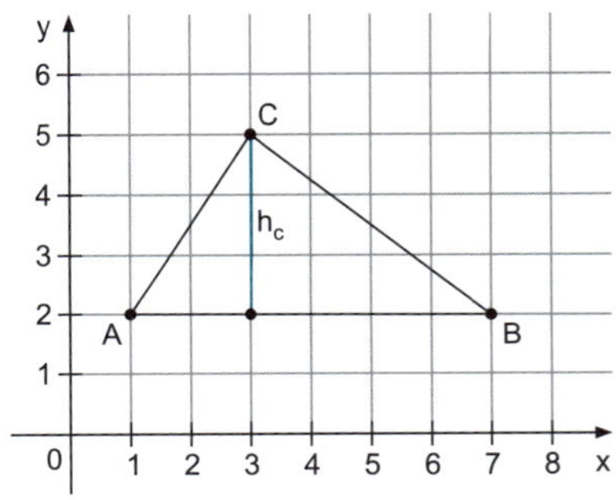

107. **Zentrale Idee:** Bestimmung der Fläche des Vierecks über die Differenz von Rechtecks- und Dreiecksflächen, die anhand der Koordinaten bestimmbar sind.

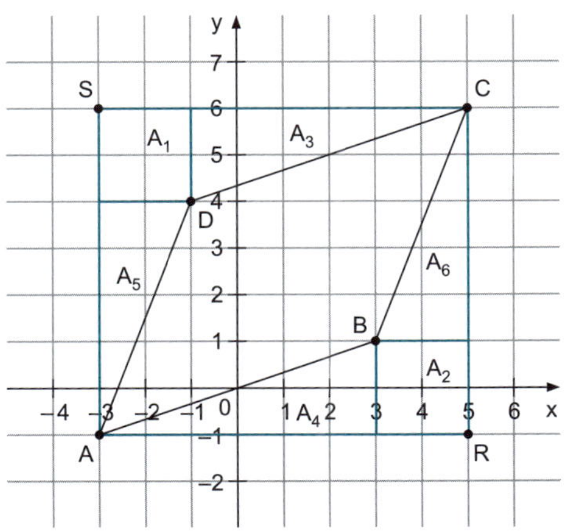

Im vorliegenden Fall kann man um das gegebene Viereck ABCD ein Rechteck ARCS zeichnen. Die Fläche des Rechtecks ARCS muss dann um die Quadratflächen A_1 und A_2 sowie die Dreiecksflächen A_3 bis A_6 vermindert werden.
Die Dreiecke A_3 und A_4 stimmen in zwei Seiten und dem eingeschlossenen rechten Winkel überein (Kongruenzsatz sws) und sind somit kongruent, sodass sie sich zu einem Rechteck R_1 mit den Seitenlängen 2 cm und 6 cm zusammenlegen lassen.
Ebenso lassen sich die Flächen A_5 und A_6 zu einem Rechteck R_2 mit den Seitenlängen 2 cm und 5 cm zusammenfassen.
Somit ergibt sich für die gesuchte Fläche:

$$\mathbf{A} = A_{ARCS} - A_1 - A_2 - A_{R_1} - A_{R_2}$$
$$= (8 \cdot 7 - 2 \cdot 2 - 2 \cdot 2 - 2 \cdot 6 - 2 \cdot 5)\ \text{cm}^2 = \mathbf{26\ cm^2}$$

108. $U = 2\pi r \approx \mathbf{39{,}58\ cm}$ $\qquad A = \pi r^2 \approx \mathbf{124{,}69\ cm^2}$

109. $U = \frac{1}{4} \cdot 2\pi r \approx \mathbf{12{,}57\ cm}$ $\qquad A = \frac{1}{4}\pi r^2 \approx \mathbf{50{,}27\ cm^2}$

110. $U = 2\pi r \quad \Leftrightarrow \quad \mathbf{r} = \frac{U}{2\pi} \approx \mathbf{3{,}18\ m}$

111. $A = \pi r^2 \quad \Leftrightarrow \quad \mathbf{r} = \sqrt{\frac{A}{\pi}} \approx \mathbf{15{,}96\ cm}$

112. Mithilfe der Wasserfläche lässt sich der Radius r_1 des Teichs bestimmen:

$A = \pi r_1^2 \quad \Leftrightarrow \quad r_1 = \sqrt{\frac{A}{\pi}} \approx 25{,}23\ \text{m}$

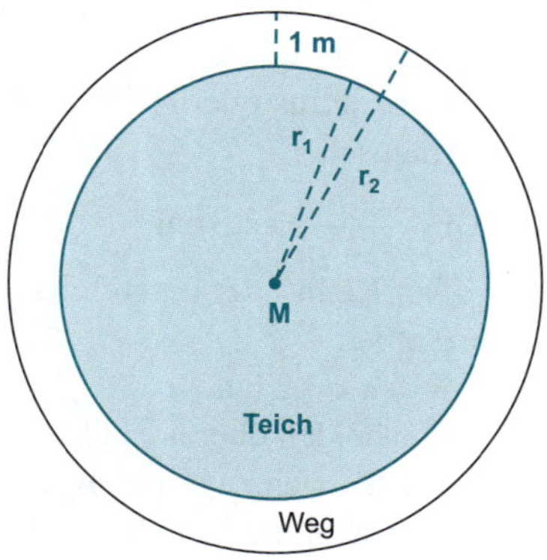

In der Skizze erkennt man sofort die Beziehungen zwischen r_1 und dem Radius r_2 des äußeren Wegrands:
$r_2 = r_1 + 1\ \text{m} \approx 26{,}23\ \text{m}$

Damit lässt sich die Gesamtfläche berechnen: $A_{ges} = \pi r_2^2 \approx 2\,161{,}67\ \text{m}^2$

Daher verbleibt für den Weg die Fläche: $\mathbf{A_{Weg}} = A_{ges} - A \approx \mathbf{161{,}67\ m^2}$

113. Die Rennbahn hat an der Innenkante eine Länge von 400 m, wobei diese von zwei jeweils 100 m langen Geraden sowie zwei Halbkreisen gebildet wird.

Die beiden Halbkreise bilden zusammen einen Kreis und haben eine Länge von 400 m − 200 m = 200 m, woraus sich der Radius der Halbkreise bestimmen lässt:

$U = 2\pi r \quad \Leftrightarrow \quad r = \frac{U}{2\pi} \approx 31{,}83\ \text{m}$

Die Fläche der gekrümmten Teile der Rennbahn ist ein Kreisring. Sie lässt sich aus der Differenz von zwei Kreisflächen mit $r_1 = r \approx 31{,}83$ m und $r_2 = r_1 + 4{,}50\ \text{m} \approx 36{,}33$ m bestimmen:

$A_1 = \pi r_2^2 - \pi r_1^2 \approx 963{,}62\ \text{m}^2$

Die geraden Teile der Rennbahn werden aus zwei kongruenten Rechtecken gebildet, für deren Fläche $A_2 = 2 \cdot a \cdot b = 2 \cdot 100\ \text{m} \cdot 4{,}50\ \text{m} = 900\ \text{m}^2$ gilt.

Somit ergibt sich für die Gesamtfläche der Rennbahn:

$\mathbf{A} = A_1 + A_2 \mathbf{\approx 1\,864\ m^2}$

114. $b = \frac{\pi \cdot r}{180^\circ} \cdot \alpha \quad \Leftrightarrow \quad \mathbf{r} = \frac{b \cdot 180^\circ}{\pi \cdot \alpha} \mathbf{\approx 4{,}44\ cm}$

115. $b = \frac{\pi \cdot r}{180^\circ} \cdot \alpha \quad \Leftrightarrow \quad \boldsymbol{\alpha} = \frac{b \cdot 180^\circ}{\pi \cdot r} \mathbf{\approx 29{,}68^\circ}$

116. Das Herz setzt sich oben aus zwei Halbkreisen zusammen und unten aus zwei Kreisbögen, die zu einem Mittelpunktswinkel von 60° gehören, da das Dreieck ASB gleichseitig ist.

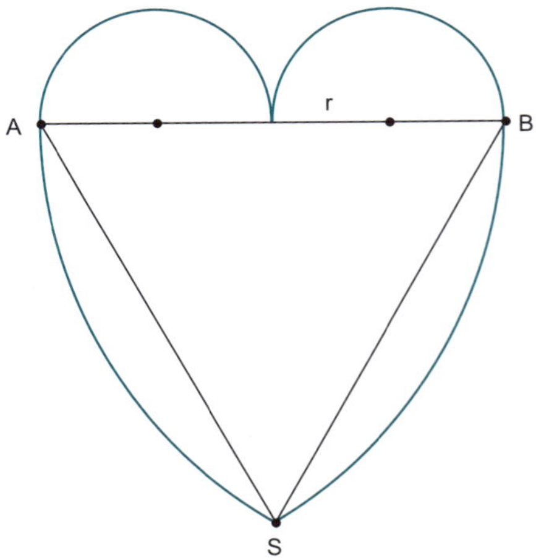

Der Radius r der Halbkreise beträgt:

$r = \frac{4{,}6\ \text{cm}}{2} = 2{,}3\ \text{cm}$

Der Radius der unteren Kreisbögen ist:

$R = 4r = 9{,}2\ \text{cm}$

Die beiden oberen Halbkreise ergänzen sich zu einem Kreis mit dem Umfang $U_1 = 2\pi r \approx 14{,}45$ cm.

Die beiden unteren Kreisausschnitte mit einem Gesamt-Mittelpunktswinkel von 120° entsprechen einem Drittelkreis; dieser hat den Umfang:

$U_2 = \frac{1}{3} \cdot 2\pi R \approx 19{,}27\ \text{cm}$

Das Herz hat demzufolge den Gesamtumfang $\mathbf{U} = U_1 + U_2 \mathbf{\approx 33{,}72\ cm}$.

117. $A_\alpha = \pi r^2 \cdot \frac{\alpha}{360°} \quad \Leftrightarrow \quad \mathbf{r} = \sqrt{\frac{A_\alpha \cdot 360°}{\pi \cdot \alpha}} \approx \mathbf{2{,}98\,cm}$

$\mathbf{b} = \frac{\pi \cdot r}{180°} \cdot \alpha \approx \mathbf{4{,}16\,cm}$

118. Zunächst wird die Formel für die Bogenlänge nach dem unbekannten Winkel α aufgelöst:

$b_\alpha = \frac{\pi \cdot r}{180°} \cdot \alpha \quad \Leftrightarrow \quad \alpha = \frac{b_\alpha \cdot 180°}{\pi \cdot r}$

Dieser Winkel α wird in die Formel für die Fläche des Kreisausschnitts eingesetzt:

$A_\alpha = \pi r^2 \cdot \frac{\alpha}{360°} = \pi r^2 \cdot \frac{b_\alpha \cdot 180°}{\pi \cdot r \cdot 360°} = \frac{r \cdot b_\alpha}{2}$

Die Gleichung $A_\alpha = \frac{r \cdot b_\alpha}{2}$ wird nun nach r aufgelöst:

$\mathbf{r} = \frac{2A_\alpha}{b_\alpha} \approx \mathbf{13{,}66\,cm}$

Nun lässt sich der Winkel des Kreisausschnitts berechnen:

$b_\alpha = \frac{\pi \cdot r}{180°} \cdot \alpha \quad \Leftrightarrow \quad \boldsymbol{\alpha} = \frac{b_\alpha \cdot 180°}{\pi \cdot r} \approx \mathbf{34{,}40°}$

119. Die Fläche besteht aus zwei kleinen Halbkreisen, die zusammen einen Kreis mit Radius $r_1 = 4$ cm bilden, und einem Halbkreis mit Radius $r_2 = 8$ cm. Die Gesamtfläche ist somit:

$\mathbf{A} = \pi r_1^2 + \frac{1}{2}\pi r_2^2 \approx \mathbf{150{,}80\,cm^2}$

120. Die Figur ist achsensymmetrisch, und das punktiert eingezeichnete Dreieck besitzt einen rechten Winkel. Daher ist das Dreieck gleichschenklig mit zwei 45°-Winkeln.
Die Katheten des Dreiecks besitzen die Länge $k = 6$ cm (zweimal der Radius der Kreise), sodass die Fläche dieses Dreiecks

$A_1 = \frac{1}{2} g \cdot h = \frac{1}{2} \cdot k \cdot k = 18\,\text{cm}^2$

beträgt.
Die Restfläche setzt sich aus zwei Kreisausschnitten mit jeweils dem Mittelpunktswinkel $\alpha = 360° - 45° = 315°$ sowie einem Kreisausschnitt mit dem Mittelpunktswinkel $360° - 90° = 270°$ zusammen.
Die Fläche dieser drei Kreisausschnitte beträgt:

$A_2 = 2 \cdot \pi r^2 \cdot \frac{315°}{360°} + \pi r^2 \cdot \frac{270°}{360°} \approx 49{,}5\,\text{cm}^2 + 21{,}2\,\text{cm}^2 = 70{,}7\,\text{cm}^2$

Insgesamt hat die Figur also die Fläche:

$\mathbf{A} = A_1 + A_2 \approx \mathbf{88{,}7\,cm^2}$

121. Teilt man das große Quadrat in vier Teilquadrate, dann wird dadurch der Propeller in insgesamt vier Teilfiguren zerlegt – zwei Viertelkreise und zwei Restflächen. Die beiden in den unteren Quadraten befindlichen Flächen F_1 und F_2 lassen sich in den oberen beiden Teilquadraten wiederfinden, sodass die Propellerfläche der Fläche von zwei Teilquadraten entspricht.
Die Propellerfläche ist daher:
$\mathbf{A} = a \cdot \frac{a}{2} = \mathbf{\frac{1}{2}a^2}$

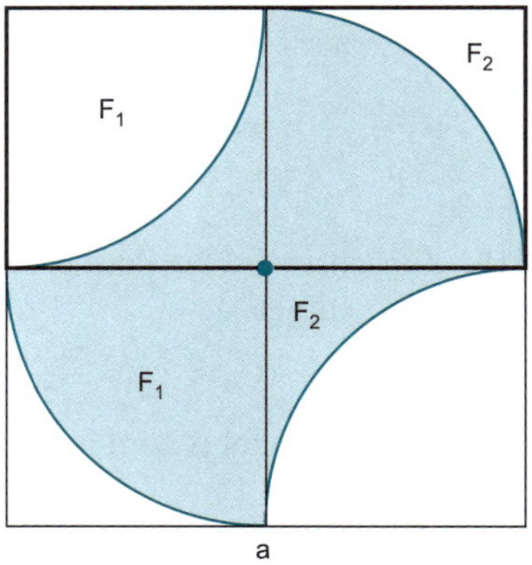

122. In Dreieck I sind die beiden Katheten gegeben, sodass für die Hypotenuse c gilt:

$$c^2 = a^2 + b^2 \quad \Leftrightarrow \quad \mathbf{c} = \sqrt{a^2 + b^2} = \sqrt{2{,}9^2 + 5{,}5^2} = \sqrt{8{,}41 + 30{,}25} = \sqrt{38{,}66} \approx \mathbf{6{,}2}$$

In Dreieck II hat die Hypotenuse die Länge 6,5 und eine Kathete die Länge 5,1. Daher folgt für die zweite Kathete:

$$c^2 = a^2 + b^2 \quad \Leftrightarrow \quad b^2 = c^2 - a^2 \quad \Leftrightarrow \quad \mathbf{b} = \sqrt{c^2 - a^2} = \sqrt{6{,}5^2 - 5{,}1^2} \approx \mathbf{4{,}0}$$

In Dreieck III lässt sich die fehlende Hypotenuse bestimmen:

$$c^2 = a^2 + b^2 \quad \Leftrightarrow \quad \mathbf{c} = \sqrt{a^2 + b^2} = \sqrt{5{,}1^2 + 3{,}9^2} \approx \mathbf{6{,}4}$$

Die fehlende Kathete in Dreieck IV folgt aus:

$$c^2 = a^2 + b^2 \quad \Leftrightarrow \quad b^2 = c^2 - a^2 \quad \Leftrightarrow \quad \mathbf{b} = \sqrt{c^2 - a^2} = \sqrt{8{,}9^2 - 3{,}3^2} \approx \mathbf{8{,}3}$$

123. In dem Quadrat lässt sich ein rechtwinkliges Dreieck finden, in dem wegen des Satzes von Pythagoras gilt:

$$r^2 + r^2 = a^2 \quad \Leftrightarrow \quad a = \sqrt{2r^2} = r \cdot \sqrt{2}$$

Damit hat das Quadrat den Umfang:

$$U_Q = 4a = 4r \cdot \sqrt{2}$$

Der Kreis besitzt den Umfang $U_K = 2\pi r$, sodass sich für das Verhältnis der beiden Umfänge ergibt:

$$\frac{\mathbf{U_Q}}{\mathbf{U_K}} = \frac{4r \cdot \sqrt{2}}{2\pi r} = \frac{4\sqrt{2}}{2\pi} \approx \mathbf{0{,}900}$$

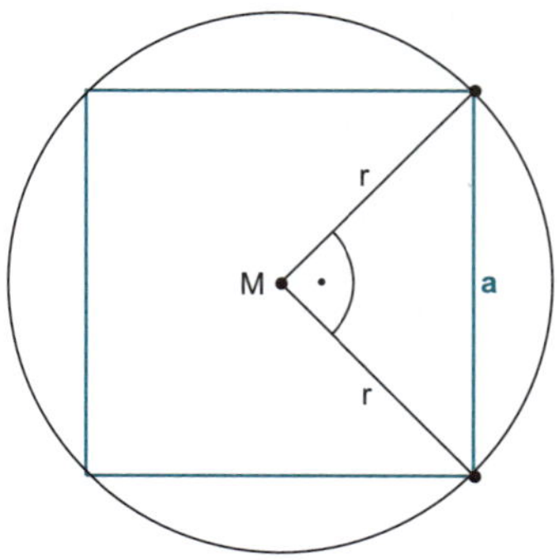

124. Betrachtet man das rechtwinklige Teildreieck FBC, so lässt sich aus den beiden Seiten der Länge a und $\frac{a}{2}$ über den Satz des Pythagoras die Höhe h berechnen:

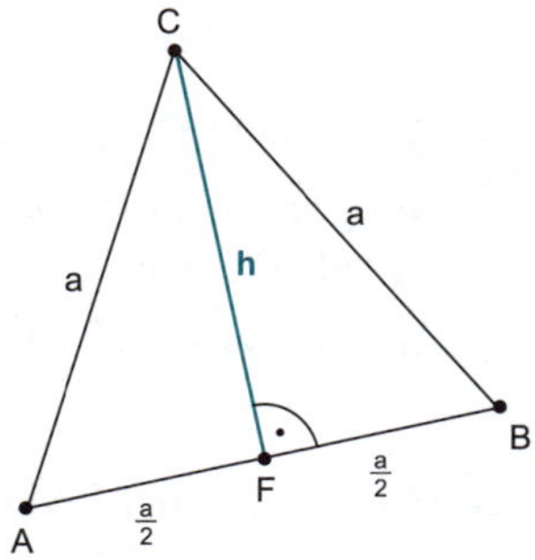

$$a^2 = h^2 + \left(\tfrac{a}{2}\right)^2$$

$$\Leftrightarrow \quad h^2 = a^2 - \left(\tfrac{a}{2}\right)^2 = a^2 - \tfrac{a^2}{4} = \tfrac{3}{4}a^2$$

$$\Leftrightarrow \quad \mathbf{h} = \sqrt{\tfrac{3}{4}a^2} = \mathbf{\tfrac{a}{2}\sqrt{3}}$$

125. Betrachtet man die Raumdiagonale e eines Würfels als Seite des rechtwinkligen Dreiecks ACE, dann lässt sich in diesem rechtwinkligen Dreieck über den Satz des Pythagoras die Länge der Raumdiagonalen berechnen:

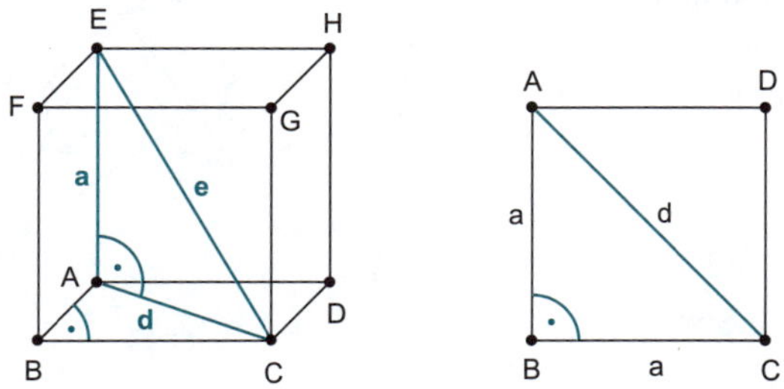

$$e^2 = d^2 + a^2 \quad \Leftrightarrow \quad e = \sqrt{d^2 + a^2}$$

Die Seite d = [AC] ist dabei eine Diagonale des Quadrats ABCD, welche sich ebenfalls mit dem Satz des Pythagoras bestimmen lässt:

$$d^2 = a^2 + a^2 = 2a^2 \quad \Leftrightarrow \quad d = \sqrt{2a^2} = a \cdot \sqrt{2}$$

Diese Beziehung kann man in die Formel für die Raumdiagonale e einsetzen:

$$\mathbf{e} = \sqrt{d^2 + a^2} = \sqrt{2a^2 + a^2} = \sqrt{3a^2} = \mathbf{a \cdot \sqrt{3}}$$

Mit derselben Vorgehensweise lässt sich die Raumdiagonale eines Quaders bestimmen.

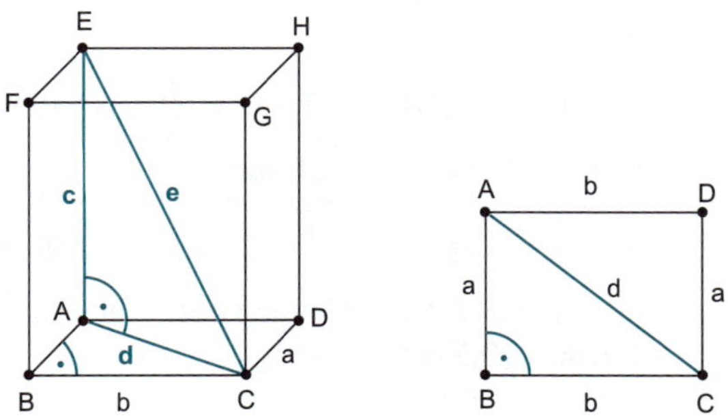

Dreieck ACE: $e^2 = d^2 + c^2 \quad \Leftrightarrow \quad e = \sqrt{d^2 + c^2}$

Dreieck ABC: $d^2 = a^2 + b^2 \quad \Leftrightarrow \quad d = \sqrt{a^2 + b^2}$

Eingesetzt in die Formel für die Raumdiagonale ergibt sich somit für die Quaderdiagonale:

$$e^2 = d^2 + c^2 = a^2 + b^2 + c^2 \quad \Leftrightarrow \quad \mathbf{e = \sqrt{a^2 + b^2 + c^2}}$$

126. Gegeben ist der Radius $r = 12$; gesucht ist der Umfang U des regelmäßigen Achtecks: $U = 8a$

Zunächst muss man rechtwinklige Dreiecke finden, in denen sich aus dem Radius $r = 12$ weitere Streckenlängen bestimmen lassen.

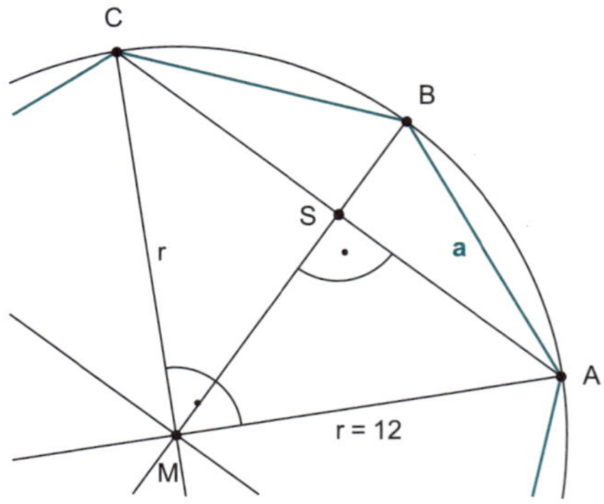

Hierfür eignet sich das eingezeichnete rechtwinklige Dreieck ACM, in dem zwei Seiten aus dem Radius gebildet werden und $|AC|$ bestimmt werden kann:

$$|AC|^2 = r^2 + r^2$$

$$\Leftrightarrow \quad |AC| = \sqrt{2r^2} = r \cdot \sqrt{2}$$

Der Punkt S halbiert die Strecke [AC]. Daher ist:

$|AS| = |CS| = \frac{1}{2}|AC| = \frac{r}{2}\sqrt{2}$

Da das Dreieck ASM gleichschenklig-rechtwinklig ist (wegen des 45°-Winkels bei M), ist auch $|MS| = \frac{r}{2}\sqrt{2}$.

Nun lässt sich $|BS|$ bestimmen:

$|BS| = |BM| - |MS| = r - \frac{r}{2}\sqrt{2}$

Damit lässt sich die Hypotenuse a im rechtwinkligen Dreieck ABS berechnen:

$$a^2 = |AS|^2 + |BS|^2 \quad \Leftrightarrow \quad a = \sqrt{|AS|^2 + |BS|^2} = \sqrt{\left(\tfrac{r}{2}\sqrt{2}\right)^2 + \left(r - \tfrac{r}{2}\sqrt{2}\right)^2}$$

Mit $r = 12$ cm ergibt sich somit

$$a = \sqrt{\left(\tfrac{12}{2}\sqrt{2}\right)^2 + \left(12 - \tfrac{12}{2}\sqrt{2}\right)^2}\ \text{cm} \approx 9{,}184\ \text{cm}$$

und hieraus für den Umfang des Achtecks:

$\mathbf{U = 8a \approx 73{,}5\ cm}$

127. Auch hier sucht man zunächst mittels einiger Hilfslinien ein rechtwinkliges Dreieck. In der Zeichnung sieht man, dass das Dreieck AEM rechtwinklig ist. Außerdem kann man zwei Seitenlängen sofort angeben:

$|AE| = \frac{|AB|}{2} = 8$ und $|EM| = r$

Da die Strecke $[AB_1]$ einen Radius eines Viertelkreises im Quadrat ABCD darstellt, ist $|AB_1| = 16$ und man erhält damit für die dritte Seite des Dreiecks AEM:

$|AM| = |AB_1| - |B_1M| = 16 - r$

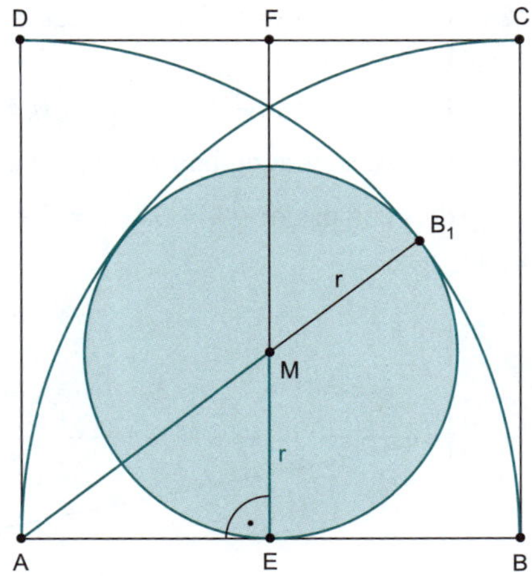

Der Satz des Pythagoras im rechtwinkligen Dreieck AEM liefert nun:

$$|AM|^2 = |AE|^2 + |EM|^2 \Leftrightarrow (16-r)^2 = 8^2 + r^2$$
$$\Leftrightarrow 256 - 32r + r^2 = 64 + r^2$$
$$\Leftrightarrow 32r = 192$$
$$\Leftrightarrow \mathbf{r = 6}$$

Der Radius des Kreises ist 6 cm.

128. Die Röhre habe den Radius r. Da sie 25 cm aus dem Boden herausragt, befindet sich der Mittelpunkt M der Röhre r – 25 cm unterhalb der Erdoberfläche. Damit lässt sich mithilfe des rechtwinkligen Dreiecks ABM der Radius r bestimmen:

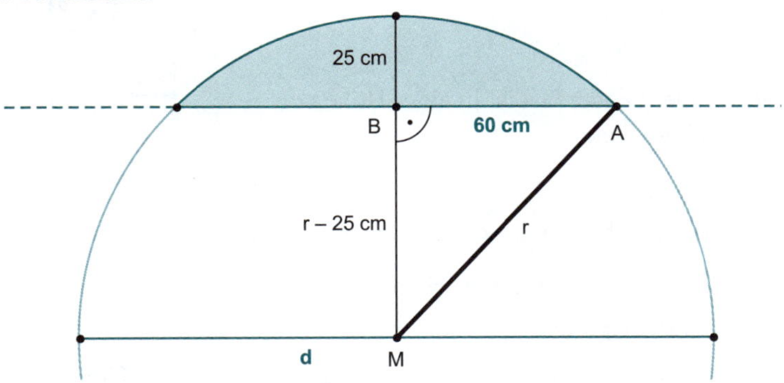

$$r^2 = (r-25)^2 + 60^2 \Leftrightarrow r^2 = r^2 - 50r + 625 + 3\,600$$
$$\Leftrightarrow 50r = 4\,225$$
$$\Leftrightarrow r = \frac{4\,225}{50} = 84{,}5$$

Die Röhre besitzt den Durchmesser **d = 2r = 169 cm**.

129. In dem rechtwinkligen Dreieck mit den Seitenlängen 0,4 und 3,6 lässt sich L_1 bestimmen:

$L_1^2 = 0{,}4^2 + 3{,}6^2 \quad \Leftrightarrow \quad L_1 = \sqrt{0{,}4^2 + 3{,}6^2} \approx 3{,}622$

Die Ausdehnung beträgt also ungefähr 3,622 m – 3,6 m = 2,2 cm;

dies entspricht $\frac{2{,}2}{360} \approx 0{,}006 = \mathbf{0{,}6\ \%}$ der ursprünglichen Länge.

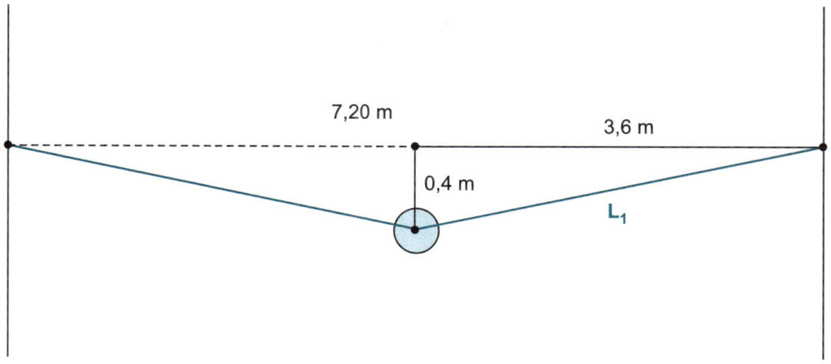

130. Wenn der Sendemast in der Höhe h abknickt, dann hat der umgestürzte Teil des Sendemastes die Länge 24 – h. Damit lässt sich die abgebildete Planfigur erstellen.
Im rechtwinkligen Dreieck FSK wird der Satz des Pythagoras angewandt:

$$\begin{aligned} & 12^2 + h^2 = (24-h)^2 \\ \Leftrightarrow\ & 144 + h^2 = 576 - 48h + h^2 \\ \Leftrightarrow\ & 48h = 432 \\ \Leftrightarrow\ & \mathbf{h = 9} \end{aligned}$$

Ergebnis: Der Sendemast ist in einer Höhe von 9 Metern abgeknickt.

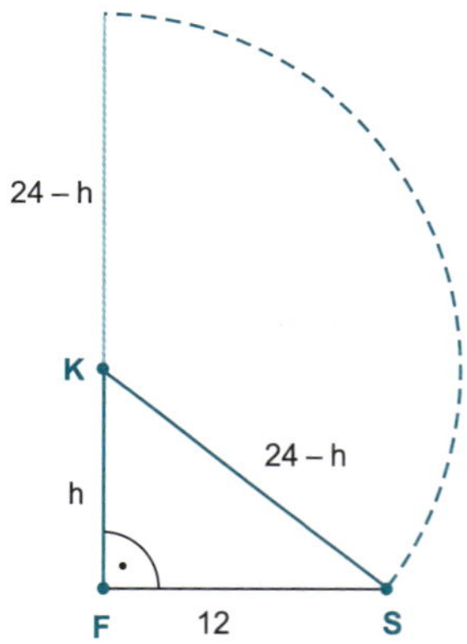

131. a) Kathetensatz: $b^2 = q \cdot c \quad \Leftrightarrow \quad \mathbf{c = \frac{b^2}{q} \approx 9{,}15\ cm}$

$p + q = c \quad \Leftrightarrow \quad \mathbf{p = c - q \approx 4{,}95\ cm}$

Satz des Pythagoras:

$a^2 + b^2 = c^2 \quad \Leftrightarrow \quad a^2 = c^2 - b^2 \quad \Leftrightarrow \quad \mathbf{a = \sqrt{c^2 - b^2} \approx 6{,}73\ cm}$

Für die Fläche eines rechtwinkligen Dreiecks gilt:

$A = \frac{1}{2} c \cdot h_c = \frac{1}{2} a \cdot b \quad \Leftrightarrow \quad c \cdot h_c = a \cdot b \quad \Leftrightarrow \quad \mathbf{h_c = \frac{a \cdot b}{c} \approx 4{,}56\ cm}$

b) Satz des Pythagoras:

$a^2 + b^2 = c^2 \quad \Leftrightarrow \quad b^2 = c^2 - a^2 \quad \Leftrightarrow \quad \mathbf{b = \sqrt{c^2 - a^2} \approx 4{,}43\,cm}$

Für die Fläche eines rechtwinkligen Dreiecks gilt:

$A = \frac{1}{2} c \cdot h_c = \frac{1}{2} a \cdot b \quad \Leftrightarrow \quad c \cdot h_c = a \cdot b \quad \Leftrightarrow \quad \mathbf{h_c = \frac{a \cdot b}{c} \approx 3{,}52\,cm}$

Kathetensatz: $a^2 = p \cdot c \quad \Leftrightarrow \quad \mathbf{p = \frac{a^2}{c} \approx 4{,}61\,cm}$

$p + q = c \quad \Leftrightarrow \quad \mathbf{q = c - p \approx 2{,}69\,cm}$

132. Kathetensatz: Die Hypotenuse ist $b + 81$, eine Kathete 95 und der zugehörige Hypotenusenabschnitt 81:

$95^2 = (81 + b) \cdot 81 \quad \Leftrightarrow \quad 81 + b = \frac{95^2}{81} \quad \Leftrightarrow \quad \mathbf{b = \frac{95^2}{81} - 81 \approx 30{,}4}$

Ergebnis: Der Fluss ist etwa 30 m breit.

133. Aus den beiden Kathetensätzen: $a^2 = p \cdot c$ und $b^2 = q \cdot c$ folgt durch Addition beider Gleichungen: $\mathbf{a^2 + b^2} = p \cdot c + q \cdot c = (p + q) \cdot c = c \cdot c = \mathbf{c^2}$

134. Mit diesem Legespiel kann man den Kathetensatz $a^2 = p \cdot c$ nachprüfen:

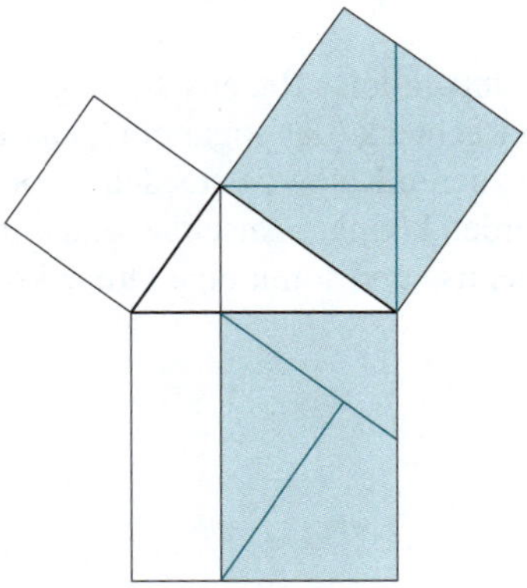

135. Mithilfe des Höhensatzes bestimmt man zunächst p:

$h^2 = p \cdot q \quad \Leftrightarrow \quad \mathbf{p = \frac{h^2}{q} \approx 8{,}01\,cm}$

$\mathbf{c} = p + q \approx \mathbf{12{,}21\,cm}$

Kathetensatz: $b^2 = q \cdot c \quad \Leftrightarrow \quad \mathbf{b = \sqrt{q \cdot c} \approx 7{,}16\,cm}$

Satz des Pythagoras: $a^2 + b^2 = c^2 \quad \Leftrightarrow \quad \mathbf{a = \sqrt{c^2 - b^2} \approx 9{,}89\,cm}$

136. Satz des Pythagoras im Dreieck DBC: $p^2 + h^2 = a^2$

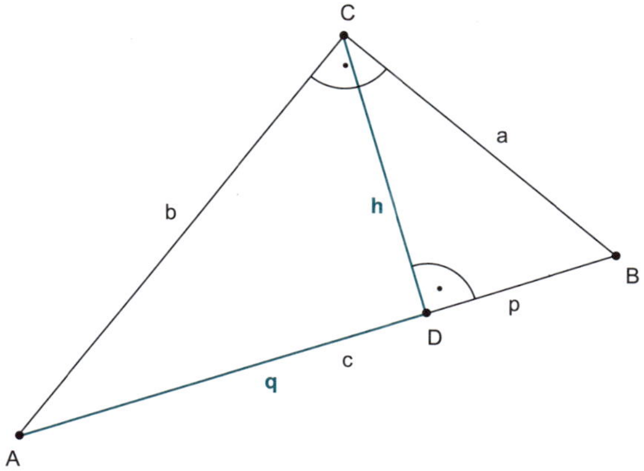

Kathetensatz: $a^2 = p \cdot c$; eingesetzt in den Satz des Pythagoras: $p^2 + h^2 = p \cdot c$
Da $c = p + q$ ist, folgt nun:
$p^2 + h^2 = p \cdot c = p \cdot (p + q) = p^2 + p \cdot q$
Ein Vergleich der linken und rechten Seite dieser Gleichung ergibt:
$p^2 + h^2 = p^2 + p \cdot q \quad \Leftrightarrow \quad \mathbf{h^2 = p \cdot q}$
Dies ist der Höhensatz.

137. Um das gegebene Dreieck wird ein achsenparalleles Rechteck gelegt, sodass alle Eckpunkte des Dreiecks auf diesem Rechteck (das sogar ein Quadrat ist) liegen. Dadurch entstehen drei Dreiecke, deren Katheten aus den Koordinaten der Punkte A, B und C bestimmt werden können. Anschließend wird über den Satz des Pythagoras die Hypotenuse und somit eine Dreieckseite bestimmt:

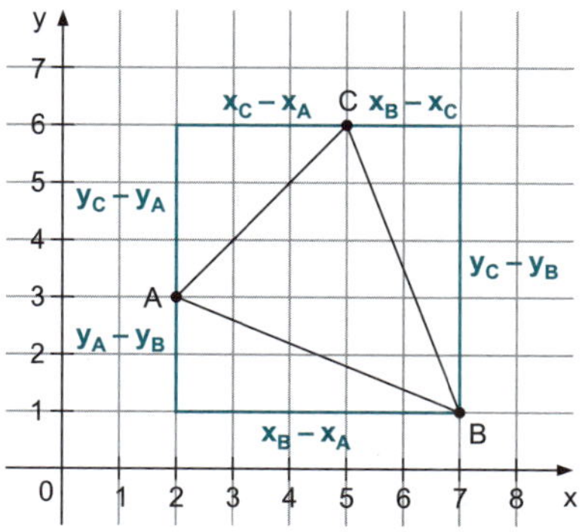

$$|BC|^2 = (y_C - y_B)^2 + (x_B - x_C)^2 = (6-1)^2 + (7-5)^2 = 5^2 + 2^2 = 29$$

$$\Leftrightarrow \quad \mathbf{|BC| = \sqrt{29}}$$

$$|AC|^2 = (y_C - y_A)^2 + (x_C - x_A)^2 = (6-3)^2 + (5-2)^2 = 3^2 + 3^2 = 18$$

$$\Leftrightarrow \quad \mathbf{|AC| = \sqrt{18}}$$

$$|AB|^2 = (y_A - y_B)^2 + (x_B - x_A)^2 = (3-1)^2 + (7-2)^2 = 2^2 + 5^2 = 29$$

$$\Leftrightarrow \quad \mathbf{|AB| = \sqrt{29}}$$

Das Dreieck ist gleichschenklig, da die Seiten [BC] und [AB] gleich lang sind.

138. a) In dieser Figur lassen sich in aufsteigender Folge die einzelnen Hypotenusen berechnen.

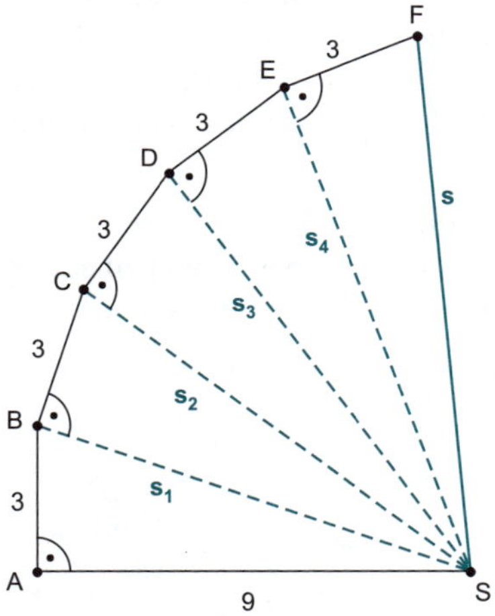

Dreieck ASB: $s_1^2 = 9^2 + 3^2 \quad \Leftrightarrow \quad s_1 = \sqrt{81+9} = \sqrt{90}$

Dreieck BSC: $s_2^2 = s_1^2 + 3^2 \quad \Leftrightarrow \quad s_2 = \sqrt{90+9} = \sqrt{99}$

Dreieck CSD: $s_3^2 = s_2^2 + 3^2 \quad \Leftrightarrow \quad s_3 = \sqrt{99+9} = \sqrt{108}$

Dreieck DSE: $s_4^2 = s_3^2 + 3^2 \quad \Leftrightarrow \quad s_4 = \sqrt{108+9} = \sqrt{117}$

Dreieck ESF: $s^2 = s_4^2 + 3^2 \quad \Leftrightarrow \quad s = \sqrt{117+9} = \sqrt{126}$

Ergebnis: Die gesuchte Strecke ist $\sqrt{126} \approx$ **11,2 m** lang.

b) Führt man das Verfahren fort, dann ergibt sich:

$s_5^2 = s^2 + 3^2 \quad \Leftrightarrow \quad s_5 = \sqrt{126+9} = \sqrt{135}$

$s_6^2 = s_5^2 + 3^2 \quad \Leftrightarrow \quad s_6 = \sqrt{135+9} = \sqrt{144} = 12$

Ergebnis: Es müssten zwei weitere Dreiecke angesetzt werden.

c) Mit demselben Ansatz wie bei der vorgegebenen Figur lässt sich mit der Überlegung $5^2 + 2^2 = 25 + 4 = 29$ und $29 + 2^2 = 29 + 4 = 33$ die Länge von $\sqrt{33}$ konstruieren.
Mit dem Satz des Pythagoras folgt hier:
$s_1^2 = 5^2 + 2^2 \quad \Leftrightarrow \quad s_2 = \sqrt{25+4} = \sqrt{29}$
$s^2 = s_1^2 + 2^2 \quad \Leftrightarrow \quad s = \sqrt{29+4} = \sqrt{33}$

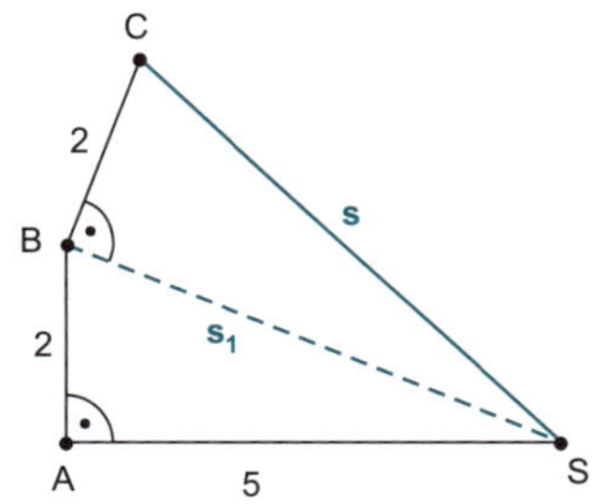

d) Man muss – um eine ähnliche Konstruktion durchführen zu können – versuchen, die Zahl 13 durch Quadratzahlen auszudrücken. Dies ist am einfachsten durch **13 = 9 + 4** möglich, sodass mithilfe des Satzes von Pythagoras die Hypotenuse der Länge $c = \sqrt{13}$ durch ein rechtwinkliges Dreieck mit den Katheten 3 und 2 erzeugt werden kann, denn dann gilt:
$c^2 = 3^2 + 2^2 \quad \Leftrightarrow \quad c = \sqrt{9+4} = \sqrt{13}$
Für $\sqrt{35}$ hilft z. B. die Überlegung: **35 = 36 – 1** $= 6^2 - 1^2$
Hier muss also ein Dreieck mit der Hypotenuse 6 und einer Kathete 1 konstruiert werden, denn dann gilt für die zweite Kathete b:
$6^2 = 1^2 + b^2 \quad \Leftrightarrow \quad b = \sqrt{6^2 - 1^2} = \sqrt{36-1} = \sqrt{35}$

139. Der Transport in das Zimmer ist möglich, wenn der Schrank umgelegt wird: Die Schranktiefe von 80 cm passt durch die Türbreite von 85 cm, und die Schrankbreite von 1,60 m passt durch die 2,05 m hohe Tür.
Aus dieser Lage kann er nur dann direkt aufgerichtet werden, wenn die Diagonale der Vorderfläche kleiner als 2,48 m ist:

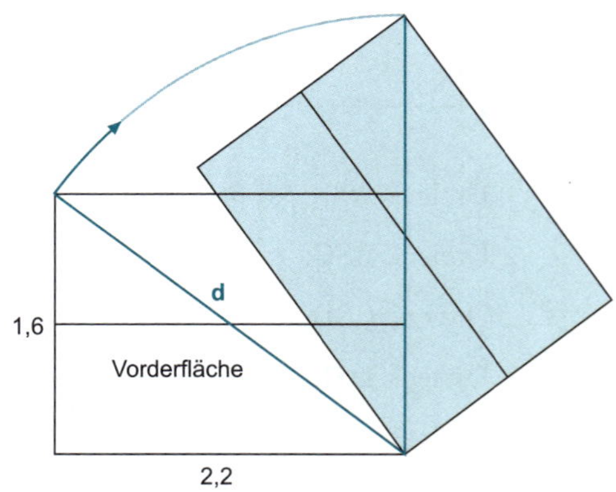

$d^2 = 2{,}2^2 + 1{,}6^2 \quad \Leftrightarrow \quad d = \sqrt{2{,}2^2 + 1{,}6^2} \approx 2{,}72$

Das direkte Hochkippen ist also nicht möglich. Allerdings kann man den Schrank aus der Seitenlage zunächst auf die Rückseite legen und ihn danach aufrichten.

Hier gilt für die Seitenflächen-Diagonale:

$$d_2^2 = 0{,}8^2 + 2{,}2^2$$

$$\Leftrightarrow \quad d_2 = \sqrt{0{,}8^2 + 2{,}2^2} \approx 2{,}34 < 2{,}48$$

Der Schrank muss also zunächst mit der Rückfläche auf den Boden gelegt und danach aufgerichtet werden.

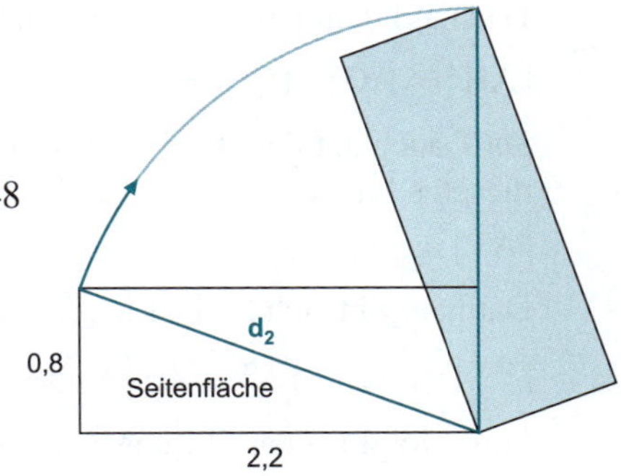

140. Zentrale Idee:

Die Blume setzt sich aus sechs Blättern zusammen, wobei jedes Blatt aus zwei Hälften besteht. Zunächst wird die Fläche einer solchen Hälfte bestimmt.

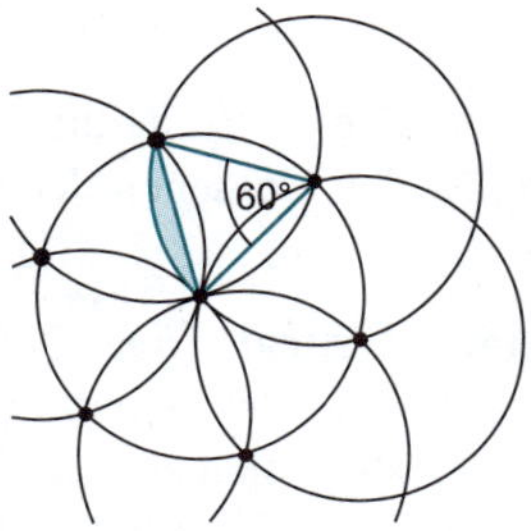

Die grün hervorgehobene Fläche entsteht, wenn man von einem Kreisausschnitt mit Mittelpunktswinkel 60° (ein Kreis kann in sechs solche Ausschnitte zerlegt werden) das grün umrandete gleichseitige Dreieck wegnimmt.

Für die Dreiecksfläche benötigt man die Höhe h_D dieses Dreiecks, die sich mithilfe des Satzes von Pythagoras bestimmen lässt (siehe Aufgabe 124):

$$h_D = \frac{r}{2}\sqrt{3}$$

Daher erhält man für den Inhalt einer halben Blattfläche

$$A_1 = A_K - A_D = \frac{\pi r^2}{360°} \cdot 60° - \frac{1}{2} r \cdot \frac{r}{2}\sqrt{3} = \frac{\pi r^2}{6} - \frac{1}{4} r^2 \cdot \sqrt{3} \approx 0{,}0906 r^2$$

und somit für die gesamte Fläche der Blume: $\mathbf{A} = 12 \cdot A_1 \boldsymbol{\approx 1{,}09 r^2}$

141. Wir gehen davon aus, dass $|AB| = 1$ ist.

An der Konstruktion kann man folgende Eigenschaften begründen:

Da $|BC| = \frac{1}{2}|AB|$ ist, ergibt sich für $|BC|$ die Länge $\frac{1}{2}$.

Mithilfe des Satzes von Pythagoras im Dreieck ABC folgt für die Hypotenuse [AC]:

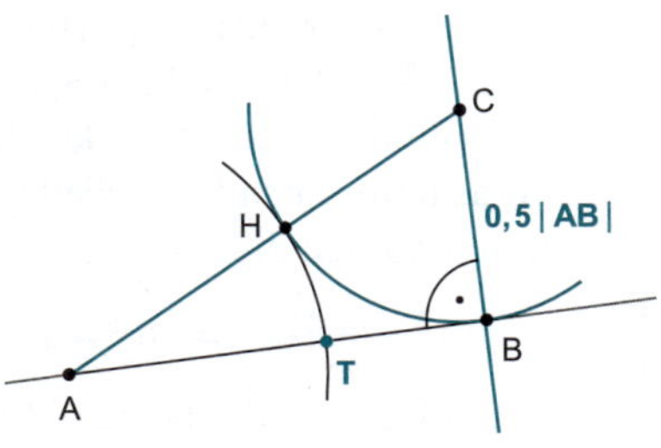

$$|AC|^2 = |AB|^2 + |BC|^2 \quad \Leftrightarrow \quad |AC| = \sqrt{1^2 + \left(\frac{1}{2}\right)^2} = \sqrt{\frac{5}{4}} = \frac{1}{2}\sqrt{5}$$

Da H auf dem Kreis um C mit Radius $\frac{1}{2}$ liegt, erhält man für $|AH|$:

$|AH| = |AC| - |CH| = \frac{1}{2}\sqrt{5} - \frac{1}{2}$

Da T auch auf dem Kreis um A mit dem Radius $|AH|$ liegt, besitzt $|AT|$ dieselbe Länge:

$|AT| = \frac{1}{2}\sqrt{5} - \frac{1}{2}$

Damit ergibt sich für $|BT|$:

$|BT| = |AB| - |AT| = 1 - \left(\frac{1}{2}\sqrt{5} - \frac{1}{2}\right) = \frac{3}{2} - \frac{1}{2}\sqrt{5}$

Somit folgt für das Teilungsverhältnis:

$$\frac{\mathbf{|AT|}}{\mathbf{|BT|}} = \frac{\frac{1}{2}\sqrt{5} - \frac{1}{2}}{\frac{3}{2} - \frac{1}{2}\sqrt{5}} = \frac{\left(\frac{1}{2}\sqrt{5} - \frac{1}{2}\right)\cdot\left(\frac{3}{2} + \frac{1}{2}\sqrt{5}\right)}{\left(\frac{3}{2} - \frac{1}{2}\sqrt{5}\right)\cdot\left(\frac{3}{2} + \frac{1}{2}\sqrt{5}\right)} = \frac{\frac{3}{4}\sqrt{5} - \frac{3}{4} + \frac{5}{4} - \frac{1}{4}\sqrt{5}}{\frac{9}{4} - \frac{5}{4}} = \frac{\frac{1}{2} + \frac{1}{2}\sqrt{5}}{1}$$

$$= \frac{1}{2} + \frac{1}{2}\sqrt{5} = \mathbf{\frac{1+\sqrt{5}}{2} = \varphi}$$

Dieses Verhältnis ist genau die goldene Zahl, die exakt der Teilung durch den Goldenen Schnitt entspricht.

142. Zentrale Idee: Bestimmung des Abfalls mithilfe von Teilfiguren

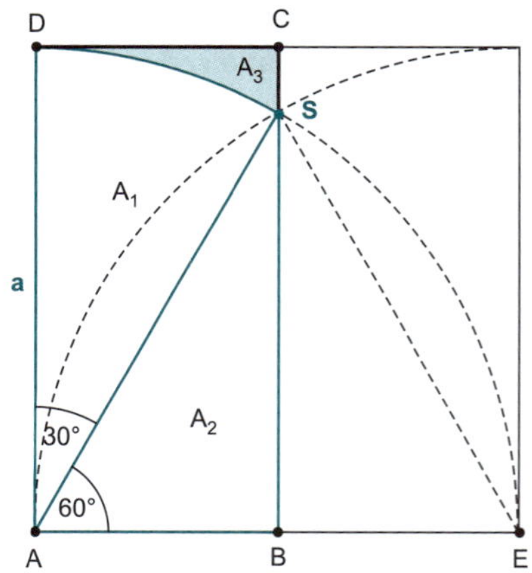

Zeichnet man die Blume nach, so stellt man zunächst fest, dass das Dreieck AES gleichseitig ist, da alle drei Seiten die Länge a besitzen. Daher ist der Dreieckswinkel bei A gleich 60° und demzufolge der Winkel zu dem Bogen SAD gleich 30°. Die Fläche A_1 ist somit ein Zwölftel $\left(= \frac{30°}{360°}\right)$ der Fläche eines Kreises mit Radius a:

$A_1 = \frac{1}{12} \cdot \pi \cdot a^2$

Das Dreieck ABS mit der Fläche A_2 besitzt die Grundseite [AB] der Länge $\frac{a}{2}$ und der Höhe $h = |BS|$, die sich mithilfe des Satzes des Pythagoras bestimmen lässt (die Hypotenuse [AS] hat die Länge a):

$$a^2 = h^2 + \left(\frac{a}{2}\right)^2 \quad \Leftrightarrow \quad h^2 = a^2 - \frac{a^2}{4} = \frac{3}{4}a^2 \quad \Leftrightarrow \quad h = \sqrt{\frac{3}{4}a^2} = \frac{a}{2}\sqrt{3}$$

Damit folgt für die Dreiecksfläche A_2:

$$A_2 = \frac{1}{2} \cdot \frac{a}{2} \cdot h = \frac{1}{2} \cdot \frac{a}{2} \cdot \frac{a}{2}\sqrt{3} = a^2 \cdot \frac{\sqrt{3}}{8}$$

Ebenso kann die Fläche A_R des Rechtecks ABCD aus den Seitenlängen a und $\frac{a}{2}$ errechnet werden:

$A_R = a \cdot \frac{a}{2} = \frac{1}{2} \cdot a^2$,

sodass die Fläche A_3 als Differenz bestimmt werden kann:

$A_3 = A_R - A_1 - A_2 = \frac{1}{2} \cdot a^2 - \frac{1}{12} \cdot \pi \cdot a^2 - \frac{\sqrt{3}}{8} \cdot a^2 = a^2 \cdot \left(\frac{1}{2} - \frac{\pi}{12} - \frac{\sqrt{3}}{8}\right)$

Der gesamten Blume fehlt im Vergleich zur gesamten Quadratfläche insgesamt 8-mal die Fläche A_3, sodass sich für den Abfall A ergibt:

$A = 8 \cdot A_2 = 8 \cdot a^2 \cdot \left(\frac{1}{2} - \frac{\pi}{12} - \frac{\sqrt{3}}{8}\right) = a^2 \cdot \left(4 - \frac{2\pi}{3} - \sqrt{3}\right) \approx 0{,}174 \cdot a^2$

Das Stoffquadrat mit der Seitenlänge a hat die Fläche a^2; hieraus ergibt sich ein prozentualer Abfall von etwa $\frac{0{,}174a^2}{a^2}$ **≈ 17 %**.

143. Die Diagonalen schneiden sich unter einem Winkel α, der doppelt so groß ist wie der eingezeichnete Winkel β.
β lässt sich über das rechtwinklige Dreieck ABC bestimmen:

$\tan\beta = \frac{b}{a} = \frac{4}{5} \quad \Leftrightarrow \quad \beta \approx 38{,}66°$

Die Diagonalen schneiden sich unter dem Winkel **$\alpha = 2\beta \approx 77{,}3°$**.

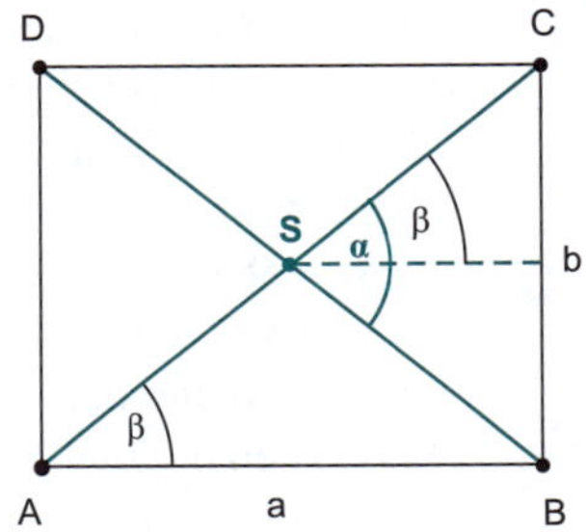

144. Die beiden abgebildeten Diagonalen liegen in einem Rechteck ABFG mit den Seitenlängen a und

$d_{bc} = \sqrt{b^2 + c^2}$

(wegen des rechtwinkligen Dreiecks BEF).

Daher ergibt sich anhand des rechtwinkligen Dreiecks ABF:

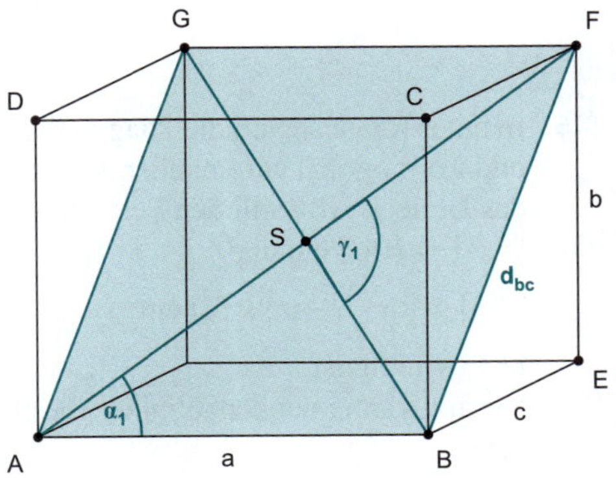

$\tan\alpha_1 = \frac{d_{bc}}{a} = \frac{\sqrt{b^2 + c^2}}{a} = \frac{\sqrt{32}}{6} \quad \Leftrightarrow \quad \alpha_1 \approx 43{,}3°$

Der Schnittwinkel der gezeichneten Diagonalen ist doppelt so groß und beträgt somit etwa **86,6°**.

Allerdings lassen sich auch zwei andere Diagonalen schneiden:
Die Flächendiagonale d_{ab} lässt sich aus dem rechtwinkligen Dreieck ABD bestimmen:

$d_{ab} = \sqrt{a^2 + b^2}$

Nun kann man im rechtwinkligen Dreieck DBE den Winkel α_2 berechnen:

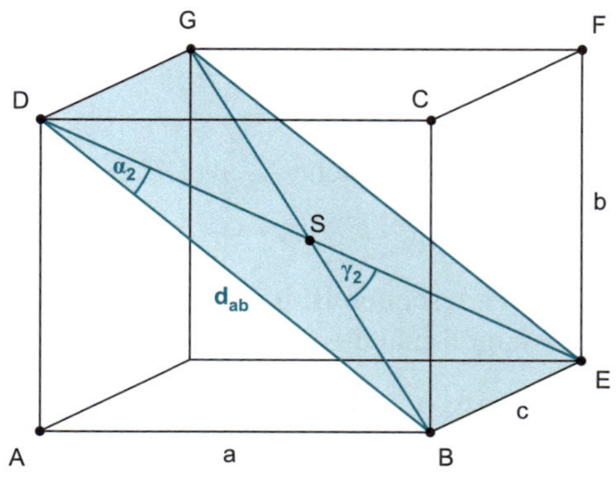

$$\tan\alpha_2 = \frac{c}{d_{ab}} = \frac{c}{\sqrt{a^2+b^2}} = \frac{4}{\sqrt{52}} \quad \Leftrightarrow \quad \alpha_2 \approx 29{,}0°$$

Hieraus ergibt sich für den Schnittwinkel $\boldsymbol{\gamma_2 = 2\alpha_2 \approx 58{,}0°}$.

Die dritte Möglichkeit, zwei Raumdiagonalen zu schneiden, führt auf denselben Winkel
$\boldsymbol{\gamma_3 = \gamma_2 \approx 58{,}0°}$,
weil die Seiten b und c gleich groß und damit die Diagonalen d_{ab} und d_{ac} gleich lang sind.

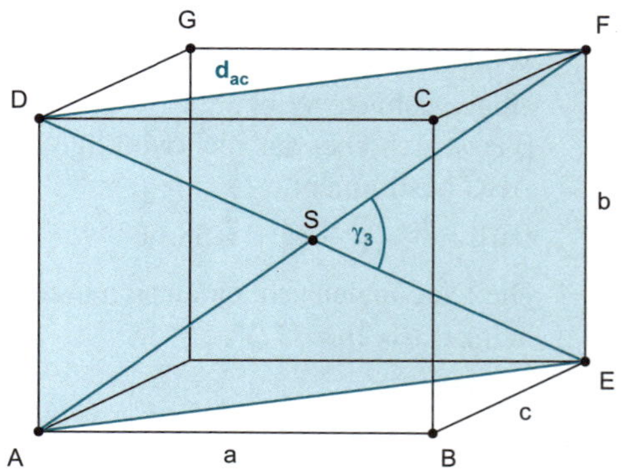

145. In einer Raute stehen die Diagonalen e und f orthogonal aufeinander, sodass das Dreieck ABS mit den Seitenlängen
$|AB| = a = 6{,}4$ cm und
$|AS| = \frac{e}{2} = \frac{10{,}2}{2}$ cm $= 5{,}1$ cm
rechtwinklig ist.
Hiermit kann man den Winkel γ bestimmen:

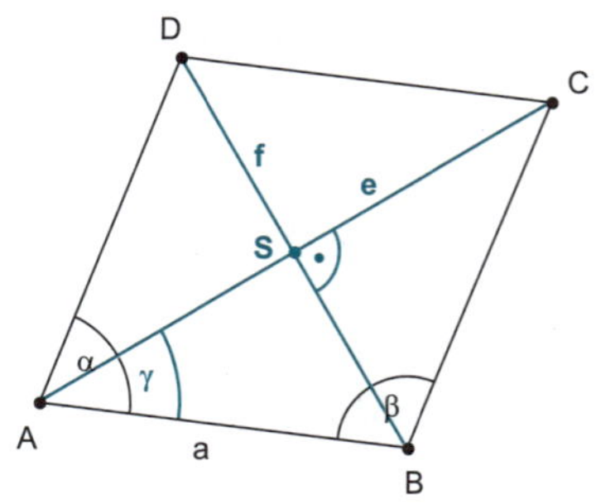

$$\cos\gamma = \frac{|AS|}{|AB|} = \frac{5{,}1}{6{,}4} \quad \Leftrightarrow \quad \gamma \approx 37{,}17°$$

Der Winkel $\boldsymbol{\alpha}$ der Raute ist – weil die Diagonale Symmetrieachse der Raute ist – doppelt so groß wie γ und damit etwa **74,3°** groß.
Für den zweiten Winkel β der Raute folgt dann $\boldsymbol{\beta = 180° - \alpha \approx 105{,}7°}$.

146. In einem gleichschenkligen Dreieck halbiert die Höhe die Basis. Damit kann man die Höhe h über den Satz des Pythagoras bestimmen:

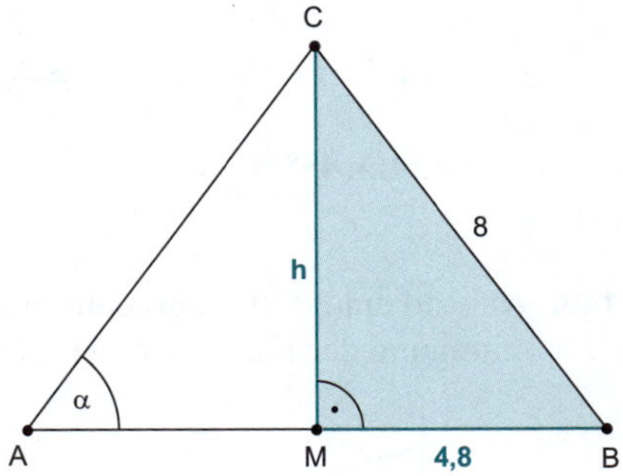

$$h^2 + \left(\frac{c}{2}\right)^2 = a^2$$

$$\Leftrightarrow \quad h^2 = a^2 - \left(\frac{c}{2}\right)^2$$

$$\Leftrightarrow \quad h = \sqrt{a^2 - \left(\frac{c}{2}\right)^2} = 6{,}4\text{ cm}$$

Hieraus lässt sich der Flächeninhalt bestimmen: $\mathbf{A} = \frac{1}{2}c \cdot h \mathbf{= 30{,}72\ cm^2}$

Der Winkel α wird mithilfe des rechtwinkligen Dreiecks AMC bestimmt:

$$\cos\alpha = \frac{|AM|}{|AC|} = \frac{4{,}8}{8} \quad \Leftrightarrow \quad \boldsymbol{\alpha \approx 53{,}13°}$$

Der Winkel β bei B ist wegen der Gleichschenkligkeit genauso groß, und für den Winkel γ bei C folgt nun $\gamma = 180° - 2\alpha \approx \mathbf{73{,}74°}$.

147. a) In einem gleichseitigen Dreieck sind die Innenwinkel 60° weit. Außerdem liegt der Fußpunkt der Höhe in der Mitte der Seite. Damit erhält man:

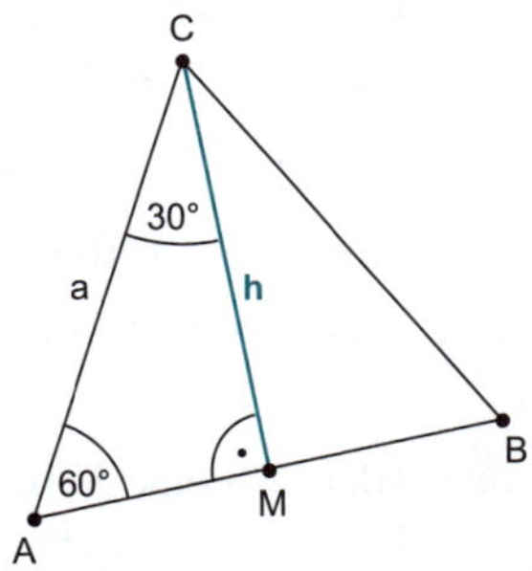

$$a^2 = h^2 + \left(\frac{a}{2}\right)^2$$

$$\Leftrightarrow \quad h^2 = a^2 - \left(\frac{a}{2}\right)^2 = a^2 - \frac{a^2}{4} = \frac{3}{4}a^2$$

und somit $\mathbf{h = \frac{a}{2}\sqrt{3}}$.

b) Im rechtwinkligen Dreieck AMC ergibt sich mit $h = \frac{a}{2}\sqrt{3}$:

$$\mathbf{\sin 60°} = \frac{h}{a} = \frac{\frac{a}{2}\sqrt{3}}{a} = \mathbf{\frac{1}{2}\sqrt{3}} \qquad \mathbf{\cos 60°} = \frac{|AM|}{a} = \frac{\frac{1}{2}a}{a} = \mathbf{\frac{1}{2}}$$

$$\mathbf{\sin 30°} = \frac{|AM|}{a} = \frac{\frac{1}{2}a}{a} = \mathbf{\frac{1}{2}} \qquad \mathbf{\cos 30°} = \frac{h}{a} = \frac{\frac{a}{2}\sqrt{3}}{a} = \mathbf{\frac{1}{2}\sqrt{3}}$$

$$\mathbf{\tan 60°} = \frac{h}{|AM|} = \frac{\frac{a}{2}\sqrt{3}}{\frac{1}{2}a} = \mathbf{\sqrt{3}} \qquad \mathbf{\tan 30°} = \frac{|AM|}{h} = \frac{\frac{1}{2}a}{\frac{a}{2}\sqrt{3}} = \frac{1}{\sqrt{3}} = \mathbf{\frac{1}{3}\sqrt{3}}$$

c) In einem gleichschenklig-rechtwinkligen Dreieck sind die beiden Katheten gleich lang; daher gilt nach dem Satz des Pythagoras:

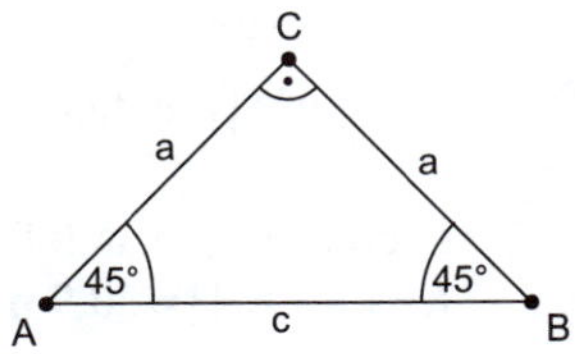

$$c^2 = a^2 + a^2 = 2a^2 \quad \Leftrightarrow \quad c = \sqrt{2a^2} = a \cdot \sqrt{2}$$

Damit ergibt sich:

$\mathbf{\sin 45°} = \frac{a}{c} = \frac{a}{a \cdot \sqrt{2}} = \frac{1}{\sqrt{2}} = \mathbf{\frac{1}{2}\sqrt{2}}$ sowie $\mathbf{\cos 45°} = \frac{a}{c} = \frac{a}{a \cdot \sqrt{2}} = \frac{1}{\sqrt{2}} = \mathbf{\frac{1}{2}\sqrt{2}}$

und $\mathbf{\tan 45°} = \frac{a}{a} = \mathbf{1}$

148. Anhand einer Skizze erkennt man zwei rechtwinklige Dreiecke, die die Bestimmung der Flussbreite b ermöglichen:

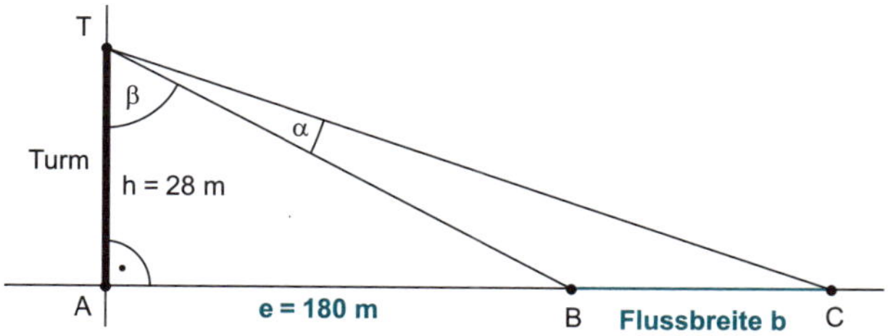

Dreieck ABT: $\tan\beta = \frac{e}{h} = \frac{180}{28} \quad \Leftrightarrow \quad \beta \approx 81{,}16°$

Mit $\alpha = 3{,}30°$ ergibt sich $\alpha + \beta \approx 84{,}46°$; mithilfe des Dreiecks ACT lässt sich nun b bestimmen:

$$\tan(\alpha+\beta) = \frac{e+b}{h} \quad \Leftrightarrow \quad e + b = h \cdot \tan(\alpha+\beta)$$
$$\Leftrightarrow \quad b = h \cdot \tan(\alpha+\beta) - e \approx 108{,}58 \text{ m}$$

Mit $\alpha' = 3{,}40°$ folgt entsprechend $b' = h \cdot \tan(\alpha' + \beta) - e \approx 113{,}92$ m.

Ergebnis: Der Fluss ist **zwischen 108 m und 114 m** breit.

149. Hier hilft eine Skizze.
Im rechtwinkligen Dreieck ABF ergibt sich mit der Balkonhöhe $b = 6{,}3$ m und dem Neigungswinkel $\alpha = 16{,}3°$:

$$\tan\alpha = \frac{|AF|}{e} = \frac{b}{e}$$
$$\Leftrightarrow \quad e = \frac{b}{\tan\alpha} \approx 21{,}5 \text{ m}$$

Mithilfe des Erhebungswinkels $\beta = 48{,}8°$ folgt nun:

$$\tan\beta = \frac{|AH|}{e}$$
$$\Leftrightarrow \quad |AH| = e \cdot \tan\beta \approx 24{,}6 \text{ m}$$

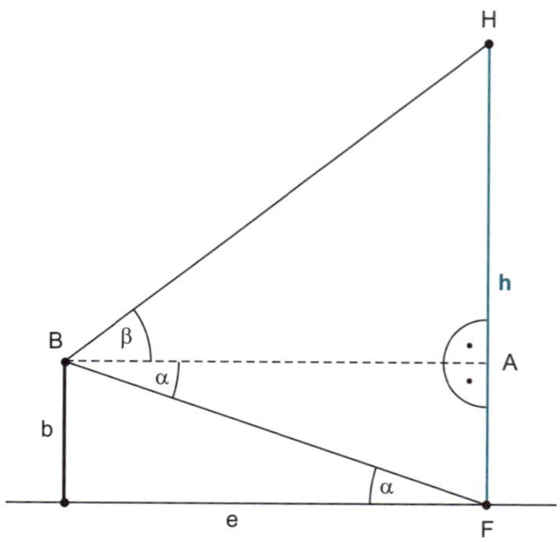

Hieraus ergibt sich für die Höhe h des Hochhauses:
$\mathbf{h} = b + |AH| \mathbf{\approx 30{,}9\ m}$

150. Weil die Radien der beiden Kreise gleich groß sind, gilt $|M_1S| = |M_2S| = 15$ cm.
Somit ergibt sich im rechtwinkligen Dreieck M_2BS:

$$\cos\frac{\alpha}{2} = \frac{|M_2S|}{r} = \frac{15}{20}$$

$$\Leftrightarrow \quad \frac{\alpha}{2} \approx 41{,}4°$$

und daher $\alpha \approx 82{,}8°$. Ebenso folgt mit $s = |AB|$:

$$\sin\frac{\alpha}{2} = \frac{\frac{1}{2}s}{r}$$

$$\Leftrightarrow \quad \frac{1}{2}s = r \cdot \sin\frac{\alpha}{2}$$

$$\Leftrightarrow \quad s = 2r \cdot \sin\frac{\alpha}{2} \approx 26{,}5 \text{ cm}$$

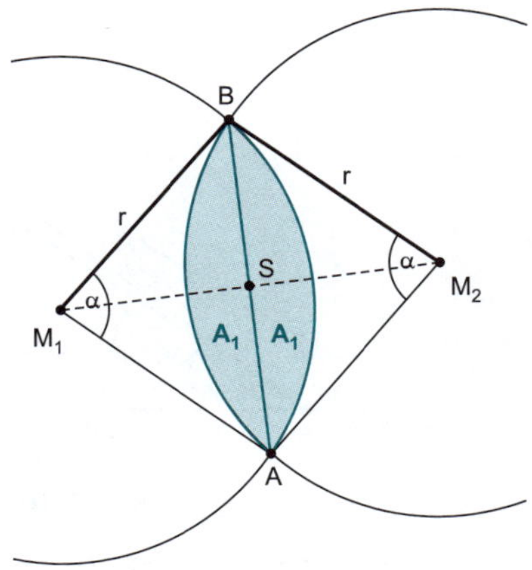

Die Fläche A_1 wird als Differenz aus der Fläche des Kreisausschnitts BM_2A und des Dreiecks BAM_2 bestimmt:

$$A_1 = \frac{\alpha}{360°} \cdot \pi r^2 - \frac{1}{2} \cdot s \cdot |M_2S| \approx 90{,}7 \text{ cm}^2$$

Die grün getönte Schnittfläche beträgt somit $2 \cdot A_1 \approx$ **181 cm²**.

151. In einem regelmäßigen Achteck mit Seitenlänge $a = 5$ m besitzen alle Innenwinkel das Winkelmaß 45°.

Daher kann man im rechtwinkligen Dreieck BMC, in dem der Winkel bei M 22,5° beträgt, die Höhe h berechnen:

$$\tan 22{,}5° = \frac{\frac{1}{2}a}{h}$$

$$\Leftrightarrow \quad h = \frac{a}{2 \cdot \tan 22{,}5°} \approx 6{,}0 \text{ m}$$

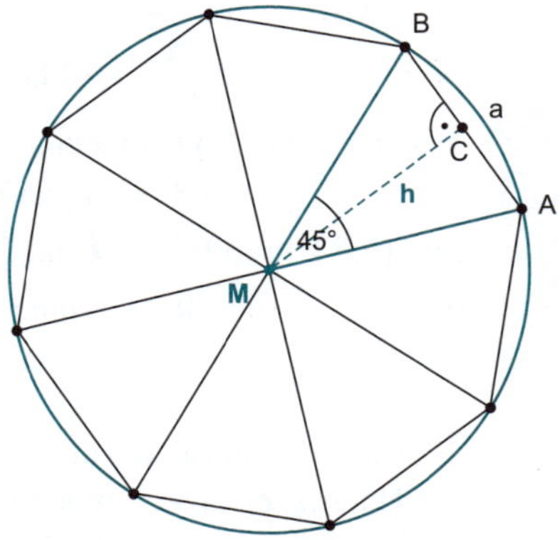

Hieraus folgt für den Flächeninhalt A des Achtecks:

$$\mathbf{A} = 8 \cdot \frac{1}{2} \cdot a \cdot h \approx \mathbf{120{,}7\ m^2}$$

152. Bei der Berechnung wird zunächst die Visierhöhe außer Acht gelassen – die Höhen des Hauses können am Ende um den Wert von 1,59 m erhöht werden.

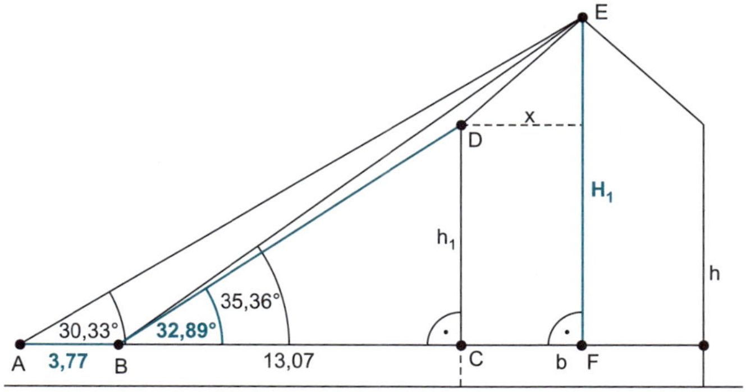

Im rechtwinkligen Dreieck BCD lässt sich die Höhe h_1 bestimmen:

$$\tan 32{,}89° = \frac{h_1}{13{,}07} \quad \Leftrightarrow \quad \mathbf{h_1} = 13{,}07 \cdot \tan 32{,}89° \approx \mathbf{8{,}45}$$

Somit ist die Hausfront etwa **h** = 8,45 m + 1,59 m **= 10,04 m** hoch.
Zur Bestimmung von H_1 sind zwei Winkelangaben vorhanden, die nun kombiniert werden müssen, weil zusätzlich auch die halbe Hausbreite x unbekannt ist.
Dreieck AFE:

$$\tan 30{,}33° = \frac{H_1}{3{,}77 + 13{,}07 + x} \quad \Leftrightarrow \quad H_1 = (16{,}84 + x) \cdot \tan 30{,}33°$$

Dreieck BFE:

$$\tan 35{,}36° = \frac{H_1}{13{,}07 + x} \quad \Leftrightarrow \quad H_1 = (13{,}07 + x) \cdot \tan 35{,}36°$$

Aus diesen beiden Gleichungen lässt sich x bestimmen:

$$(16{,}84 + x) \cdot \tan 30{,}33° = (13{,}07 + x) \cdot \tan 35{,}36°$$

$$\Leftrightarrow \quad 16{,}84 \cdot \tan 30{,}33° + x \cdot \tan 30{,}33° = 13{,}07 \cdot \tan 35{,}36° + x \cdot \tan 35{,}36°$$

$$\Leftrightarrow \quad x \cdot (\tan 30{,}33° - \tan 35{,}36°) = 13{,}07 \cdot \tan 35{,}36° - 16{,}84 \cdot \tan 30{,}33°$$

$$\Leftrightarrow \quad x = \frac{13{,}07 \cdot \tan 35{,}36° - 16{,}84 \cdot \tan 30{,}33°}{\tan 30{,}33° - \tan 35{,}36°} \approx 4{,}64$$

Hieraus folgt für die Breite **b** $= 2 \cdot x \approx$ **9,28**.
Das Haus ist etwa 9,28 m breit.
Für H_1 ergibt sich damit:
$H_1 = (16{,}84 + x) \cdot \tan 30{,}33° \approx 12{,}57$
Das Haus ist also etwa 12,57 m + 1,59 m = **14,16 m** hoch.

Das Dach allein besitzt die Höhe $\mathbf{h_D} = H_1 - h_1 \approx \mathbf{4{,}12\ m}$.
Damit lässt sich nun die Fläche der Hausseite als Summe einer Rechtecks- und einer Dreiecksfläche berechnen:

$$\mathbf{A} = A_R + A_D = b \cdot h + \tfrac{1}{2} b \cdot h_D \approx \mathbf{112{,}3}$$

Die Fläche beträgt ca. 112,3 m^2.

153. a) Sinussatz:

$\frac{a}{b} = \frac{\sin\alpha}{\sin\beta} \quad \Leftrightarrow \quad \sin\alpha = \sin\beta \cdot \frac{a}{b} \quad \Leftrightarrow \quad \boldsymbol{\alpha \approx 37{,}1°}$

Aus der Winkelsumme in einem Dreieck erhält man:

$\boldsymbol{\gamma} = 180° - \alpha - \beta \boldsymbol{\approx 64{,}9°}$

Der Kosinussatz erlaubt nun die Berechnung der Seite c:

$c^2 = a^2 + b^2 - 2ab\cos\gamma \quad \Leftrightarrow \quad \boldsymbol{c} = \sqrt{a^2 + b^2 - 2ab\cos\gamma} \boldsymbol{\approx 8{,}7\ cm}$

b) Kosinussatz:

$c^2 = a^2 + b^2 - 2ab\cos\gamma \quad \Leftrightarrow \quad \cos\gamma = \frac{a^2 + b^2 - c^2}{2ab} \quad \Leftrightarrow \quad \boldsymbol{\gamma \approx 97{,}5°}$

Sinussatz:

$\frac{c}{b} = \frac{\sin\gamma}{\sin\beta} \quad \Leftrightarrow \quad \sin\beta = \frac{b}{c} \cdot \sin\gamma \quad \Leftrightarrow \quad \boldsymbol{\beta \approx 46{,}6°}$

Die Winkelsumme im Dreieck liefert den fehlenden dritten Winkel:

$\boldsymbol{\alpha} = 180° - \beta - \gamma \boldsymbol{\approx 35{,}9°}$

c) Kosinussatz:

$a^2 = b^2 + c^2 - 2bc\cos\alpha \quad \Leftrightarrow \quad \boldsymbol{a} = \sqrt{b^2 + c^2 - 2bc\cos\alpha} \boldsymbol{\approx 9{,}7\ cm}$

Sinussatz:

$\frac{a}{b} = \frac{\sin\alpha}{\sin\beta} \quad \Leftrightarrow \quad \sin\beta = \sin\alpha \cdot \frac{b}{a} \quad \Leftrightarrow \quad \boldsymbol{\beta \approx 32{,}9°}$

Winkelsumme:

$\boldsymbol{\gamma} = 180° - \alpha - \beta \boldsymbol{\approx 69{,}1°}$

d) Winkelsumme:

$\boldsymbol{\gamma} = 180° - \alpha - \beta \boldsymbol{= 43°}$

Sinussatz:

$\frac{a}{b} = \frac{\sin\alpha}{\sin\beta} \quad \Leftrightarrow \quad \boldsymbol{b} = a \cdot \frac{\sin\beta}{\sin\alpha} \boldsymbol{\approx 8{,}2\ cm}$

Sinussatz:

$\frac{a}{c} = \frac{\sin\alpha}{\sin\gamma} \quad \Leftrightarrow \quad \boldsymbol{c} = a \cdot \frac{\sin\gamma}{\sin\alpha} \boldsymbol{\approx 5{,}7\ cm}$

e) Kosinussatz:

$c^2 = a^2 + b^2 - 2ab\cos\gamma \quad \Leftrightarrow \quad \boldsymbol{c} = \sqrt{a^2 + b^2 - 2ab\cos\gamma} \boldsymbol{\approx 11{,}2\ cm}$

Sinussatz:

$\frac{a}{c} = \frac{\sin\alpha}{\sin\gamma} \quad \Leftrightarrow \quad \sin\alpha = \frac{a}{c} \cdot \sin\gamma \quad \Leftrightarrow \quad \boldsymbol{\alpha \approx 51{,}5°}$

Winkelsumme:

$\boldsymbol{\beta} = 180° - \alpha - \gamma \boldsymbol{\approx 40{,}5°}$

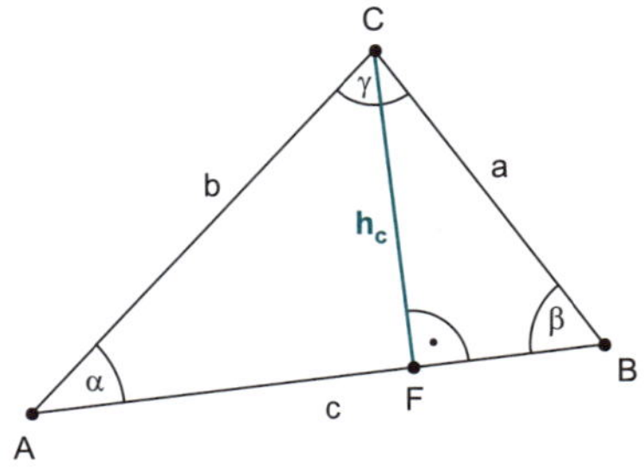

154. Die Winkelsumme im Dreieck liefert
$\gamma = 180° - \alpha - \beta = 67°$.
Mit dem Sinussatz lässt sich nun a bestimmen:
$\frac{a}{c} = \frac{\sin\alpha}{\sin\gamma} \quad \Leftrightarrow \quad a = c \cdot \frac{\sin\alpha}{\sin\gamma} \approx 10{,}0\text{ cm}$
Die Höhe h_c lässt sich im Hilfsdreieck AFC bestimmen:
$\sin\beta = \frac{h_c}{a} \quad \Leftrightarrow \quad h_c = a \cdot \sin\beta \approx 9{,}1\text{ cm}$
Hieraus folgt für die Dreiecksfläche:
$\mathbf{A = \frac{1}{2} c \cdot h_c \approx 56{,}3\text{ cm}^2}$

155. Im rechtwinkligen Dreieck ACL gilt
$b^2 = x^2 + h_a^2$,
im rechtwinkligen Dreieck ABL entsprechend:
$c^2 = (x+a)^2 + h_a^2 = x^2 + 2ax + a^2 + h_a^2$
Fasst man auf der rechten Seite $x^2 + h_a^2$ zusammen und ersetzt diesen Teilterm durch b^2, dann erhält man:
$c^2 = (x^2 + h_a^2) + 2ax + a^2 = b^2 + a^2 + 2ax$
Im rechtwinkligen Dreieck ACL kann man x mithilfe des Kosinus ausdrücken:
$\cos\gamma' = \frac{x}{b} \quad \Leftrightarrow \quad x = b \cdot \cos\gamma'$
Dies wird in die obige Gleichung eingesetzt:
$c^2 = b^2 + a^2 + 2ax = a^2 + b^2 + 2ab \cdot \cos\gamma'$
Ersetzt man nun noch $\cos\gamma' = \cos(180° - \gamma) = -\cos\gamma$, dann erhält man auch im stumpfwinkligen Dreieck den Kosinussatz: $c^2 = a^2 + b^2 - 2ab\cos\gamma$

156. Im rechtwinkligen Dreieck ACL gilt:
$\sin\gamma' = \frac{h_a}{b} \quad \Leftrightarrow \quad h_a = b \cdot \sin\gamma' = b \cdot \sin\gamma$
Ebenso gilt im rechtwinkligen Dreieck ABL:
$\sin\beta = \frac{h_a}{c} \quad \Leftrightarrow \quad h_a = c \cdot \sin\beta$
Diese beiden Gleichungen werden gleichgesetzt:
$b \cdot \sin\gamma = c \cdot \sin\beta \quad \Leftrightarrow \quad \frac{b}{\sin\beta} = \frac{c}{\sin\gamma}$
Der Sinussatz gilt folglich auch in stumpfwinkligen Dreiecken.

157. Hier ist als Hilfslinie die Diagonale [AC] hilfreich.

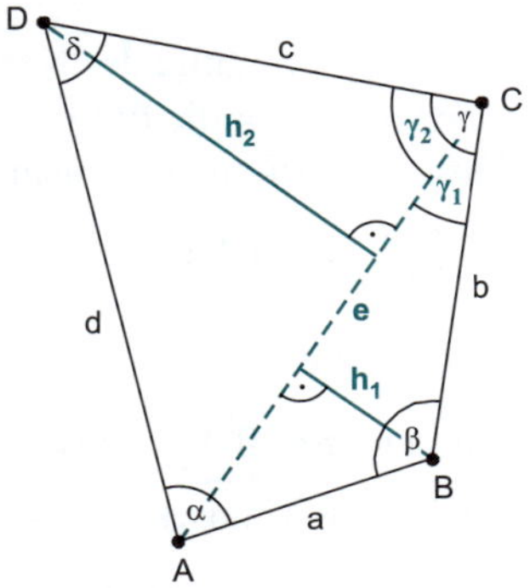

Der Kosinussatz liefert:

$e^2 = a^2 + b^2 - 2ab\cos\beta \quad \Leftrightarrow \quad e = \sqrt{a^2 + b^2 - 2ab\cos\beta} \approx 5{,}96\text{ cm}$

Hieraus lässt sich im Dreieck ACD der Winkel δ bestimmen:

$e^2 = c^2 + d^2 - 2cd\cos\delta \quad \Leftrightarrow \quad \cos\delta = \frac{c^2 + d^2 - e^2}{2cd} \quad \Leftrightarrow \quad \delta \approx 64{,}9°$

Nun liefert der Sinussatz in den beiden Teildreiecken die Möglichkeit, die Teilwinkel γ_1 und γ_2 zu bestimmen:

$\frac{\sin\gamma_1}{a} = \frac{\sin\beta}{e} \quad \Leftrightarrow \quad \sin\gamma_1 = a \cdot \frac{\sin\beta}{e} \quad \Leftrightarrow \quad \gamma_1 \approx 26{,}9°$

$\frac{\sin\gamma_2}{d} = \frac{\sin\delta}{e} \quad \Leftrightarrow \quad \sin\gamma_2 = d \cdot \frac{\sin\delta}{e} \quad \Leftrightarrow \quad \gamma_2 \approx 65{,}7°$

Insgesamt ergibt sich $\gamma = \gamma_1 + \gamma_2 \approx 92{,}6°$ und mittels der Winkelsumme im Viereck $\alpha = 360° - \beta - \gamma - \delta \approx 86{,}5°$.

Die Höhen der beiden Teildreiecke ABC und ACD lassen sich mit dem Sinus berechnen:

$\sin\gamma_1 = \frac{h_1}{b} \quad \Leftrightarrow \quad h_1 = b \cdot \sin\gamma_1; \qquad \sin\gamma_2 = \frac{h_2}{c} \quad \Leftrightarrow \quad h_2 = c \cdot \sin\gamma_2$

Das Viereck setzt sich aus den beiden Dreiecken ABC und ACD zusammen, deren Flächen mithilfe der Diagonale e und der beiden Höhen bestimmt werden können:

$\mathbf{A} = A_1 + A_2 = \frac{1}{2}e \cdot h_1 + \frac{1}{2}e \cdot h_2 = \frac{1}{2}e \cdot b \cdot \sin\gamma_1 + \frac{1}{2}e \cdot c \cdot \sin\gamma_2 \; \mathbf{\approx 18{,}97\ cm^2}$

158. Zunächst lassen sich fehlende Winkel über die Winkelsumme in Dreiecken bestimmen. Dazu wird nebenstehende perspektivische Skizze betrachtet.

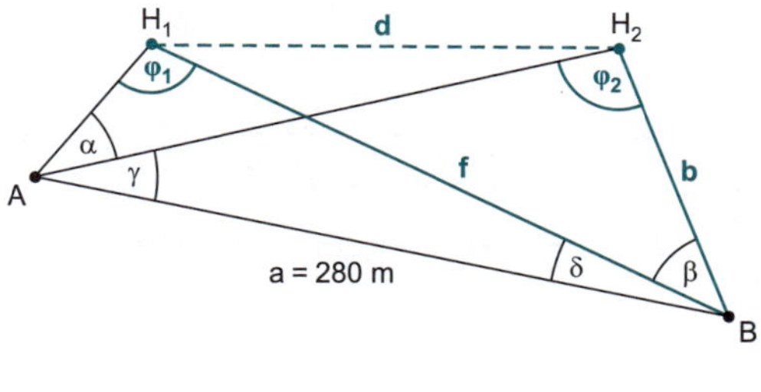

Dreieck ABH_1: $\varphi_1 = 180° - \alpha - \gamma - \delta = 1{,}89°$
Dreieck ABH_2: $\varphi_2 = 180° - \gamma - \delta - \beta = 3{,}18°$
Die Seite d liegt z. B. im Dreieck BH_2H_1. Wenn wir d mithilfe des Kosinussatzes in diesem Dreieck bestimmen wollen, benötigen wir die Entfernungen $f = |BH_1|$ und $b = |BH_2|$, die wir mit dem Sinussatz bestimmen können:

Dreieck ABH_1: $\frac{f}{a} = \frac{\sin(\alpha+\gamma)}{\sin\varphi_1} \Leftrightarrow f = a \cdot \frac{\sin(\alpha+\gamma)}{\sin\varphi_1} \approx 5\,582 \text{ m}$

Dreieck ABH_2: $\frac{b}{a} = \frac{\sin\gamma}{\sin\varphi_2} \Leftrightarrow b = a \cdot \frac{\sin\gamma}{\sin\varphi_2} \approx 4\,885 \text{ m}$

Damit lässt sich nun d über den Kosinussatz im Dreieck BH_2H_1 bestimmen:

$$d^2 = b^2 + f^2 - 2 \cdot b \cdot f \cdot \cos\beta \Leftrightarrow \mathbf{d} = \sqrt{b^2 + f^2 - 2 \cdot b \cdot f \cdot \cos\beta} \mathbf{\approx 5\,439\ m}$$

Ergebnis: Die Entfernung der beiden Häfen beträgt etwa 5,44 km.

159. Eine perspektivische Skizze mit der Benennung der Eckpunkte und Winkel hilft weiter.
In den zwei rechtwinkligen Dreiecken ABD und ACE kann man die Entfernungen e bzw. f vom Punkt A aus zu den beiden Fußpunkten B bzw. C durch die Höhe h und den Erhebungswinkel α_1 bzw. α_2 ausdrücken:

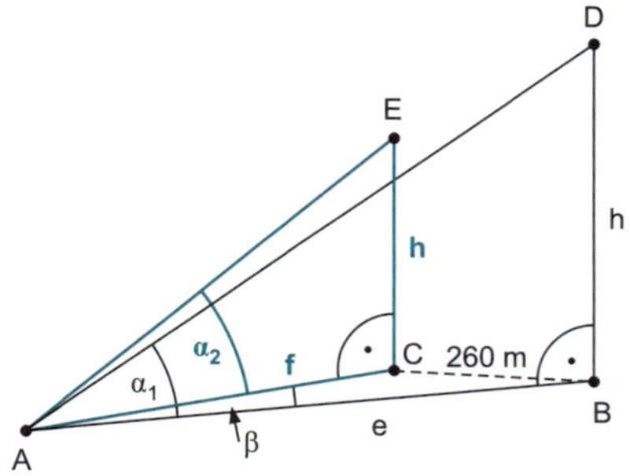

$\tan\alpha_1 = \frac{h}{e} \Leftrightarrow e = \frac{h}{\tan\alpha_1}$ $\qquad$ $\tan\alpha_2 = \frac{h}{f} \Leftrightarrow f = \frac{h}{\tan\alpha_2}$

In dem horizontal liegenden Dreieck ABC lässt sich nun der Kosinussatz anwenden:

$$260^2 = e^2 + f^2 - 2 \cdot e \cdot f \cdot \cos\beta$$

$$\Leftrightarrow \quad 260^2 = \left(\frac{h}{\tan\alpha_1}\right)^2 + \left(\frac{h}{\tan\alpha_2}\right)^2 - 2 \cdot \frac{h}{\tan\alpha_1} \cdot \frac{h}{\tan\alpha_2} \cdot \cos\beta$$

$$= h^2 \cdot \left(\frac{1}{\tan^2\alpha_1} + \frac{1}{\tan^2\alpha_2} - \frac{2\cos\beta}{\tan\alpha_1 \cdot \tan\alpha_2}\right)$$

Diese Gleichung kann man nach h auflösen:

$$h^2 = \frac{260^2}{\frac{1}{\tan^2\alpha_1} + \frac{1}{\tan^2\alpha_2} - \frac{2\cos\beta}{\tan\alpha_1 \cdot \tan\alpha_2}}$$

$$\Leftrightarrow \quad \mathbf{h} = \sqrt{\frac{260^2}{\frac{1}{\tan^2\alpha_1} + \frac{1}{\tan^2\alpha_2} - \frac{2\cos\beta}{\tan\alpha_1 \cdot \tan\alpha_2}}} \mathbf{\approx 149{,}6}$$

Ergebnis: Die Windräder sind ca. 150 m hoch.

160.

mm^3	20 000	**500 000 000**	**6 000 000**	**2 000 000**	**40 000 000**
dm^3	**0,02**	500	**6**	**2**	**40**
cm^3	**20**	**500 000**	6 000	**2 000**	40 000
m^3	**0,00002**	**0,5**	**0,006**	0,002	**0,04**

161. $\mathbf{O} = 2ab + 2bc + 2ac \mathbf{= 312\ cm^2}$; $\mathbf{V} = a \cdot b \cdot c \mathbf{= 360\ cm^3}$

162. $r = \frac{1}{2}d = 20\ cm$;

$\mathbf{V} = G \cdot h = \pi r^2 \cdot h \approx 75\,400\ cm^3 = 75{,}4\ dm^3 \mathbf{= 75{,}4\ \ell}$;

$\mathbf{M} = 2\pi r \cdot h \approx 7\,540\ cm^2 = 75{,}4\ dm^2 \mathbf{= 0{,}754\ m^2}$

163. Da die Grundfläche quadratisch sein soll, ist $a = b$. Außerdem ist $h = c = 50\ cm = 5\ dm$. Somit ergibt sich wegen $V = a \cdot a \cdot c = 80\ dm^3$:

$a^2 = \frac{V}{c} = \frac{80\ dm^3}{5\ dm} = 16\ dm^2 \quad \Leftrightarrow \quad a = \sqrt{16\ dm^2} = 4\ dm$

Hieraus folgt: $\mathbf{O} = 2a^2 + 2ac + 2ac = 112\ dm^2 \mathbf{= 1{,}12\ m^2}$

164. $h = 40\ cm = 4\ dm$; $V = 3\ dm^3$

$V = \pi r^2 \cdot h \quad \Leftrightarrow \quad r^2 = \frac{V}{\pi \cdot h} \quad \Leftrightarrow \quad r = \sqrt{\frac{V}{\pi \cdot h}} \approx 0{,}49\ dm$

$\mathbf{O} = 2\pi r \cdot (r + h) \mathbf{\approx 13{,}8\ dm^2}$

165. $r = \frac{1}{2}d = 45\ cm$; $h = 120\ cm$; $\mathbf{V} = \pi r^2 \cdot h \approx 763\,400\ cm^3 \mathbf{= 763{,}4\ dm^3}$

Das Fass fasst ca. 760 Liter.

166. Die Grundfläche besteht aus sechs gleichseitigen Dreiecken der Kantenlänge a. Die Höhe im gleichseitigen Dreieck mit der Grundseite a beträgt $h_a = \frac{a}{2}\sqrt{3}$ (siehe Aufgabe 124).

Die Fläche eines einzigen gleichseitigen Dreiecks ist somit:

$A_1 = \frac{1}{2} \cdot a \cdot \frac{a}{2}\sqrt{3} = \frac{a^2}{4}\sqrt{3}$

Hieraus ergibt sich als Grundfläche des Prismas:

$G = 6 \cdot A_1 = \frac{3}{2}a^2\sqrt{3} \approx 23{,}4\ cm^2$

Somit erhält man für das Volumen des Prismas:

$\mathbf{V} = G \cdot h \mathbf{\approx 140\ cm^3}$

167. Mit den Formeln $M = 2\pi r \cdot h$ für die Mantelfläche und $V = \pi r^2 \cdot h$ für das Volumen folgt:

$$\frac{V}{M} = \frac{\pi r^2 \cdot h}{2\pi r \cdot h} = \frac{r}{2}$$

Mit den gegebenen Werten ergibt sich $\frac{V}{M} = \frac{1}{2}$ cm. Zusammen folgt: $\mathbf{r = 1\ cm}$

Hiermit ergibt sich aus $M = 2\pi r \cdot h = 680\ cm^2$: $\mathbf{h} = \frac{680\ cm^2}{2\pi r} \mathbf{\approx 108\ cm}$

168. Das Volumen der Mutter ist die Differenz der Volumina eines regelmäßigen sechsseitigen Prismas und eines Zylinders (zum Volumen des regelmäßigen sechsseitigen Prismas siehe Aufgabe 166):

$$\mathbf{V} = V_P - V_Z = \frac{3}{2}a^2\sqrt{3} \cdot h - \pi r^2 \cdot h \approx 79{,}5\ cm^3 - 36{,}2\ cm^3 \mathbf{= 43{,}3\ cm^3}$$

Die Schraube ist aus zwei Zylindern zusammengesetzt:

$$\mathbf{V} = V_1 + V_2 = \pi r_1^2 \cdot h_1 + \pi r_2^2 \cdot h_2 \approx 63{,}7\ cm^3 + 60{,}8\ cm^3 \mathbf{= 124{,}5\ cm^3}$$

Die Masse der Mutter beträgt ca. 43,3 · 7,8 g ≈ **338 g**, die Masse der Schraube ca. 124,5 · 7,8 g ≈ **971 g**.

169. Das Volumen des gesamten Körpers kann leicht bestimmt werden, da es sich um ein dreiseitiges Prisma mit der Dreiecks-Grundfläche $G_1 = \frac{1}{2} \cdot 12\ cm \cdot 12\ cm = 72\ cm^2$ und der Höhe $h = 15$ cm handelt:

$V_1 = G_1 \cdot h = 1\,080\ cm^3$

Die Ausbohrung stellt ebenfalls ein Prisma dar. Die Grundfläche des Prismas ist ein gleichschenkliges Trapez, dessen Grundseiten a und c sowie dessen Höhe h_T bestimmt werden müssen.

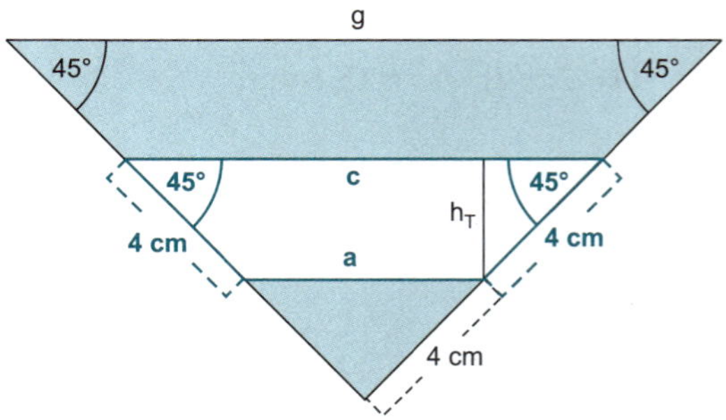

Die Grundseite g des gleichschenklig-rechtwinkligen Dreiecks lässt sich über den Satz des Pythagoras bestimmen:

$$g = \sqrt{(12\ cm)^2 + (12\ cm)^2} = 12 \cdot \sqrt{2}\ cm$$

Die Höhe dieses gleichschenklig-rechtwinkligen Dreiecks ist halb so groß:

$$h_D = 6 \cdot \sqrt{2}\ cm$$

Diese Höhe wird durch die beiden Grundseiten a und c des Trapezes in drei gleiche Teile geteilt, sodass sich für h_T ergibt:

$$h_T = \frac{1}{3}h_D = 2 \cdot \sqrt{2}\ cm$$

Mithilfe des Strahlensatzes mit a und g als Parallelen erhält man:

$\frac{a}{g} = \frac{4}{12} = \frac{1}{3} \quad \Leftrightarrow \quad a = \frac{1}{3}g = 4 \cdot \sqrt{2}\ \text{cm}$

Ebenso erhält man c:

$\frac{c}{g} = \frac{8}{12} = \frac{2}{3} \quad \Leftrightarrow \quad c = \frac{2}{3}g = 8 \cdot \sqrt{2}\ \text{cm}$

Demzufolge hat das Trapez die Fläche:

$G_2 = \frac{a+c}{2} \cdot h_T = 6 \cdot \sqrt{2} \cdot 2 \cdot \sqrt{2}\ \text{cm}^2 = 24\ \text{cm}^2$

Für das vierseitige Prisma der Ausbohrung folgt hieraus mit $h_2 = 5$ cm:

$V_2 = G_2 \cdot h_2 = 120\ \text{cm}^3$

Der Körper besitzt also das Volumen $\mathbf{V} = V_1 - V_2 \mathbf{= 960\ cm^3}$.

170. Das Volumen der Pyramide kann einfach bestimmt werden:

$\mathbf{V} = \frac{1}{3}G \cdot h = \frac{1}{3}a \cdot b \cdot h \mathbf{= 48\ cm^3}$

Zur Bestimmung der Oberfläche benötigt man die Inhalte der dreieckigen Seitenflächen. Dazu werden zunächst die Seitenhöhen s_a und s_b mithilfe des Satzes von Pythagoras in den rechtwinkligen Dreiecken SM_aM und SMM_b bestimmt:

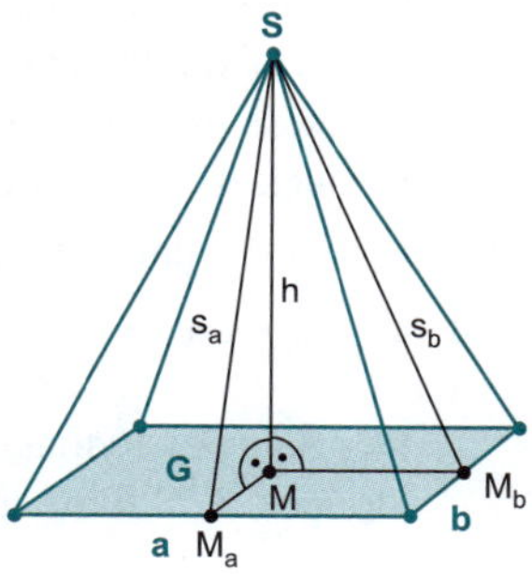

$s_a^2 = \left(\frac{b}{2}\right)^2 + h^2 \quad \Leftrightarrow \quad s_a = \sqrt{\left(\frac{b}{2}\right)^2 + h^2} \approx 6{,}46\ \text{cm}$

$s_b^2 = \left(\frac{a}{2}\right)^2 + h^2 \quad \Leftrightarrow \quad s_b = \sqrt{\left(\frac{a}{2}\right)^2 + h^2} = 6{,}5\ \text{cm}$

Damit ergibt sich für die Oberfläche:

$\mathbf{O} = G + M = a \cdot b + 2 \cdot \left(\frac{1}{2}a \cdot s_a\right) + 2 \cdot \left(\frac{1}{2}b \cdot s_b\right) \mathbf{\approx 87{,}5\ cm^2}$

171. $V = \frac{1}{3}G \cdot h \quad \Leftrightarrow \quad G = \frac{3 \cdot V}{h} \approx 36{,}4\ \text{cm}^2$

Aus $G = a^2$ folgt:

$a = \sqrt{G} \approx 6{,}0\ \text{cm}$

Wie in der vorhergehenden Aufgabe bestimmt man nun die Seitenhöhe s:

$s^2 = \left(\frac{a}{2}\right)^2 + h^2 \quad \Leftrightarrow \quad s = \sqrt{\left(\frac{a}{2}\right)^2 + h^2} \approx 7{,}6\ \text{cm}$

Damit ergibt sich für die Oberfläche:

$\mathbf{O} = G + M = a^2 + 4 \cdot \left(\frac{1}{2}a \cdot s\right) \mathbf{\approx 128{,}4\ cm^2}$

172. Im rechtwinkligen Dreieck SMA lässt sich der Winkel $\frac{\alpha}{2}$ mithilfe des Tangens bestimmen:

$\tan\frac{\alpha}{2} = \frac{r}{h} = \frac{3}{5} \Leftrightarrow \frac{\alpha}{2} \approx 30{,}96° \Leftrightarrow \boldsymbol{\alpha \approx 61{,}9°}$

Ergebnis: Der Öffnungswinkel beträgt ca. 62°.

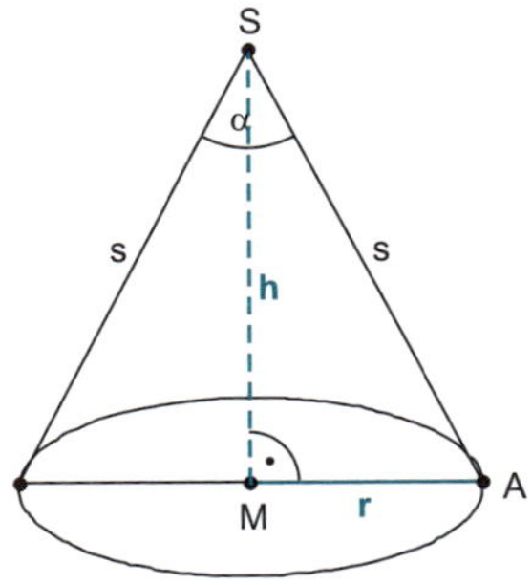

173. In einem Tetraeder sind alle vier Seiten gleichseitige Dreiecke; daher sind alle Seitenhöhen s_h dieser Dreiecke gleich groß.
Weiterhin liegt der Fußpunkt F der Höhe im Schwerpunkt des gleichseitigen Grundflächen-Dreiecks ABC; somit ist $b = \frac{2}{3}s_h$, wobei s_h die Höhe einer Seitenfläche ist.
Da diese Seitenfläche ein gleichseitiges Dreieck ist, folgt (vgl. Aufgabe 124)
$s_h = \frac{a}{2}\sqrt{3}$ und hieraus:

$b = \frac{2}{3}s_h = \frac{a}{3}\sqrt{3}$

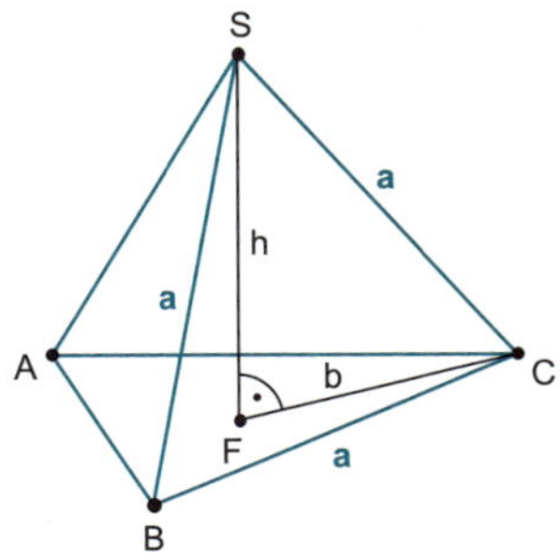

Der Satz des Pythagoras im rechtwinkligen Dreieck FCS führt auf die Höhe h:

$h^2 + b^2 = a^2 \quad \Leftrightarrow \quad h^2 = a^2 - b^2 = a^2 - \frac{a^2}{9}\cdot 3 = \frac{2}{3}a^2 \quad \Leftrightarrow \quad h = a\sqrt{\frac{2}{3}}$

Für das Volumen des Tetraeders folgt nun:

$\boldsymbol{V} = \frac{1}{3}G\cdot h = \frac{1}{3}\cdot\frac{1}{2}a\cdot s_h\cdot a\sqrt{\frac{2}{3}} = \frac{1}{6}a\cdot\frac{a}{2}\sqrt{3}\cdot a\sqrt{\frac{2}{3}} = \boldsymbol{\frac{a^3}{12}\sqrt{2}}$

174. Im rechtwinkligen Dreieck FMS gilt:

$\cos 75° = \frac{\frac{1}{2}a}{h_s} \quad \Leftrightarrow \quad h_s = \frac{\frac{1}{2}a}{\cos 75°} \approx 38{,}6\text{ cm}$ sowie

$\tan 75° = \frac{h}{\frac{1}{2}a} \quad \Leftrightarrow \quad h = \frac{1}{2}a\cdot\tan 75° \approx 37{,}3\text{ cm}$

Hieraus ergibt sich:

$\boldsymbol{V} = \frac{1}{3}G\cdot h = \frac{1}{3}a^2\cdot h \boldsymbol{\approx 4\,976\text{ cm}^3}$ sowie

$\boldsymbol{O} = G + 4\cdot\frac{a}{2}\cdot h_s = a^2 + 2a\cdot h_s \boldsymbol{\approx 1\,945\text{ cm}^2}$

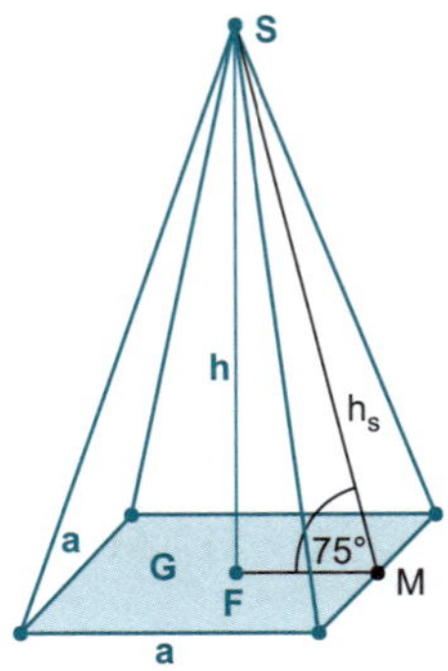

175. Die obere quadratische Deckfläche mit der Seitenlänge b entsteht aus der unteren quadratischen Grundfläche mit der Seitenlänge a durch eine zentrische Streckung an S mit dem Streckfaktor $k = \frac{b}{a} = \frac{6}{8} = \frac{3}{4}$.

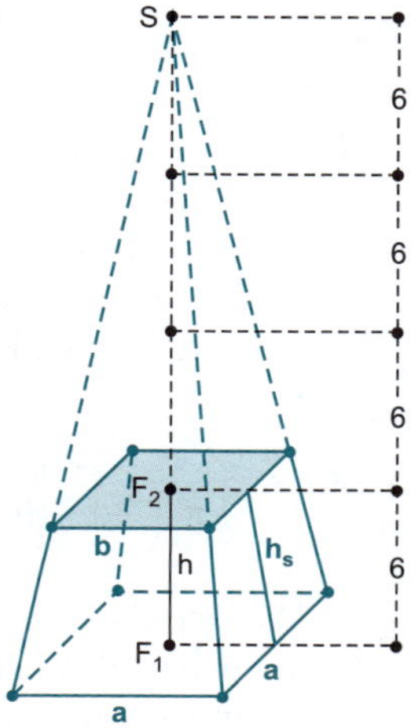

Daher ist der Fußpunkt F_2 $\frac{3}{4}$-mal so weit von S entfernt wie F_1. Hieraus ergibt sich für die Entfernung von F_2 zu S:

$|F_2S| = 3 \cdot h = 18\text{ cm}$

Die Höhe H der ursprünglichen Pyramide ist somit $|F_1S| = 24$ cm, und es ergibt sich für das Volumen der ganzen Pyramide:

$V_P = \frac{1}{3}G_1 \cdot H = \frac{1}{3} \cdot a^2 \cdot |F_1S| = 512\text{ cm}^3$

Die fehlende Pyramide mit der Höhe $|F_2S|$ hat das Volumen:

$V_R = \frac{1}{3}G_2 \cdot |F_2S| = 216\text{ cm}^3$

Damit ergibt sich für das Volumen des Pyramidenstumpfs:

$\mathbf{V} = V_P - V_R \mathbf{= 296\ cm^3}$

Die Seitenhöhe H_s der ganzen Pyramide lässt sich mithilfe des Satzes von Pythagoras berechnen:

$$H_s^2 = \left(\frac{a}{2}\right)^2 + H^2 \quad \Leftrightarrow \quad H_s = \sqrt{\left(\frac{a}{2}\right)^2 + H^2} \approx 24{,}33\text{ cm}$$

Die Seitenhöhe des Pyramidenstumpfs beträgt nur ein Viertel dieser Höhe:

$h_s = \frac{1}{4}H_s \approx 6{,}08\text{ cm}$

Damit folgt für den Inhalt einer Seitenfläche des Pyramidenstumpfs (gleichschenkliges Trapez):

$A_1 = \frac{a+b}{2} \cdot h_s \approx 42{,}58\text{ cm}^2$

Die gesamte Oberfläche des Pyramidenstumpfs ergibt sich aus der Summe der Grund- und Deckfläche sowie der vier Trapezflächen:

$\mathbf{O} = G_1 + G_2 + 4 \cdot A_1 \mathbf{\approx 270\ cm^2}$

176. Ergänzt man den Kegelstumpf durch einen daraufgesetzten Kegel mit Höhe h_2 und Grundkreisradius $r_2 = \frac{1}{2}d_2$, dann erkennt man die Strahlensatzfigur, mit der man h_2 bestimmen kann:

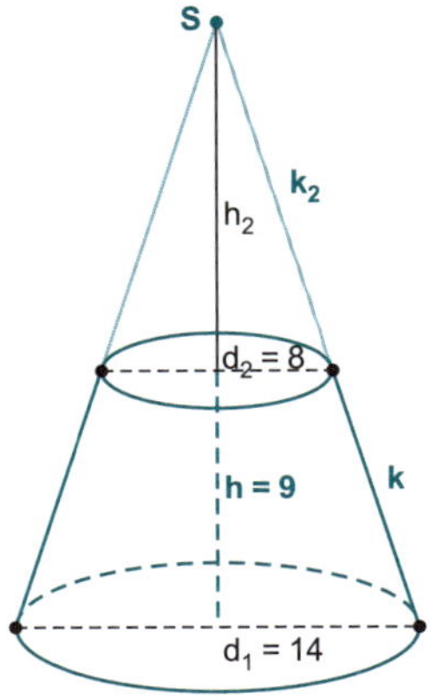

$$\frac{h_2}{h+h_2}=\frac{d_2}{d_1} \quad\Leftrightarrow\quad d_1\cdot h_2=d_2\cdot(h+h_2)$$
$$\Leftrightarrow\quad d_1\cdot h_2=d_2\cdot h+d_2\cdot h_2$$
$$\Leftrightarrow\quad d_1\cdot h_2-d_2\cdot h_2=d_2\cdot h$$
$$\Leftrightarrow\quad h_2\cdot(d_1-d_2)=d_2\cdot h$$
$$\Leftrightarrow\quad h_2=\frac{d_2\cdot h}{d_1-d_2}=12\text{ cm}$$

Das Volumen V des Kegelstumpfs ergibt sich als Differenz der Volumina des gesamten Kegels und des aufgesetzten Kegels:

$$\mathbf{V}=V_{ges}-V_2=\tfrac{1}{3}\pi r_1^2\cdot(h+h_2)-\tfrac{1}{3}\pi r_2^2\cdot h_2$$
$$=\tfrac{1}{3}\pi\cdot\left(\tfrac{d_1}{2}\right)^2\cdot(h+h_2)-\tfrac{1}{3}\pi\cdot\left(\tfrac{d_2}{2}\right)^2\cdot h_2\approx\mathbf{876{,}5\ cm^3}$$

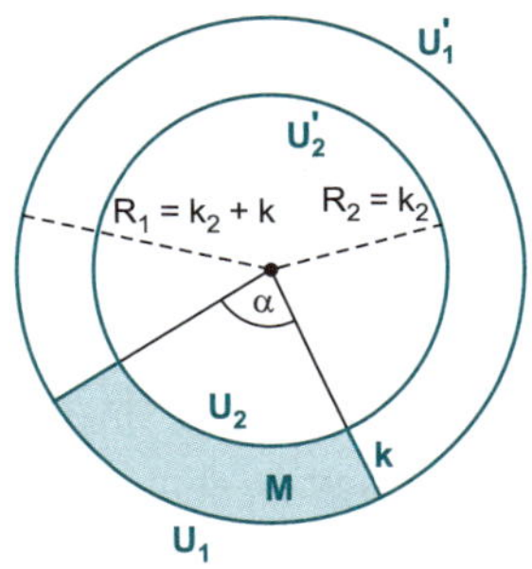

Die Oberfläche des Kegelstumpfs setzt sich aus den beiden Kreisflächen und dem Mantel zusammen, wobei der Mantel einen Ausschnitt aus einem Kreisring darstellt:
Der Kreisring besitzt dabei die Radien $R_1=k_2+k$ sowie $R_2=k_2$.
Also benötigt man zunächst die Kantenlänge k. Der Satz des Pythagoras liefert mit $x=\frac{d_1-d_2}{2}=3$ cm:

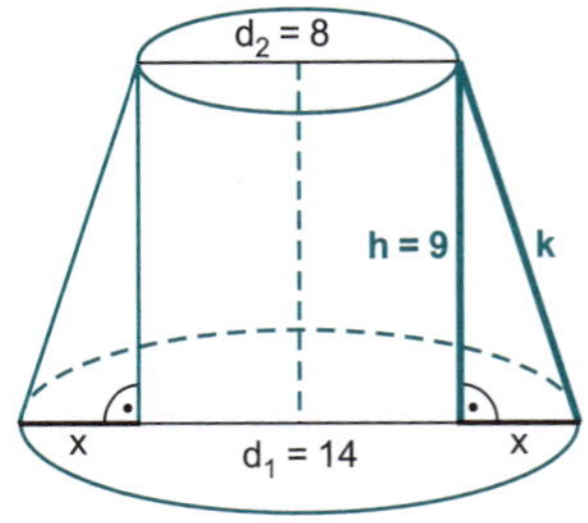

$$k^2=x^2+h^2$$
$$\Leftrightarrow\quad k=\sqrt{x^2+h^2}\approx 9{,}49\text{ cm}$$

Mithilfe des ersten Strahlensatzes ergibt sich an der ersten Hilfsfigur:

$$\frac{k_2}{k}=\frac{h_2}{h}\quad\Leftrightarrow\quad k_2=\frac{h_2}{h}\cdot k\approx 12{,}65\text{ cm},$$

sodass für die Radien des Kreisrings folgt:

$R_1=k_2+k\approx 22{,}14$ cm und $R_2=k_2\approx 12{,}65$ cm

Für die Fläche des Kreisringteils als Differenz der Flächen zweier Kreissektoren ergibt sich:

$$M=\tfrac{1}{2}U_1\cdot(k+k_2)-\tfrac{1}{2}U_2\cdot k_2\approx 328\text{ cm}^2$$

Nun folgt für die Oberfläche:

$$\mathbf{O}=M+G_1+G_2=M+\pi r_1^2+\pi r_2^2\approx\mathbf{532\ cm^2}$$

177. **Erster Turm** (Volumina von oben nach unten):
Turmdach (Kegel; $r_1 = 1{,}13$ m; $h_1 = 2{,}08$ m):
$V_1 = \frac{1}{3}\pi r_1^2 \cdot h_1 \approx 2{,}78\ m^3$

Zwischenstock (Zylinder; $r_2 = 1{,}13$ m; $h_2 = 1{,}89$ m):
$V_2 = \pi r_2^2 \cdot h_2 \approx 7{,}58\ m^3$

Zwischendach (Kegelstumpf; $r_u = 2{,}26$ m; $r_o = 1{,}13$ m; $h_3 = 2{,}62$ m):
Bestimmung des Kegels, aus dem der Kegelstumpf durch Wegnahme eines kleineren Kegels erzeugt werden kann, mithilfe einer Strahlensatzfigur:

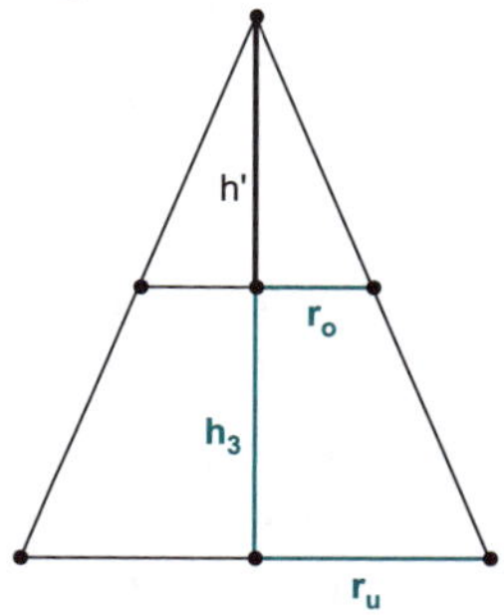

$$\frac{h'}{h'+h_3} = \frac{r_o}{r_u} \iff h' \cdot r_u = r_o \cdot (h'+h_3)$$
$$\iff h' \cdot r_u = r_o \cdot h' + r_o \cdot h_3$$
$$\iff h' \cdot r_u - r_o \cdot h' = r_o \cdot h_3$$
$$\iff h' \cdot (r_u - r_o) = r_o \cdot h_3$$
$$\iff h' = \frac{r_o \cdot h_3}{r_u - r_o} = 2{,}62\ m$$

Das Volumen des Kegelstumpfs ist die Differenz der Volumina des großen Kegels und des daraufgesetzten kleinen Kegels:
$V_3 = \frac{1}{3}\pi r_u^2 \cdot (h_3 + h') - \frac{1}{3}\pi r_o^2 \cdot h' \approx 24{,}52\ m^3$

Unterer Turm (Zylinder; $r_4 = 2{,}26$ m; $h_4 = 4{,}39$ m):
$V_4 = \pi r_4^2 \cdot h_4 \approx 70{,}44\ m^3$

Der gesamte Turm hat das Volumen:
$\mathbf{V} = V_1 + V_2 + V_3 + V_4 \mathbf{\approx 105\ m^3}$

Zweiter Turm (Volumina von oben nach unten):
Turmdach (Pyramide; $a_1 = 4{,}84$ m; $h_1 = 3{,}78$ m):
$V_1 = \frac{1}{3} a_1^2 \cdot h_1 \approx 29{,}52\ m^3$

Zwischenstock (Quader; $a_2 = b_2 = 4{,}84$ m; $h_2 = 2{,}45$ m):
$V_2 = a_2^2 \cdot h_2 \approx 57{,}39\ m^3$

Unterer Turmteil (Quader; $a_3 = b_3 = 2{,}72$ m; $h_3 = 4{,}06$ m):
$V_3 = a_3^2 \cdot h_3 \approx 30{,}04\ m^3$

Insgesamt ergibt sich ein Volumen von $\mathbf{V} = V_1 + V_2 + V_3 \mathbf{\approx 117\ m^3}$.

178. Im Längsschnitt der Holzperle (siehe nächste Seite) lässt sich erkennen, dass das Dreieck ABC gleichschenklig (wegen der Symmetrie) und rechtwinklig (weil C auf dem Thaleskreis über [AB] liegt) ist.

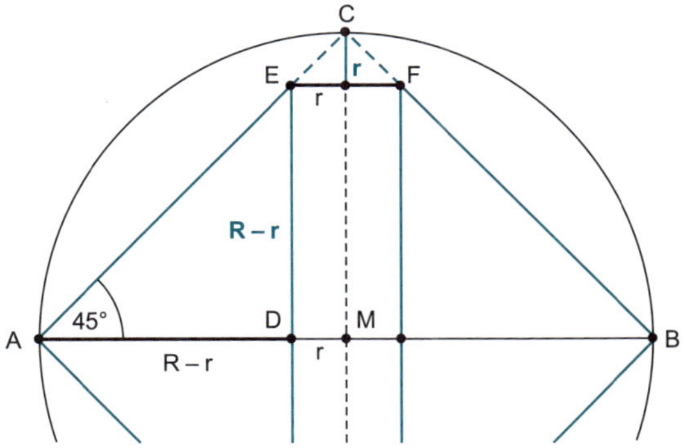

Daher kann man sofort einige Streckenlängen angeben:

$|AM| = |CM| = R = \frac{D}{2} = 12$ mm, $|DM| = r = \frac{d}{2} = 2$ mm

$|AD| = |DE| = R - r = 10$ mm

Die obere Hälfte der Perle (dargestellt durch das Dreieck ABC) besteht aus einem Kegel mit Radius R und Höhe R, von dem ein kleiner Kegel (angedeutet durch EFC) mit Radius r und Höhe r sowie ein Zylinder mit Radius $|DM| = r$ und Höhe $|DE| = R - r$ entfernt wird.

Der große Kegel besitzt das Volumen:

$V_1 = \frac{\pi}{3} R^2 \cdot R = 576\pi \text{ mm}^3 \approx 1\,809{,}6 \text{ mm}^3$

Der kleine Kegel hat das Volumen:

$V_2 = \frac{\pi}{3} r^2 \cdot r = \frac{8}{3}\pi \text{ mm}^3 \approx 8{,}4 \text{ mm}^3$

Der Zylinder hat das Volumen:

$V_3 = \pi r^2 \cdot (R - r) = 40\pi \text{ mm}^3 \approx 125{,}7 \text{ mm}^3$

Damit hat die ausgebohrte halbe Perle das Volumen

$V_H = V_1 - V_2 - V_3 \approx 1\,675{,}5 \text{ mm}^3$,

sodass die ganze Holzperle das Volumen

$V = 2V_H \approx 3\,351 \text{ mm}^3 = 3{,}351 \text{ cm}^3$

besitzt. Also hat die Holzperle eine Masse von $3{,}351 \cdot 0{,}85 \text{ g} \approx$ **2,85 g**.

179. $\mathbf{V_K} = \frac{4}{3}\pi r^3 \approx 268\,000 \text{ cm}^3$ **= 268 Liter**

$\mathbf{O_K} = 4\pi R^2 \approx 20\,100 \text{ cm}^2 = 201 \text{ dm}^2$ **= 2,01 m²**

180. Zunächst wird das Volumen der Kugel bestimmt:

$V = \frac{50\,000}{7{,}8} \text{ cm}^3 \approx 6\,410 \text{ cm}^3$

Damit lässt sich nun der Radius und anschließend der Durchmesser der Kugel berechnen:

$V = \frac{4}{3}\pi r^3 \quad \Leftrightarrow \quad r^3 = \frac{V}{\frac{4}{3}\pi} = \frac{3V}{4\pi} \quad \Leftrightarrow \quad \mathbf{r = \sqrt[3]{\frac{3V}{4\pi}} \approx 11{,}5\,cm}$

Ergebnis: Der Durchmesser der Kugel beträgt etwa $2r = 23$ cm.

181. 6 g Gummi haben das Volumen $V = \frac{6}{1{,}2}\,cm^3 = 5\,cm^3$.

Dieses Volumen ist die Differenz der Volumina der äußeren Kugel mit Radius $R = 15$ cm und der inneren Kugel mit Radius r:

$$V = V_R - V_r = \frac{4}{3}\pi R^3 - \frac{4}{3}\pi r^3 \quad \Leftrightarrow \quad V - \frac{4}{3}\pi R^3 = -\frac{4}{3}\pi r^3$$

$$\Leftrightarrow \quad r^3 = \frac{V - \frac{4}{3}\pi R^3}{-\frac{4}{3}\pi} = R^3 - \frac{3V}{4\pi}$$

$$\Leftrightarrow \quad r = \sqrt[3]{R^3 - \frac{3V}{4\pi}} \approx 14{,}998\,cm$$

Der Luftballon hat somit die **Dicke d** $= R - r \approx 0{,}002\,cm$ **= 0,02 mm**.

182. Die Kugel hat das Volumen $V_K = \frac{4}{3}\pi r^3 \approx 2\,145\,cm^3$.

Damit das Volumen des Doppelkegels maximal ist, muss der Grundkreisradius der beiden Kegel genau der Kugelradius sein. Daher besitzen die beiden Kegel zusammen das Volumen:

$V_D = 2 \cdot \frac{\pi}{3} r^2 \cdot r \approx 1\,072\,cm^3$

Somit beträgt der Abfall genau 50 % des Kugelvolumens.

183. Zunächst wird das Volumen der Seifenlauge im Trinkhalm (Zylindervolumen; $r = 3$ mm; $h = 4$ mm) bestimmt:

$V_Z = \pi r^2 \cdot h \approx 113\,mm^3$

Dieses Volumen besitzt auch die Kugelschale mit dem Außenradius $R = 45$ mm und dem Innenradius r. Das Volumen dieser Kugelschale kann als Differenz der Volumina der Kugel mit Außenradius R und der Kugel mit Innenradius r bestimmt werden:

$$V_Z = \frac{4}{3}\pi R^3 - \frac{4}{3}\pi r^3 \quad \Leftrightarrow \quad \frac{4}{3}\pi r^3 = \frac{4}{3}\pi R^3 - V_Z$$

$$\Leftrightarrow \quad r^3 = \frac{\frac{4}{3}\pi R^3 - V_Z}{\frac{4}{3}\pi}$$

$$\Leftrightarrow \quad r^3 = R^3 - \frac{3V_Z}{4\pi}$$

$$\Leftrightarrow \quad r = \sqrt[3]{R^3 - \frac{3V_Z}{4\pi}} \approx 44{,}9956\,mm$$

Damit hat die Seifenblase eine **Dicke** von ca. $R - r \approx$ **0,0044 mm**.

184. a) $A_1(1\,|\,2{,}5\,|\,4{,}5)$; $A_2(4\,|\,5\,|\,7)$; $A_3(6\,|\,4\,|\,1{,}5)$;
$A_4(2\,|\,-1\,|\,5{,}5)$; $A_5(3\,|\,1\,|\,-2)$; $A_6(-2\,|\,-4\,|\,2)$

b) Punkte im dreidimensionalen Raum kann man nicht eindeutig anhand einer zweidimensionalen Darstellung bestimmen, da unendlich viele Punkte hintereinander liegen und als ein einziger Punkt im zweidimensionalen Koordinatensystem erscheinen.

Denkbare Koordinaten für B wären z. B. $B_1(0\,|\,4\,|\,2)$; $B_2(-4\,|\,2\,|\,0)$; $B_3(-8\,|\,0\,|\,-2)$ und viele mehr.

185. Die Tiefe wird unter dem Winkel 45° verkürzt mit dem Faktor $\frac{1}{2} \cdot \sqrt{2}$ gezeichnet:

$\mathbf{t' = \frac{t}{\sqrt{2}} \approx 2{,}1\ cm}$

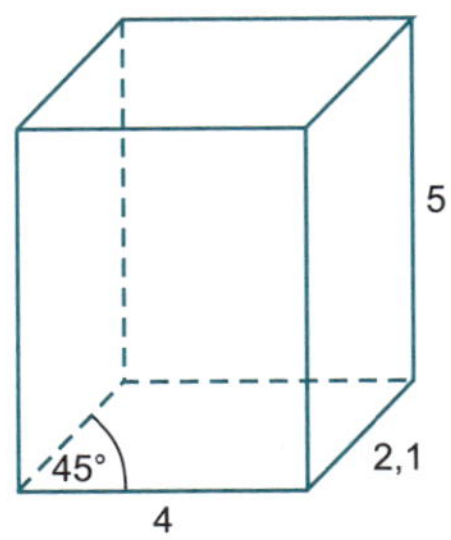

186. a) Der Fußpunkt der Höhe liegt genau in der Mitte M der Strecke [AC], deren Koordinaten man leicht finden kann, wenn man die vier Eckpunkte der Grundfläche in einem zweidimensionalen Koordinatensystem darstellt:

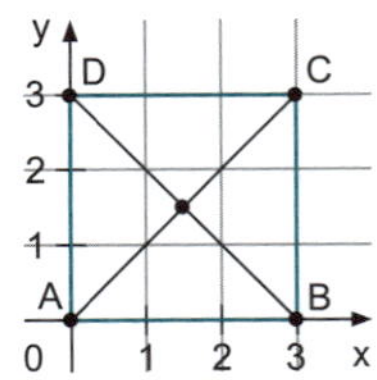

M(1,5 | 1,5) – die Koordinaten des Mittelpunkts sind genau das arithmetische Mittel der Koordinaten der beiden Endpunkte der Strecke [AC].
Die Spitze S der Pyramide muss im dreidimensionalen Raum 5 Einheiten über M liegen und besitzt damit die Koordinaten **S(1,5 | 1,5 | 5)**.

b) Das Schrägbild der Pyramide ergibt sich also durch Eintrag der Punkte A, B, C, D und S in einem dreidimensionalen Koordinatensystem:

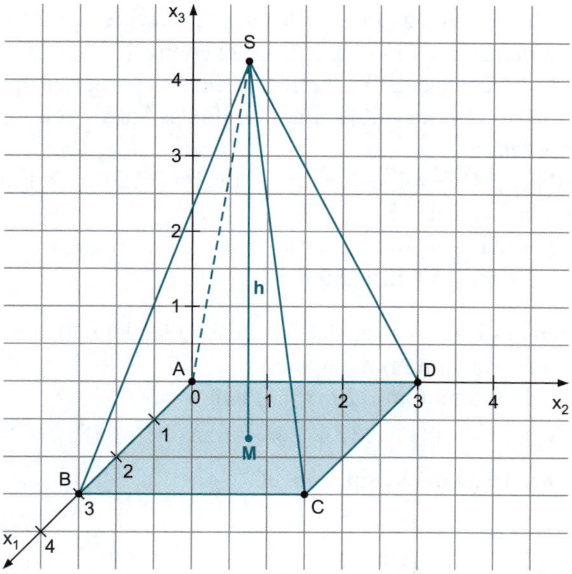

187. a) Schrägbild des Hauses:

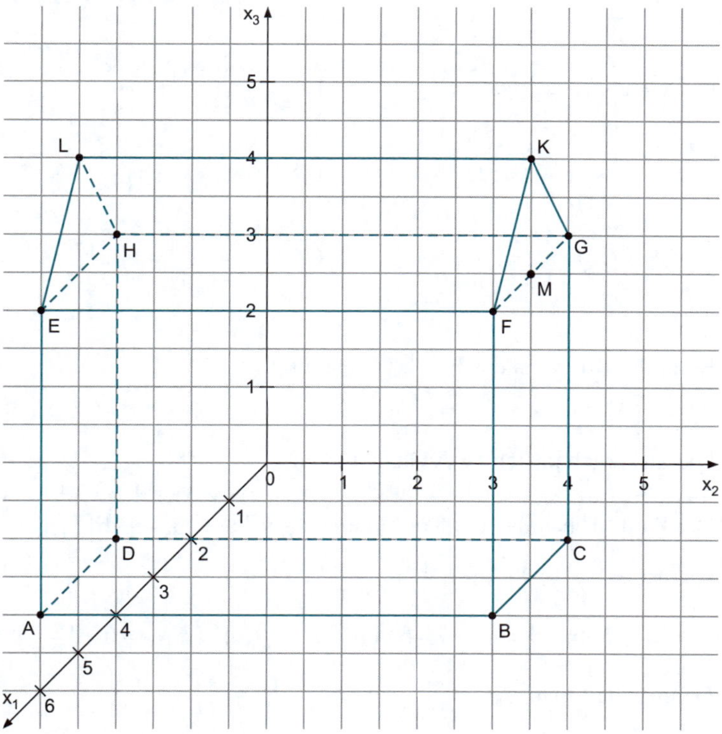

b) Die Dachfläche besteht aus zwei gleich großen Rechtecken EFKL und HGKL, denn das Dreieck FGK ist gleichschenklig.
Die Länge des Rechtecks EFKL beträgt 6 Einheiten (dies entspricht $6 \cdot 3\text{ m} = 18\text{ m}$), die Breite $|FK|$ kann mithilfe des Satzes von Pythagoras bestimmt werden:
$|FK|^2 = |FM|^2 + |MK|^2 = 1^2 + 1{,}5^2 \iff |FK| = \sqrt{3{,}25} \approx 1{,}8$ Einheiten (dies entspricht $3 \cdot 1{,}8\text{ m} = 5{,}4\text{ m}$).
Damit beträgt die Fläche des Daches:
$\mathbf{A} = 2 \cdot L \cdot B \approx 2 \cdot 18\text{ m} \cdot 5{,}4\text{ m} \approx \mathbf{195\text{ m}^2}$

c) Das Volumen des Hauses setzt sich aus einem Quader und einem dreiseitigen Prisma (Dachraum) zusammen:
$A_{Quader} = G_1 \cdot h = 18\text{ m} \cdot 6\text{ m} \cdot 12\text{ m} = 1\,296\text{ m}^3$,
$A_{Prisma} = G_2 \cdot L = \frac{1}{2}|FG| \cdot |MK| \cdot L = \frac{1}{2} \cdot 6\text{ m} \cdot 4{,}5\text{ m} \cdot 18\text{ m} = 243\text{ m}^3$
Insgesamt sind **1 539 m³** Raum umbaut.

188. a) $\overrightarrow{AB} = \begin{pmatrix} 3-1 \\ 5-1 \end{pmatrix} = \begin{pmatrix} 2 \\ 4 \end{pmatrix}$ $\overrightarrow{BC} = \begin{pmatrix} 8-3 \\ 4-5 \end{pmatrix} = \begin{pmatrix} 5 \\ -1 \end{pmatrix}$ $\overrightarrow{AC} = \begin{pmatrix} 8-1 \\ 4-1 \end{pmatrix} = \begin{pmatrix} 7 \\ 3 \end{pmatrix}$

$\overrightarrow{BA} = \begin{pmatrix} 1-3 \\ 1-5 \end{pmatrix} = \begin{pmatrix} -2 \\ -4 \end{pmatrix}$ $\overrightarrow{CB} = \begin{pmatrix} 3-8 \\ 5-4 \end{pmatrix} = \begin{pmatrix} -5 \\ 1 \end{pmatrix}$ $\overrightarrow{CA} = \begin{pmatrix} 1-8 \\ 1-4 \end{pmatrix} = \begin{pmatrix} -7 \\ -3 \end{pmatrix}$

b) $\overrightarrow{AB} = \begin{pmatrix} -3-3 \\ -1-(-4) \\ 7-2 \end{pmatrix} = \begin{pmatrix} -6 \\ 3 \\ 5 \end{pmatrix}$ $\overrightarrow{BC} = \begin{pmatrix} 6-(-3) \\ 8-(-1) \\ -1-7 \end{pmatrix} = \begin{pmatrix} 9 \\ 9 \\ -8 \end{pmatrix}$

$\overrightarrow{AC} = \begin{pmatrix} 6-3 \\ 8-(-4) \\ -1-2 \end{pmatrix} = \begin{pmatrix} 3 \\ 12 \\ -3 \end{pmatrix}$ $\overrightarrow{BA} = \begin{pmatrix} 3-(-3) \\ -4-(-1) \\ 2-7 \end{pmatrix} = \begin{pmatrix} 6 \\ -3 \\ -5 \end{pmatrix}$

$\overrightarrow{CB} = \begin{pmatrix} -3-6 \\ -1-8 \\ 7-(-1) \end{pmatrix} = \begin{pmatrix} -9 \\ -9 \\ 8 \end{pmatrix}$ $\overrightarrow{CA} = \begin{pmatrix} 3-6 \\ -4-8 \\ 2-(-1) \end{pmatrix} = \begin{pmatrix} -3 \\ -12 \\ 3 \end{pmatrix}$

189. B hat die Koordinaten $B(x_B\,|\,y_B)$. Damit gilt:
$\overrightarrow{AB} = \begin{pmatrix} x_B - x_A \\ y_B - y_A \end{pmatrix} \iff \begin{pmatrix} 6 \\ 1 \end{pmatrix} = \begin{pmatrix} x_B - 1 \\ y_B - 3 \end{pmatrix}$
Hieraus ergeben sich zwei Gleichungen:
$6 = x_B - 1 \iff x_B = 6 + 1 = 7$ und $1 = y_B - 3 \iff y_B = 1 + 3 = 4$
Der Punkt B hat also die Koordinaten $x_B = 7$ und $y_B = 4$: **B(7 | 4)**

Aus $\overrightarrow{BC} = \begin{pmatrix} x_C - x_B \\ y_C - y_B \end{pmatrix} \iff \begin{pmatrix} -1 \\ 6 \end{pmatrix} = \begin{pmatrix} x_C - 7 \\ y_C - 4 \end{pmatrix}$ folgt:

$-1 = x_C - 7 \iff x_C = -1 + 7 = 6$ und $6 = y_C - 4 \iff y_C = 6 + 4 = 10$: **C(6 | 10)**

Damit erhält man: $\overrightarrow{AC} = \begin{pmatrix} x_C - x_A \\ y_C - y_A \end{pmatrix} = \begin{pmatrix} 6-1 \\ 10-3 \end{pmatrix} = \begin{pmatrix} 5 \\ 7 \end{pmatrix}$

190. Aus $\overrightarrow{AB} = \begin{pmatrix} b_1 - a_1 \\ b_2 - a_2 \\ b_3 - a_3 \end{pmatrix}$ folgt mit $B(b_1 | b_2 | b_3)$:

$\begin{pmatrix} 1 \\ 4 \\ 2 \end{pmatrix} = \begin{pmatrix} b_1 - 5 \\ b_2 - 1 \\ b_3 - (-3) \end{pmatrix}$ und hieraus: $\begin{matrix} b_1 - 5 = 1 & \Leftrightarrow & b_1 = 1 + 5 = 6 \\ b_2 - 1 = 4 & \Leftrightarrow & b_2 = 4 + 1 = 5 \\ b_3 - (-3) = 2 & \Leftrightarrow & b_3 = 2 - 3 = -1 \end{matrix}$; $\mathbf{B(6|5|-1)}$

Aus $\overrightarrow{BC} = \begin{pmatrix} c_1 - b_1 \\ c_2 - b_2 \\ c_3 - b_3 \end{pmatrix}$ folgt mit $C(c_1 | c_2 | c_3)$:

$\begin{pmatrix} -2 \\ -1 \\ 5 \end{pmatrix} = \begin{pmatrix} c_1 - 6 \\ c_2 - 5 \\ c_3 - (-1) \end{pmatrix}$ und hieraus: $\begin{matrix} c_1 - 6 = -2 & \Leftrightarrow & c_1 = -2 + 6 = 4 \\ c_2 - 5 = -1 & \Leftrightarrow & c_2 = -1 + 5 = 4 \\ c_3 - (-1) = 5 & \Leftrightarrow & c_3 = 5 - 1 = 4 \end{matrix}$; $\mathbf{C(4|4|4)}$

191. Es ist zu zeigen, dass die Vektoren $\overrightarrow{AD}$ und $\overrightarrow{BC}$ gleich sind (und somit dieselbe Richtung und Länge besitzen):

$\overrightarrow{AD} = \begin{pmatrix} x_D - x_A \\ y_D - y_A \end{pmatrix} = \begin{pmatrix} 6 - 4 \\ 7 - 2 \end{pmatrix} = \begin{pmatrix} 2 \\ 5 \end{pmatrix}$;

$\overrightarrow{BC} = \begin{pmatrix} x_C - x_B \\ y_C - y_B \end{pmatrix} = \begin{pmatrix} 11 - 9 \\ 9 - 4 \end{pmatrix} = \begin{pmatrix} 2 \\ 5 \end{pmatrix}$

Die Vektoren $\overrightarrow{AD}$ und $\overrightarrow{BC}$ sind gleich; daher ist das Viereck ABCD ein Parallelogramm.

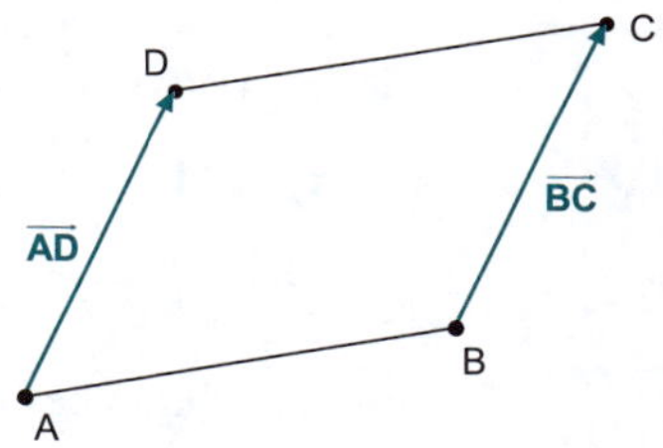

192. $|\vec{a}| = \left| \begin{pmatrix} 3 \\ 4 \end{pmatrix} \right| = \sqrt{3^2 + 4^2} = \sqrt{9 + 16} = \sqrt{25} = \mathbf{5}$

$|\vec{b}| = \left| \begin{pmatrix} -8 \\ 5 \end{pmatrix} \right| = \sqrt{(-8)^2 + 5^2} = \sqrt{64 + 25} = \mathbf{\sqrt{89}}$

$|\vec{c}| = \left| \begin{pmatrix} 6 \\ 2 \\ -3 \end{pmatrix} \right| = \sqrt{6^2 + 2^2 + (-3)^2} = \sqrt{36 + 4 + 9} = \sqrt{49} = \mathbf{7}$

$|\vec{d}| = \left| \begin{pmatrix} -6 \\ 3 \\ 6 \end{pmatrix} \right| = \sqrt{(-6)^2 + 3^2 + 6^2} = \sqrt{36 + 9 + 36} = \sqrt{81} = \mathbf{9}$

193. a) $|\vec{a}| = \left| \begin{pmatrix} 3 \\ a \end{pmatrix} \right| = \sqrt{3^2 + a^2} = 5$

Quadrieren der Gleichung ergibt:

$3^2 + a^2 = 25 \Leftrightarrow a^2 = 25 - 3^2 = 25 - 9 = 16 \Leftrightarrow \mathbf{a = \pm 4}$

b) $|\vec{b}| = \left|\begin{pmatrix} b \\ -5 \end{pmatrix}\right| = \sqrt{b^2 + (-5)^2} = 13 \iff b^2 + (-5)^2 = 169$

$\iff b^2 = 169 - 25 = 144 \iff \mathbf{b = \pm\sqrt{144} = \pm 12}$

c) $|\vec{c}| = \left|\begin{pmatrix} 3 \\ -2 \\ c \end{pmatrix}\right| = \sqrt{3^2 + (-2)^2 + c^2} = 7 \iff 3^2 + (-2)^2 + c^2 = 49$

$\iff c^2 = 49 - 3^2 - (-2)^2 = 49 - 9 - 4 = 36 \iff \mathbf{c = \pm\sqrt{36} = \pm 6}$

d) $|\vec{d}| = \left|\begin{pmatrix} 6 \\ d \\ -8 \end{pmatrix}\right| = \sqrt{6^2 + d^2 + (-8)^2} = 10 \iff 6^2 + d^2 + (-8)^2 = 100$

$\iff d^2 = 100 - 36 - 64 = 0 \iff \mathbf{d = 0}$

e) $|\vec{e}| = \sqrt{e^2 + (-1)^2 + (-2)^2} = 4 \iff e^2 + 1 + 4 = 16 \iff e^2 = 11$

$\iff \mathbf{e = \pm\sqrt{11}}$

f) $|\vec{f}| = \sqrt{1^2 + f^2 + 1^2} = 1 \iff f^2 + 1 + 1 = 1 \iff f^2 = -1$

Diese Gleichung besitzt keine Lösung; es gibt keinen entsprechenden Vektor $\vec{f}$.

194. $\vec{c} = \overrightarrow{AB} = \begin{pmatrix} 10-4 \\ 0-2 \\ 4-1 \end{pmatrix} = \begin{pmatrix} 6 \\ -2 \\ 3 \end{pmatrix}$ $\quad \vec{a} = \overrightarrow{BC} = \begin{pmatrix} 7-10 \\ 2-0 \\ 10-4 \end{pmatrix} = \begin{pmatrix} -3 \\ 2 \\ 6 \end{pmatrix}$

$\vec{b} = \overrightarrow{AC} = \begin{pmatrix} 7-4 \\ 2-2 \\ 10-1 \end{pmatrix} = \begin{pmatrix} 3 \\ 0 \\ 9 \end{pmatrix}$

$|\vec{c}| = \sqrt{36+4+9} = \sqrt{49} = 7$ $\quad |\vec{a}| = \sqrt{9+4+36} = \sqrt{49} = 7$

$|\vec{b}| = \sqrt{9+0+81} = \sqrt{90}$

Die Seiten a und c des Dreiecks sind gleich lang, daher ist das Dreieck gleichschenklig.

195. Wie in dem Bild zu sehen, kommt man zu C, indem man von B aus den Vektor

$\overrightarrow{AD} = \begin{pmatrix} 3-1 \\ 8-2 \\ 2-(-1) \end{pmatrix} = \begin{pmatrix} 2 \\ 6 \\ 3 \end{pmatrix}$

abträgt. Somit ergibt sich:
$C(5+2\,|\,4+6\,|\,3+3) = C(7\,|\,10\,|\,6)$

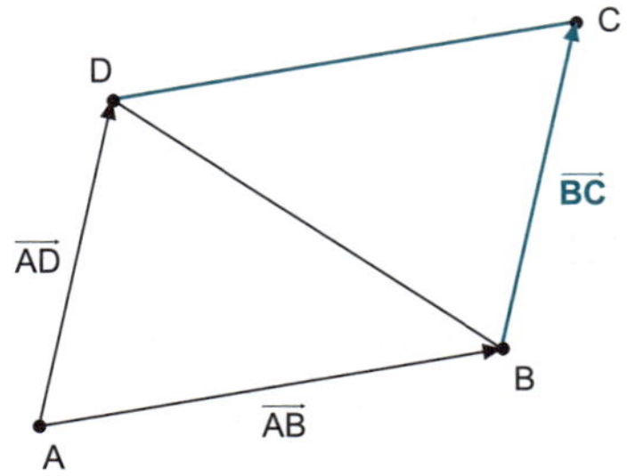

$$\overrightarrow{AB} = \begin{pmatrix} 5-1 \\ 4-2 \\ 3-(-1) \end{pmatrix} = \begin{pmatrix} 4 \\ 2 \\ 4 \end{pmatrix}$$

Die Länge dieser Parallelogrammseiten beträgt
$|\overrightarrow{AB}| = \sqrt{16+4+16} = \sqrt{36} = \mathbf{6}$ bzw. $|\overrightarrow{AD}| = \sqrt{4+36+9} = \sqrt{49} = \mathbf{7}$.

196. a) $\vec{a}+\vec{b} = \begin{pmatrix} 3 \\ -2 \end{pmatrix} + \begin{pmatrix} -1 \\ 4 \end{pmatrix} = \begin{pmatrix} 3+(-1) \\ -2+4 \end{pmatrix} = \begin{pmatrix} 2 \\ 2 \end{pmatrix}$

b) $\vec{b}+\vec{a} = \begin{pmatrix} -1 \\ 4 \end{pmatrix} + \begin{pmatrix} 3 \\ -2 \end{pmatrix} = \begin{pmatrix} -1+3 \\ 4+(-2) \end{pmatrix} = \begin{pmatrix} 2 \\ 2 \end{pmatrix}$

c) $\vec{a}+\vec{c}+\vec{b} = \begin{pmatrix} 3 \\ -2 \end{pmatrix} + \begin{pmatrix} 5 \\ 3 \end{pmatrix} + \begin{pmatrix} -1 \\ 4 \end{pmatrix} = \begin{pmatrix} 7 \\ 5 \end{pmatrix}$

d) $\vec{a}+\vec{b}+\vec{b}+\vec{a} = \begin{pmatrix} 3 \\ -2 \end{pmatrix} + \begin{pmatrix} -1 \\ 4 \end{pmatrix} + \begin{pmatrix} -1 \\ 4 \end{pmatrix} + \begin{pmatrix} 3 \\ -2 \end{pmatrix} = \begin{pmatrix} 4 \\ 4 \end{pmatrix}$

197. a) $\begin{pmatrix} 3 \\ 2 \\ c \end{pmatrix} + \begin{pmatrix} a \\ 4 \\ 7 \end{pmatrix} = \begin{pmatrix} 5 \\ b \\ 6 \end{pmatrix} \Leftrightarrow \begin{pmatrix} 3+a \\ 2+4 \\ c+7 \end{pmatrix} = \begin{pmatrix} 5 \\ b \\ 6 \end{pmatrix} \Leftrightarrow \begin{array}{l} 3+a=5 \\ 2+4=b \\ c+7=6 \end{array} \Leftrightarrow \begin{array}{l} \mathbf{a}=5-3=\mathbf{2} \\ \mathbf{b}=2+4=\mathbf{6} \\ \mathbf{c}=6-7=\mathbf{-1} \end{array}$

b) $\begin{pmatrix} 3 \\ b \\ 2 \end{pmatrix} + \begin{pmatrix} a \\ 4 \\ -8 \end{pmatrix} = \begin{pmatrix} 9 \\ 7 \\ c \end{pmatrix} + \begin{pmatrix} -3 \\ 2 \\ c \end{pmatrix} \Leftrightarrow \begin{pmatrix} 3+a \\ b+4 \\ 2+(-8) \end{pmatrix} = \begin{pmatrix} 9+(-3) \\ 7+2 \\ c+c \end{pmatrix}$

$$\Leftrightarrow \begin{array}{lll} 3+a=9-3 & \Leftrightarrow & \mathbf{a}=9-3-3=\mathbf{3} \\ b+4=7+2 & \Leftrightarrow & \mathbf{b}=7+2-4=\mathbf{5} \\ 2-8=c+c & \Leftrightarrow & \mathbf{c}=(2-8):2=\mathbf{-3} \end{array}$$

198. a) $-3\cdot\vec{a} = -3\cdot\begin{pmatrix} 2 \\ -1 \\ -3 \end{pmatrix} = \begin{pmatrix} -3\cdot 2 \\ -3\cdot(-1) \\ -3\cdot(-3) \end{pmatrix} = \begin{pmatrix} -6 \\ 3 \\ 9 \end{pmatrix}$

b) $7\cdot\vec{b} = 7\cdot\begin{pmatrix} 1 \\ 0 \\ -3 \end{pmatrix} = \begin{pmatrix} 7\cdot 1 \\ 7\cdot 0 \\ 7\cdot(-3) \end{pmatrix} = \begin{pmatrix} 7 \\ 0 \\ -21 \end{pmatrix}$

c) $4\cdot\vec{a}+3\cdot\vec{b} = 4\cdot\begin{pmatrix} 2 \\ -1 \\ -3 \end{pmatrix} + 3\cdot\begin{pmatrix} 1 \\ 0 \\ -3 \end{pmatrix} = \begin{pmatrix} 4\cdot 2 \\ 4\cdot(-1) \\ 4\cdot(-3) \end{pmatrix} + \begin{pmatrix} 3\cdot 1 \\ 3\cdot 0 \\ 3\cdot(-3) \end{pmatrix}$

$$= \begin{pmatrix} 8 \\ -4 \\ -12 \end{pmatrix} + \begin{pmatrix} 3 \\ 0 \\ -9 \end{pmatrix} = \begin{pmatrix} 8+3 \\ -4+0 \\ -12+(-9) \end{pmatrix} = \begin{pmatrix} 11 \\ -4 \\ -21 \end{pmatrix}$$

d) $-\vec{a} = -1\cdot\vec{a} = -1\cdot\begin{pmatrix} 2 \\ -1 \\ -3 \end{pmatrix} = \begin{pmatrix} -1\cdot 2 \\ -1\cdot(-1) \\ -1\cdot(-3) \end{pmatrix} = \begin{pmatrix} -2 \\ 1 \\ 3 \end{pmatrix}$

199. a) $\overrightarrow{AB} = \begin{pmatrix} 9-4 \\ 3-1 \end{pmatrix} = \begin{pmatrix} 5 \\ 2 \end{pmatrix}$ $\quad\overrightarrow{AC} = \begin{pmatrix} 5-4 \\ 7-1 \end{pmatrix} = \begin{pmatrix} 1 \\ 6 \end{pmatrix}$

b) Wenn der Punkt B an A mit dem Faktor 3 auf den Punkt B' zentrisch gestreckt wird, dann ist:

$\overrightarrow{AB'} = 3 \cdot \overrightarrow{AB} = 3 \cdot \begin{pmatrix} 5 \\ 2 \end{pmatrix} = \begin{pmatrix} 15 \\ 6 \end{pmatrix}$

Hieraus folgt für B':
B'(4 + 15 | 1 + 6) = **B'(19 | 7)**

Ebenso folgt für C':

$\overrightarrow{AC'} = 3 \cdot \overrightarrow{AC} = 3 \cdot \begin{pmatrix} 1 \\ 6 \end{pmatrix} = \begin{pmatrix} 3 \\ 18 \end{pmatrix}$

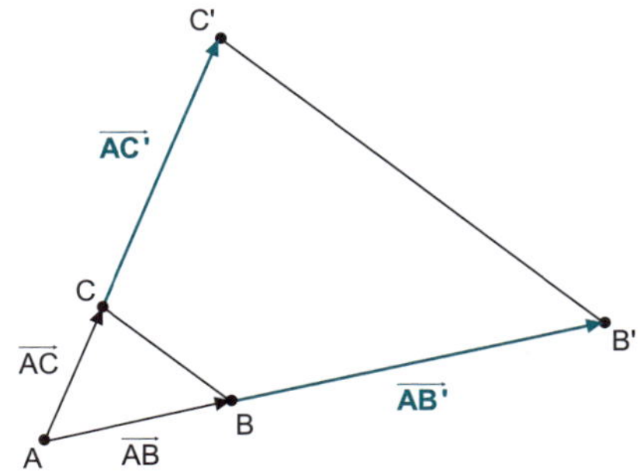

und somit C'(4 + 3 | 1 + 18) = **C'(7 | 19)**.

Der Punkt A ist Fixpunkt: **A' = A(4 | 1)**

c) $\overrightarrow{AS} = \begin{pmatrix} 2-4 \\ 6-1 \end{pmatrix} = \begin{pmatrix} -2 \\ 5 \end{pmatrix}$; $\quad\overrightarrow{BS} = \begin{pmatrix} 2-9 \\ 6-3 \end{pmatrix} = \begin{pmatrix} -7 \\ 3 \end{pmatrix}$; $\quad\overrightarrow{CS} = \begin{pmatrix} 2-5 \\ 6-7 \end{pmatrix} = \begin{pmatrix} -3 \\ -1 \end{pmatrix}$.

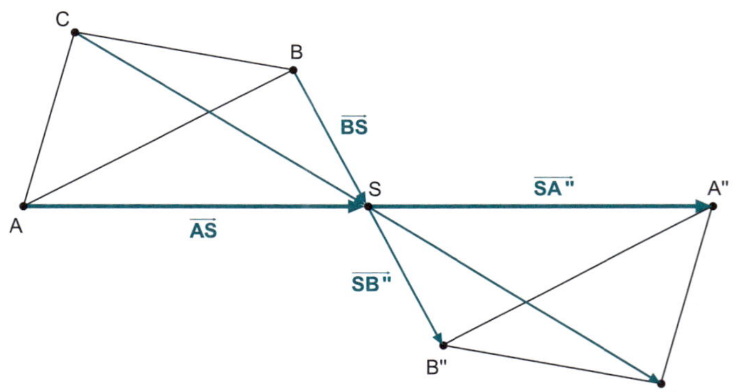

Wenn der Punkt A an S punktgespiegelt wird, dann gilt:

$\overrightarrow{AS} = \overrightarrow{SA''} = \begin{pmatrix} -2 \\ 5 \end{pmatrix}$

Hieraus ergibt sich A":
A"(2 + (−2) | 6 + 5) = **A"(0 | 11)**

Weiter folgt wegen $\overrightarrow{BS} = \overrightarrow{SB''} = \begin{pmatrix} -7 \\ 3 \end{pmatrix}$:

B"(2 + (−7) | 6 + 3) = **B"(−5 | 9)**

Ebenso folgt mit $\overrightarrow{CS} = \overrightarrow{SC''} = \begin{pmatrix} -3 \\ -1 \end{pmatrix}$:

C"(2 + (−3) | 6 + (−1)) = **C"(−1 | 5)**

200. a) $\vec{x}=\begin{pmatrix}2\\4\end{pmatrix}+3\cdot\begin{pmatrix}1\\-1\end{pmatrix}=\begin{pmatrix}2\\4\end{pmatrix}+\begin{pmatrix}3\\-3\end{pmatrix}=\mathbf{\begin{pmatrix}5\\1\end{pmatrix}}$

b) $2\cdot\vec{x}=\begin{pmatrix}1\\5\\7\end{pmatrix}+3\cdot\begin{pmatrix}5\\-3\\-1\end{pmatrix}=\begin{pmatrix}1\\5\\7\end{pmatrix}+\begin{pmatrix}15\\-9\\-3\end{pmatrix}=\begin{pmatrix}16\\-4\\4\end{pmatrix} \Leftrightarrow \vec{x}=\frac{1}{2}\cdot\begin{pmatrix}16\\-4\\4\end{pmatrix}=\mathbf{\begin{pmatrix}8\\-2\\2\end{pmatrix}}$

c) $\begin{pmatrix}1\\3\\5\end{pmatrix}+3\cdot\vec{x}=\begin{pmatrix}7\\-6\\8\end{pmatrix} \Leftrightarrow 3\cdot\vec{x}=\begin{pmatrix}7\\-6\\8\end{pmatrix}-\begin{pmatrix}1\\3\\5\end{pmatrix}=\begin{pmatrix}6\\-9\\3\end{pmatrix} \Leftrightarrow \vec{x}=\frac{1}{3}\cdot\begin{pmatrix}6\\-9\\3\end{pmatrix}=\mathbf{\begin{pmatrix}2\\-3\\1\end{pmatrix}}$

d) $\begin{pmatrix}1\\0\\2\end{pmatrix}+2\cdot\vec{x}=\begin{pmatrix}4\\-3\\11\end{pmatrix}+\vec{x} \Leftrightarrow 2\cdot\vec{x}-\vec{x}=\begin{pmatrix}4\\-3\\11\end{pmatrix}-\begin{pmatrix}1\\0\\2\end{pmatrix} \Leftrightarrow \vec{x}=\mathbf{\begin{pmatrix}3\\-3\\9\end{pmatrix}}$

201. Wenn C die Strecke AB im Verhältnis 3 : 1 teilt, dann muss für den Vektor $\overrightarrow{AC}$ gelten:

$\overrightarrow{AC}=\frac{3}{4}\cdot\overrightarrow{AB}=\frac{3}{4}\cdot\begin{pmatrix}14-2\\9-1\end{pmatrix}=\frac{3}{4}\cdot\begin{pmatrix}12\\8\end{pmatrix}=\begin{pmatrix}9\\6\end{pmatrix}$

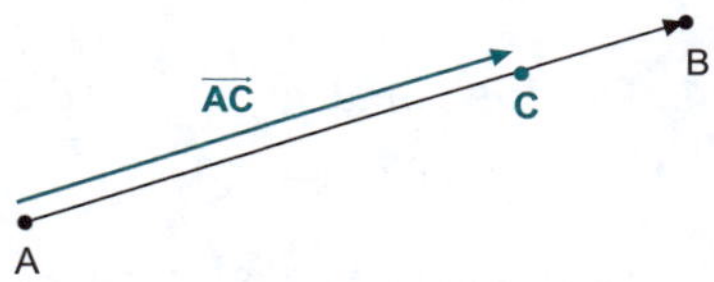

Daher ergibt sich für C:
$C(2+9\,|\,1+6)=\mathbf{C(11\,|\,7)}$

202. Der Skizze ist zu entnehmen:
M_c ist der Mittelpunkt der Strecke [AB], daher gilt:

$\overrightarrow{AM_c}=\frac{1}{2}\cdot\overrightarrow{AB}=\frac{1}{2}\cdot\begin{pmatrix}8-4\\4-(-2)\end{pmatrix}=\begin{pmatrix}2\\3\end{pmatrix}$

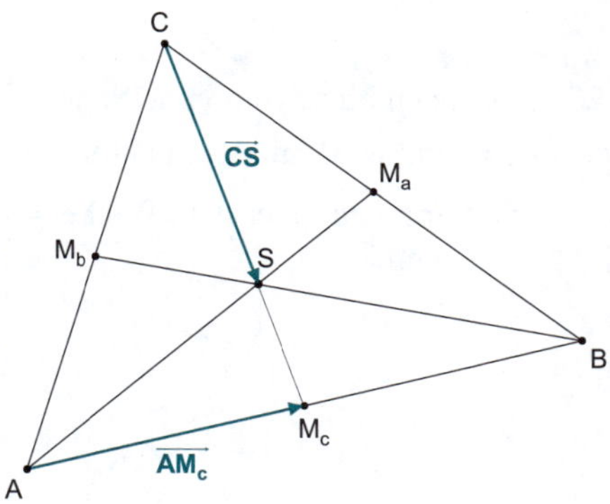

Hieraus kann M_c bestimmt werden:
$M_c(4+2\,|\,-2+3)=M_c(6\,|\,1)$

Nun kann aus C und M_c der Vektor $\overrightarrow{CM_c}$ bestimmt werden:

$\overrightarrow{CM_c}=\begin{pmatrix}6-3\\1-10\end{pmatrix}=\begin{pmatrix}3\\-9\end{pmatrix}$

Da der Schwerpunkt S die Seitenhalbierende $[CM_c]$ im Verhältnis 2 : 1 teilt, ist:

$\overrightarrow{CS}=\frac{2}{3}\cdot\overrightarrow{CM_c}=\frac{2}{3}\cdot\begin{pmatrix}3\\-9\end{pmatrix}=\begin{pmatrix}2\\-6\end{pmatrix}$

Somit ergibt sich für S mithilfe dieses Vektors $\overrightarrow{CS}$:
$S(3+2\,|\,10-6)=\mathbf{S(5\,|\,4)}$

203. Konstruktionsbeschreibung:

1. Zeichne Strecke [AC] der Länge $b = 4{,}2$ cm.
2. Konstruiere Mittelsenkrechte m zu [AC].
3. Lege beliebigen Punkt B' auf m fest.
4. Trage Winkel $\frac{\beta}{2} = 34°$ an m in B' an; erhalte freien Schenkel a'.
5. Zeichne Parallele zu a' durch C; erhalte Gerade a.
6. Gerade a schneidet m in B.
7. Dreieck ABC ist das gesuchte Dreieck.

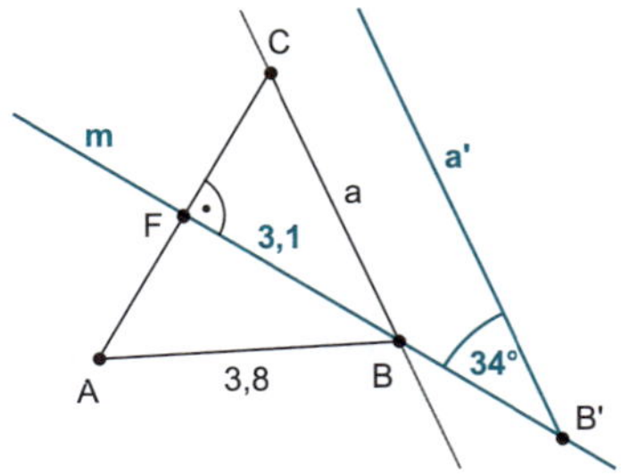

Ausmessen ergibt für die Schenkel die Länge $\mathbf{c \approx 3{,}8}$ **cm** und $\mathbf{h_b \approx 3{,}1}$ **cm**.

204. Die dritte Seite c wird mit dem Satz des Pythagoras bestimmt:

$$c^2 = a^2 + b^2 \quad \Leftrightarrow \quad c = \sqrt{a^2 + b^2} \approx 13{,}6\,\text{cm}$$

Der Umfang beträgt: $\mathbf{U = a + b + c \approx 31{,}8}$ **cm**

Der Flächeninhalt ergibt sich aus der Formel $A = \frac{1}{2} g \cdot h$ mit der Grundseite a und der dazugehörenden Höhe b:

$$\mathbf{A = \frac{1}{2} a \cdot b \approx 36{,}3\,cm^2}$$

205. Die nach hinten führende Seite mit $c = 4$ cm wird mit dem Faktor $\frac{1}{2} \cdot \sqrt{2}$ verkürzt und unter dem Winkel 45° gezeichnet.

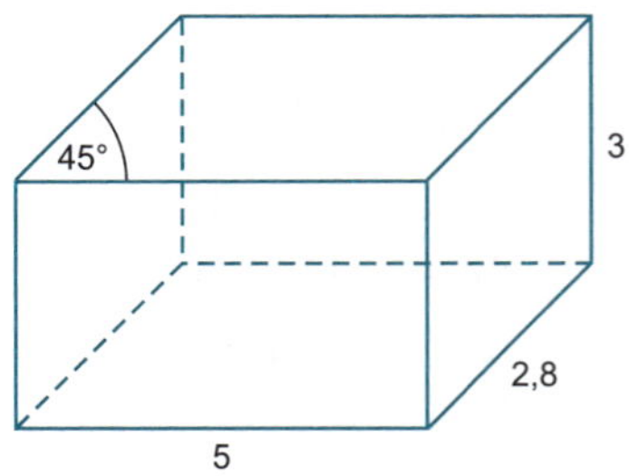

206. Der Umfang besteht aus einem großen Halbkreis, zwei kleinen Halbkreisen und drei Strecken. Somit ergibt sich mit $r_1 = 3$ cm, $r_2 = 1$ cm, $a = 2$ cm und $b = 3$ cm:

$$\mathbf{U} = \frac{1}{2} \cdot 2\pi r_1 + 2 \cdot \frac{1}{2} \cdot 2\pi r_2 + 2 \cdot b + a \approx \mathbf{23{,}7\,cm}$$

Der Flächeninhalt besteht aus den beiden Teilen A_1 und A_2, wobei A_1 als Differenz einer großen Halbkreisfläche mit Radius r_1 und zweier kleinerer Halbkreisflächen mit Radius r_2 bestimmt werden kann:

$$\mathbf{A} = A_1 + A_2 = \left(\frac{1}{2}\pi r_1^2 - 2 \cdot \frac{1}{2}\pi r_2^2\right) + a \cdot b \approx \mathbf{17{,}0\,cm^2}$$

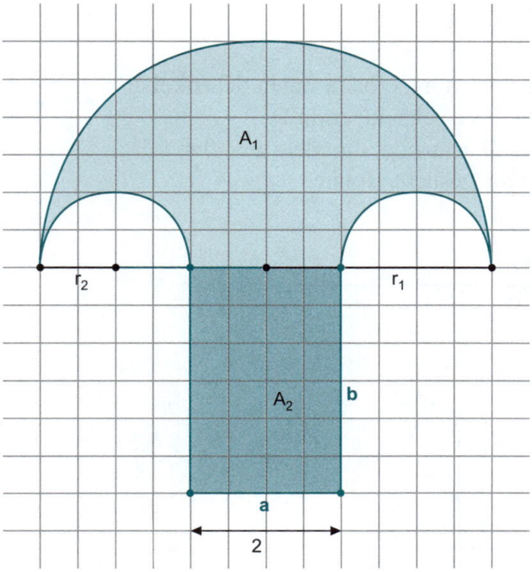

207. Die Erde besitzt den Radius r = 6 375 km, und der Satellit ist e = 36 000 km + 6 375 km = 42 375 km vom Erdmittelpunkt entfernt.
Im rechtwinkligen Dreieck ESB lässt sich der halbe Blickwinkel α bestimmen:

$\sin\alpha = \frac{r}{e} \quad \Leftrightarrow \quad \alpha \approx 8{,}65°$

Die Erde ist somit unter einem Winkel von $2\alpha \approx$ **17,3°** zu sehen.

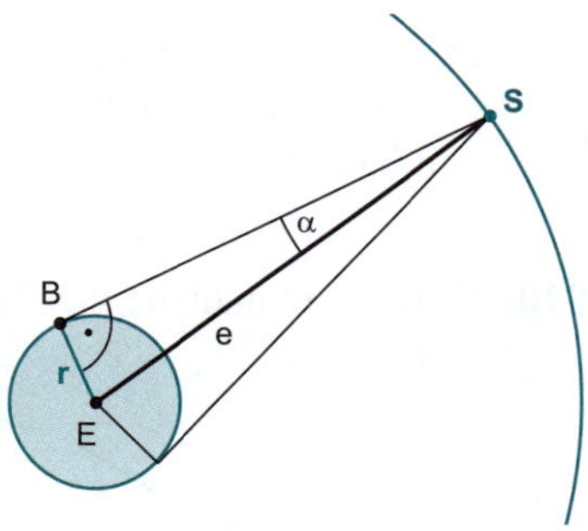

208. In einem regelmäßigen Sechseck ist die Diagonale [EB] genau doppelt so lang wie die Seite [DC] und parallel zu dieser. Daher kann man den zweiten Strahlensatz mit S als Scheitel anwenden:

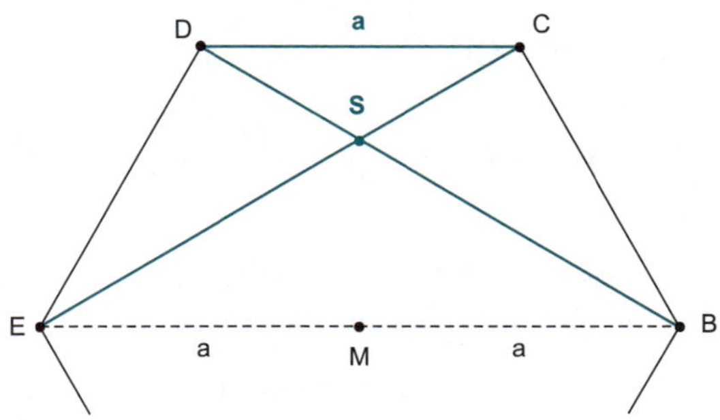

$\frac{|ES|}{|SC|} = \frac{2a}{a} = 2 \quad \Leftrightarrow \quad |ES| = 2 \cdot |SC|$

Der Punkt S teilt die Diagonalen im Verhältnis **2 : 1**.

209. Zunächst wird die Raute konstruiert:

1. Zeichne Strecke [AB] mit a = 8 cm.
2. Trage Winkel α an a in A an; erhalte freien Schenkel d.
3. Kreis um A mit Radius a schneidet d in D.
4. Parallele zu a durch D schneidet Parallele zu d durch B in C.
5. Viereck ABCD ist die gesuchte Raute.

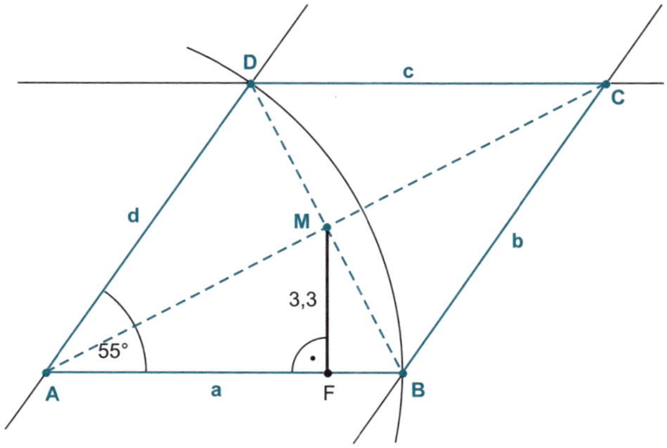

Der Inkreismittelpunkt ist aus Symmetriegründen der Schnittpunkt M der beiden Diagonalen. Fällt man das Lot von M auf eine Seite, dann erhält man den Inkreisradius, der ca. 3,3 cm beträgt.

210. Bezeichnet man die vier Winkel bei P mit α_1, α_2, α_3, α_4, dann stellt man fest:

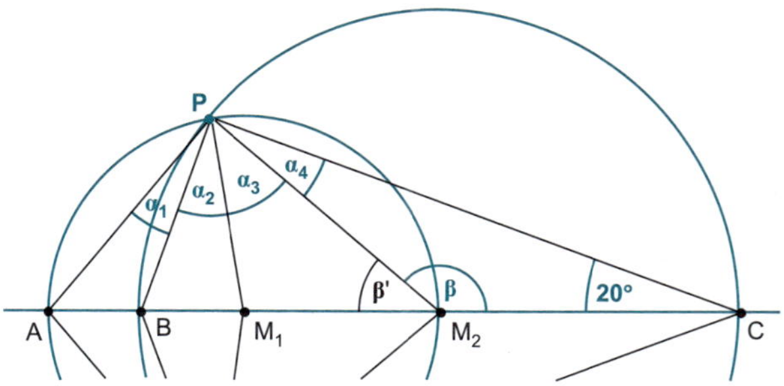

Das Dreieck M_2CP ist gleichschenklig, da die Punkte C und P auf dem Kreis um M_2 liegen. Daher ist $\boldsymbol{\alpha_4 = 20°}$.

Die Winkelsumme im Dreieck M_2CP führt zu:
$\alpha_4 + 20° + \beta = 180° \iff \beta = 180° - \alpha_4 - 20° = 140°$
Daher ist der Nebenwinkel β' von β gleich $180° - \beta = 40°$.

Weil das Dreieck M_1M_2P ebenfalls gleichschenklig ist (P und M_2 liegen auf dem Kreis mit Mittelpunkt M_1), ist $\boldsymbol{\alpha_3} = \beta' = \mathbf{40°}$.

Das Dreieck BCP ist rechtwinklig in P, da P auf dem Thaleskreis mit Mittelpunkt M_2 über der Seite [BC] liegt. Daher folgt:
$\alpha_2 + \alpha_3 + \alpha_4 = 90° \quad \Leftrightarrow \quad \boldsymbol{\alpha_2} = 90° - \alpha_3 - \alpha_4 = \mathbf{30°}$

Weiterhin ist das Dreieck AM_2P in P rechtwinklig, denn P liegt auch auf dem Thaleskreis mit Mittelpunkt M_1 über der Seite $[AM_2]$. Daher gilt:
$\alpha_1 + \alpha_2 + \alpha_3 = 90° \quad \Leftrightarrow \quad \boldsymbol{\alpha_1} = 90° - \alpha_2 - \alpha_3 = \mathbf{20°}$

211. Zunächst wird anhand des Umfangs der Radius r des Baumstamms bestimmt:
$U = 2\pi r \quad \Leftrightarrow \quad r = \frac{U}{2\pi} \approx 0{,}395\ \text{m}$

Nun kann der hellgrün getönte rechteckige Bereich mit $b = 50$ cm ausgesägt werden.
Mithilfe des Satzes von Pythagoras ergibt sich:

$$h^2 + \left(\frac{b}{2}\right)^2 = r^2 \quad \Leftrightarrow \quad h^2 = r^2 - \frac{b^2}{4}$$
$$\Leftrightarrow \quad h = \sqrt{r^2 - \frac{b^2}{4}} \approx 0{,}305\ \text{m}$$

Folglich hat das hellgrüne Rechteck eine Höhe von $2h \approx 0{,}61$ m.
Dies reicht für $\frac{2h}{4{,}2\ \text{cm}} \approx 14{,}5$, also 14 Bretter.

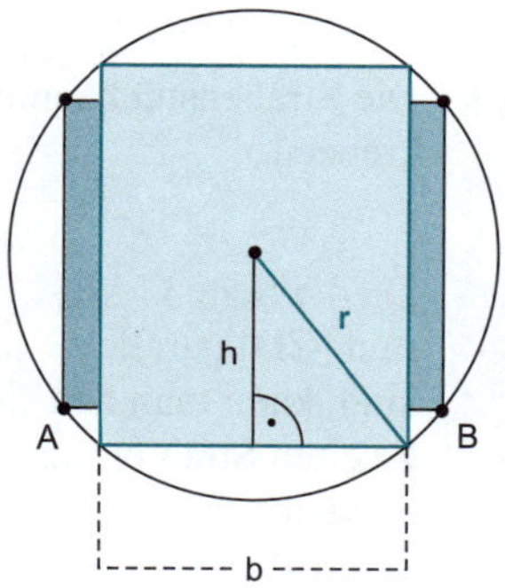

Zusatzüberlegung: Man kann z. B. noch den dunkelgrün getönten rechteckigen Bereich rechts und links für Bretter ausnutzen. Dieser Bereich muss in diesem Fall die Höhe 50 cm besitzen und hat wegen $|AB| = 2h \approx 61$ cm links und rechts jeweils die Breite von ca. $\frac{61\ \text{cm} - 50\ \text{cm}}{2} = 5{,}5$ cm, weshalb sich hieraus nochmals jeweils ein Brett sägen lassen würde (sich also insgesamt maximal 16 Bretter erzeugen lassen).

212. Die geradlinigen Straßenstücke sind Teil von gemeinsamen Tangenten an zwei Kreise. Zur Lösung der Aufgabe muss aus Symmetriegründen (bezüglich der Achse M_1M_2) nur eine einzige Tangente t konstruiert werden.
Konstruktionsbeschreibung:
1. Zeichne Kreis k mit Mittelpunkt M und Radius $r = 3$ cm, sowie einen Punkt S mit $|MS| = 5{,}3$ cm.
2. Zeichne Thaleskreis k_1 über der Strecke [MS].
3. Die beiden Kreise schneiden sich in den Punkten B_1 und B_2.

4. SB_1 ist eine Tangente; sie bildet einen Winkel von ca. 34° mit der Geraden MS.
5. Der Winkel zwischen t und M_1M_2 beträgt 34°.

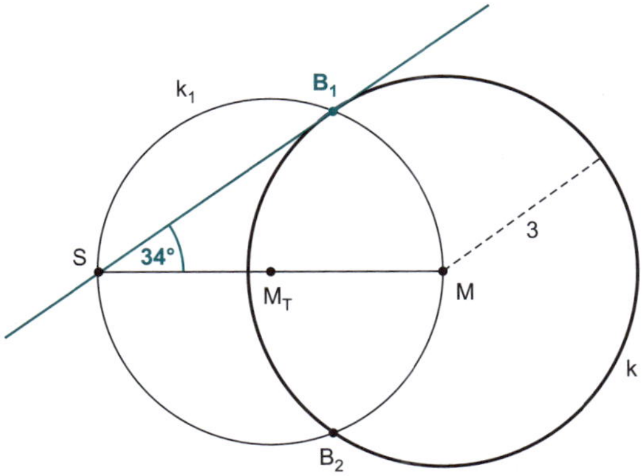

Die Straßenstücke müssen sich also unter einem Winkel von ca. 68° kreuzen.

213. Da die Seiten [AB] und [CD] parallel sind, kann man den zweiten Strahlensatz anwenden:

$$\frac{|AB|}{|CD|} = \frac{x}{y}$$

$$\Leftrightarrow \quad \mathbf{\frac{x}{y}} = \frac{8{,}4}{4{,}8} = \mathbf{\frac{7}{4}}$$

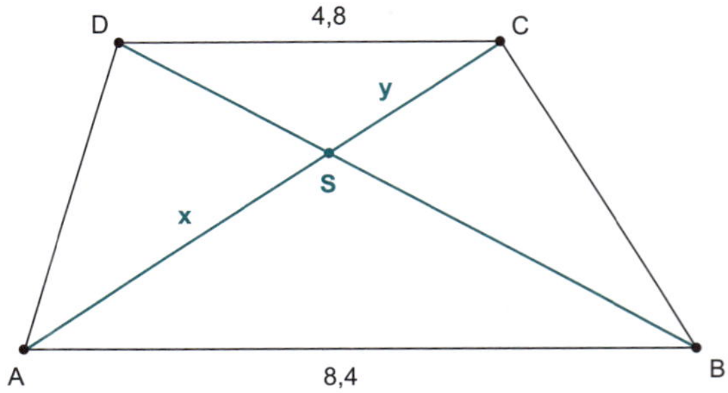

214. Wenn das Quadrat die Seitenlänge a besitzt, dann haben die zwei an den Kanten angesetzten gleichseitigen Dreiecke ebenfalls die Kantenlänge a.
Daher sind die drei grün getönten Dreiecke ADB, BCE und ACF gleichschenklig, jeweils mit den Schenkeln a.
Wenn jetzt noch gezeigt werden kann, dass bei diesen drei Dreiecken die von den Schenkeln eingeschlossenen Scheitelwinkel bei D, E und F gleich groß sind, dann sind diese Dreiecke wegen

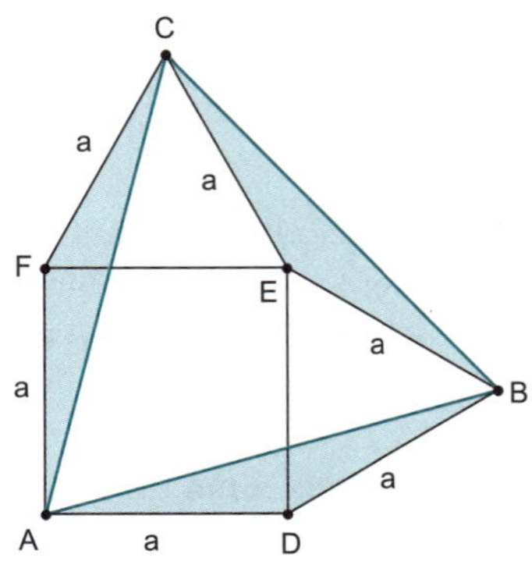

des Kongruenzsatzes sws paarweise kongruent. Die Winkel bei F und D bestehen jeweils aus einem rechten und einem 60°-Winkel und betragen somit zusammen $90° + 60° = 150°$.
Der Winkel bei E ergibt sich aus dem Vollwinkel 360° durch Wegnahme eines rechten und zweier 60°-Winkel, sodass dieser Dreieckswinkel mit $360° - 90° - 2 \cdot 60° = 150°$ ebenfalls 150° beträgt. Daher sind die grün getönten Dreiecke kongruent und insbesondere die Basisseiten gleich groß; das Dreieck ABC ist somit gleichseitig.

215. Das Dreieck ABE ist rechtwinklig; daher ergibt sich:
$36° + \varepsilon + 90° = 180° \quad \Leftrightarrow \quad \varepsilon = 180° - 36° - 90° = \mathbf{54°}$

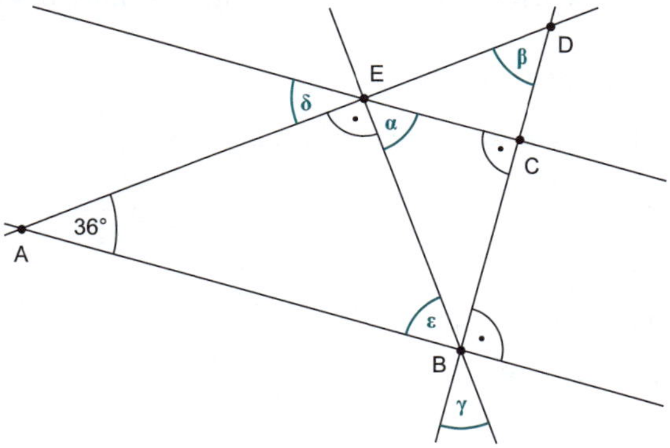

Der Winkel α ist ein Wechselwinkel zu ε, daher ist $\boldsymbol{\alpha = 54°}$.
Der gestreckte Winkel bei E erlaubt die Berechnung von δ:
$\delta + 90° + \alpha = 180° \quad \Leftrightarrow \quad \boldsymbol{\delta} = 180° - 90° - \alpha = \mathbf{36°}$
(δ ist auch ein Wechselwinkel zu dem 36°-Winkel bei A.)
Das Dreieck ABD ist rechwinklig:
$36° + 90° + \beta = 180° \quad \Leftrightarrow \quad \boldsymbol{\beta} = 180° - 90° - 36° = \mathbf{54°}$
Der gestreckte Winkel bei B erlaubt die Berechnung von γ:
$\gamma + 90° + \varepsilon = 180° \quad \Leftrightarrow \quad \boldsymbol{\gamma} = 180° - 90° - \varepsilon = \mathbf{36°}$

216. **Zentrale Idee:** Wenn man den Punkt A an der Geraden g spiegelt, dann schneidet die Strecke [A'B] die Gerade g im Punkt S.
Da die Strecke [A'B] den kürzesten Weg von A' nach B darstellt und wegen der Spiegelung die grünen Teilstrecken gleich lang sind, ist S der optimale Punkt; jeder andere Punkt – z. B. S' – würde zu einer größeren Gesamtstrecke führen.

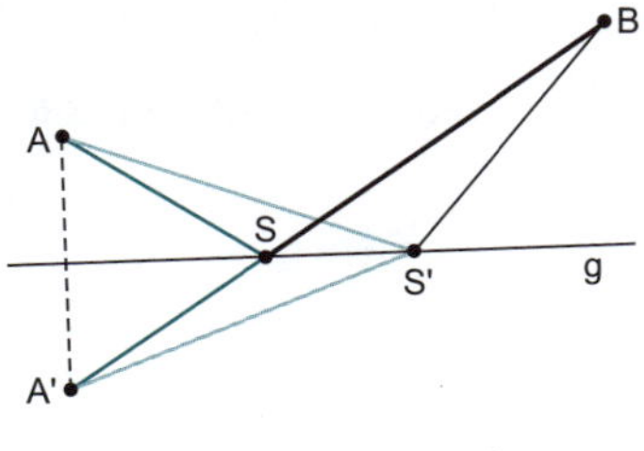

217. Die drei Eckpunkte der zu berechnenden Fläche bilden ein gleichseitiges Dreieck mit der Seitenlänge $r = 4{,}2$ cm.

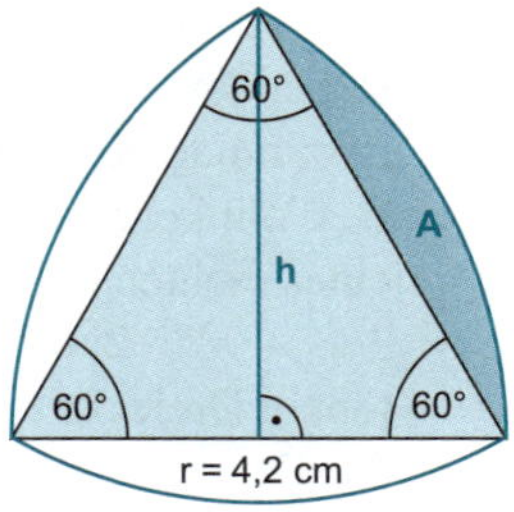

Zentrale Idee: Man bestimmt die Fläche des gleichseitigen Dreiecks und die Fläche des Kreissegments A (als Differenz der Flächen eines Kreissektors mit 60° Mittelpunktswinkel und der Fläche des gleichseitigen Dreiecks).

Die Fläche des Kreissektors beträgt:

$A_{\text{Sektor}} = \frac{60°}{360°} \cdot \pi r^2 \approx 9{,}24\ \text{cm}^2$

Die Höhe des gleichseitigen Dreiecks lässt sich mithilfe des Sinus bestimmen:

$\sin 60° = \frac{h}{r} \quad \Leftrightarrow \quad h = r \cdot \sin 60° \approx 3{,}6\ \text{cm}$

Somit ergibt sich für die Fläche des gleichseitigen Dreiecks:

$A_D = \frac{1}{2} r \cdot h \approx 7{,}64\ \text{cm}^2$

Hieraus folgt:

$A = A_{\text{Sektor}} - A_D \approx 1{,}60\ \text{cm}^2$

Die gesuchte Fläche besitzt also den Inhalt:

$\mathbf{A_{gesamt}} = 3 \cdot A + A_D \; \mathbf{\approx 12{,}4\ cm^2}$

218. Das Volumen lässt sich sehr einfach bestimmen; die Grundfläche ist ein Quadrat mit Seitenlänge $a = 20$ cm, und die Höhe beträgt ebenfalls $h = a = 20$ cm:

$\mathbf{V} = \frac{1}{3} G \cdot h = \frac{1}{3} a^2 \cdot a = \frac{1}{3} a^3 \; \mathbf{\approx 2\,670\ cm^3}$

Die Oberfläche setzt sich aus der quadratischen Grundfläche sowie vier dreieckigen Seitenflächen zusammen, wobei jeweils zwei Seitenflächen kongruent sind. Zwei der vier Seitenflächen sind dabei jeweils ein halbes Quadrat, sodass diese Flächenteile ebenfalls einfach zu bestimmen sind. Für die beiden anderen Dreiecke benötigt man die Höhe, die jedoch wegen eines rechten Winkels mit einer Quadratdiagonale übereinstimmt.
Insgesamt erhält man also:

$$\mathbf{O} = G + 2 \cdot A_1 + 2 \cdot A_2 = a^2 + 2 \cdot \frac{1}{2} a^2 + 2 \cdot \frac{1}{2} a \cdot a\sqrt{2} = 2a^2 + a^2\sqrt{2}$$

$$= a^2 \cdot \left(2 + \sqrt{2}\right) \mathbf{\approx 1\,366\ cm^2}$$

219. Die Seitenlänge des inneren Quadrats beträgt $a-b$.
Die Fläche des großen Quadrats lässt sich mithilfe der Seite c bestimmen:
$A = c^2$
Außerdem lässt sich diese Fläche aus dem inneren Quadrat und den vier Dreiecken zusammensetzen, sodass sich als Flächenformel ergibt:
$$A = (a-b)^2 + 4 \cdot \tfrac{1}{2} a \cdot b = (a^2 - 2ab + b^2) + 2 \cdot a \cdot b = a^2 + b^2$$
Da die beiden Formeln äquivalent sind, ergibt sich hieraus der Satz des Pythagoras: $a^2 + b^2 = c^2$

220. $|\vec{a}| = \left|\begin{pmatrix} 8 \\ -8 \\ -4 \end{pmatrix}\right| = \sqrt{8^2 + (-8)^2 + (-4)^2} = \sqrt{144} = \mathbf{12}$

$|\vec{b}| = \left|\begin{pmatrix} -5 \\ 12 \end{pmatrix}\right| = \sqrt{(-5)^2 + 12^2} = \sqrt{169} = \mathbf{13}$

$|\overrightarrow{CD}| = \left|\begin{pmatrix} -4-2 \\ 1-(-2) \\ 3-5 \end{pmatrix}\right| = \left|\begin{pmatrix} -6 \\ 3 \\ -2 \end{pmatrix}\right| = \sqrt{(-6)^2 + 3^2 + (-2)^2} = \sqrt{49} = \mathbf{7}$

221. Gegeben sind $a = 6$ cm, $c = 9$ cm und $b = 4$ cm.
Fällt man das Lot auf die Grundseite wie eingezeichnet, dann sieht man zunächst, dass:

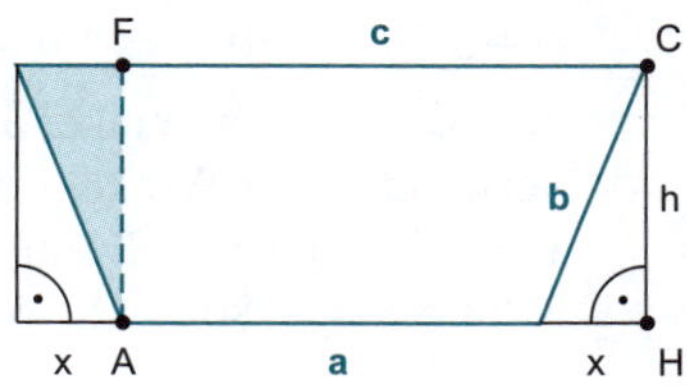

$x + a + x = c \quad \Leftrightarrow \quad 2x = c - a$

$\Leftrightarrow \quad x = \frac{c-a}{2} = 1{,}5 \text{ cm}$

Nun kann man über den Satz des Pythagoras die Höhe des Trapezes bestimmen:

$b^2 = x^2 + h^2 \quad \Leftrightarrow \quad h^2 = b^2 - x^2 \quad \Leftrightarrow \quad h = \sqrt{b^2 - x^2} \approx 3{,}7 \text{ cm}$

Hieraus folgt für die Fläche des Trapezes (wenn man z. B. das grün getönte Dreieck abschneidet und rechts an das Trapez ansetzt):

$A = (a + x) \cdot h \approx \mathbf{27{,}8\ cm^2}$

Alternativ kann man auch die Flächenformel für das Trapez direkt verwenden:

$A = \frac{a+c}{2} \cdot h$

222. Der Winkel γ ist wie der 27°-Winkel ein Umfangswinkel über der Sehne [AB]; daher ist $\boldsymbol{\gamma = 27°}$.

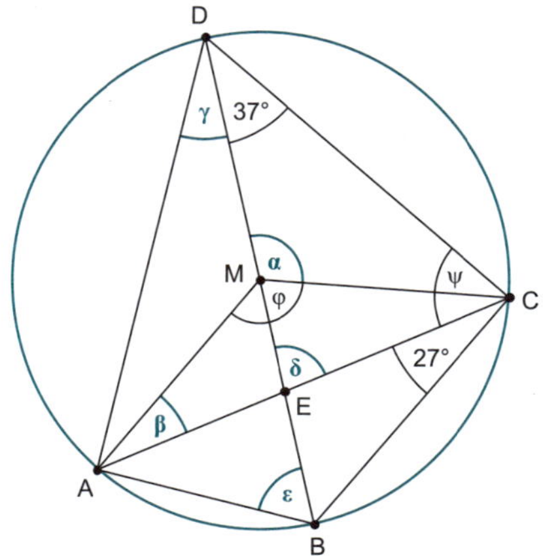

Da A auf dem Thaleskreis über dem Durchmesser [BD] liegt, ist das Dreieck ABD rechtwinklig, sodass gilt:

$$\gamma + \varepsilon + 90° = 180°$$

$$\Leftrightarrow \qquad \varepsilon = 180° - \gamma - 90° = \mathbf{63°}$$

Der Winkel φ ist der Mittelpunktswinkel zu der Sehne [AC] und daher doppelt so groß wie ein zugehöriger Umfangswinkel, z. B. bei D:

$\varphi = 2 \cdot (\gamma + 37°) = 2 \cdot 64° = 128°$

Das Dreieck ACM ist gleichschenklig, daher gilt:

$2\beta + \varphi = 180° \quad \Leftrightarrow \quad \boldsymbol{\beta = 26°}$

Das Dreieck CDM ist ebenfalls gleichschenklig; daher gilt auch:

$\alpha + 2 \cdot 37° = 180° \quad \Leftrightarrow \quad \alpha = 180° - 74° = \mathbf{106°}$

Nun ist noch der Winkel δ zu bestimmen. Hierfür wird das Dreieck DEC verwendet. Der Winkel ψ setzt sich aus 37° und $\beta = 26°$ zusammen, ist also $\psi = 37° + 26° = 63°$. Damit ergibt sich:

$37° + \delta + \psi = 180° \quad \Leftrightarrow \quad \delta = 180° - \psi - 37° = \mathbf{80°}$

223. Für die Berechnung der Fläche ist eine Höhe erforderlich, z. B. die Höhe h_c. Diese kann bestimmt werden, wenn z. B. der Winkel β bekannt ist. Daher wird zunächst mithilfe des Kosinussatzes der Winkel β errechnet:

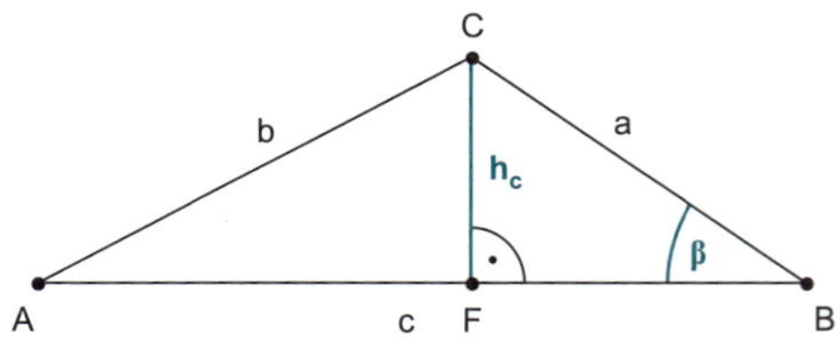

$$b^2 = a^2 + c^2 - 2ac \cdot \cos\beta \quad \Leftrightarrow \quad \cos\beta = \frac{a^2 + c^2 - b^2}{2ac} \quad \Leftrightarrow \quad \beta \approx 33{,}7°$$

Nun folgt für h_c

$$\sin\beta = \frac{h_c}{a} \quad \Leftrightarrow \quad h_c = a \cdot \sin\beta \approx 2{,}4 \text{ cm},$$

wodurch sich als Fläche

$$\mathbf{A} = \frac{1}{2} c \cdot h_c \boldsymbol{\approx 9{,}8\ \mathrm{cm}^2}$$

ergibt.

224. Diese Verwandlung kann z. B. mit dem Höhensatz vorgenommen werden (Kathetensatz ist ebenfalls denkbar).

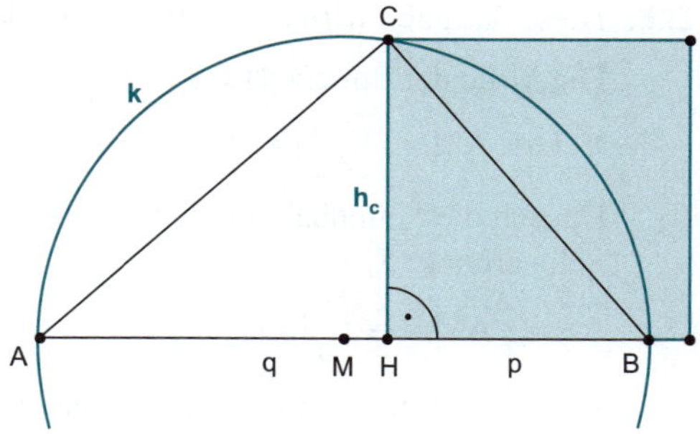

Grundidee: Die Rechteckseiten stellen die Hypotenusenabschnitte p und q eines rechtwinkligen Dreiecks dar. Dieses Rechteck ist flächengleich zum Quadrat über der Höhe.

Konstruktionsbeschreibung:

1. Zeichne Strecke [AB] als Summe der Strecken mit $q = 6{,}4$ cm und $p = 4{,}8$ cm.
2. Errichte am Übergangspunkt H der beiden Strecken das Lot darauf; erhalte h_c.
3. Thaleskreis über AB schneidet h_c im Punkt C.
4. Die Strecke [HC] ist die gesuchte Quadratseite.

225. **1. Weg:**
Dieses Problem wird sehr einfach, wenn man die Zeichnung ein wenig erweitert:
Im regelmäßigen Sechseck bilden die Punkte A, C und D ein gleichseitiges Dreieck, daher ist der Winkel bei D 60° weit. Da dieser Winkel durch die Diagonale [BD] halbiert wird, muss $\alpha = 30°$ sein.

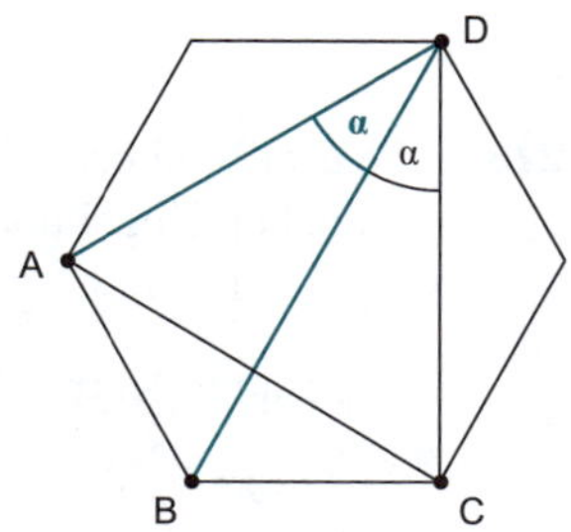

2. Weg:
Das Viereck ABDE ist ein gleichschenkliges Trapez. Daher sind die beiden eingezeichneten Winkel α gleich groß.
Beim Punkt E stoßen zwei gleichseitige Dreiecke des Sechsecks zusammen, daher ist der Winkel $\beta = 120°$. Weil das Dreieck ADE gleichschenklig ist, folgt:

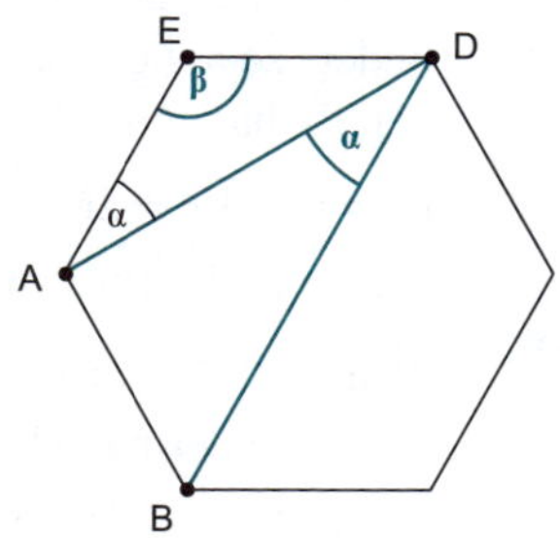

$$2\alpha + \beta = 180° \quad \Leftrightarrow \quad \alpha = \frac{180° - 120°}{2} = 30°$$

226. Diese Aufgabe wird am einfachsten vektoriell gelöst:

Die Mitte der Strecke [BC] ist $M\left(\frac{5+6}{2} \,\middle|\, \frac{-2+6}{2}\right) = M\left(\frac{11}{2} \,\middle|\, 2\right)$. Daher ist der Vektor $\overrightarrow{AM} = \begin{pmatrix} \frac{11}{2} - 1 \\ 2 - 2 \end{pmatrix} = \begin{pmatrix} \frac{9}{2} \\ 0 \end{pmatrix}$.

Da sich die Seitenhalbierenden im Verhältnis 1 : 2 teilen, gilt für den Schwerpunkt S:

$$\overrightarrow{AS} = \frac{2}{3}\overrightarrow{AM} = \frac{2}{3} \cdot \begin{pmatrix} \frac{9}{2} \\ 0 \end{pmatrix} = \begin{pmatrix} 3 \\ 0 \end{pmatrix}$$

Hieraus ergibt sich für die Koordinaten von S: $S(1+3 \mid 2+0) = \mathbf{S(4 \mid 2)}$

Die Koordinaten des Schwerpunkts sind übrigens immer genau die arithmetischen Mittel der Koordinaten der drei Eckpunkte:

$$S\left(\frac{1+5+6}{3} \,\middle|\, \frac{2-2+6}{3}\right) = S\left(\frac{12}{3} \,\middle|\, \frac{6}{3}\right) = S(4 \mid 2)$$

227. Mithilfe des Satzes von Pythagoras wird zunächst der Hypotenusenabschnitt p bestimmt:

$$p^2 + h^2 = a^2 \quad \Leftrightarrow \quad p^2 = a^2 - h^2 \quad \Leftrightarrow \quad p = \sqrt{a^2 - h^2} \approx 8{,}2\text{ cm}$$

Über den Höhensatz ergibt sich nun q:

$$p \cdot q = h^2 \quad \Leftrightarrow \quad \mathbf{q} = \frac{h^2}{p} \approx \mathbf{2{,}2\text{ cm}}$$

228. Alle drei Teilkörper haben denselben Grundkreisradius r = 2,6 dm; außerdem haben Kegel und Zylinder die Höhe h = r. Damit erhält man:

$$V_{Kegel} = \frac{1}{3}\pi r^2 \cdot r = \frac{1}{3}\pi r^3, \quad V_{Zyl} = \pi r^2 \cdot r = \pi r^3, \quad V_{Halbkugel} = \frac{2}{3}\pi r^2 \cdot r = \frac{2}{3}\pi r^3$$

Der gesamte Körper besitzt folglich das Volumen:

$$\mathbf{V} = V_{Kegel} + V_{Zyl} + V_{Halbkugel} = \frac{1}{3}\pi r^3 + \pi r^3 + \frac{2}{3}\pi r^3 = 2\pi r^3 \approx \mathbf{110{,}4\text{ dm}^3}$$

Die Oberfläche setzt sich aus dem Mantel des Kegels, dem Mantel des Zylinders sowie der halben Kugeloberfläche zusammen. Mithilfe des Satzes von Pythagoras wird zunächst die Kantenlinie k des Kegels bestimmt:

$$k^2 = r^2 + h^2 = 2r^2 \quad \Leftrightarrow \quad k = \sqrt{2r^2} = r \cdot \sqrt{2}$$

Hieraus folgt für den Mantel des Kegels:

$$M_{Kegel} = \frac{1}{2} \cdot U_{Kreis} \cdot k = \frac{1}{2} \cdot 2\pi r \cdot r \cdot \sqrt{2} = \pi r^2 \cdot \sqrt{2} \approx 30{,}0\text{ dm}^2$$

Der Zylindermantel hat die Fläche:

$$M_{Zyl} = U_{Kreis} \cdot h = 2\pi r \cdot r = 2\pi r^2 \approx 42{,}5\text{ dm}^2$$

Die Halbkugeloberfläche beträgt $O_{Halbkugel} = 2\pi r^2 \approx 42{,}5\text{ dm}^2$.

Insgesamt ergibt sich als Oberfläche für diesen Körper:

$$\mathbf{O} = M_{Kegel} + M_{Zyl} + O_{Halbkugel} \approx \mathbf{115\text{ dm}^2}$$

229. a) Das Viereck ABEF ist ein gleichschenkliges Trapez, da die gesamte Figur achsensymmetrisch zu der Geraden CD ist (und außerdem die Winkel $\alpha+\beta$ im Trapez bei E bzw. F jeweils $45°+60°=105°$ sind). Daher stehen sowohl AB als auch EF senkrecht auf CD.

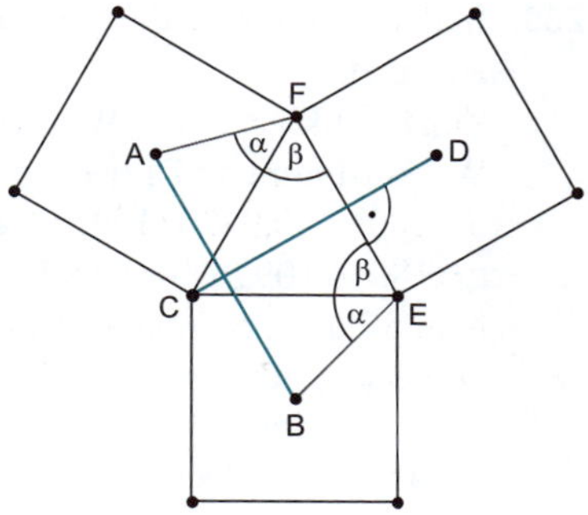

b) Der Beweis der gleichen Längen ist etwas schwieriger:
Hier hilft zunächst die Feststellung, dass das Dreieck ABD gleichseitig ist, weil die gesamte Figur drehsymmetrisch mit einem 60°-Winkel ist.
Infolgedessen erkennt man, dass der grün gezeichnete Winkel bei D aus Symmetriegründen genau 30° beträgt.
Wegen der Gleichseitigkeit des Dreiecks ist die Strecke [BD] genauso lang wie [AB]. Wir brauchen also nur zu zeigen, dass $|CD|=|BD|$ ist. Daher betrachten wir nun das Dreieck CBD genauer.
Der Winkel bei D ist – wie schon entdeckt – gleich 30°.
Der Winkel bei C setzt sich aus 30° (halber 60°-Winkel im gleichseitigen Dreieck) und 45° (halber rechter Winkel im Quadrat) zusammen und beträgt daher $30°+45°=75°$.

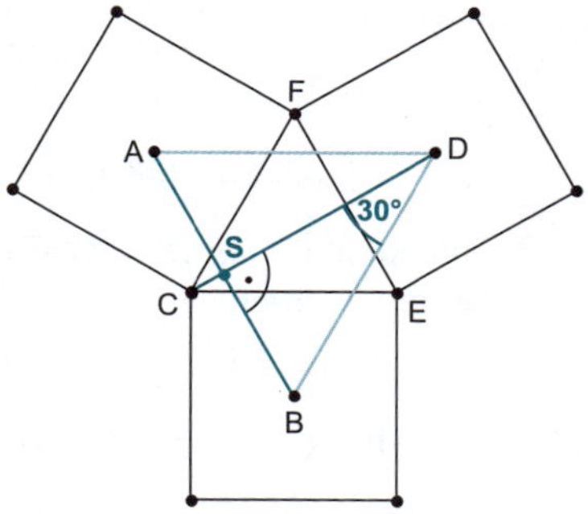

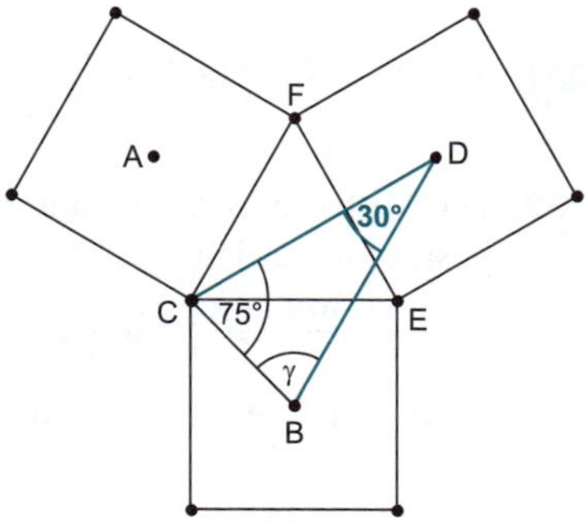

Wegen der Winkelsumme im Dreieck CBD ist:
$75°+30°+\gamma=180° \Leftrightarrow \gamma=180°-75°-30°=75°$
Das Dreieck CBD ist gleichschenklig; daher ist $|CD|=|BD|$ und wegen $|BD|=|AB|$ folgt hieraus die Behauptung $|CD|=|AB|$.
(Dieser Beweis war sehr schwierig, aber er zeigt sehr schön, wie gut man durch andere Betrachtungsweisen neue Erkenntnisse gewinnen kann!)

230. In der Skizze sind die gegebenen Winkel eingezeichnet.

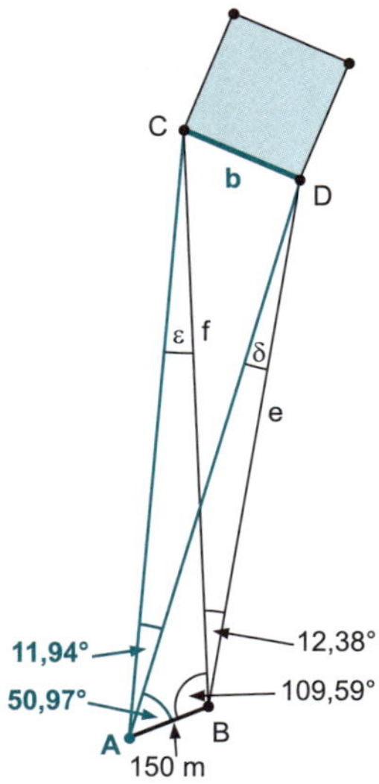

Zunächst können die Winkel δ und ε über die Winkelsumme in Dreiecken bestimmt werden:

$\delta = 180° - 50{,}97° - (109{,}59° + 12{,}38°) = 7{,}06°;$

$\varepsilon = 180° - 109{,}59° - (50{,}97° + 11{,}94°) = 7{,}50°$

Nun wird die Strecke e mit dem Sinussatz im Dreieck ABD bestimmt:

$$\frac{e}{|AB|} = \frac{\sin 50{,}97°}{\sin\delta}$$

$$\Leftrightarrow \quad e = \frac{|AB|}{\sin\delta} \cdot \sin 50{,}97° \approx 948{,}04 \text{ m}$$

Ebenso wird der Sinussatz im Dreieck ABC angewandt, um die Strecke f zu bestimmen:

$$\frac{f}{|AB|} = \frac{\sin(50{,}97° + 11{,}94°)}{\sin\varepsilon}$$

$$\Leftrightarrow \quad f = \frac{|AB|}{\sin\varepsilon} \cdot \sin 62{,}91° \approx 1\,023{,}12 \text{ m}$$

Nun kann im Dreieck BDC der Kosinussatz benutzt werden:

$$b^2 = e^2 + f^2 - 2ef \cdot \cos 12{,}38°$$

$$\Leftrightarrow \quad \mathbf{b} = \sqrt{e^2 + f^2 - 2ef \cdot \cos 12{,}38°} \approx \mathbf{225{,}27\ m}$$

Ergebnis: Die Cheopspyramide ist ca. 225 m breit.

231. $3{,}2 \text{ m}^3 = 3{,}2 \cdot 1\,000 \text{ dm}^3 = 3\,200 \text{ dm}^3 = 3\,200$ Liter

232. Die Mitte der Strecke kann über das arithmetische Mittel der Koordinaten bestimmt werden:

$$M\left(\frac{4+(-6)}{2} \,\middle|\, \frac{1+7}{2}\right) = M\left(\frac{-2}{2} \,\middle|\, \frac{8}{2}\right) = \mathbf{M(-1\,|\,4)}$$

Vektoriell kann man die Mitte ebenfalls bestimmen:

Aus

$$\overrightarrow{AB} = \begin{pmatrix} -6-4 \\ 7-1 \end{pmatrix} = \begin{pmatrix} -10 \\ 6 \end{pmatrix}$$

folgt:

$$\overrightarrow{AM} = \frac{1}{2}\overrightarrow{AB} = \frac{1}{2}\begin{pmatrix} -10 \\ 6 \end{pmatrix} = \begin{pmatrix} -5 \\ 3 \end{pmatrix}$$

Daher lassen sich die Koordinaten von M aus den Koordinaten von A durch Addition der Koordinaten dieses Vektors $\overrightarrow{AM}$ berechnen:

$M(4 + (-5)\,|\,1 + 3) = \mathbf{M(-1\,|\,4)}$

233. Wegen der Parallelität der zwei Geraden folgt sofort $a = 9$. Außerdem kann man die Strecke der Länge 5 eine Stufe weiter oben abtragen.

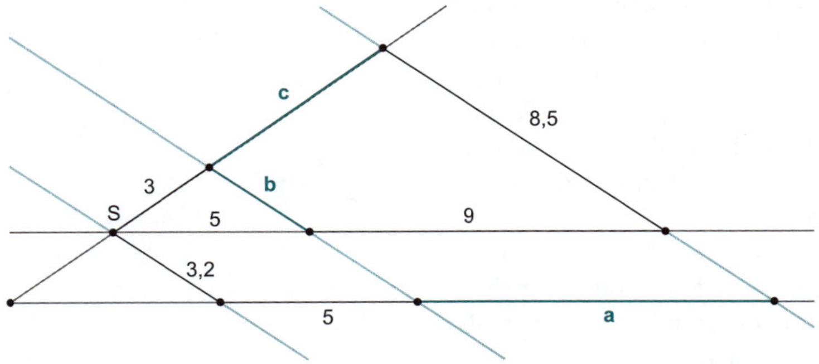

Anschließend kann man die Strahlensätze mit dem Scheitel bei S betrachten:

$\frac{c}{3} = \frac{9}{5} \quad \Leftrightarrow \quad \mathbf{c = \frac{9}{5} \cdot 3 = \frac{27}{5} = 5{,}4}$ bzw. $\frac{b}{5} = \frac{8{,}5}{9+5} \quad \Leftrightarrow \quad \mathbf{b = \frac{8{,}5}{14} \cdot 5 \approx 3{,}0}$

234. Zeichnet man den Längsschnitt des Kegels, dann entspricht eine Seitenlinie R dem Radius des Filterpapiers:

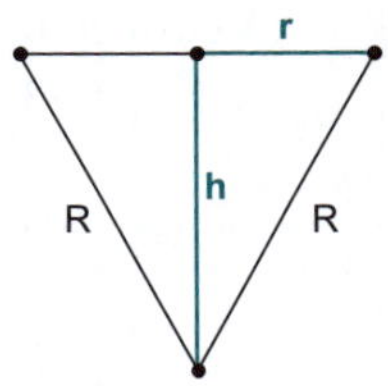

$R = \frac{12\text{ cm}}{2} = 6\text{ cm}$

Der Umfang des Grundkreises $U = 2\pi r$ wird durch die Bogenlänge eines halben Filterpapiers mit Radius R gebildet und liefert somit:

$U = \frac{1}{2} \cdot 2\pi R = 2\pi r \quad \Leftrightarrow \quad r = \frac{1}{2} R = 3\text{ cm}$

Nun lässt sich mit dem Satz des Pythagoras die Höhe h des Kegels bestimmen:

$h^2 + r^2 = R^2 \quad \Leftrightarrow \quad h^2 = R^2 - r^2 \quad \Leftrightarrow \quad h = \sqrt{R^2 - r^2} \approx 5{,}2\text{ cm}$

Damit ergibt sich für das Volumen des Kegels:

$\mathbf{V = \frac{1}{3}\pi r^2 \cdot h \approx 49\text{ cm}^3}$

235. Zeichnet man die Sehne [AC] ein, dann findet man zwei dazugehörende Umfangswinkel. Nach dem Umfangswinkelsatz sind α_1 und α_2 gleich groß. Daher sind die Dreiecke PAD und PBC ähnlich, denn sie stimmen außerdem noch in dem Winkel bei P überein.
Daher lässt sich ein Ähnlichkeitssatz anwenden, der die Gleichheit der passenden Seitenverhältnisse sichert:

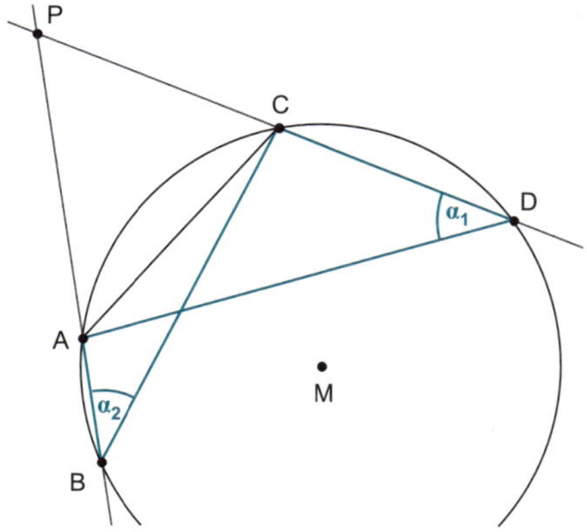

$\frac{|AP|}{|DP|} = \frac{|CP|}{|BP|} \Leftrightarrow \mathbf{|AP| \cdot |BP| = |CP| \cdot |DP|}$

236. Die Längenbestimmung kann vektoriell oder im Koordinatensystem durchgeführt werden.

Vektoriell:

$\overrightarrow{AB} = \begin{pmatrix} 8-3 \\ -1-2 \end{pmatrix} = \begin{pmatrix} 5 \\ -3 \end{pmatrix}$; $\quad \mathbf{c} = |\overrightarrow{AB}| = \sqrt{5^2 + (-3)^2} = \mathbf{\sqrt{34}}.$

$\overrightarrow{BC} = \begin{pmatrix} 5-8 \\ 9-(-1) \end{pmatrix} = \begin{pmatrix} -3 \\ 10 \end{pmatrix}$; $\quad \mathbf{a} = |\overrightarrow{BC}| = \sqrt{(-3)^2 + 10^2} = \mathbf{\sqrt{109}}.$

$\overrightarrow{AC} = \begin{pmatrix} 5-3 \\ 9-2 \end{pmatrix} = \begin{pmatrix} 2 \\ 7 \end{pmatrix}$; $\quad \mathbf{b} = |\overrightarrow{AC}| = \sqrt{2^2 + 7^2} = \mathbf{\sqrt{53}}.$

Im Koordinatensystem:

Trägt man die Eckpunkte des Dreiecks in einem Koordinatensystem ein und umgibt das Dreieck mit drei Hilfsdreiecken, dann kann man die Längen der Katheten der Hilfsdreiecke aus den Koordinaten der Eckpunkte berechnen und die Längen der Dreieckseiten bestimmen:

$\mathbf{c} = \sqrt{5^2 + 3^2} = \mathbf{\sqrt{34}}$

$\mathbf{a} = \sqrt{3^2 + 10^2} = \mathbf{\sqrt{109}}$

$\mathbf{b} = \sqrt{2^2 + 7^2} = \mathbf{\sqrt{53}}$

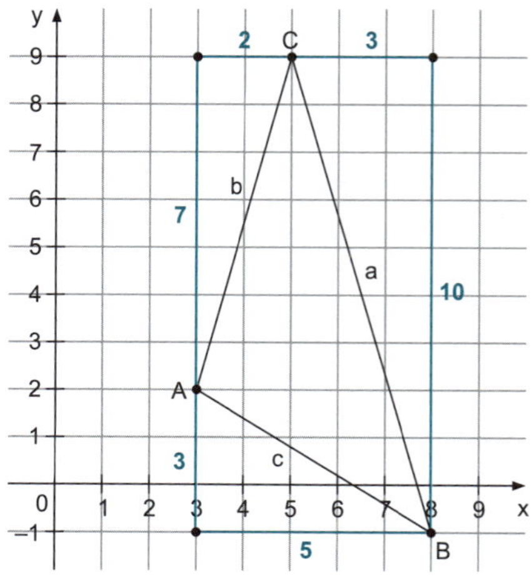

237. $\begin{pmatrix} 3 \\ -1 \\ 2 \end{pmatrix} + 2 \cdot \begin{pmatrix} -1 \\ -2 \\ 0 \end{pmatrix} - \frac{1}{2} \cdot \begin{pmatrix} 4 \\ -6 \\ 2 \end{pmatrix} = \begin{pmatrix} 3 \\ -1 \\ 2 \end{pmatrix} + \begin{pmatrix} -2 \\ -4 \\ 0 \end{pmatrix} + \begin{pmatrix} -2 \\ 3 \\ -1 \end{pmatrix} = \begin{pmatrix} 3-2-2 \\ -1-4+3 \\ 2+0-1 \end{pmatrix} = \begin{pmatrix} \mathbf{-1} \\ \mathbf{-2} \\ \mathbf{1} \end{pmatrix}$

238. Wir bezeichnen die Diagonale des Rechtecks mit d und betrachten zunächst das Dreieck ABD: Die Strecken [AR] und [DM] sind Seitenhalbierende dieses Dreiecks, teilen sich also im Verhältnis 2 : 1.

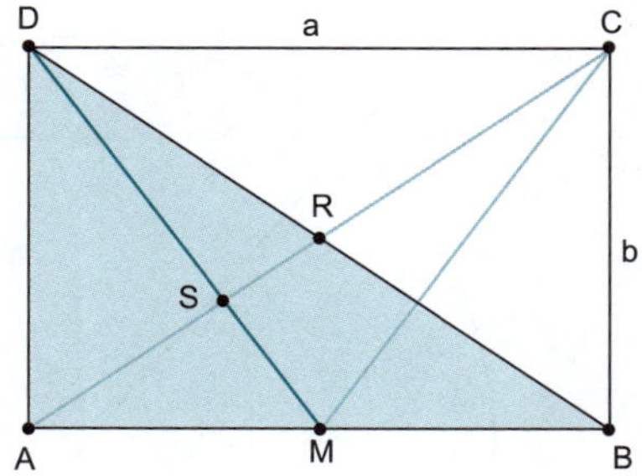

Daher gilt:

$|AS| = \frac{2}{3}|AR| = \frac{2}{3} \cdot \frac{1}{2}|AC| = \frac{1}{3}d$

Nun lässt sich die gesuchte hervorgehobene Fläche aus der Rechtecksfläche durch Wegnahme dreier Dreiecksflächen A_1, A_2 und A_3 bestimmen:

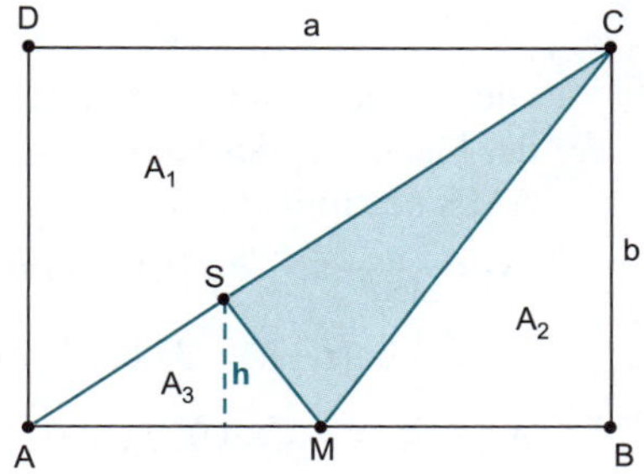

$A_1 = \frac{1}{2}a \cdot b$

$A_2 = \frac{1}{2} \cdot \frac{1}{2}a \cdot b = \frac{1}{4}a \cdot b$

$A_3 = \frac{1}{2} \cdot \frac{1}{2}a \cdot h$

Da $|AS| = \frac{1}{3}d$ ist, folgt wegen des zweiten Strahlensatzes

$\frac{h}{b} = \frac{|AS|}{|AC|} = \frac{\frac{1}{3}d}{d} = \frac{1}{3} \quad \Leftrightarrow \quad h = \frac{1}{3}b$

und somit:

$A_3 = \frac{1}{2} \cdot \frac{1}{2}a \cdot \frac{1}{3}b = \frac{1}{12}a \cdot b$

Insgesamt ergibt sich für die grün getönte Fläche:

$A = A_{Rechteck} - A_1 - A_2 - A_3 = a \cdot b - \frac{1}{2}a \cdot b - \frac{1}{4}a \cdot b - \frac{1}{12}a \cdot b = \frac{1}{6}a \cdot b$

Es ist also ein Sechstel der Rechtecksfläche farblich hervorgehoben.

239. Gesucht ist zunächst der Radius r der Röhre.
Im rechtwinkligen Dreieck AMF mit $|AF| = \frac{b}{2}$ und $|MF| = r - h$ ergibt sich mit dem Satz des Pythagoras:

$$r^2 = \left(\frac{b}{2}\right)^2 + (r-h)^2 \quad \Leftrightarrow \quad r^2 = \frac{b^2}{4} + r^2 - 2rh + h^2$$

$$\Leftrightarrow \quad 2rh = \frac{b^2}{4} + h^2$$

$$\Leftrightarrow \quad r = \frac{\frac{b^2}{4} + h^2}{2h} \approx 78{,}6\text{ cm}$$

Daher beträgt der Durchmesser der Röhre $2r \approx$ **1,57 m**.

Nun lässt sich der Mittelpunktswinkel α bestimmen:

$$\sin\frac{\alpha}{2} = \frac{\frac{1}{2}b}{r} \quad \Leftrightarrow \quad \frac{\alpha}{2} \approx 47{,}0° \quad \Leftrightarrow \quad \alpha \approx 94{,}0°$$

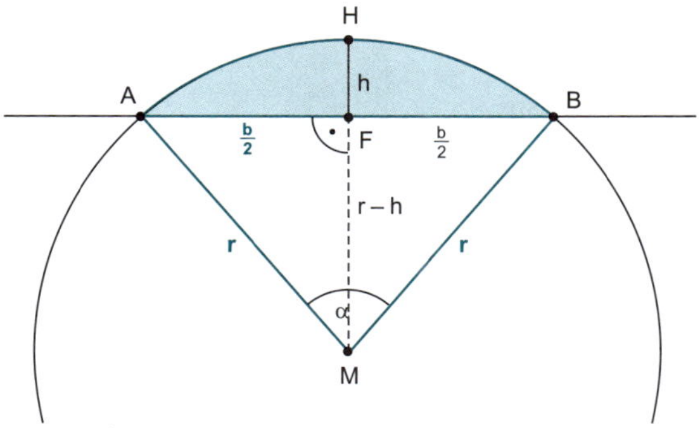

Die Fläche A_S des oberirdischen Kreisabschnitts lässt sich aus der Differenz der Fläche A_1 des Kreisausschnitts AMB und der Fläche A_2 des Dreiecks AMB bestimmen:

$$A_1 = \frac{\alpha}{360°} \cdot \pi r^2 \approx 5\,070{,}7\ \text{cm}^2$$

$$A_2 = \frac{1}{2} b \cdot (r - h) \approx 3\,083{,}4\ \text{cm}^2$$

$$A_S = A_1 - A_2 \approx 1\,987\ \text{cm}^2$$

Der prozentuale Anteil von A_S an der gesamten Kreisfläche beträgt:

$$\frac{A_S}{A_K} \approx \frac{1\,987\ \text{cm}^2}{\pi r^2} \approx 10{,}2\ \%$$

Damit sind knapp **90 %** der Röhre unterirdisch verlegt.

240. a) Die überdachte Fläche lässt sich aus der Fläche eines Rechtecks mit a = 4,5 m und b = 4 m bestimmen, bei dem man an einer Ecke ein Dreieck wegschneidet. Somit ergibt sich für die Fläche des überdachten Bereichs:

$$\mathbf{A} = a \cdot b - \frac{1}{2} \cdot 1{,}5\ \text{m} \cdot 1{,}5\ \text{m} = \mathbf{16{,}875\ m^2}$$

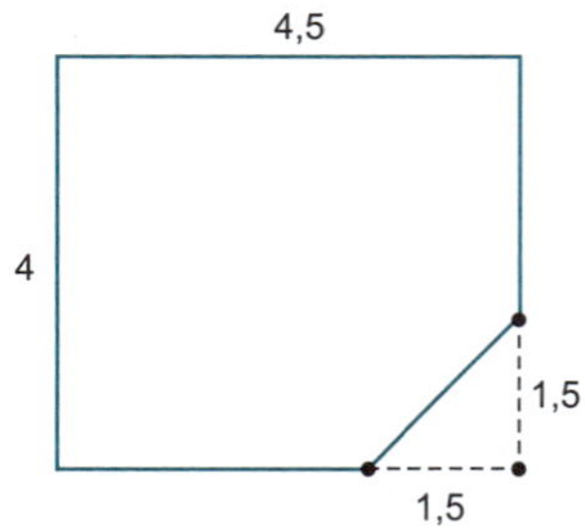

b) Schaut man von links auf die Überdachung, ergibt sich nebenstehendes Bild.
Das Dach muss etwas länger als 4 m sein, da es schräg verlaufen muss. Mithilfe des Neigungswinkels erhält man:

$$\tan 5° = \frac{x}{4\ \text{m}} \quad \Leftrightarrow \quad x = 4\ \text{m} \cdot \tan 5° \approx 35\ \text{cm}$$

Das Dach muss also in einer Höhe von ca. 2,40 m + 0,35 m = 2,75 m am Haus befestigt werden.

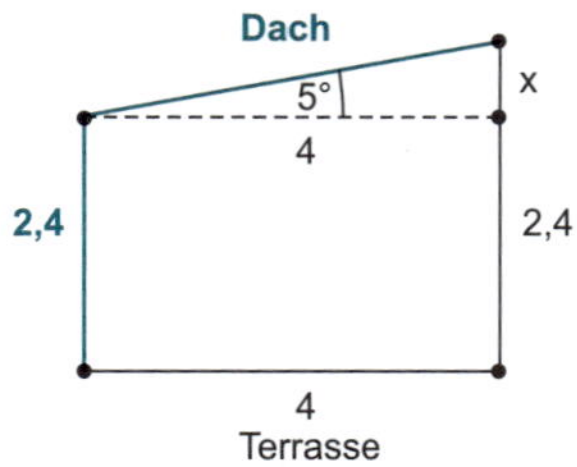

Für die Länge L des Dachs erhält man entsprechend:

$\cos 5° = \frac{4\text{ m}}{L} \quad \Leftrightarrow \quad L = \frac{4\text{ m}}{\cos 5°} \approx 4{,}015\text{ m}$

Die Dachfläche ist gegenüber der Terrassenfläche in Richtung der Neigung gestreckt, und zwar um den Faktor $\frac{L}{4}$. Daher ist die Dachfläche ebenfalls um diesen Faktor gegenüber der Terrassenfläche vergrößert, und es ergibt sich für die Dachfläche:

$\mathbf{A_{Dach}} = A_{Terrasse} \cdot \frac{L}{4} \mathbf{\approx 16{,}94\ m^2}$

241. Spiegelt man die gesamte Figur an der Mitte M der Seite [AB], dann erhält man ein Parallelogramm A"B'A'B", bei dem M der Schnittpunkt der Diagonalen ist.

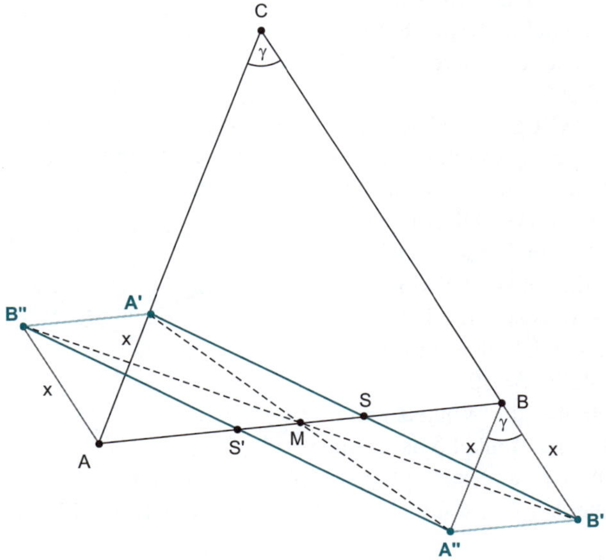

Wegen der Ähnlichkeit der Dreiecke ABC und A"B'B sind die Geraden A"B', AB und A'B" parallel und bilden eine Streifenschar. Daher liegt S genau in der Mitte von A' und B'.

Ergebnis: S teilt [A'B'] im Verhältnis **1 : 1**.

242. In einer Raute halbieren sich die Diagonalen und stehen senkrecht aufeinander.

Das Dreieck ABD hat somit bei der Grundseite f die Höhe $\frac{e}{2}$, sodass sich für dieses Dreieck die Fläche

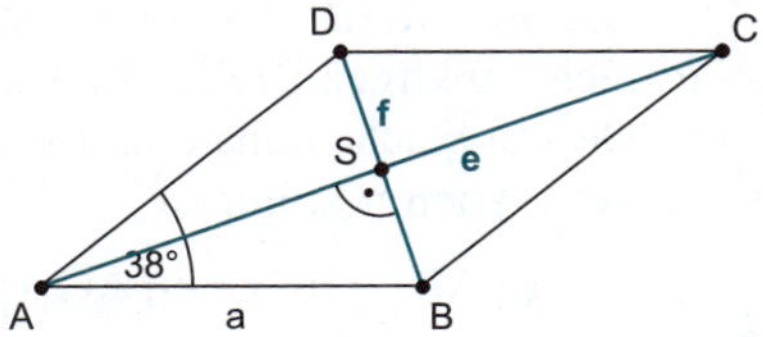

$A_D = \frac{1}{2} \cdot f \cdot \frac{1}{2} e = \frac{1}{4} e \cdot f$

ergibt. Daher kann die Fläche der Raute mit der Formel $A = 2A_D = \frac{1}{2} e \cdot f$ bestimmt werden.

Mithilfe des rechtwinkligen Dreiecks ABS werden e und f bestimmt:

$$\sin \frac{38^\circ}{2} = \frac{\frac{f}{2}}{a} = \frac{f}{2a} \quad \Leftrightarrow \quad f = 2a \cdot \sin 19^\circ \text{ und}$$

$$\cos \frac{38^\circ}{2} = \frac{\frac{e}{2}}{a} = \frac{e}{2a} \quad \Leftrightarrow \quad e = 2a \cdot \cos 19^\circ$$

Für die Fläche der Raute folgt somit:

$$\mathbf{A} = \frac{1}{2} e \cdot f = \frac{1}{2} \cdot 2a \cdot \cos 19^\circ \cdot 2a \cdot \sin 19^\circ = 2a^2 \cdot \cos 19^\circ \cdot \sin 19^\circ \boldsymbol{\approx 25{,}2\ \text{cm}^2}$$

243. Die Dreiecke MBC und AMD sind gleichseitig – alle Seiten besitzen die Länge a. Damit hat der Winkel ∢CBM das Winkelmaß 60°.

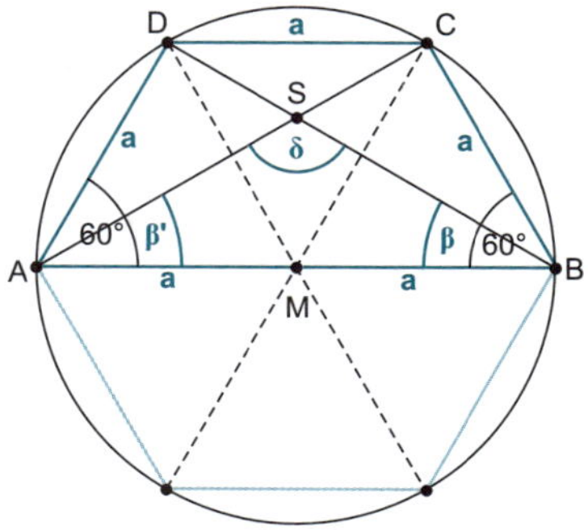

Da das Viereck MBCD vier gleich lange Seiten der Länge a besitzt, ist dieses Viereck eine Raute. Eine Raute ist achsensymmetrisch zu ihren Diagonalen, insbesondere also zur Gerade BD. Daher teilt BD diesen Winkel von 60° in zwei Teile, sodass sich $\beta = 30^\circ$ ergibt. Aus derselben Überlegung ergibt sich für β' ebenfalls $\beta' = 30^\circ$.

Damit lässt sich über die Winkelsumme im Dreieck ABS der Winkel δ bestimmen:

$$\beta' + \beta + \delta = 180^\circ \quad \Leftrightarrow \quad \boldsymbol{\delta} = 180^\circ - \beta' - \beta = 180^\circ - 30^\circ - 30^\circ \boldsymbol{= 120^\circ}$$

Die Seiten schneiden sich somit unter 120° (oder besser $180^\circ - 120^\circ = 60^\circ$).

244. Das Dreieck ABC ist rechtwinklig; somit lässt sich zunächst die Seite [AC] bestimmen:

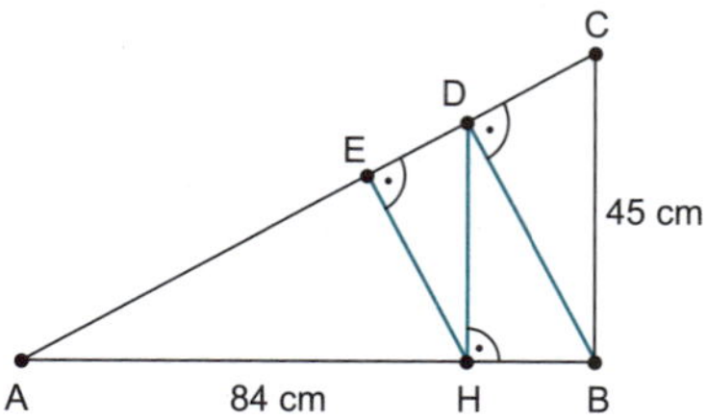

$$|AC|^2 = |AB|^2 + |BC|^2$$

$$\Leftrightarrow \quad |AC| = \sqrt{|AB|^2 + |BC|^2} \approx 95{,}3 \text{ cm}$$

Die Strecke [BD] ist eine Höhe des rechtwinkligen Dreiecks ABC. Dessen Flächeninhalt lässt sich auf zwei Arten bestimmen:

$$A = \frac{1}{2} |AB| \cdot |BC| = \frac{1}{2} |AC| \cdot |BD| \quad \Leftrightarrow \quad |BD| = \frac{|AB| \cdot |BC|}{|AC|} \approx 39{,}7 \text{ cm}$$

Im rechtwinkligen Dreieck BCD gilt:

$$|BC|^2 = |CD|^2 + |BD|^2 \quad \Leftrightarrow \quad |CD|^2 = |BC|^2 - |BD|^2$$
$$\Leftrightarrow \quad |CD| = \sqrt{|BC|^2 - |BD|^2} \approx 21{,}2\ \text{cm}$$

Aus $|AD| + |DC| = |AC|$ folgt $|AD| = |AC| - |CD| \approx 74{,}0$ cm

Die Strecke [HD] ist parallel zu [BC]; daher gilt der erste Strahlensatz:

$$\frac{|DH|}{|AD|} = \frac{|BC|}{|AC|} \quad \Leftrightarrow \quad |DH| = \frac{|BC|}{|AC|} \cdot |AD| \approx 35{,}0\ \text{cm}$$

Ebenso gilt wegen des ersten Strahlensatzes:

$$\frac{|AH|}{|AB|} = \frac{|DH|}{|BC|} \quad \Leftrightarrow \quad |AH| = \frac{|DH|}{|BC|} \cdot |AB| \approx 65{,}3\ \text{cm}$$

Nun folgt wegen der parallelen Seiten [EH] und [BD] mithilfe des zweiten Strahlensatzes:

$$\frac{|EH|}{|BD|} = \frac{|AH|}{|AB|} \quad \Leftrightarrow \quad |EH| = \frac{|AH|}{|AB|} \cdot |BD| \approx 30{,}8\ \text{cm}$$

Die Gesamtlänge der grünen Strecken beträgt also:

$$\mathbf{L = |EH| + |DH| + |BD| \approx 105{,}5\ cm}$$

245. Der Radius des den Mantel bildenden Halbkreises ist die Seitenlinie k des Kegels, und die Bogenlänge b des Halbkreises entspricht dem Umfang U des Kegel-Grundkreises. Für den Radius r des Grundkreises folgt demnach:

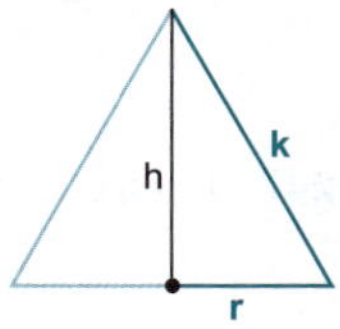

$$b = \frac{1}{2} \cdot 2\pi k = U = 2\pi r \quad \Leftrightarrow \quad \pi k = 2\pi r \quad \Leftrightarrow \quad r = \frac{k}{2} = 6\ \text{cm}$$

Hieraus folgt über den Satz des Pythagoras:

$$h^2 + r^2 = k^2 \quad \Leftrightarrow \quad h^2 = k^2 - r^2 \quad \Leftrightarrow \quad h = \sqrt{k^2 - r^2} \approx 10{,}4\ \text{cm}$$

Für das Volumen des Kegels ergibt sich somit $\mathbf{V = \frac{1}{3}\pi r^2 \cdot h \approx 392\ cm^3}$.

Der Mantel des Kegels wird aus dem Halbkreis mit der Fläche

$$M = \frac{1}{2}\pi k^2 \approx 226\ \text{cm}^2$$

gebildet, für die Oberfläche ergibt sich dann:

$$\mathbf{O = G + M = \pi r^2 + M \approx 339\ cm^2}$$

246. a) Für die Höhe der Tetraeder-Grundfläche gilt nach dem Satz des Pythagoras:

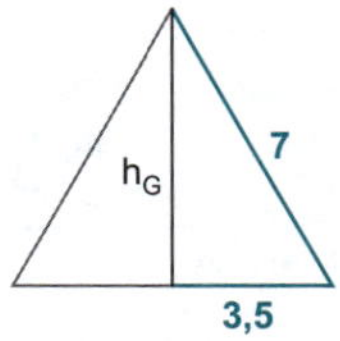

$$h_G^2 + \left(\frac{a}{2}\right)^2 = a^2 \quad \Leftrightarrow \quad h_G^2 = a^2 - \left(\frac{a}{2}\right)^2 = a^2 - \frac{a^2}{4} = \frac{3}{4}a^2$$
$$\Leftrightarrow \quad h_G = \frac{a}{2}\sqrt{3}$$

Damit beträgt die Grundfläche des Tetraeders:

$$\mathbf{G = \frac{1}{2}a \cdot h_G = \frac{1}{2}a \cdot \frac{a}{2}\sqrt{3} = \frac{a^2}{4}\sqrt{3} \approx 21{,}2\ cm^2}$$

b) Das Dreieck ABC ist gleichseitig und bildet die Grundfläche des Tetraeders. Der Punkt F ist der Schwerpunkt des Dreiecks ABC; daher ist:

$|AF| = \frac{2}{3} h_G = \frac{2}{3} \cdot \frac{a}{2}\sqrt{3} = \frac{a}{3}\sqrt{3}$

Mithilfe des Satzes von Pythagoras folgt im rechtwinkligen Dreieck AFS:

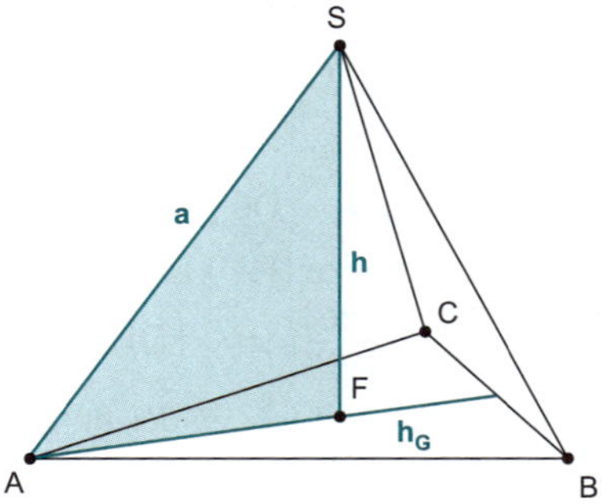

$$h^2 + |AF|^2 = a^2 \quad \Leftrightarrow \quad h^2 = a^2 - |AF|^2 = a^2 - \frac{a^2}{9} \cdot 3 = \frac{2}{3} a^2$$

$$\Leftrightarrow \quad \mathbf{h = a \cdot \sqrt{\frac{2}{3}} \approx 5{,}7\ cm}$$

c) $\mathbf{V} = \frac{1}{3} G \cdot h = \frac{1}{3} \cdot \left(\frac{1}{2} a \cdot \frac{a}{2}\sqrt{3}\right) \cdot \left(a \cdot \sqrt{\frac{2}{3}}\right) = \frac{1}{3} \cdot \frac{1}{4} a^3 \cdot \sqrt{2} = \frac{a^3}{12}\sqrt{2} \approx \mathbf{40{,}4\ cm^3}$

d) $\mathbf{O} = 4 \cdot G = 4 \cdot \frac{1}{2} a \cdot \frac{a}{2}\sqrt{3} = a^2\sqrt{3} \approx \mathbf{85\ cm^2}$

247. Perspektivische Skizze:

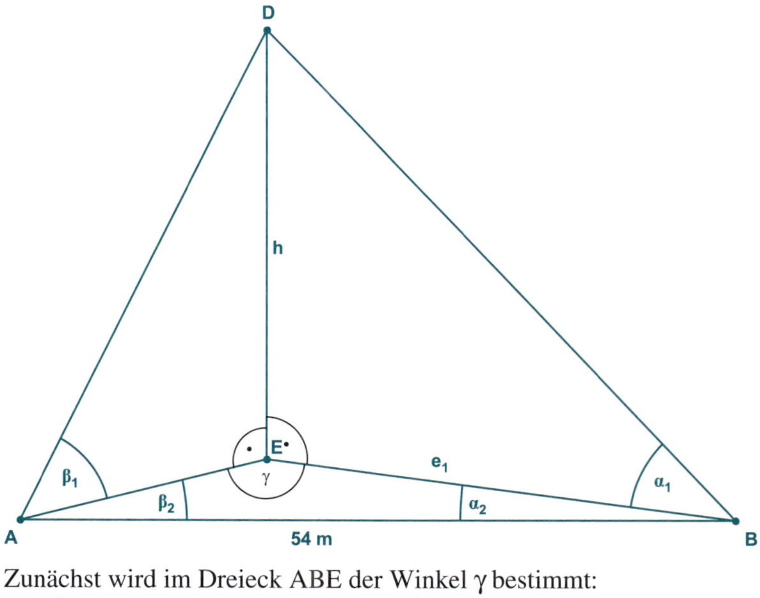

Zunächst wird im Dreieck ABE der Winkel γ bestimmt:

$\alpha_2 + \beta_2 + \gamma = 180° \quad \Leftrightarrow \quad \gamma = 180° - \alpha_2 - \beta_2 = 33{,}8°$

Damit kann über den Sinussatz die Seite e_1 berechnet werden:

$\frac{\sin\beta_2}{\sin\gamma} = \frac{e_1}{54\text{ m}} \Leftrightarrow e_1 = \frac{\sin\beta_2}{\sin\gamma} \cdot 54\text{ m} \approx 97{,}0\text{ m}$

Nun lässt sich im rechtwinkligen Dreieck EBD die Höhe h bestimmen:

$\tan\alpha_1 = \frac{h}{e_1} \Leftrightarrow$ **$h = e_1 \cdot \tan\alpha_1 \approx 63{,}0\text{ m}$**

Ergebnis: Der Wissensturm ist ca. 63 Meter hoch.

248. Bei einer Punktspiegelung gilt für die Vektoren $\overrightarrow{AS} = \overrightarrow{SA'}$; $\overrightarrow{BS} = \overrightarrow{SB'}$ bzw. $\overrightarrow{CS} = \overrightarrow{SC'}$.

Aus $\overrightarrow{AS} = \begin{pmatrix} 2-(-4) \\ 1-(-2) \end{pmatrix} = \begin{pmatrix} 6 \\ 3 \end{pmatrix}$; $\overrightarrow{BS} = \begin{pmatrix} 2-(-1) \\ 1-(-3) \end{pmatrix} = \begin{pmatrix} 3 \\ 4 \end{pmatrix}$ und $\overrightarrow{CS} = \begin{pmatrix} 2-(-2) \\ 1-1 \end{pmatrix} = \begin{pmatrix} 4 \\ 0 \end{pmatrix}$

lassen sich die Bildkoordinaten bestimmen:

$A'(2+6 \mid 1+3) =$ **$A'(8 \mid 4)$**; $B'(2+3 \mid 1+4) =$ **$B'(5 \mid 5)$** und

$C'(2+4 \mid 1+0) =$ **$C'(6 \mid 1)$**

249. Weil F die Mitte von [BE] und G die Mitte von [BC] ist, ist die eingezeichnete Hilfsstrecke [FG] parallel zu [EC] und man kann mehrere Strahlensätze anwenden.

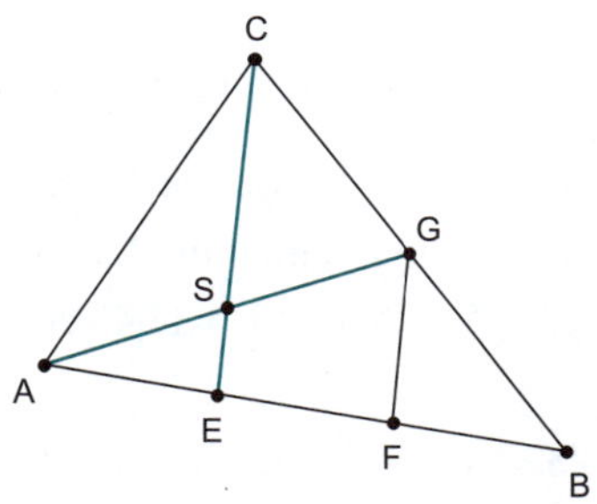

Mit B als Scheitel folgt

$\frac{|CE|}{|FG|} = \frac{|BE|}{|BF|} = 2 \Leftrightarrow |CE| = 2|FG|,$

da F in der Mitte zwischen E und B liegt.

Mit A als Scheitel folgt entsprechend

$\frac{|FG|}{|ES|} = \frac{|AF|}{|AE|} = 2 \Leftrightarrow |FG| = 2|ES|,$

da hier E die Mitte von [AF] bildet.

Setzt man diese Beziehung in die vorhergehende Gleichung ein, dann erhält man $|CE| = 2|FG| = 2 \cdot 2|ES| = 4|ES|$.

Ergebnis: Der Punkt S teilt die Strecke [CE] im **Verhältnis 3 : 1**.

250. Das gleichseitige Dreieck mit der Seitenlänge a hat nach Aufgabe 124 die Höhe $h = \frac{a}{2}\sqrt{3}$ und besitzt daher den Flächeninhalt:

$A = \frac{1}{2}a \cdot h = \frac{1}{2}a \cdot \frac{a}{2}\sqrt{3} = \frac{a^2}{4}\sqrt{3}$

Von dieser Fläche müssen drei Kreisausschnitte weggenommen werden, die zusammen einen Innenwinkel von $3 \cdot 60° = 180°$ besitzen, insgesamt also der Fläche eines Halbkreises mit Radius $\frac{a}{2}$ entsprechen.

Hieraus folgt für die grün getönte Fläche:

$A = \frac{a^2}{4}\sqrt{3} - \frac{1}{2}\pi\left(\frac{a}{2}\right)^2 = \frac{a^2}{4}\sqrt{3} - \pi\frac{a^2}{8} = \frac{a^2}{8} \cdot (2\sqrt{3} - \pi)$

251. Das Herz kann man sich zusammengesetzt denken aus einem Quadrat der Seitenlänge a und zwei Halbkreisen mit Radius r. Für die Breite gilt $r + d' + r = 29$, wobei $d' = \frac{1}{2}d$ (folgt aus dem Strahlensatz mit A als Scheitel) und $d = a\sqrt{2}$ (Formel für die Diagonale eines Quadrats) ist sowie $r = \frac{a}{2}$ gilt. Damit folgt:

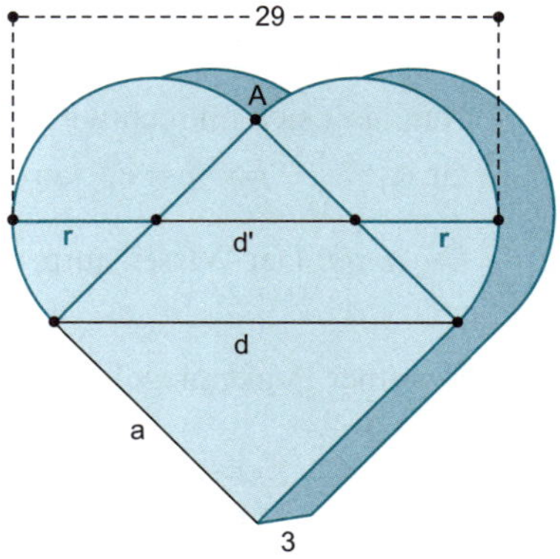

$$r + d' + r = 29 \quad\Leftrightarrow\quad 2r + d' = 29$$
$$\Leftrightarrow\quad 2 \cdot \frac{a}{2} + \frac{a}{2}\sqrt{2} = 29$$
$$\Leftrightarrow\quad a \cdot \left(1 + \frac{1}{2}\sqrt{2}\right) = 29$$
$$\Leftrightarrow\quad a = \frac{29}{1 + \frac{1}{2}\sqrt{2}} \approx 17 \text{ cm}$$

Für den Inhalt der Herzfläche folgt:

$$A_{\text{Herz}} = A_{\text{Quadrat}} + A_{\text{Kreis}} = a^2 + \pi\left(\frac{a}{2}\right)^2 = a^2 \cdot \left(1 + \frac{\pi}{4}\right) \approx 515 \text{ cm}^2$$

Damit beträgt das Volumen der Schachtel mit $h = 3$ cm:

$\mathbf{V} = A_{\text{Herz}} \cdot h \approx \mathbf{1\,545\ cm^3}$

252. a) Wenn ein Quadrat die Seitenlänge a besitzt, dann sind die punktierten Strecken Diagonalen von Rechtecken mit a und 2a als Seitenlängen und daher gleich groß. Da weiterhin die Diagonale [AB] um 90° gegenüber [BC] gedreht ist (die Rechtecke sind um 90° um B gedreht), ist das Dreieck ABC gleichschenklig-rechtwinklig.

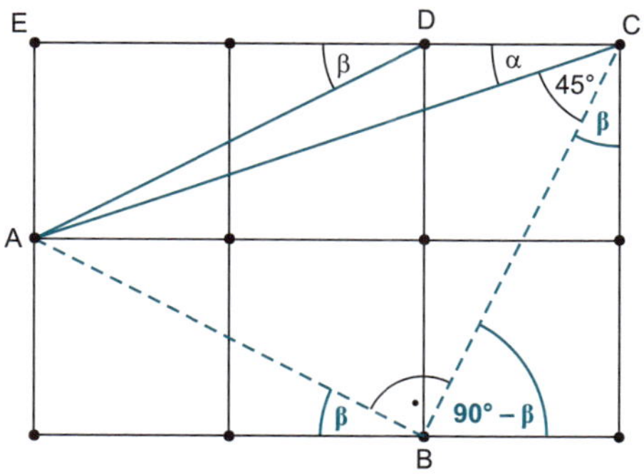

b) Aus Symmetriegründen kommt der Winkel β auch bei B vor. Zusammen mit dem rechten Winkel bei B ergibt sich für den dritten Winkel bei B die Winkelgröße $90° - \beta$. Damit folgt für den grün gezeichneten Winkel

bei C die Winkelgröße β (β gehört immer zu einem rechtwinkligen Dreieck mit den Katheten a und 2a).
Betrachtet man alle drei Winkel bei C, dann erkennt man, dass
$\alpha + \beta = 45°$ sein muss.

c) Im rechtwinkligen Dreieck ADE mit den Katheten a und 2a gilt:
$\tan\beta = \frac{a}{2a} = \frac{1}{2}$
Genauso gilt im rechtwinkligen Dreieck ACE mit den Katheten a und 3a:
$\tan\alpha = \frac{a}{3a} = \frac{1}{3}$
Insgesamt folgt also $\tan\alpha + \tan\beta = \frac{1}{3} + \frac{1}{2} = \frac{5}{6}$.

253. **$12 = 4 + 4 + 4$:**
Zeichne rechtwinkliges Dreieck ABC mit $|AB| = 2$ cm, $|AC| = 2$ cm. Die Hypotenuse d hat demzufolge die Länge:
$\sqrt{2^2 + 2^2} = \sqrt{8}$
Trage in C im rechten Winkel nochmals die Strecke [CD] der Länge 2 an; nun besitzt im rechtwinkligen Dreieck CBD die Hypotenuse s die Länge:
$s = \sqrt{d^2 + 2^2} = \sqrt{8 + 4} = \sqrt{12}$

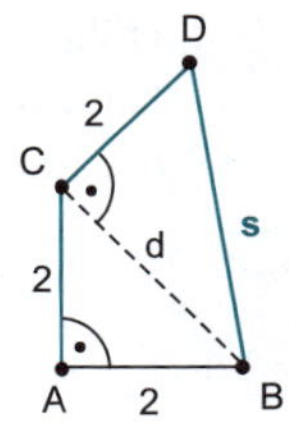

$12 = 16 - 4$:
Zeichne ein rechtwinkliges Dreieck mit der Hypotenuse $c = 4$ cm und einer Kathete $b = 2$ cm. Dann hat die andere Kathete die Länge:
$a = \sqrt{c^2 - b^2} = \sqrt{4^2 - 2^2} = \sqrt{16 - 4} = \sqrt{12}$

254. Bei einer zentrischen Streckung gilt für die Bildpunkte A', B' bzw. C':
$\overrightarrow{SA'} = k \cdot \overrightarrow{SA}$; $\overrightarrow{SB'} = k \cdot \overrightarrow{SB}$ bzw. $\overrightarrow{SC'} = k \cdot \overrightarrow{SC}$
Mit $\overrightarrow{SA} = \begin{pmatrix} 3-(-3) \\ 1-3 \end{pmatrix} = \begin{pmatrix} 6 \\ -2 \end{pmatrix}$ folgt $\overrightarrow{SA'} = \frac{1}{2}\overrightarrow{SA} = \frac{1}{2} \cdot \begin{pmatrix} 6 \\ -2 \end{pmatrix} = \begin{pmatrix} 3 \\ -1 \end{pmatrix}$ und damit für die Koordinaten von A':
$A'(-3+3\,|\,3-1) =$ **$A'(0\,|\,2)$**
Entsprechend folgt:
$\overrightarrow{SB'} = \frac{1}{2} \cdot \begin{pmatrix} 9-(-3) \\ 2-3 \end{pmatrix} = \frac{1}{2} \cdot \begin{pmatrix} 12 \\ -1 \end{pmatrix} = \begin{pmatrix} 6 \\ -0{,}5 \end{pmatrix}$ und damit $B'(-3+6\,|\,3-0{,}5) =$ **$B'(3\,|\,2{,}5)$**;
$\overrightarrow{SC'} = \frac{1}{2} \cdot \begin{pmatrix} 6-(-3) \\ 5-3 \end{pmatrix} = \frac{1}{2} \cdot \begin{pmatrix} 9 \\ 2 \end{pmatrix} = \begin{pmatrix} 4{,}5 \\ 1 \end{pmatrix}$ und hieraus $C'(-3+4{,}5\,|\,3+1) =$ **$C'(1{,}5\,|\,4)$**

255. Der Sinussatz liefert zunächst:
$\frac{b}{a} = \frac{\sin\beta}{\sin\alpha} \iff \sin\beta = \frac{b}{a} \cdot \sin\alpha \iff$ **$\beta \approx 39{,}9°$**

Die Winkelsumme im Dreieck liefert den fehlenden Winkel:
$\alpha+\beta+\gamma=180° \Leftrightarrow \gamma=180°-\alpha-\beta \approx \mathbf{62{,}1°}$

Ein weiterer Sinussatz liefert die dritte fehlende Seite:
$\frac{c}{a}=\frac{\sin\gamma}{\sin\alpha} \Leftrightarrow \mathbf{c}=\frac{\sin\gamma}{\sin\alpha}\cdot a \approx \mathbf{5{,}8\ cm}$

Die Fläche des Dreiecks lässt sich bestimmen, indem man für die Höhe h_c die Formel $\sin\alpha=\frac{h_c}{b} \Leftrightarrow h_c=b\cdot\sin\alpha$ anwendet:
$\mathbf{A}=\frac{1}{2}c\cdot h_c=\frac{1}{2}c\cdot b\cdot\sin\alpha \approx \mathbf{11{,}9\ cm^2}$

256. Man betrachtet das hervorgehobene rechtwinklige Dreieck und bestimmt hiermit die Höhe h, wobei man verwendet, dass eine Kathete eine halbe Quadratdiagonale mit der Länge $\frac{a}{2}\sqrt{2}$ ist:

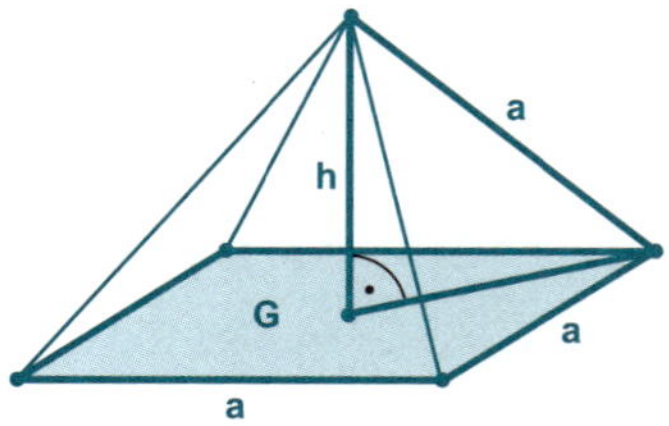

$$h^2+\left(\frac{a}{2}\sqrt{2}\right)^2=a^2$$

$$\Leftrightarrow \quad h^2=a^2-\left(\frac{a}{2}\sqrt{2}\right)^2=a^2-\frac{a^2}{2}=\frac{a^2}{2} \Leftrightarrow h=\sqrt{\frac{a^2}{2}}=\frac{a}{2}\sqrt{2}$$

Damit ergibt sich für das Volumen:
$\mathbf{V}=\frac{1}{3}G\cdot h=\frac{1}{3}a^2\cdot\frac{a}{2}\sqrt{2}=\mathbf{\frac{1}{6}a^3\sqrt{2}}$

257. Damit eine Kugel mit Radius R vollständig in den Zylinder passt, muss der Zylinder denselben Radius R und die Höhe 2R besitzen.
Damit ergibt sich für den Mantel des Zylinders:
$\mathbf{M_{Zyl}}=2\pi R\cdot h=2\pi R\cdot 2R=\mathbf{4\pi R^2}$
Diese Fläche stimmt genau mit der Oberfläche $\mathbf{O_{Kugel}=4\pi R^2}$ der Kugel überein.

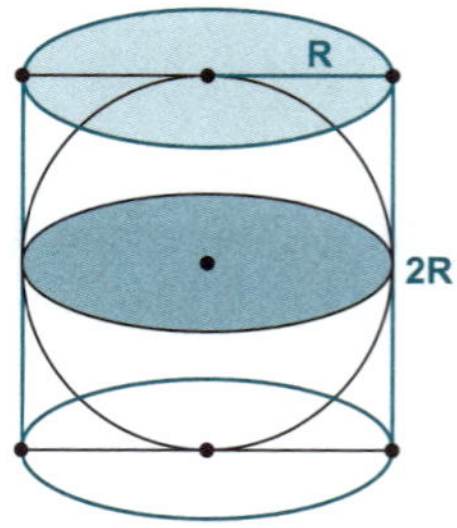

258. Die beiden grünen Linien werden aus insgesamt vier Halbkreisen gebildet, wobei jeweils zwei Halbkreise einen Kreis mit Radius $r_1=2$ cm bzw. $r_2=4$ cm bilden. Damit ist die Gesamtlänge:
$\mathbf{L}=2\pi r_1+2\pi r_2 \approx \mathbf{37{,}70\ cm}$

Der obere Teil der grün getönten Fläche lässt sich als Differenz der Flächen zweier Halbkreise mit den Radien r_2 bzw. r_1 bestimmen. Also ist die gesamte Fläche die Differenz der Flächen zweier Kreise mit den Radien r_2 und r_1:
$\mathbf{A}=\pi r_2^2-\pi r_1^2 \approx \mathbf{37{,}7\ cm^2}$

Stichwortverzeichnis

Richtig lernen, bessere Noten

7 Tipps wie's geht

1. ***15 Minuten geistige Aufwärmzeit*** Lernforscher haben beobachtet: Das Gehirn braucht ca. eine Viertelstunde, bis es voll leistungsfähig ist. Beginne daher mit den leichteren Aufgaben bzw. denen, die mehr Spaß machen.

2. ***Ähnliches voneinander trennen*** Ähnliche Lerninhalte, wie zum Beispiel Vokabeln, sollte man mit genügend zeitlichem Abstand zueinander lernen. Das Gehirn kann Informationen sonst nicht mehr klar trennen und verwechselt sie. Wissenschaftler nennen diese Erscheinung „Ähnlichkeitshemmung".

3. ***Vorübergehend nicht erreichbar*** Größter potenzieller Störfaktor beim Lernen: das Smartphone. Es blinkt, vibriert, klingelt – sprich: es braucht Aufmerksamkeit. Wer sich nicht in Versuchung führen lassen möchte, schaltet das Handy beim Lernen einfach aus.

4. ***Angenehmes mit Nützlichem verbinden*** Wer englische bzw. amerikanische Serien oder Filme im Original-Ton anschaut, trainiert sein Hörverstehen und erweitert gleichzeitig seinen Wortschatz. Zusatztipp: Englische Untertitel helfen beim Verstehen.

5. ***In kleinen Portionen lernen*** Die Konzentrationsfähigkeit des Gehirns ist begrenzt. Kürzere Lerneinheiten von max. 30 Minuten sind ideal. Nach jeder Portion ist eine kleine Verdauungspause sinnvoll.

6. ***Fortschritte sichtbar machen*** Ein Lernplan mit mehreren Etappenzielen hilft dabei, Fortschritte und Erfolge auch optisch sichtbar zu machen. Kleine Belohnungen beim Erreichen eines Ziels motivieren zusätzlich.

7. ***Lernen ist Typsache*** Die einen lernen eher durch Zuhören, die anderen visuell, motorisch oder kommunikativ. Wer seinen Lerntyp kennt, kann das Lernen daran anpassen und erzielt so bessere Ergebnisse.

Wie bei Netflix.
Gibt‘s in Serie.
STARK Lernhilfen
2021
Abschluss
Original-Prüfungsaufgaben
mit Lösungen
Mathematik
ActiveBook
Interaktives
Training
STARK
Wir wissen, was Schüler brauchen.
Pearson
www.stark-verlag.de
STARK